U0165099

科学文化译丛

王春法 主编

# 珍 宝 宫

## 伊丽莎白时代的伦敦与科学革命

【美】德博拉·哈克尼斯 著
张志敏 姚利芬 译
颜实 校

**内容提要**

本书系“科学文化译丛”之一，通过考察伊丽莎白时代伦敦六个具有象征意义的案例，探讨伦敦城如何为科学革命奠定了社会基础，并探索那些对培根构想所罗门宫有启发的人和事。本书既刻画了个体从业者的鲜活形象，也展示了他们在接受自然世界复杂性时面临的挑战，描绘出伊丽莎白时代伦敦范围内的知识交换网络组织和科学探索学术圈。



**图书在版编目(CIP)数据**

珍宝宫: 伊丽莎白时代的伦敦与科学革命/(美)德博拉·哈克尼斯著; 张志敏, 姚利芬译. —上海: 上海交通大学出版社, 2017
(科学文化译丛)
ISBN 978 - 7 - 313 - 14987 - 9

Ⅰ. ①珍… Ⅱ. ①德…②张…③姚… Ⅲ. ①科技革命—研究—伦敦— 16 世纪
Ⅳ. ①G301 - 095.61

中国版本图书馆 CIP 数据核字(2016)第 112941 号

**珍宝宫: 伊丽莎白时代的伦敦与科学革命**

著　　者: 【美】德博拉·哈克尼斯
译　　者: 张志敏　姚利芬
出版发行: 上海交通大学出版社
地　　址: 上海市番禺路 951 号
邮政编码: 200030
电　　话: 021 - 64071208
出 版 人: 郑益慧
印　　制: 常熟市文化印刷有限公司
经　　销: 全国新华书店
开　　本: 787mm×960mm　1/16
印　　张: 28
字　　数: 335 千字
版　　次: 2017 年 1 月第 1 版
印　　次: 2017 年 1 月第 1 次印刷
书　　号: ISBN 978 - 7 - 313 - 14987 - 9/G
定　　价: 78.00 元

# 建设科学文化，增强文化自信
# （代序）

## 一

科学文化本质上是一套价值体系、行为准则和社会规范，蕴含着科学思想、科学精神、科学方法、科学伦理、科学规范、价值观念与思维方式，是人们自觉或不自觉遵循的生活态度和工作方式。在现实生活中，科学文化可以进一步细分为价值理念、制度规范、活动载体、基础设施四个层面，其中价值理念和制度规范属形而上层面，活动载体和基础设施属形而下层面，但无论在哪一个层面上，科学精神都发挥着主导和核心作用，它源于人类的求知、求真精神和理性、实证的传统，并随着科学实践不断发展，内涵也更加丰富。[①] 作为人类文明形态演进的高级形式，科学文化始终以理性主义为特征、以追求真理和至善为目的，在汇聚人类科学思维与思想成就的基础上，依托逐步形成的系统化科学知识体系及其应用的制度化形式，在科学发展的历程中逐

① 中国科学院学部主席团：中国科学院关于科学理念的宣言，2007 年 2 月 26 日。

步凝炼沉淀、演进和发展,并对一个国家和民族的现代化进程产生着越来越重要的影响。从一定意义上来说,科学文化是塑造现代社会和促进科技发展的重要力量,科技事业的发展又反过来推动着科学文化的兴起和发展进程。

科学文化因科学的产生而产生,因科学的发展而发展,没有科学就没有科学文化。科学作为系统化的知识体系,同时也是融知识、观念、精神于一体的独特文化形态。回顾近现代科学发展历程,它发轫于16、17世纪欧洲的科学革命时代,伽利略、牛顿、笛卡尔等天才人物取得的伟大成就明确了人在宇宙中的真实位置,使自然科学成为重要的文化力量;科学承认自然规律而否认造物主的设计,破除了许多迷信和传统信仰;科学提倡观察和实验,反对崇尚权威,使自由民主的观念深入人心。进入19世纪特别是20世纪以来,现代科学蓬勃发展,科学对社会影响的程度更加全面深入,科学文化的认知功能、方法论功能、创造功能、整合功能、渗透功能日益凸显,并在改革教育模式、优化思维方式、培育先进文化、促进人的全面发展等诸多方面,越来越充分地展现出它的时代价值,成为社会文化系统的重要组成部分。正因为如此,爱因斯坦明确指出:“科学对于人类生活的影响有两种方式。第一种方式是大家熟悉的,科学直接地并且在很大程度上间接地生产出完全改变了人类生活的工具。第二种方式是教育性的,它作用于心灵。尽管草率看来,这种方式不大明显,但至少同第一种方式一样锐利。”从这个意义来说,科学不仅创造了物质财富,也创造了全新的文化形态,影响着我们的价值取向。

另一方面,科学文化通过多种方式影响着科学技术的发展。我们知道,人是一切生产力和创造力的核心,一部科技发展的历史就是科技工作者以自己的智力施之于自然现象的历史。在这个过程中,科学家既是科学知识和科学精神的直接载体,也是科学方法和科学思想的直接践行者，其思维模式和行为方式不可避免地会受到科学文化的直接、间接影响。科学文化的方法论功能使得科学家即使在面对暂时的成功、局部的胜利、认识上的一时通透和似乎难以质疑的权威时，也不会放弃对精确性和准确性的追求，始终保持着怀疑、批判和探索的态度；科学文化的价值观整合功能则能够把没有任何血缘、地缘、民族、国家、宗教这些传统联系纽带的人们联合在一起，使得不断有高度智慧和出众才华的杰出人士抛弃地位、名声、财富、荣耀、舒适、安逸这些世俗价值而投身到艰苦异常的科学事业中来，使得性情、偏好、兴趣、才能各不相同的人相互信任、相互交流、相互合作、相互提携、相互欣赏、相互赞誉，构成拥有共同目标和共同工作方式的科学共同体，从而为科学过程的参与者提供了一个共同的家园。[①]

科学文化和社会文化的关系是复杂的，既相互影响、彼此渗透，又相互促进、融合共生。一方面，科学文化依托于科学活动，而科学活动的范围、规模又取决于社会支持，这就要求科学活动必须向社会公众展示它的价值和意义，争取社会公众对科学文化的认同和接纳。同时，科学文化中的制度规则能够长期践行，客观上也需要经济、社会、法律、政治制度的配套支撑，需要社会文化与科学文化中的不同制度因素相互对接、彼此适应。另一方面，随着人们社会生活和生产活动的演变，社会文化在相应调整并走向更高形态的过程中，也会广泛认同接受科学文化中的世界观、价值观和方法论，逐步摒弃、淘汰与科学文化内容相抵牾的非科学因素，或者重新调整民族文化中各种要素之间的关系，使科学文化逐步成为社会文化的核心要素，继而推动社会文化的整体变革。

---

① 胡志强：科学文化建设的当代意义，研究报告(未刊稿)，2014 年 4 月。

## 二

科学文化是人类经过长期生产生活实践的磨砺，在创造和使用工具的活动日益发达，自我意识和认知能力长足发展，公共语言极大丰富，社会分工格局初步形成等因素的共同作用下，经过多次思想革命之后才从朦胧到清晰、从零星要素到系统组合、从个体观念到群体信念逐步演进而来，有一个形成、制度化和社会化甚至国际化的历史过程。在人类文明总体演进的过程中，科学文化是在相当晚近的时期才开始成长出来的，包括希腊文化、中华文化、印度文化、阿拉伯文化等民族文化都贡献出了自己特有的精华要素，使之融入科学文化之中，成为各具特色的民族文化中的共同成分。

科学文化的形成始于价值观念层面。由于科学对象的复杂性、无限性，科学活动的探索性、不确定性，以及科学劳动的创造性、艰巨性，使得科学过程必须有一些基本的信念和情感来支持其长期延续和传承，这些基本信念和情感就构成了科学过程的基本价值理念。这些价值理念首先在科学共同体内部确立了"求真知"这一普遍遵循的文化共识，并把尊重科研人员的学术自主和学术自由，倡导相互宽容、相互尊重、诚实守信、理性质疑，以科学的评价体系为导向，以民主的学术批评与监督机制为支撑等作为基本遵循，促进了优良学风和治学氛围的形成，充分激发起科研人员的创新潜力。正如中国科学院学部主席团关于科学理念的宣言所说，科学及以其为基础的技术，在不断揭示客观世界和人类自身规律的同时，极大地提高了社会生产力，改变了人类的生产和生活方式，同时也发掘了人类的理性力量，带来了认识论和方法论的变革，形成了科学世界观，创造了科学精神、科学道德与科学伦理等丰富的先进文化,不断升华人类的精神境界。[①] 这样一些基本价值理念构成了科学文化的核心内涵,具有超越国界的普遍意义。

相比之下,科学文化的制度化在科学文化的发展过程中更具有决定意义,因为只有把价值理念形态的内容固化在具有一定约束力的制度规范之中,才能通过一定标准识别、评价和指导科学活动参与者的科研行为和交往方式,并通过一定的教化、规训程序使新进入者理解并身体力行科学活动的要求,进而有效调节和规范科学活动的认知行为和社会行为,保证科学文化以至科学活动作为整体的延续性。一般来说,科学文化的制度规范是多层面、多维度制度的总和,既包括正式的制度规定,也包括非正式的行为规则。一是科学共同体内部的制度规范,包括对科学家科研过程和结果的要求,比如观察的可靠性、推理的严密性、结果的可检验性等等,这些要求在某些情况下甚至进一步细化为对实验设计的规定、对实验过程的规范、对重复试验的强调等等。二是关于科学家之间合作、交流、评价、监督的行为规范,包括关于科学知识共享的安排,同行评议的质量保障机制,优先权的确认,科学奖励制度等等。三是关于科学共同体与社会之间的制度规范,包括国家对科学活动的法律规定如宪法保证思想自由和言论自由,专业机构的特殊组织原则如把研究和人才培养结合起来的大学制度等等。需要说明的是,由于科学文化在价值理念层面的内容往往具有总括性、模糊性、多义性,不可能通过条理清晰、整齐划一的制度充分表达出来,有关科学活动的各种制度规范并不完全是从科学文化的价值理念中简单推演出来的,也不是来自某些聪明人的整体设计,而是在科学实践中不断试错、逐步改进而来的,至今仍处于调整完善之中。正

① 中国科学院学部主席团:中国科学院关于科学理念的宣言,2007 年 2 月 26 日。

因为如此，科学文化的制度规范不能完全代替科学文化的价值理念，对科学文化的践行不仅包括遵循制度规范，同时也包括对价值理念的理解把握。这些价值理念和制度规范共同构成了科技界必须遵守的普遍规则，具有广泛的行为约束力。[①]

孕育并形成于科学共同体内部的科学文化从来不甘寂寞，总是持续不断地由科学共同体内部向社会延伸、向其他民族国家扩展，这就是科学文化的社会化和国际化。在这个过程中，科学文化争得了社会对科学价值与意义的广泛认同，催生了与科学知识生产相辅相成的社会文化，并确立了科学知识的“功利主义”价值观念。[②] 而融入了科学文化内涵的社会文化则充分理解、信任和支持科学进步的社会价值，相信科学能够为人们提供理解自然世界的智慧，提供思考未来世界的理性启迪，支持使科学成为公众的常识和思维习惯，从而形成尊重、宽容、支持、参与科学活动的良好社会氛围。某种意义上说，正是这种科学共同体文化的社会化过程构成了科学文化的民族特色或者说国别特征，国情、文化和历史的差异决定了科学共同体文化社会化进程的路径方式甚至具体表现形式，而这又在很大程度上影响甚至决定着一国科技发展模式和进程。

世界科技发展的历程表明，一个国家要成为世界科技强国，一个民族要屹立在世界科学之林，离不开科学文化的发展。英国成为近代科学强国，皇家学会成为现代科学组织的典范，培根等思想家的实验哲学及其关于知识价值的新理念居功至伟；法国科学强国地位的确立，与笛卡尔理性主义文化密切相关；德国在 19 世纪后来居上成为新的科学中心，洪堡等思想家倡导的科学文化精神及其在大学体制改革

---

① 胡志强：科学文化建设的当代意义，研究报告（未刊稿），2014 年 4 月。

② 清华大学课题组：科学文化建设研究报告（未刊稿），2014 年 4 月。

中的具体实践是重要基础；美国在 20 世纪中叶崛起成为世界科技强国，主要依赖于科学文化的引领和对科学发展规律的不断探索。可以毫不夸张地说，世界科技强国的形成无不伴随着科学文化变革和制度创新，而制度创新往往源于科学文化理念的创新和引领。我们说科学因其理性精神而熠熠生辉，因其文化传统而历久弥新，个中道理也就在于此。如果不能在科学文化上做好准备，不能在科学文化的引领下进行必要的制度创新，就很难摆脱跟踪模仿的发展轨迹，真正成为开拓科学发展新道路的世界科技强国。

## 三

中国现代科技事业发展的过程，一定意义上讲就是科学文化兴起并发展繁荣的过程，没有科学文化的充分发展和广泛弘扬就没有科学技术的长足进步。中国传统文化有值得我们自豪的丰富内涵，也有制约民族进步的消极因素。李约瑟曾经说过："从公元 1 世纪到公元 15 世纪的漫长岁月中，中国人在应用自然知识满足于人的需要方面，曾经胜过欧洲人，那么为什么近代科学革命没有在中国发生呢?"这就是著名的李约瑟难题，曾经引发国内外学术界对中国近代科学技术落后原因的广泛探讨。钱学森也曾发出过类似的疑问，那就是"为什么我们的学校总是培养不出杰出人才"？这是钱老作为当代中国杰出科学家代表的锥心之问。2015 年中国科学家屠呦呦获得诺贝尔生理学或医学奖，进一步激起了国内关于中国科研体制、科学文化的大讨论。无论是李约瑟难题、钱学森之问还是屠呦呦引起的讨论，都无一例外地指向了科学文化，或许这不是唯一的答案，但一定是最重要的答案。

毋庸讳言，现代科学技术系统引入中国至今不过 150 多年的时间，相应的科学建制化进程则更是只有刚刚 100 年的历史。直到今天，一些制约科学发展的传统文化因素仍未得到根本突破。在科学共同体内部，源自西方的科学价值观和科学方法论还没有充分发育起来，以诚实守信、信任与质疑、相互尊重、公开性为主要内容的科学道德准则还没有充分确立其主导地位，对尊重知识、尊重人才、尊重劳动、尊重创造的倡导，激励探索、鼓励创新的价值导向，弘扬求实求真、通过经验实证与理性怀疑不断推进科技进步并造福社会的精神理念，还不足以形成相对独立的科学文化形态。在社会文化层面，西风东渐、欧风美雨虽然推动着科学文化与中国传统文化的融合共生，但却始终未能使其成为主流文化的核心内涵；科学理性弘扬滞后于科学事业发展，科学精神的缺失成为中国科学文化的最大缺憾，民众科学素养长期在较低水平徘徊。[①] 虽然党和政府一再大力倡导，保障探索真理的自由、支持科学事业的发展、尊重专家尊重专业、通过科技进步实现国家富强的理性态度尚未成为社会价值观的主流，科学文化在保障科学事业健康发展、提升社会文明水平、增强民族理性方面的重要作用尚未充分发挥出来。正因为如此，国家科技部原部长徐冠华曾经大声疾呼："观念的创新、科技创新、体制的创新都要回归于文化的创新，这不仅是逻辑的必然，也是历史的必然。因为文化是民族的母体，是人类思想的底蕴，要实现科技创新和体制的创新，必须把建立创新文化当做一个重要前提。这不仅是历史的经验，也是现实的迫切需要。"从这个意义来说，对于中国这样一个有着深厚历史文化背景和灿烂文明的国家，如何让科学文化不断发扬光大，如何让科学塑造个人的文化品格，进而锻造我们民族的文化性格，不仅是一个重大而迫切的话题，同时也是面向未来、加快现代化进程的一个重要标志。

当前，中国正以史无前例的速度加快现代化建设，科技创新正在步入由跟踪为主转向跟踪和并跑、领跑并存的新阶段，处于从量的积

---

① 杨怀中：中国科学文化的缺陷及当代建构，载《自然辩证法研究》2005 年 2 月号。

累向质的飞跃、从点的突破向系统能力提升的重要时期，我国已经成为有重要影响力的科技大国。特别是党的十八大以来，肩负着实现中华民族伟大复兴中国梦的历史使命，党中央果断作出实施创新驱动发展战略、加快进入创新型国家行列、建设世界科技强国的重大战略部署，强调创新是引领发展的第一动力，人才是支撑发展的第一资源，要求把创新摆在国家发展全局的核心位置，大力推进以科技创新为核心的全面创新。现代化建设需要科学技术的支撑，科学技术的发展呼唤科学文化的发展繁荣。习近平总书记突出强调，文化是一个国家、一个民族的灵魂，文化自信是更基础、更广泛、更深厚的自信，是更基本、更深沉、更持久的力量，坚定文化自信是事关国运兴衰、事关文化安全、事关民族精神独立性的大问题。① 面对我国科技创新可以大有作为的重要战略机遇，面对经济社会发展对科技创新的巨大需求，必须充分认识科学文化建设的重要性和紧迫性，全面提高建设科学文化的自觉意识，厚植科学文化的土壤，为科技创新和经济社会发展提供源源不竭的动力，使科学文化建设成为创新自信、文化自信的重要源泉之一。

建设中国特色的科学文化，首先要在广大科技工作者中形成有认同感的文化共识、有凝聚力的共同价值观、有归属感的科学传统和有感召力的科研环境，培育既能担当国家使命和社会责任，又能最大限度激发科技工作者创造活力和不断造就杰出科技人才的科学传统，调动激发广大科技工作者的创新热情和创造活力；②同时还要让科学的价值理念注入传统文化的机体，让科学文化成为文化传承的核心要素，提高全民科学素质、提升民族理性，参与塑造民族的文化品格，催

---

① 习近平：在中国文联十大、中国作协九大开幕式上的讲话，2016 年 11 月 30 日。
② 袁江洋：中国科学文化建设纲要，研究报告（未刊稿），2014 年 4 月。

生理性平和、富有活力和创新意识的社会文化形态，引导社会文化走上科学与民主之路，推动形成为科技工作者创新创造提供良好保障的社会文化氛围，为我国迈入创新型国家行列和建成世界科技强国提供坚实的文化基础和肥沃的社会土壤。

## 四

在过去十年多的时间里，我一直非常关注科学文化和创新文化问题，其间除发表过一篇不成样子的关于创新文化的文章外，一直结合科协工作实际在学习、在思考，越学越觉得研究这个问题很有现实意义，越思考越觉得这个问题博大精深，有些问题甚至到了令人痴迷不觉的地步。比如：

其一，如何理解科学文化与科学传统及科学观之间的关系？无论处在何种发展阶段，社会公众对于类似科学技术一类的知识系统都有自己的看法，由此产生的科学文化应该是本土固有的，是这个民族与生俱来的，而不可能是输入的；如果我们把科学严格限定在科学革命以来兴起的近现代科学，那么，以科学共同体内部文化为核心的科学文化就不可避免地会随着科学技术的扩散而向社会延伸、向国际转移，这种意义上的科学文化则必然是外源的，并在这个过程中形成相应的科学传统及其国别特色。恰如有学者所说，文化的核心是传统，科学文化的核心是科学传统。[①] 在这种情况下，一国的科学文化究竟是如何建构的？其共性特征和国别特性又是如何体现的？

其二，中国科学文化的特点是什么？中国古代确实有技术文化没有科学文化，缺乏对事物本质的深刻探究和理论说明，有经验积累没有理论假说。鸦片战争后，西方科学大规模输入，对科学功能性应用

---

① 袁江洋：科学文化研究，载《科学》2015 年 7 月号(67 卷 4 期)。

的执着追求以及对科学精神有意无意的抑制，不尊重专家、不尊重专业，科学活动缺乏积累机制和传承机制，流量很大而存量很小，每一代人几乎都是从原点做起，找不到甚至也不知道巨人的肩膀在哪里。这到底是中国科学文化的特点还是缺失？

其三，是否有中国特色的科学文化？如何构建中国特色的科学文化？有人提出科学文化启蒙一说，科学可以起到启蒙的作用，但科学文化如何启蒙？几乎所有科学文化学者都认为中国最应该补上科学精神这一课，让科学精神归位，可是抓手在哪里？科学家既是科学知识、科学思想、科学态度和科学精神的直接载体，也是科学方法和科学活动的直接践行者，从科技人物研究和宣传入手来培育中国特色的科学文化是否一条切实可行的途径？

为全面贯彻落实中央关于深化科技体制改革、加快建设创新型国家的战略部署，切实承担起推进科学文化建设的历史重任，中国科协调研宣传部于 2014 年 8 月启动了“科学文化译丛”项目，旨在通过引进翻译国外优秀科学文化研究成果，为我国的科学文化建设提供更多可资借鉴的学术资源。这项工作启动以来，其困难和艰辛远远超出预期。一个主要原因在于，科学文化研究有着极为宽阔的学术边界和丰富的研究主题，科学的本质及其在人类文化中的地位与作用、科学探索与发现、科学的自组织与社会化、科学文化与社会文化之间的互动等等，都是科学文化研究的重要内容。所幸这项工作得到国内致力于科学文化研究的专家学者们积极响应，也得到出版界人士的大力支持，经过共同商议，我们从科学文化的历史、哲学、社会学、传播学及计量学研究入手，扣住科学文化发生发展史、科学文化的哲学解析和文化学解析，科学文化在各国工业革命与现代化进程中的地位与作用、科学文化传播（包括科学文化与其他文化的相互作用进程）与新文化塑造等主题，选择优秀著作加以翻译出版。

在译丛编委会、译者和出版社的共同努力下，经过两年多的艰辛工作，第一批成果即将面世。作为译丛主编，我要真诚感谢郝刘祥、袁江洋两位教授和所有参与译、校工作的研究人员，这套丛书高度得益于他们的专业精神、学术造诣和倾心奉献。感谢中国科协调研宣传部提供经费支持，中国科普研究所承担了主要的组织协调工作，罗晖、王康友同志积极推动，特别是郑念研究员的辛勤劳动，正是大家的无私奉献才使翻译任务如期高质量完成。感谢上海交通大学出版社原社长韩建民先生、现社长郑益慧先生、总编辑刘佩英女士和副社长李广良先生，正是他们的认真负责和积极推进，我们才得以较高效率出版发行本套译丛。借此机会，我还要感谢袁江洋、李正风、胡志强三位教授，正是他们在过去几年对中国科协科学文化研究项目的积极参与和深入研讨，使我对这个问题的认识和理解不断深化，他们的若干观点和本人的学习心得已经在这篇小文中有所体现了。当然，还有很多同志在这个过程中付出了心血，在此就不一一列举了。

今后，我们将继续推进这一项目的实施，把更多更好的成果呈现给大家。热情期待有更多的研究人员以宽容和多元的理念去审视和考量科学文化问题，理性观察和评判科学文化建设进程，努力撰写出中国人自己的科学文化研究专著。我相信，“科学文化译丛”作为我们研究科学文化的重要参考文献，必将成为传播科学文化的有效载体，建设科学文化的助推器，它不奢求面面俱到，但希望能够提供一个独特的视角；它可能给不出答案，但希望有助于思路的拓展；它未必绝对正确或准确，但希望能给我们留下更为广阔的思考空间。

中国科协　王春法

献给凯伦·哈尔图宁

—没有她就没有本书—

人们总是这样想：事情是这样的吗？

当发现事实原本如此后，人们又想，为什么它会被错过这么久？

——弗朗西斯·培根

写在蒂托·李维《自然的解释》(1603)之后

# 致　谢

本书研究和撰写过程中，承蒙亨廷顿图书馆、国家科学基金会80813号资助项目、加州大学戴维斯分校、南加州大学、约翰·西蒙·古根海姆基金会和美国国家人文中心的优待与支持，在此深表感谢。此外，我还要感谢美国国家人文基金会准许我把时间花在亨廷顿图书馆，感谢加州大学戴维斯分校“校长研究员计划”（Chancellor's Fellows Program），以及梅隆基金会在我供职国家人文中心期间授予我约翰·索亚奖学金。

身为几个学术团体的成员，我十分感激同行们在本书撰写过程中给予的智力支持。承蒙我的学生塞莱斯特·钱伯兰德（Celeste Chamberland）、米歇尔·克劳斯（Michele Clouse）、布鲁克·纽曼（Brooke Newman）和克里斯蒂娜·拉莫斯（Christina Ramos）的帮助，我始终保持着敏锐的洞察力。他们都是优秀的历史学者，过去几年中能与他们共事，我倍感荣幸和欣慰。加州大学戴维斯分校的同事琼·卡登（Joan Cadden）、弗兰·多兰（Fran Dolan）、玛吉·弗格森（Margie Ferguson）和凯西·库利克（Cathy Kudlick）都对该项目给予了莫大支持。在南加州大学，我身边那些天生具有禀赋的城市历史文化学者为人热忱，对我慷慨赐教。其中，我要特别感谢菲尔·埃辛顿

(Phil Ethington)、琼·皮戈特(Joan Piggott)和瓦妮莎·施瓦兹(Vanessa Schwartz)等几位学者，感谢他们有兴趣关注这个与他们自身研究相去较远的城市和年代。南加州大学集中了各擅专长的英国史学界的中流砥柱，置身其中，我倍感荣幸。我十分感激朱迪斯·贝内特(Judith Bennett)、莉莎·贝特(Lisa Bitel)、辛西娅·何洛浦(Cynthia Herrup)、菲利普·莱文(Philippa Levine)、皮特·曼考尔(Peter Mancall)和卡罗尔·沙马斯(Carole Shammas)，他们的聪明才智深深影响了这个项目。尤其要感谢辛西娅，这项工作伊始，是她提醒我伊丽莎白时代科学的有关研究内容足以单独写成一本书。并且，她在本书手稿全部完成后，又提出了卓越而深刻的批评建议。

在国家人文中心的帮助下，我获得了15箱笔记资料，这些资料是我这部书的基础和源泉。我从美国国家人文科学中心2004—2005班同班的研究员们那里获得很多灵感，尤其是生命故事研讨班的同事，有茱莉亚·克兰西-史密斯(Julia Clancy-Smith)、埃德·柯蒂斯(Ed Curtis)、汤姆·凯泽(Tom Kaiser)、丽萨·林赛(Lisa Lindsay)、格雷格·米特曼(Gregg Mitman)、卡拉·罗伯逊(Cara Robertson)、蒂姆·泰森(Tim Tyson)。每当生命故事研讨班召开的时候，一进门，我总能看到肯特·马利肯(Kent Mullikan)、洛易斯·惠廷顿(Lois Whittington)和伯尼丝·帕特森(Bernice Patterson)投来的微笑。图书馆员丽萨·罗伯茨(Liza Roberts)、贝特西·戴恩(Betsy Dain)、珍·休斯顿(Jean Houston)以及他们在杜克大学和北卡罗来纳大学高素质的图书传送团队，曾帮我过手数目超乎想象的书籍和文献。玛丽·布鲁贝克(Marie Brubaker)在影印文件方面给我提供了宝贵的协助，业务精深的文字编辑凯伦·卡罗尔(Karen Carroll)审读了我的手稿初稿。菲利普·巴伦(Phillip Barron)和乔尔·艾里奥特(Joel Elliott)则一次次帮我维修电脑，这一切已经远远超出了他们的分内之职。我还从嘉娜·约翰森(Jana Johnson)和克里斯汀·罗塞利(Kristen Rosselli)那里感受到久仰的南部酒店热情周到的管理和服务。当然,还有汤姆·科格斯韦尔(Tom Cogswell)、琳达·库恩(Lynda Coon)、莫拉·诺兰(Maura Nolan)、卡拉·罗伯逊(Cara Robertson)丁香·沃纳(Ding-Xiang Warner)和乔治亚·沃恩克(Georgia Warnk)这些朋友,一年多来,他们使我在北卡罗莱纳三角研究园(the North Carolina Research Triangle)感受到了促人奋发创作的最关键因素——友谊。

以下研究单位和组织机构为我提供了展现自己工作的机会,同时也感谢对本书最初版本提供审慎而细致评论的众人和读者,包括:美国历史协会年会、康奈尔大学、德鲁大学和新泽西莎士比亚节、杜克大学中世纪和文艺复兴研究专业、达特茅斯大学托马斯·哈里奥特讨论班、五校联合文艺复兴研究教师研讨会、科学史学会年会、胡格诺教会,以及威尔士亲王殿下、亨廷顿图书馆现代早期英国研讨会、亨廷顿图书馆文艺复兴研讨会、约翰·霍普金斯大学医学史项目、曼荷莲女子学院、国家人文中心、牛津大学新学院、北卡罗莱纳中世纪和文艺复兴时期研讨会、波莫纳学院、普林斯顿大学、美国文艺复兴学会年会、斯坦福大学、加州大学伯克利分校、加州大学戴维斯分校校长俱乐部、加州大学戴维斯分校跨文化妇女历史研究、加州大学旧金山分校 17 与 18 世纪研究中心、加州大学旧金山分校科学研究研讨会、芝加哥大学埃里克·科克伦专题研讨会、密西西比大学文艺复兴—现代早期研究专题研讨会、北卡罗来纳大学文艺复兴讲习班、圣迭戈大学科学研究研讨会、圣塔克拉拉大学、南加州大学历史系,以及南加州大学亨廷顿现代早期研究所。

如果没有诸多图书管理员的耐心协助,史学研究工作很难顺利完成。我要特别感谢在项目研究过程中给予我支持的那些图书管理员和档案保管员，他们来自：牛津大学伯德利图书馆杜克·汉弗来阅览室团队、伦敦市政档案委员会办公室、伦敦家族历史中心、大伦敦档案记录办公室、伦敦市政厅图书馆手稿服务处、伦敦大都会档案馆、牛津大学莫德林学院、剑桥大学彭布罗克学院和伦敦圣巴塞罗缪医院档案馆。有两个图书馆要特别提一下，它们是亨廷顿图书馆和大英图书馆，尽管我对书籍和原稿提出一次又一次的需求，但是那些稀缺图书和手稿部门的工作人员还是尽可能地为我提供帮助。

这些年来，朋友和同事们都心甘情愿地听我长篇大论伊丽莎白一世时代的伦敦和那些逝去的伦敦街道的历史，我十分享受与他们共处的快乐时光。还有许多人要特别感谢。玛格丽特·雅各布（Margaret Jacob）先于我认识到这个项目的重要意义并对此深信不疑，她督促我树立更远大的目标，接受更具智慧的冒险和挑战。艾德里安·琼斯（Adrian Johns）、亚历山大·马尔（Alexander Marr）和约瑟夫·沃德（Joseph Ward）鼎力支持我这部书的创作，他们不断鼓励我，这份友情真是无以回报。还有包括艾瑞·伯克（Ari Berk）、斯蒂芬·克鲁卡斯（Stephen Clucas）、弗拉瑞克·埃格蒙特（Florike Egmond）、保拉·芬德伦（Paula Findlen）、玛丽·费塞尔（Mary Fissell）、瓦妮莎·哈丁（Vanessa Harding）、罗伯特·哈奇（Robert Hatch）、莱奈特·亨特（Lynette Hunter）、卡蒂·帕克（Katy Park）、比尔·舍曼（Bill Sherman）、尼格尔·史密斯（Nigel Smith）和鲍伯·韦斯曼（Bob Westman）在内的众人，他们纠正了我很多尴尬的错误，帮我从纷繁复杂的议题中梳理思路。我本以为自己已经找到了阅读和撰写伊丽莎白一世时代社会生活的方法，但是，在史蒂芬·夏平（Steven Shapin）领导的福尔杰图书馆（Folger Library）研讨班中，在这个关于现代早期自传撰写的良好环境中，我开始重新思考这个问题。在我特别需要帮助的时候，马杰丽·沃尔夫（Margery Wolf）和麦克·马歇尔（Mac

Marshall)从人类学角度介入,透彻地解释和例证了所谓“深入相处”(deep hanging out)的全部含义。与希拉·阿弗奈南(Hilla Ahvenainen)和玛格丽特·史密斯(Margaret Smith)之间的友谊在很多方面给我以支撑,没有她们,我真的不知所措。我的父母始终坚信,所有收集到的现代早期文本资料都有价值,我很敬佩他们的想法。他们始终如一地支持我,并对我充满信心,我要以同样深沉的爱回馈他们。

在手稿成书过程中,还有一些人要感谢:我的代理人,弗朗西斯·戈尔丁文学代理机构的山姆·斯托洛夫(Sam Stoloff),在本书题目初拟阶段,他就觉得前途光明,并鼓励我从各种不同的新视角思考问题。山姆,如果没有你,这本书的写作过程将何其漫长而孤独!很幸运能和耶鲁大学出版社的拉瑞莎·海默特(Larisa Heimert)和克里斯托弗·罗杰斯(Christopher Rogers)这两位功底深厚的编辑合作。还有两位不知名的读者给出版社提供了具有洞察力的评论,极大地提高了本书最终版本的质量。另有三名匿名读者替耶鲁大学试读了本书初稿,并在第一时间反馈了对这部图书最终版式的想法。我的原稿编辑丹·希顿(Dan Heaton)认真负责、坚持不懈、心思细密、和蔼可亲,他具备所有作者都期待的优秀编辑特质。他的耐心随和让那些原本难以忍受的过程变得不再艰难。凯伦·哈尔图宁(Karen Halttunen)、辛西娅·何洛浦、玛格丽特·雅各布和亚历山大·马尔都通读了全部手稿,并和我分享了他们的问题以及建议。本书得到这么多人的慷慨相助,如若还存在错误纰漏,由作者承担相应责任。

最后,我要将此书献给凯伦·哈尔图宁。如果没有她,我就挑不起这副担子,也完不成这本书。从我开始乐观地认为这不过是一本很快写就的小书,一直到本书最终完成,凯伦始终是一位充满热情的支持者和评论家。她热心地陪我走遍了伦敦的大街小巷,去探寻消失了的旧日伦敦遗迹；她牺牲了很多假期时间，陪我整日泡在方圆咫尺的市政厅图书馆；就是在餐桌旁，她也要听我不停地唠叨伊丽莎白时代那抽象、冗长而零散的故事。同时，她还要忍受我在伦敦档案馆里最后攻坚时不在她身边的漫长日子。每次我们就这个项目交流时，她总是能展现出独特的历史敏感性。如果没有她那么多年来的奉献，无论是这本书，还是我的生活，都会大为失色。

# 凡　例

本书中，伦敦将以女性第三人称“她”的身份出现，一如现代早期的惯例。“City”首字母大写时指伦敦的团体身份，即便今天，它也有别于伦敦大都市[①]。

本书引用的所有现代早期文本的拼写、语法、停顿都被悄无声息地现代化了。后增加的文字用方括号标注。引文中删节的文字用省略号表示。本凡例的编写也要对书中出现的书名作出交待，书名拼写、大写情况与《英文简称目录》（*English Short Title Catalogue*，简称ESTC）保持一致，以便参考。我只在适当之处将标题内的“i”改为“j”，“u”改为“v”。

众所周知，现代早期的人名拼写五花八门。本书中人名拼写采用以下标准：

1. 如果《英文简称目录》收录了他（她）的名字，采用ESTC的拼法；

2. 如果《牛津英国名人录》（*Oxford Dictionary of National Biography*，简称DNB）收录了他（她）的名字，但ESTC没有他（她）的

① 本书中译为“伦敦城”或根据上下文译为“伦敦”。——译者注

书目，采用 DNB 的拼法；

3. 如果他（她）既有为人所知的本国语名字，也有拉丁语名字，采用本国语名字；

4. 如果他（她）主要以拉丁语名字为人所知，为方便参考，采用拉丁语名字；

5. 如果他（她）很知名，但不适用于上述各条规则，采用学术文献中最常用的拼法；

6. 如果学术文献对他（她）没有提及，但他（她）留有遗嘱，采用遗嘱认证中的拼法；

7. 如果他（她）的名字不适用于上述各条规则，采用所查阅文献来源中最常用的拼法。

伊丽莎白统治时期，在 1582 年提议将朱利安日历改为罗马教皇格里高利日历之前，新年始于 3 月 25 日的天使报喜节。为避免年代序列混淆，我调整了伊丽莎白日期的 1 月、2 月和 3 月部分日期的年份，实现朱利安日历向格里高利日历的转换，使之与现代惯例保持一致；但是我没有调整月份中的日期。这样，伊丽莎白时期的 1575 年 1 月 15 日，在本书中就是 1576 年 1 月 15 日。

本书中，行会组织的首写字母全部大写，例如“Barber-Surgeon”，但它并非职业名称。这样的话，如果有人是一个“Mercer”，首写字母大写表示他属于那个行会，而不是说他买卖布匹；如果说一个人是“surgeon”，则指的是职业，他也不一定是“Barber-Surgeons’ Company”的成员。

# 关于“科学”的注释

有些读者可能认为，用集合名词术语“science”描述伊丽莎白时代伦敦人对自然表现出的各种兴趣，是带有明显时代错误的，因而对此持有异议。毕竟，《牛津英语辞典》没有把“science”解释为“一个指以自然为对象开展数学研究和物理研究的术语，19 世纪中叶已经开始使用”。[①] 按照我接受的训练，现代早期对自然的兴趣要称作“自然哲学”，因为它不是基于实验室中的实验，不是明显可知的现代科学。自然哲学（别人也这样教过我）是精英兴趣的集合，它滥觞于亚里士多德和反亚里士多德潮流，在新兴的人文主义学识中为人熟知，由那些有闲又有钱去思索自然世界的绅士和学者们加以实践。但是，这个定义似乎也不适用于本书中那些有故事的伦敦人的背景，传达不出他们想利用自然实现富有成效、有利可图的目标的意思。

“科学”一词出现于 16 世纪的英语用法中，是一个总称术语，涵盖了对自然世界具体方面较小的、易描述的兴趣，例如葡萄栽培、炼丹

---

① 厄南·麦克马林（Ernan McMullin）在《科学革命中“科学”的概念》（*Conceptions of Science in the Scientific Revolution*）中选择更广泛的文本追溯了“科学”的定义。我试图描述在伊丽莎白时代的伦敦，“科学”一词在特定和区域性方言背景中的用法，不研究它随时间而产生的发展和演变。

术、采矿和数学。早至伊丽莎白时代的 1559 年，威廉·坎宁安(William Cuningham)将机械发明描述为“科学”，到伊丽莎白统治末期，拉尔夫·莱伯兹(Ralph Rabbards)翻译的炼金术文本“促进科学发展的信函”(*yours in the furtherance of science*)，“科学”就用来表示对自然世界的研究以及为达到富有成效和有利可图的结果而对自然世界的操控。有时候这一术语与自然的联系十分明确，正如坎宁安认定宇宙结构学是“所有其他自然科学中最优秀的科学”，还有托马斯·查诺克(Thomas Charnock)的《自然哲学摘要》(*Breviary of Natural Philosophy*)列出了炼丹术“这门科学中所有容器和仪器……”的名字和用途。约翰·塞库里斯(John Securis)在他的《外科医学日常误用和滥用探寻》(*Detection and querimonie of the daily enormi ties and abuses co[m]mited in physick*)中给“科学”下定义：“科学是一种习惯……[一种]通过长期学习、练习和使用形成的，情愿的、敏捷的、决意的，去做所认定的任何事情的倾向。”①

伊丽莎白时代，很多英国人都用“科学”这个集合名词术语描述他们对自然世界特性的兴趣，或者他们为操控这些特性付出的努力。伊丽莎白时代出版或再版的著作中，莱昂纳多·迪格斯(Leonard Digges)使用“数学科学”一词来标识当时代人对天文学、占星学、仪器使用、算术学和几何学的兴趣，约翰·迪(John Dee)、约翰·布拉格雷夫(John Blagrave)、威廉·伯恩(William Bourne)也有同样的做法。女王对“所有好的科学和英明、博学的发明”表示支持，并以她的名义向火炉制造“科学”和眼镜制造“科学”领域内的技术专家颁发专利证。汉弗来·贝克(Humfrey Baker)承诺他掌握的数学“这

① Cuningham, *The cosmographical glasse*, sig. Aiir and p. 4; Ripley, *The Compound of Alchymy*, ed. Rabbards, sig. * v; Charnock, *Breviary of Philosophy*, from the copy in British Library Sloane MS 684, f. 1r; Securis, *A detection and querimonie*, sig. Biiiiv.

门科学中更多的、最现成的知识”多于多数英国人。唐纳德·勒普顿(Donald Lupton)写到伦敦时,称其为所有“科学、艺术和贸易”的中心,这暗示了17世纪以前已经有人梳理这些形式的探索和实践之间的区别了。外科医生乔治·贝克(George Baker)也对意大利和法国作家将外科学知识转化为地方语的做法加以赞赏。他的外科医生同事威廉·克洛斯(William Clowes)将医学和外科学置于科学之中,并指导读者观察一门科学与另一门科学之间的分界线。还有,弗朗西斯·培根(Francis Bacon)企盼英国人开发“未知科学”的时代。[①]

研究发现,整个伊丽莎白时代,医学、数学、仪器使用、机械和化学、自然史方面的英语书写者,既把“科学”当作集合术语使用,又用它来表示一门门独立的科学。“科学”一词在数学作家和医学作家作品中最常出现;但是,在技术发明专利证的王权语言中,大众作家唐纳德·勒普顿写伦敦城但不以科学为主题的作品中,甚至是女王有关发明和垄断的官方声名中,“科学”一词也都有使用。对比可知,我所研究过的伊丽莎白时代的人很少有将自己的工作说成是自然哲学的。他们也没用别人给我建议过的其他术语,即那些能替代“科学”的更有历史感知力的词语,包括“富有成效的知识”、“仿真自然”或者“公共利益效用”。因此,我必须要做出选择:或是使用那个至少我的史学研究对象们用来描述他们工作的集合术语;或是采用一个此前无人使用,但多数科学史专家坚持认为正确,并在史学意义上更细致入微的

---

① Digges, *A prognostication everlasting*, f. IV; Baker, *The well spryng of sciences*; Dee, *General and rare memorials*, sig. Aijr; Baker, *The newe jewell of Healthe*, introduction, n. p.; Bourne, *A regiment for the sea*, sig. Aiiiv; Blagrave, *Baculum familliare*, sig. A2r; Lupton, *London and the countrey carbonadoed*, 2; Clowes, *A short and profitable treatise*, sig. Ciiv; Hood, *The use of the celestial globe*, sig. Br; Clowes, *A right frutefull and approoved treatise*, sig. A2r; Bacon, *Valerius Terminus*, in Works, ed. Spedding, Ellis, and Heath, 3: 223.

一个术语。我之所以决定和我的研究对象们保持一致，使用“科学”这个词，是因为它的时代错误最少，这一点触动了我。

在伊丽莎白时代，伦敦居民正开始用一种都市感知力去看待自然世界，今天的历史学家可能更多地将其称为“地方语科学”。正如这项研究所表明的，地方语科学是以城市人认知和评估自然世界的方式为基础的，这种方式产生于伦敦城密集交叉的社交世界。同样地，地方语科学与大学里教授的自然知识或是宫廷中对自然世界感兴趣的绅士、贵妇人享有的上流社会文化是有区别的。地方语科学和地方语建筑学一样，与大学和宫廷的阳春白雪式的自然哲学与知识分子的抱负有相似之处，但是，它们还有自己别样的特质（例如，观察优先于惯例）、不同的表达形式（实验分享优先于理论知识分享）和价值（接受争议和质疑作为科学事业的常规方面）。

通观全书，会发现这个集合名词在16世纪当时使用的证据。这些使用实例的参考文献都以“科学，术语的当代用法”检索。由这些实例推及开来，我还通篇使用“科学”，把它作为一个集合术语简写形式，用来指代伊丽莎时代的伦敦人在理解、探索自然中的兴趣，甚至是那些持有问题但没有进行具体探索的个人。昆廷·斯金纳（Quentin Skinner）认为，概念可以先于用来为其命名的术语词汇。但具体到“科学”一词上，情况还是稍复杂一些的，因为该词是伴随着自然科学的一些概念投入使用的，不管我们是否愿意承认这一点，事实就是如此。在人们经常提及却很少引用的《牛津英语辞典》对“科学”的定义中，我们不难看出整个事件的古怪状态。1867年，W. G. 沃德（W. G. Ward）因为对“科学”一词特别的集合用法加以润色而受到表扬，他写道：“我们应该……用英国人通常赋予‘科学’一词的意义；当我们表达物理科学和数学科学的时候，排除技术和形而上的东西。”看起来，19世纪和16世纪的英国人普遍认可的东西并无二致。

当我们在现代早期伊丽莎白时代背景下，以具有历史连贯性、富有意义而精确的方式去讨论修习自然的个体学生、描述他们的活动时，就会出现类似的具有时代错误的术语问题。因为我发现，伊丽莎白时代没有人用“科学家”来形容一个修习自然的学生，如果不是在讨论一个 19、20 或 21 世纪的人物，我是不会用这个词的。相反，只要是可能情况下，我会用现代早期的专用名称，例如“炼金术士”、“外科医生”、“药剂师”和“数学家”。我基于对记载伦敦的参考文献的考察了解到，伊丽莎白时代的伦敦城确是使用这些术语的。药剂师、外科医生和内科医生都是受认可的职业头衔，我还发现了伦敦城记载“炼金术士”的一本资料和记载“男巫”的一本资料，另外还有少量关于“数学家”的参考文献。我使用现代术语“技术、技术员和工程师”来集体指代那些探索的手段，还有伊丽莎白时代有据可考、只与具体活动有联系的人。这里仅举几例说明，如“钟表匠”、“火炉匠”和“枪托匠”。尽管有些伊丽莎白时代的人用过“botanographer”指代植物采集者和专业园丁，但是，伦敦当时的记载资料中没有植物学家和动物学家的相关记录。为了简单起见，也为了保持连贯性，我沿用了我的一个研究对象托马斯・莫菲特的做法，使用“博物学者”一词形容那些对植物、动物、化石和生命的古代形式感兴趣的人们。讨论到这些自然知识领域时，我使用“自然史”这个词，尽管我此前的史学研究对象都没有用过这个词。

我编入索引的包括“科学”一词当代用法的相关内容，代表了伊丽莎白时代那些用过这个术语的人，但是他们无法一一详尽我在那一时期的书中和手稿中找到的实例。如果编一个伊丽莎白时代“科学”全部确切用法的目录，这本书读起来就很难懂了，对此，我想读者朋友一定和我有同感。因而，同样地，如果我们试图回到中世纪的手稿，回到17、18 世纪去看“科学”一词在早期和后期英语写作中用法的变化，也会导致同样的问题。当然，这样做的话，需要追溯长期以来的历史发展脉落，而这本身也值得我们研究。但是，本书中，我更关注如何描述在具体时间、具体地点对自然世界开展的研究。

# 目　录

# 珍宝宫

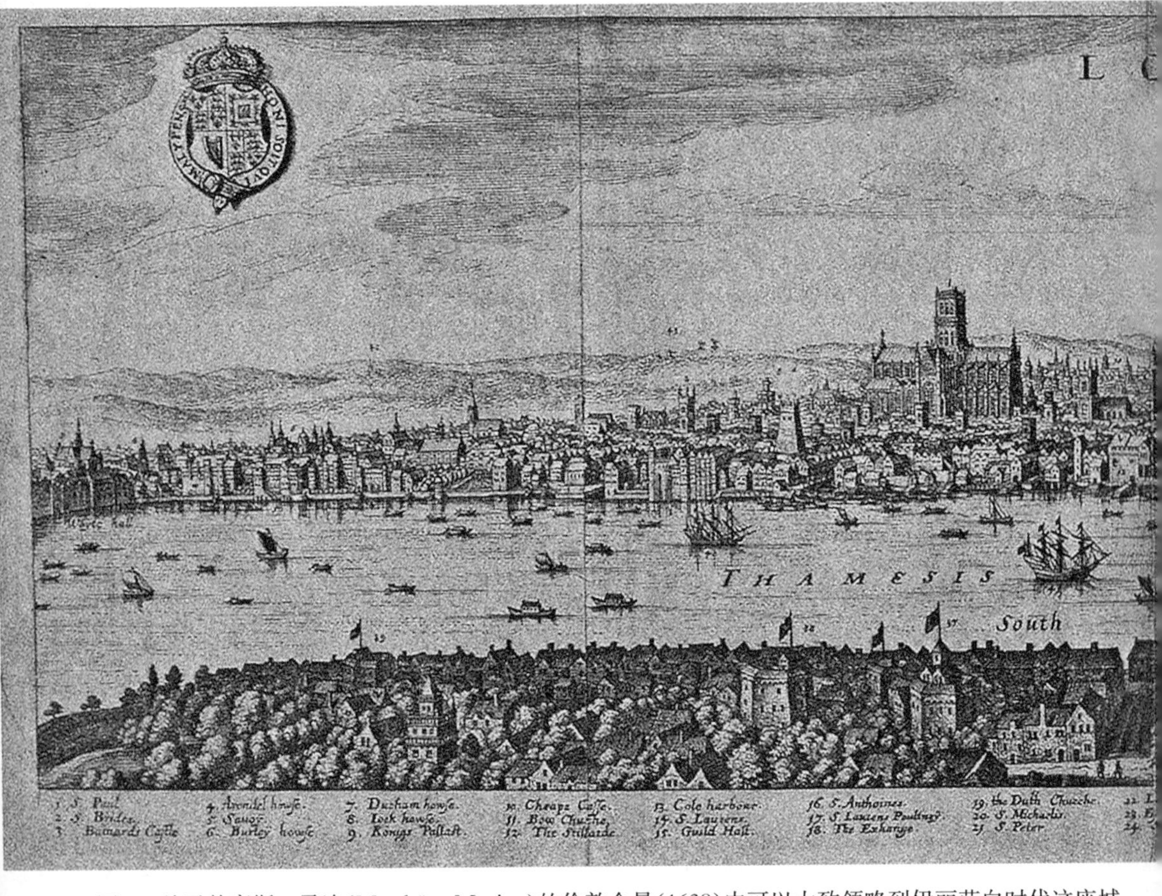


图 1　从马特豪斯·马连（Matthäus Merian）的伦敦全景（1638）中可以大致领略到伊丽莎白时代这座城

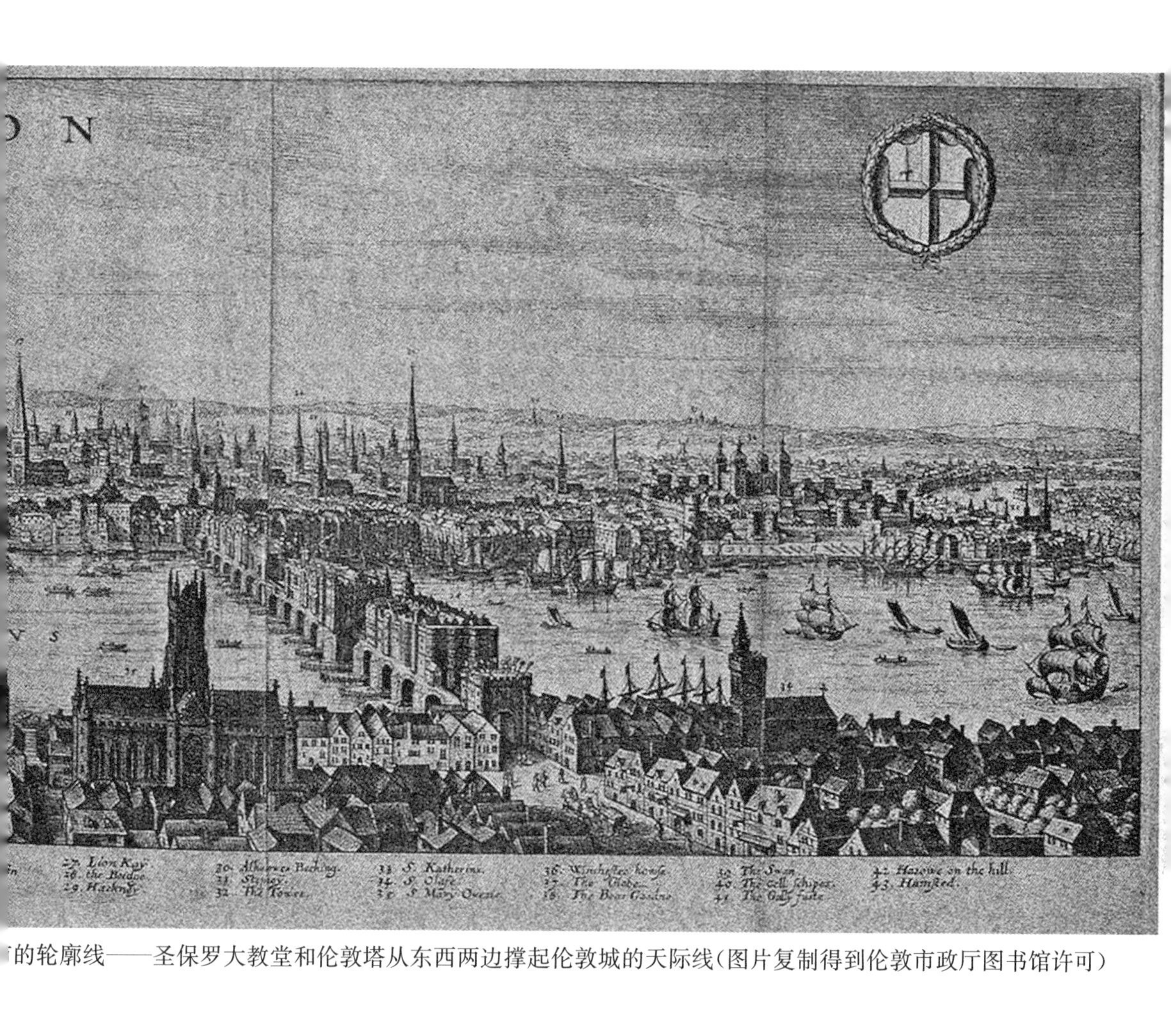


的轮廓线——圣保罗大教堂和伦敦塔从东西两边撑起伦敦城的天际线(图片复制得到伦敦市政厅图书馆许可)

序曲

# 1600年的伦敦：市景掠影

驻足于17世纪的泰晤士河南岸，从南华克区望至古城墙环绕的老城区，人们不禁惊诧于伦敦四大天际线之美：东面，是大火纪念碑和伦敦塔参差的石堡；南面，是半木结构的"O"型世界剧院；西面，圣保罗大教堂的螺旋截顶从庞大的矩形体的中世纪教堂探出，因雷击而烧焦的塔顶依然可见；北面，新建的格雷沙姆皇家交易所光滑的石头表面和拱形柱廊之上的金色蚱蜢，在阳光的照耀下闪闪发光（图1）。这四座建筑物勾勒出伦敦独特的天际线，也象征着这座大都市集政治、文化、宗教、经济权力于一身。伊丽莎白时代的伦敦是现代英国名副其实的首都，是一个充满活力的、世界性的城市生活中心。同样，当时的伦敦居民也感到这座城市既让人兴奋又让人无措，这让那些试图将伊丽莎白时代的伦敦城理解为文化实体、社会实体、经济实体、政治实体或空间实体的人，感到一丝安慰。"她的成长如此伟大，我唯恐打扰到她，"唐纳德·勒普顿在1632年写道，他又说，"她绝对是一个大世界，在她体内，还包含那么多的小世界。"

当游客们为伦敦的天际线惊诧不已之时，这座城市真正的活力——以伦敦塔、世界剧院、圣保罗大教堂和皇家交易所为象征的能量已赋予她的子民。每当夜幕降临，街道上车水马龙，伦敦市民就在这里工作和生活着，争论和膜拜着，挣扎和繁衍生息着。伦敦，这座16世纪50年代时只有5万人口的小城市中心，到了17世纪时居民已达20万，成功跻身欧洲第二大城市。"伦敦城不只是充满新奇，她如此深受欢迎，人们来到此地，已经不只满足于走马观花式地随着人流在街上走走。"瑞士游客托马斯·普拉特(Thomas Platter)在1599年这样写道。

伊丽莎白时代的伦敦人成熟而具有国际视野，他们同来自法国、荷兰、西班牙、葡萄牙、意大利的移民朝夕相处，联系紧密。伦敦居民中有非洲人、奥斯曼土耳其人和犹太改宗者。外国人口是这座城市的巨大财富，同时也隐含着巨大的不安定因素。移民引进了饰针制造和眼镜制造等新型贸易，并为发展水利和其他工程项目献计献策；然而，移民也对伦敦本已不堪重负的就业和房屋市场形成了压力。在这座城市的街道上，教堂外和交易所的走道上，创造力与竞争并存——而这正是酝酿文化和知识变革的理想环境。

忙碌的人群之中，有数以百计的男男女女正在研究和探索着自然世界。尽管这些人没有一个世界剧院那样的建筑物来吸引过往行人的眼球，但他们在街头巷尾打造出伦敦生活中更具辨识性、更重要的特征。这些博物学者、行医人、教师、发明家和炼金术士，不仅活跃于自然世界研究领域，还对如何用这种研究造福人类抱有兴趣。在伊丽莎白时代，伦敦为孕育经验主义文化——科学革命之文化——提供了土壤。在英国皇室整日忙于应对国内外危机、牛津大学和剑桥大学的学者们忙于古典文献权威性争鸣之时，伦敦居民却忙于制造精巧的机械装置，试验新机器和探索大自然的奥妙。可以说，倘使没有伊丽莎白时代伦敦人的思想活力，就没有英国的科学革命，也就无法为日后的科学家奠定诸如熟练劳动力、工具、技术和经验主义眼界等基础，而这些正是自然研究走出图书馆、迈进实验室的必要条件。

在如此巨变之中，伦敦这座城市发挥了怎样的助推作用呢？若要知晓这一点，我们不妨把目光投向伦敦的市井和街道。中世纪时期为彰显伦敦对上帝的忠诚而建造的圣保罗大教堂，作为英里见方的“城市”中心的地标建筑，已经矗立了数个世纪（图2）。伊丽莎白一世的众多施政计划中就包括一个致力于复建损毁教堂的公众彩票项目。17世纪的圣保罗大教堂虽然已不及原有高度，但仍保留于伦敦城的教会中心。教堂外的露天讲坛上，布道者们正在规劝民众忏悔和改过，他们的声音甚至压过了上个世纪开始就占据这教堂大院为地盘的书商和印刷商。在伊丽莎白的统治下，一旦某地成为宗教的聚集点，天主教就会成为这个领地内的知识分子中心，它是宗教论争的发源地，又是文艺复兴思潮的传播源头，如饥似渴的读者在此得到了新闻传单、大字报以及成千上万种印刷书籍。人们时常光顾圣保罗大教堂外的商店，或是购买二手的弗朗西斯·培根（Francis Bacon）散文和约翰·马斯顿（John Marston）最新戏剧的头版书，或是从箱子里淘换记载诸如小牛长两个脑袋这类骇人的本地奇幻的廉价老旧历书和星图，好嘲笑那些一度令人生畏而事后想来却显得滑稽可笑的预言。大批修习自然的学生也蜂拥而至，购买英文版的医学、外科手术著作或引进版的外国植物学著作，还有那些配有使用指南的测量仪器。

伦敦民众的受教育程度很高，这得益于面向伦敦城儿童的一套教授基本技能的文法学校体系。由于伦敦市场及与此相关的世界贸易网络充满竞争，因而，阅读、书写和计算在教学体系中处于优势地位。皇家交易所是托马斯·格雷沙姆（Thomas Gresham）爵士赠予伦敦城的礼物，这座丰碑寓示着伦敦在竞争市场中永占优势，后来，皇家交易所很快发展为伦敦城的经济中心。皇家交易所成功地复制了安特卫普交易所模式，里面奢侈品店铺林立，巴伯外科医生行会负责打理生意的精英们的办公室也落户于此，此外，还有售卖香料、药品、布匹的货摊过道以及一个露天庭院供人们分享八卦新闻、邂逅罗曼蒂克。随着交易所名气渐增，有人把市场推位摆到了大门外，其中就包括售卖测量仪器的商店；还有人搭起简易的台子，供游医在上面叫卖药水和洗剂。伊丽莎白时代的一个人曾讲过，皇家交易所俨然就是当时伦敦的缩影，在这里，你可以找到形形色色的人——贵族老爷和夫人、商人和他们的女人们、仆人、学徒和小偷。在皇家交易所及大楼周边的街道上，商人和外国移民操着阿拉伯语、瑞典语等各种语言，他们已经有机地融入了伦敦人的生活之中。

并非所有伦敦人都会掏钱买书，但即使没文化的人也有机会听到新闻，交到外国朋友或者了解国内外经济和政治发展近况。无论秀才还是白丁，本地人还是外国人，只要到皇家交易所、圣保罗大教堂或者泰晤士河南岸的剧院里走一走，看一看，就会很容易打听到新闻和消息。南华克区的世界剧院一带作为大都市文化中心，地位显赫。在那里，威廉·莎士比亚（William Shakespeare）、托马斯·德克尔（Thomas Dekker）以及与他们同时代的作家的新剧目正在上演，引得观众纷纷品评。16世纪90年代几进几出监狱的本·琼森（Ben Jonson）在1600年出版了他讽刺伦敦人性格的著作《缺乏幽默感的人》（*Every Man Out of His Humour*）。1599年，该剧目在世界剧院上演，当时，从白厅沿泰晤士河旅游的朝廷大臣们热捧这部剧，他们都乐于把剧中讽刺奚落的人与自己的朋友对号入座；然而，伦敦城市民却不买这部剧的账，认为它情节不好，品味也不足。世界剧院一带还有圣保罗大教堂的一家大型医院，这家医院因其外科手术医生而闻名，同样知名的还有几家器械大制造商在医院组织召开的座谈会，这些制造商曾建造了伦敦城教区和皇家宫殿的钟表。除此之外，移民中还有一些啤酒酿造师名气不小，他们会操作蒸馏仪器和发酵仪器，引得当地人惊奇不已。

图2 1593年的伦敦地图 边缘是12个主要行会的徽章。下方的图例可帮助读者识别关键地标，如皇家交易所、圣保罗大教堂等。本图来源于约翰·诺顿（John Norden）的《不列颠之镜》（*Speculum Brittaniæ*，1593）（图片复制得到亨利·E. 亨廷顿图书馆许可）

1600年，伦敦城居民仍然聚居在伦敦的古罗马遗址，那是由表面凹凸不平的石墙圈成的大约1平方英里的领地，就在泰晤士河北岸。然而，人流的持续涌入使得伦敦城无节制地扩张，旧日里的花园（比如科文特花园，一个地处西边的开阔地盘，打算在接下来的一个世纪发展成居民区和购物区）、工业区（比如城墙东北伦敦塔方向的大炮铸造厂和玻璃工厂）和如今已遭驱逐的天主教堂曾占据的土地都开始划入郊区。城市的扩张提升了伦敦在大不列颠王国中的战略地位和政治地位，因此，伊丽莎白一世采取了软硬兼施的巧妙手段来对待王国的首都及其居民。但是，由于这座城市原本就是拼凑而成的，贫富差距遍布，人口多样化，统治起来颇有难度。虽然这座城市以和平、和谐作为政治理念，但事实上，伦敦是个因一百多个教堂和数十个贸易组织而安定下来的不同居民社区组成的集合体。拥挤的人口、外国移民、贫穷、公共健康危机和城市动荡使得这个集合体在舆论上、政治上都一步步走向分崩离析。包括伊丽莎白一世在内的统治者们都不在伦敦城墙之内设官邸，他们更愿意住在伦敦城外，这也不足为奇。附近的威斯敏斯特和格林威治都建有宫殿，可以确保女王在伦敦城严重内乱或是伦敦塔遭受外敌入侵时能够及时采取措施应对。16世纪下半叶，诸如此类的内忧外患频繁上演，尤其是1588年与西班牙无敌舰队大海战前后的几年，外敌入侵的谣言如野草一般在整个伦敦城蔓延开来。多数外来威胁源自英国新教徒与其天主教邻国苏格兰、法兰西和西班牙之间的宗教对立。虽然1600年英国打败了西班牙，但是仍有流言散布，说每户人家的橱柜里都藏着耶稣会信徒，到处都有西班牙刺客。不过，间谍活动实际上已成为伦敦生活的一个显著特征，法国特工、意大利双重特工和英国的特务频繁出没于大街小巷和客栈，到处搜集信息和情报。

就在这些地标式建筑里，在周边的街道上，在店面后廊，在居民区楼上，人们正在研究和操控着大自然。而这本书的内容，正是关于英国的这些少数人物及其微不足道的成就，反复试验的进展和朴素平凡的愿望。本书讲述了伦敦城内的协作与竞争之间的有力结合，这种结合带来的结果是，人们用英语温和而不失热烈地探讨有关自然的观点，却不出版拉丁语著述。正因为如此，伦敦历史上出现了一段相对简洁的时期，研究自然世界的人们试图找到更好的办法去控制自然的力量与进程。为了实现这项事业的目标，他们一方面不断检验自身的经验，另一方面通过反复验证朋友或对手的经验，从而一步一步地走向试验法。在伊丽莎白时代的伦敦，我们可以看到修习自然的学生怎样一边热切地将他们可及的新印刷文化拥入怀中，一边还在笔记本和收集的配方中保存着生动的中世纪手稿文化。通过描述伦敦城这个生机勃勃的世界，通过探究她如何发挥一个探索自然、论证自然的中心的功能，我要为进行中的史学项目贡献一些力量，在周遭密集的社会实践圈子中定位出少数几位知名的科学天才的工作。

如果读者想更深地了解艾萨克·牛顿(Isaac Newton)、罗伯特·波义耳(Robert Boyle)、罗伯特·胡克(Robert Hooke)、埃德蒙德·哈雷(Edmond Halley)和其他科学革命的天才人物——当然，这么做是有重要意义的——会发现这本书不尽如人意。本书中最知名的人物是弗朗西斯·培根(1561—1626)。虽然弗朗西斯·培根并不是能与牛顿或波义耳齐名的天才，但他是一位见证者。他出生并成长于伊丽莎白时代，长大成人以后的多数时间都居住在伦敦城墙外的西郊。弗朗西斯·培根认为，科学应该是造福人类的有组织的活动，他也因此观点而广受推崇，被尊为“现代科学之父”。培根对自然世界及其神秘的运行法则深感兴趣，他在《新大西洋岛》(*The New Atlantis*)中就如何能让科学更具功能性和创造力阐述了自己的观点。考虑到培根对自然世界的热情以及对人类控制自然事业的献身精神，他本应该感受到伦敦城是一个充满刺激与新奇的地方，但恰恰相反，培根却觉得这座城市对自然的兴趣十分令人困扰。因为相对于培根的品味而言，这些兴趣太平庸，太大众化，太不国际化。培根的社会阶层要高于那些制药、耕种植物园或者做实验的城市居民。怎样才能把伦敦对自然的绝对称得上层出不穷的（对培根来说却是杂乱、缺少目的性的）质疑转化为造福全体国民的国家工具呢？这是他一直思索的问题。

为了回答自己的问题，培根建立了一个理想之中的科学宫，依《圣经》中智慧之王所罗门大帝的原型取名为“所罗门宫”。这个科学宫囊括了他认为最有成就的科学、医学和技术活动。《新大西洋岛》的最后几页对所罗门宫及其开展的科学研究活动有精彩描述，其中包括在勘探地球矿产资源、摸索有效的栽培技术、用测量仪器探索天界等方面做出的尝试和努力。一些人在努力开发医学新疗法，还有一些人在医院和解剖室开展人体研究。在这充满想象的科学宫里，培根把所有的研究活动归到一个单独的按等级划分的研究机构里，并仅由一名受过良好教育的人进行监督和指导。

然而，从其他各个方面看，所罗门宫已然存在于伦敦城中，培根和他同时代的人对此都很明了。培根所描述的所罗门宫的全部研究行为都在伦敦城中实际发生着，所有对有利可图的自然知识的探索也已经由一个或多个伦敦人所实践。直到17世纪末，随着人们逐渐淡忘了伊丽莎白对自然的浓厚兴趣，皇家学会建立，人们才开始重新审视这段历史，将培根视为新兴的经验主义科学的倡导者。他们的观点也塑造着我们的观点。伊丽莎白时代的伦敦对自然世界感兴趣，而后至今的数个世纪中人们对这一点并无好感，我们对这段历史也知之甚少。也正因如此，我们更倾向于把所罗门宫看作是“科学应该朝什么方向发展”的蓝图，它无法说明“科学已经发展到什么程度”。我们所做的这项研究，将培根做出的先知性的、常被引用的科学工作蓝图放到适当的背景之中，这样，培根作为倡导者的意味淡了，而作为一个在卓越活动中追求领导地位的人的意味却更浓了。

下面几页内容列出了培根在伦敦城生活时期所实践的多种科学观点。我没有关注单个研究机构或者某一类探索自然的活动，相反，我对伦敦科学特征的多样性和共性更感兴趣，而这正是最令培根困扰的。培根在伦敦的那段时间，普通伦敦百姓，不论本地的还是外来的，都以平常都市人，而非绅士的感知力投入到自然知识问题的合作与竞争之中。都市感知力塑造了伊丽莎白时代伦敦的自然研究，而它自身则起源于责任、关系的密集交叉以及现代早期伦敦城市生活中的社团隶属关系。当伦敦人民张开怀抱接受了城市中的对立势力，如私人野心家和公共利益部门、土生土长的英国人和外来移民、市场力量和大学、多样性和一致性之间的错综复杂的合作关系，伦敦就开始走向兴盛了。这种都市感知力对身为绅士的培根来说理应是一团糟，然而，它却成就了伦敦人一步一步地深入自然世界之中。大多数伦敦人，包括艺术家、灵巧的工匠、伦敦城的正式行会和伦敦行会的成员，普遍都具备都市感知力。每个城市居民都处于复杂的社会关系网之中，诸如家庭成员、职场熟识、邻居和朋友等。在伦敦，志趣相投的修习自然的学生会因为面对面的互动、住址邻近或是愿意交换书籍、标本、技术、工具等而走到一起。本书中，我用大量笔墨描述和绘制自然科学活动参与者个人之间及其所属社团之间的社会网络关系乃至知识分子网络关系，为读者呈现出复杂性与功能性交相辉映的伦敦城市科学。

伦敦作为科学宫和现代实验室的原形，运行良好。尽管伦敦缺少一个专门研究机构来领导和控制其科学研究，但是，都市感知力对伦敦的科学从业者大有助益。都市感知力有助于人们成功地观察自然并调和科学结论上的冲突，进行项目合作，专业化地裁决科学方法上的争议，还有助于培养新人，从市民和议员那里获得资助，在拥挤的城市背景中克服自然研究的种种挑战。对科学而言，伦敦人的都市感知力表现出三个主要特征。首先，住在伦敦城的人都希望自己的工作为外界所知，即使没有公开出版也无妨，因为这样才会有其他伦敦人，尤其是从事相似职业或行业的人对他们的工作进行研究和评估。有些行业组织，例如杂货商行会和巴伯外科医生行会，都对其会员的商店提供的药品质量和医疗服务进行质量监管；同时，它们也监管行会外部可能侵犯其名誉和特权的个人。其次，都市感知力给了伦敦人这样一种信仰：居民所具备的特殊技能可以也应该得到开发，从而造福个人或全体市民。从酿酒人到动物园管理员，各行各业的行家里手都以伦敦为家，当修习自然的学生遇到问题时，他们就会响应召唤提供专业帮助。而且，想要找一个这样的专家帮忙也不用东奔西走，伦敦紧凑的城市布局成就了交换和互动的便利快捷。第三，都市感知力让人们更相信，在这样一个蓬勃发展的城市中，与他人合作来完成工作是必要而令人满意的。不管是与其他教区居民一起清理脏污沟渠，和其他势力一起检举臭名昭著的违反市民法令的人，还是和所在行会中的成员一起分担监督学徒的责任，在现代早期的伦敦，合作是办好事情的至关重要的因素。

正是都市感知力、新兴贸易网络组织以及不断膨胀的人口成就了伦敦，使她成为自然世界新思想、新观念的理想发源地。人们在货摊上的一声吆喝能穿透喧闹的大街小巷；而又有多少人在火炉、熔炉遍布的狭窄的后院里工作着，在皇家交易所和其他商业区的店面之外打理生意。那些来自不同国家的、数以百计的人们，就这样在伦敦从事着科学、医学和技术工作。这些人中，有些是穷困潦倒的移民，如一个叫“杜奇·汉斯”(Dutch Hans)的德国金属工，在世界大剧院附近一个拥挤的酒吧里，用所了解的铅熔性能的知识换啤酒喝。另一些属于伦敦的贸易行会组织的人，比如巴伯外科医生行会的乔治·贝克，在皇家交易所门口的店面里从事拔牙、正骨，也做外科手术。尽管当时伦敦内科医师学院竭力阻挠女性进入医疗市场，但是安特卫普人利芬·阿拉提斯（Lieven Alaertes）和伦敦人托马西娜·斯卡利特（Thomasina Scarlet）还是在伦敦城开始了有偿行医，专攻妇产科。威尼斯商人和炼金术士乔万·巴蒂斯塔·阿涅罗（Giovan Battista Agnello）在人口密集的社区经营着一个有爆炸危险的熔炉，居民对此并无半句怨言；另一个叫罗德里戈·洛佩兹（Roderigo López）的葡萄牙改宗者曾经是女王的内科医生，因看诊时有多名非洲仆人随侍而早早名声在外，但他后来因给女王下毒而受到指控，最终声名狼藉。

在伦敦的街头、店铺，抑或是私人花园和住宅领地，这些科学研究者与同事、合作者分享信息和技能，辩论科学知识、结论和科学研究过程，也向竞争者发起挑战。人们都为了就混乱和变换无穷的世界达成一致、取得共识而奋斗着。中世纪时期，亚里士多德（Aristotle）和盖仑（Galen）这样的古代权威对裁决自然和科学争端持有最终发言权。而到了 16 世纪，解决类似争端却越来越难。尼古拉·哥白尼（Nicolaus Copernicus）和约翰内斯·开普勒（Johannes Kepler）描绘出一个全新的天堂，于是探险家们迅速地绘制出有着短吻鳄和西红柿，充斥着全新的动、植物种群的新世界，而这却否定了伊丽莎白时代伦敦人仍然信服的百科全书的描述，对百科全书形成了挑战。16 世纪下半叶，当人们置身于伦敦，面对自然知识和科学问题也意味着陷入强烈的困惑之中。在伦敦港停泊的每一艘货船上都装着有待人们归类、理解的新材料，从圣保罗出版社生产线上下来的每本新书中都包含着对自然世界的激进思想，而每项进展中的实验也随时可能对已经深入人心的信念提出质疑。

虽然伊丽莎白时代的人们以极大的热情和精力投身于自然世界研究，但他们只取得了少数几项具有突破性意义的科学成果。那么，他们的故事对我们理解科学革命有什么帮助呢？我想，他们的重要意义不在于推导出新公式，也不在于建构出新宇宙体系，而在于如何组建学术圈并解决争议；他们的重要意义还在于重视多方面素养（包括数学、技术和工具素养）的获得，以及由他们发展起来的各类实践活动，这些实践活动促进了人们对自然世界动手探索的经验积累。我认为，这些贡献为伦敦科学革命奠定了社会基础，提供了必要的储备；因此，像波义耳这样的人在寻找充气泵实验的助手时，才知道该去向谁打听，问些什么。每一位看似孤立的现代早期科学伟人身边，都围绕着一大群由工人、助理和技术人员所组成的“伟大群众”。本书会帮助大家理解这些“伟大群众”的来历，阐述他们是如何学习和提升自己的技能和知识的。

本书通过考察伊丽莎白时代伦敦的六个具有象征意义的案例，对伦敦城如何为科学革命奠定社会基础展开调查，并发掘那些对培根构想所罗门宫有启发的其人其事。本书既刻画了个体从业者的鲜活形象，也展示了他们在接受自然世界复杂性时面临的挑战；考察了在科学成为今天我们所认知的知识领域时，人们如何一次次走出科学研究的死胡同，解开科学研究的死结。通过这些考察，我们可以描绘出伊丽莎白时代伦敦范围内的知识交换网络组织和科学探究圈子。例如，教化市民、培养数学素养的驱动力创造了伦敦激烈的竞争氛围和富有成效的合作气氛，尽管这种竞争与合作都是本土层面上的，但却秩序井然，功能多样。与此同时，新兴的对动手研究自然的重视又催生了对蒸馏设备、医疗配方、嫁接等技术知识以及实验方法的需求。

伊丽莎白时代，伦敦科学革命的基础在于人们努力践行的三个具有内在联系的社会行为：打造学术圈、培养素养和从事动手实践。本书开头两章专门讲述对自然世界感兴趣的圈子里的成员如何在城市环境中应对研究和操控自然的压力。新思潮的兴起和外国从业者的涌入使人们产生焦虑，同时也教会人们作为团体的一员如何处理知识观点和争议，并造就了当时的自然知识类别。在“莱姆街生活：‘英语’自然史与欧洲学术团体”一章，我将读者引入到生活在莱姆街周边的讲荷兰语、法语、弗兰德语和英语的一群博物学者的世界中，他们之中有植物学家、药剂师和昆虫学家。由于彼此居住邻近，朋友或生意伙伴之间都很乐于面对面地交换意见，也愿意同欧洲的博物学家书信往来。莱姆街上的博物学者及其成就享誉国际，因此，引起了一名对植物研究甚感兴趣、求知若渴的修习自然的学生的关注，他就是来自巴伯外科医生行会的讲英语的约翰·杰拉德(John Gerard)。虽然杰拉德就生活在伦敦城墙之外，但一直没能跻身这个世界大都市的中心人物行列。因此，杰拉德为自己在学术上付出的努力找到了另一个圈子——读者。与莱姆街的博物学者不同，杰拉德张开双臂接受了出版世界，他凭借自己的著述，对莱姆街的信誉和声誉构成了极大的冲击。

无独有偶，两位巴伯外科医生行会的外科医生在充满竞争的医疗市场中拓展地位时，同样很看重出版世界的威力。“角逐医学权威：瓦伦丁·鲁斯伍林(Valentine Russwurin)和巴伯外科医生行会”一章，考察英国从业者和外国从业者之间的一场冲突，这场冲突始于街头，以见诸媒体收场。德国外科医生瓦伦丁·鲁斯伍林在伦敦皇家交易所门外开了一家医疗摊后，给病人开了帕拉塞尔苏斯疗法的处方。例如，用汞治疗来自新世界的疾病梅毒。但是，伦敦城巴伯外科医会行会的重要人物也急于宣传和应用帕拉塞尔苏斯疗法。于是，在鲁斯伍林的病人出现严重不良反应时，出于对鲁斯伍林成功的愤恨和对帕拉塞尔苏斯药物状况的担扰，一小撮巴伯行会的外科医生决定利用伦敦人和外地人之间的这种爱恨交织来做文章。随后，英国的巴伯外科医生行会发起了一场有预谋的出版运动，致使伦敦的医疗市场出现了两极分化。在伊丽莎白时代，伦敦人正是在这种竞争与合作中开始组建具有辨识性的从业者专家圈子，这些代代相传的学术圈源源不断地提供素材，完善地构建了挺进 17 世纪的自然科学研究。

现在，我们不妨把目光从学术圈转移到素养上来。在伊丽莎白时代的伦敦城，人们若要安身立命，就需要具备（或者说被认为具备）一些特殊的专业知识，以及那些常与一种或多种素养相关的最强有力的技能。我们理解的素养是阅读能力或书写能力，但是伊丽莎白时代的伦敦人渴望获得更广泛的素养。他们想了解数学，知道怎样运用代数知识记账，运用几何知识制作器械。正如我在第 3 章阐释的，运用和操控这类器械的技能又是另外一种素养。在第 3 章“伊卡洛斯的教育和代达罗斯的展示：伊丽莎白时代伦敦的数学与仪器化”中，我探讨了器械制造者如何同数学教育者及市民领导协调，将数学素养和工具素养的获得置于伦敦教育中最优先的地位。为了能让伦敦城在数学知识实际应用中处于欧洲领先地位，这些伦敦人强调数学的实用价值，强调开发用于解决问题的精确技巧。关于数学是否适合普通伦敦市民学习，后来爆发了一场冲突，但最终数学还是获得了市民最强有力的支持。市民的支持确保了数学学术圈和技术学术圈的繁荣发展，挑战了“劳心者与劳力者的生活有别”的古老观念。

在第 4 章，我关注伦敦的多种形式的素养，并考察伊丽莎白时代的“大科学”如何依靠既有工具素养和技术素养，又有王权政治庇护和投资者经费支持的伦敦市民而取得发展。伊丽莎白应该不同于神圣罗马帝国皇帝鲁道夫二世（Holy Roman Emperor Rudolf II）或美第奇（Medici）王子，她不直接出资进行资助，但她是一个精明的女商人，善用国务卿威廉·塞西尔（William Cecil）及其情报员，确保英格兰不在技术上落伍。在“伊丽莎白时代伦敦的‘大科学’”一章，我考察了伊丽莎白如何通过给玉米磨、低耗油炉、水管以及金属加工发明者提供垄断权来支持科学发展。竞争者们为了获取王权赋予的专利证纷纷求助于间谍或盗贼，塞西尔则担任起了技术经验和知识产权纠纷的中间人，他靠手下那些懂技术的情报员网络及时了解每桩诉讼的细节。

人们对探索和开发自然世界的浓厚兴趣、不断提升的数学素养以及盛行的技术项目，促进了伊丽莎白时代伦敦的动手实践和实验性实践的发展。在本书最后两章，我仔细挖掘手稿笔记的细节，研究伊丽莎白时代的伦敦人如何追求、记录和质疑实验性实践。在"克莱门特·德雷帕(Clement Draper)的狱中手记：阅读、写作和研究科学"中，我关注了伊丽莎白时代一个因债务问题入狱的商人保存下来的手稿。同弗朗西斯·培根一样，德雷帕也是一位杰出的时代见证者，在他心目中，理想的知识分子共同体应该是不论贫富、不分阶级，也不管是否接受过大学教育，仍能无私地分享思想、观点和实验情况的。德雷帕的手记很好地说明了在伦敦这样的城市中学术圈可以有多大的灵活性，并阐释这种对自然研究贡献微不足道的灵活性日后则体现出潜在的价值。在手记中，德雷帕记录了在皇家法庭监狱所遇到的每一个文本片断和实验性学问，有力地阐释了在经验主义文化早期，写作本身也是一种有价值的工作方式。

本书结尾追记了伊丽莎白时代伦敦城一名最有求知欲的自然学者休·普拉特(Hugh Plat)，他从伦敦城居民手中搜集、积累了浩繁的经验主义信息。对普拉特而言，伦敦是一座经验主义专业知识的"珍宝宫"，是自然知识的宝藏，而且，他将自己视为宝石雕刻师，感到有责任将这些自然研究工作中最优秀的案例加以验证、润色和权威地验算，以传后世。在"从珍宝宫到所罗门宫"一章，我将普拉特开展经验主义实践和获得自然知识的本土方法与弗朗西斯·培根的作了相应对比。普拉特认为，各个阶层的人都应该参与到科学中来，他认为一个杂货铺老板和一个受过教育的植物学家对植物价值所发表的观点没有高下之分。假设普拉特真能够证明和检验从伦敦居民那里得来的信息，那么，他和培根一样，在伦敦的科学珍宝宫中都占有一席之地。在培根的概念中，理想的工作空间——所罗门宫是有等级之分和官僚主义色彩的。休・普拉特沉浸于伊丽莎白时代凌乱、分散的伦敦科学王国之中，而此时的培根却与之有意拉开距离，对伦敦科学的价值、实践和人员展开猛烈批判。

虽然故事中出现了我们不太熟悉的人物，比如瓦伦丁・鲁斯伍林；也呈现了一些不太令人舒服的地方，比如皇家法庭监狱，但它们却帮我们找回了科学革命中的一个个历史片断。我的本意是写一本像伦敦城旅行指南一类的书，带人们了解一座陌生、不为人熟知的城市，使读者沉浸于科学的视野、声音、气味和个性之中，一如伊丽莎白时代伦敦人心目中的家园那样，帮助读者探索这块被忽视的土地和在这片土地上生活的人们。感兴趣的读者可在本书结尾找到一个“尾声”，其中，我将自己的研究工作置于一般科学，尤其是现代早期科学史的学术研究背景之下。我想，这部分内容也是本书应该展现给研究科学和城市经验的历史学家的。有的学者觉得一开始就有必要了解我的研究方法和观点，可翻遍了这段导读文字也没有找到关于科学革命学术争论的参考文献，那么现在他们一定想读本书的尾声部分了。实则不然，我更希望读者能翻开第 1 章，流连于莱姆街上的博物学者之中。我们的伦敦城之旅就始于这里的詹姆斯・加勒特(James Garret)，一个知道伦敦出版界不少负面消息的弗兰德药剂师。加勒特将是本书中的第一位向导，他率先给我们点出了伊丽莎白时代那些虽被掩盖却仍可辨识的伦敦科学革命的社会基础。

第 1 章

# 莱姆街生活："英语"自然史与欧洲学术团体

1597 年，詹姆斯·加勒特，一个生活、工作在伦敦的讲弗兰德语的药剂师造访了博纳姆（Bonham）和约翰·诺顿（John Norton）开的店铺，这是伦敦城最繁忙、最负盛名的一家出版商。诺顿的店铺专门出版高端、大开本的书籍，当时正忙着准备将约翰·杰拉德的鸿篇巨制《草药或植物志》（*The Herball or General Historie of Plantes*）交付出版（图 1.1）。这是一部雄心勃勃的著作，用英语出版前人未涉及的主题。并且，出版商承诺，女人们会把这本书一抢而光，她们可以在刺绣品上找到与书中插图对应的植物并用以咨询药用知识；植物迷们也会因想了解全世界植物的新知识和新发现而买走它们。这样，杰拉德的名字就会家喻户晓了。当时的店铺中必是一派繁忙景象：学徒们忙着搬运纸张；熟练工们忙着把活字放在托盘中，在放入巨大的印刷机之前浸好油墨。加勒特在店铺内也一定是东躲西闪，以免绊到一字排开成堆晾着的墨迹未干的纸张，或是撞上进店打听诺顿家最新出版消息的人，比如普鲁塔克（Plutarch）的《希腊罗马贵族名人传》（*Lives of the Noble Grecians and Romanes*，1595）和莫纳德斯（Monardes）的新版《新世界佳音》(*Joyful News out of the New-found World*, 1596)。然而,加勒特此次的造访却非同一般,他要批露的事情会给诺顿的店铺经营带来措手不及的短暂停摆①。

加勒特给诺顿店铺带来的消息并不受欢迎,他说,约翰·杰拉德那耗资不菲的新书《草药》(即《草药或植物志》)杂乱无序,有欠准确,大段剽窃,图解不当。据这位弗兰德药剂师所言,杰拉德书中最离谱的错误在于,他直接采用了马蒂亚斯·德·拉贝尔(Mathias de L'Obel)(1538—1616)的植物分类法,而这套分类方法是拉贝尔和皮埃尔·佩纳(Pierre Pena)在《新植物志》(*stirpium adversaria nova*, 1571)的分类基础之上发展起来的。加勒特还抱怨说杰拉德的新著《草药》一书毫无新意。相反,它是把拉贝尔的著作和伦伯特·多东斯(Rembert Dodoens)那著名的弗兰德语草药书翻译后进行了拼凑,虽然翻译水平尚可,但对该主题感兴趣的人手头已经有那两本草药书了。加勒特是拉贝尔在圣狄厄尼索斯后教堂教区的邻居,两人移民处境相似,且都对植物学满怀热情。加勒特无法忍受像杰拉德那样一个讲英语的巴伯外科医生行会的外科医生,将自己朋友辛辛苦苦取得的工作成果据为己有,因此挺身而出,打抱不平。

伊丽莎白时代对作品剽窃的定罪标准之低是众所周知的。加勒特声称《草药》一书的作者抄袭了已出版著作,不足以让诺顿出版叫停该书的出版流程。但是,诺顿出版着实也想靠杰拉德这本价值不菲的新书大赚一笔,因而,加勒特控告这本书有失准确引起了他们的担忧。谁愿意花这么大价钱买一本派不上用场的书呢?连查阅普通药材的准确定义和从新世界涌入的外来物种标本都指望不上!加勒特观察到的一系列问题,如《草药》对出处中弗兰德语草药的误译、植物标本

---

① Johns, *The Nature of the Book*, 74-108,讨论近代早期一个印刷所的运作情况。

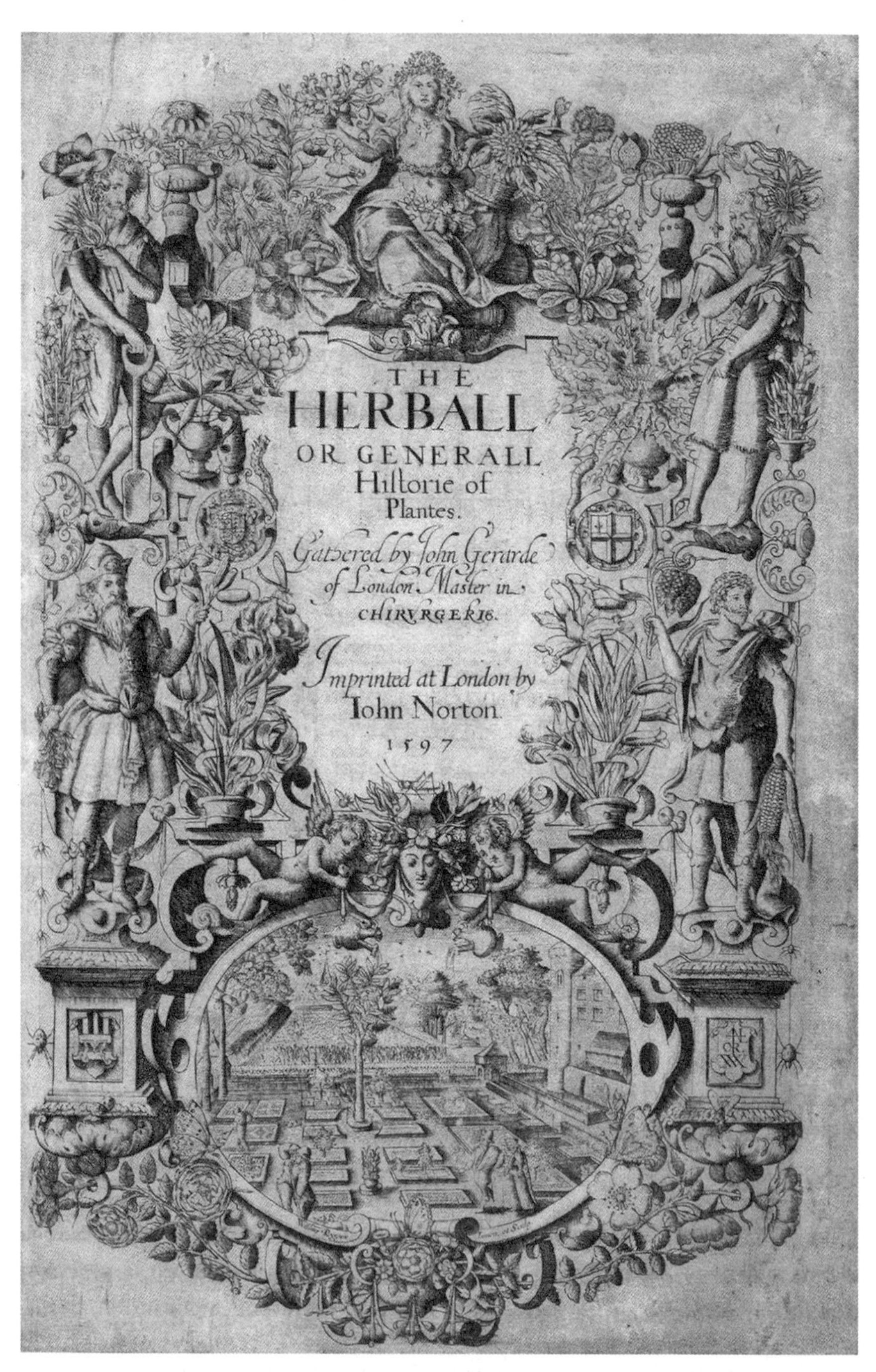


图 1.1　杰拉德《草药》(1597)的书名页。华丽的外观向潜在购买者暗示出版物的精美华贵与造价不菲(图片复制得到亨利·E.亨廷顿图书馆许可)

插图描述的错误以及部分插图甚至上下顺序颠倒等,完全有可能使诺顿出版的读者数量锐减,沦为人们的笑柄。由于《草药》一书厚达数百页并饰以昂贵的木刻,造价不菲,因而诺顿出版对杰拉德提供的信息产生警觉,意识到对经营可能产生影响,这也是情理之中的。

在对《草药》书稿进行了长期、努力的审查之后,诺顿出版意识到必须采取措施修正错误。《草药》一书还没有进入到印刷环节,没有流入心切的伦敦购买者手中。他们的解决办法是,雇佣加勒特的邻居马蒂亚斯·德·拉贝尔——那个同样为本书做出巨大贡献(虽然并非有意)的人来校对译文,修正搭配不当的插图并改正其他文法错误。拉贝尔随即投入到辛苦的编辑工作之中,他对书稿做了大量修改。后来,有人暗中通风报信,告诉约翰·杰拉德诺顿出版的所作所为,于是他闯进出版店铺去理论,结果拉贝尔也被解雇了。一个外国人竟然插手他伟大的英语著作,这让杰拉德大为不满,于是他诽谤拉贝尔,说他的英语外地腔浓重。拉贝尔所掌握的植物专业知识在国际上知名,而且他还获得了法国高等医学研究机构蒙特佩里尔大学的博士学位,声誉很高。但是,对巴伯外科医生行会的这位外科医生来说,这些都不足为道。在这件事上,拉贝尔的愤怒也不亚于杰拉德。他为这本书提供了稀有的植物标本,更重要的是,他还动用了他那些在欧洲皇家园林和大学、医学学校中身居要职的朋友关系,而这一切都进一步深化了杰拉德的研究①。

---

① 马蒂亚斯·德·拉贝尔关于这些事件的描述见他的《植物图解》(*Stirpium illustrationes*),3-4。该争论的相关描述也见诸藏于英国图书馆的拉贝尔手稿,MS Stowe 1069, f. 68r,以及他1590版的《植物图解》副本中的手记(现存于Magdalene College,Oxford MS 13)(ff. 6,37)。阿曼达·路易斯(Armand Louis)在《马蒂亚斯·德·拉贝尔》274页指出,当代文件均不支持拉贝尔对事件的描述,但是杰拉德和拉贝尔作品的后续版本明显反映出,大多数同时代的人倾向于相信他。Henrey, *British Botanical and Horticultural Literature*(45-46)声称,杰拉德的行为不属于抄袭,因为他承认自己曾使用普里斯特(Priest)翻译的多东斯的著作,并通读了其他语言 (转下页)

诺顿出版最终还是出版了杰拉德的《草药》。尽管这本书体量大、定价高，并且作者在第三册把主题转到了草上，造成品质下滑，但还是很畅销。心肠宽厚一些的人把本书的败笔归因于杰拉德的才思枯竭；但那些不好说话的人则指出，文风的转变之处恰好是拉贝尔从好心不得好报的书稿编辑工作中撤出来的标记。然而，今天，加勒特代表他的朋友拉贝尔为这本书所作的贡献已不再为人们所道，随时间流逝尘封在了出版史上的奇闻轶事之中。听说过詹姆斯·加勒特的人很少，知道马蒂亚斯·德·拉贝尔其人的，也仅限于那些认真的植物学学者和那些想了解半边莲属植物如何得名的园丁们。可是，《草药》的作者约翰·杰拉德却作为伊丽莎白时代伦敦首席博物学家被人们铭记。不过，杰拉德这个人物在自己所处的年代却是毁誉参半的，《草药》一书的出版没能使他找回英国最伟大植物学家的地位，相反，却让他在伦敦自然史研究学术圈走向分裂的过程中留下了印记。

直到《草药》出版，伦敦的博物学者们才不像卫星一样来回绕着伦敦城中心地带的圣狄厄尼索斯后教堂教区活动，要知道，加勒特和拉贝尔都居住于此，互为邻居。在那里，一条曲折的大街上占地仅十分之一英里的地方，加勒特和拉贝尔在由英国人和外国人组成的自然史研究学术圈中发挥着关键作用。这是一个富人区，社区中大多数成员都是事业有成的商人、医生、药剂师以及伦敦城的政要。其他像杰拉德这样的伦敦博物学者会经常光顾莱姆街，考察橱窗内的自然珍奇，走过那许多将教区装点得优雅而富有魅力的精美园林。他们也可以在这里给国外的通信人寄信，因为在莱姆街上为荷兰人社区服务的邮

---

（接上页）的植物志。虽然我倾向于站在拉贝尔一边，但问题的关键不是哪个版本是真实的，而是不同的版本说明了莱姆街博物学者和杰拉德之间的裂痕。关于诺顿出版事业大背景下《草药》出版的商业情况的讨论，参见 Barnard，“Politics，Profits，and Idealism.”有关更普遍意义上的作品盗版问题，参见 Johns，*The Nature of the Book*，散见全文各处。

政局长拥有遍布天下的朋友网。不管政治体系多么孱弱，宗教争端如何激烈，也不管世道怎样风雨飘摇，他都能把信件快速送抵欧洲各地。莱姆街自然史学术圈成员都乐于彼此合作，他们欢迎约翰·杰拉德加入这个合作气氛融洽的圈子。莱姆街应该是欧洲学术团体中更偏远的地区之一，然而，为了促进信息交流，促进人们谦恭地认可、感谢他人对自己的研究做出的友好贡献，其成员开展业务时都要严格遵守一套行为规范。当杰拉德把《草药》拼凑出来时，他自然违反了规则，而这个内部联系紧密的自然修习者学术圈的治理靠的恰恰就是规则。从1597年起，杰拉德被这个学术圈扫地出门了，此后他无缘合作机会，只能靠竞争谋求发展。他再也无法从欧洲博物学者网络组织获得资助，只能投靠几个宫廷人物；同时，他继续将自己的研究工作付诸出版，不参与代表莱姆街学术圈的那些长期（通常未出版）的合作项目。

那几年，莱姆街的博物学者都回避杰拉德，为此，他应该是深感苦闷的。但是，放眼长量，那些回避他的人却付出了更高的代价：他们中的大部分已经被人们遗忘。杰拉德的《草药》成了早期植物学知识的一座丰碑，莱姆街学术圈与之相比则黯然失色。不管怎样，事情到了这一步境地也不能完全归咎于杰拉德。当莱姆街的博物学者们忙于合作研究项目，与志趣相投的修习自然的学生书信往来之时，杰拉德却忙着出书——虽然尚不完美，但时至今日，这些书都成了植物历史学家的试金石。有一些莱姆街博物学者也确实曾出过书，但是他们的著作专业性太强，从未受到公众的好评，而杰拉德的著作却得到了公众的赞扬。因而，正如我们将看到的，莱姆街博物学者学术圈的成员经常在学术团体、人文主义和自然史等历史研究中作为个体被单独提及，而不是作为一个连贯的、充满活力的知识分子群体形象出现。并且，由于他们中很多人都是移民，因而有些成员在有关“英国”科学发展的相关描述中被忽略了。但是，为了全面理解莱姆街博物学者的重要意义，我们必须以他们看待自己的眼光看待他们：他们是一个对自然史深感兴趣，与英国和欧洲大陆其他博物学者保持联系的重要学术圈。为了做到这一点，我们首先要理解这个学术圈是怎样形成的，它是如何发挥作用的。这样，才能更好地考察他们的智力和兴趣所在，以及他们与其他国内外重要博物学家共同参与的知识辩论。最后，我们还要考察这群生气勃勃、活力四射的收藏家、植物标本采集者和修习自然的学者，缘何在一场声势浩大的出版事业冒险及作家的雄心壮志之中淡出历史的视线。

### 朋友与家庭：莱姆街学术圈

1606年，从弗兰德移民来的丝绸商人詹姆斯·科尔(James Cole)在伦敦城迎娶了他的第二任妻子——知名弗兰德博物学家、医生马蒂亚斯·德·拉贝尔的女儿路易莎·德·拉贝尔。当地社区和欧洲学术团体的人都热切地盼望庆祝这一美好时刻。新郎国内外的朋友纷纷向他表示祝贺，恭喜他找到一位美丽可人的妻子，况且妻子的父亲是一位比狄奥斯科里迪斯(Dioscorides)更勤奋的植物采集者。欧洲大陆的一位朋友在给科尔的信中，甚至将这次结合看作是新郎与岳父之间的天作之合。他在信中对新娘只字未提，只是通篇评论科尔一定会满意这桩婚事，因为“你找到了一位时刻都可以与你讨论研究内容的岳父”。[①] 科尔和拉贝尔两个家族的联姻，将他们在伦敦城中心莱姆街社区本已存在的亲近关系打造成了永恒。

这一带的繁荣对伊丽莎白王室形成了冲击。约翰·斯托(John Stow)在《伦敦概况》(*Survey of London*, 1598)中这样描述莱姆街：

---

① *Ortelius Correspondence*, no. 338(1 March 1607), 801－803。见同上，no. 337(16 December 1606), 796－800，纪念婚姻的一首歌。

地域开阔，遍布"商人和其他人"的漂亮房子，迂回曲折，南至圣狄厄尼索斯后教堂和芬丘奇大街，北达圣安德鲁安德沙夫特和康希尔大街①。今天，此地的风景与斯托的时代已迥然不同。圣狄厄尼索斯后教堂已不复存在，这座中世纪教堂早已在 1666 年那场大火中沦为牺牲品，重建后的教堂也在 19 世纪拆毁了。尽管圣安德鲁安德沙夫特仍然存在，但昔日的高塔与邻近的劳埃德大楼相比则相形见绌，四面墙下都停放着伦敦劳动人民的大大小小的摩托车。不过，现代参观者仍可行走于保存了伊丽莎白时代布局风貌的狭窄街道上，参拜圣安德鲁安德沙夫特内的斯托纪念像。伦敦的市长大人每隔三年来此地一次，拜谒这位伊丽莎白时代伦敦最有名的历史学家的石像，还要将一支崭新的羽毛笔放在石像手中。

以伊丽莎白时代的标准来看，莱姆街人口密度相对较低，没有旧房改造而成的多户简易公寓，这是十分幸运的。莱姆街上的深墙大院之内都是花园和网球场，人们活动的声音随处可闻。同样是在这条街上，那数不清的外科医生和药剂师把病人迎进店铺，派学徒和仆人快步疾跑地赶到附近的市场去买日用品。供职于皮尤特(Pewters)行会的人途经莱姆街走进他们的行会大厅，或是赴商务晚宴，或是参加会议。艺术家和建筑工人则一直沿莱姆街西侧的一条胡同抄近道走到利顿(Leaden)会所，会所的阁楼高高架于主楼层之上，这里过去曾用于制作和存放城市露天表演和节日庆典所用的道具和布景，而主楼层的常见业务是羊毛和粮食称重。

伊丽莎白时代，莱姆街的居民来自五湖四海：英国人、法国人、弗兰德人和意大利人，并且，人们以此为荣，这种情况很快演变为伦敦的

---

① 斯托的著作在近代初期多次重印；1603 年版本最可靠。我的莱姆街草图的依据是当地发现的一些细节和斯托的《重印自 1603 号文稿的伦敦概况》(*A Survey of London Reprinted from the Text of* 1603，1：150－160，200－205)中的一些细节。

常态。莱姆街南端与伦巴第大街交汇之处，一直到圣狄厄尼索斯后教堂，在1568年前曾是伦敦的欧洲商人每日两次碰面互通新闻和信息的地方；那时候，人们都期望在皇家交易所的廊柱之下谈生意[①]。这些欧洲人中的很多人都成了伦敦的永久居民，他们背井离乡多数是因为躲避宗教迫害，当然也有一些人是为了寻求商机。这些移民，或者说斯托时代所谓的"陌生人"，一直都只在伦敦城人口中占比甚微——至多5%多一点，可是他们之中鲜为人知的却寥寥无几。这些来自威尼斯、安特卫普等异国他乡的批发商、手艺人和零售商给伦敦的英国居民留下的深刻印象，远远超过他们在伦敦人口中的占比[②]。

伊丽莎白时代莱姆街的这些表象特征，可以为参观者们轻而易举地捕捉到，然而，社区里正在进行的其他意义重大的活动却不易被觉察。因为，在花园院墙后，药剂师的店铺里，在商人们设施一应俱全的大房子里，还活跃着一个重要的博物学者学术圈。莱姆街是欧洲自然研究学者网络组织的一个前哨——包括植物采集者、园丁、岩石和化石采集者，以及对动物、昆虫感兴趣的学者，他们如饥似渴地研究着动物、蔬菜和矿物王国非凡多样的特性。莱姆街社区的英国本土市民也好，外来市民也罢，都对自然史的发展做出过贡献，他们乐于同欧洲交换网络中的其他人文主义者进行频繁的书信往来，进而打造了跨越国界和语言障碍的知识分子联盟。

伊丽莎白时代，伦敦城中像莱姆街这样的社区比比皆是，共同的

---

① 同上，1：209。

② 现代早期的人口统计数据极其难以收集。见芬利（Finlay）的《人口与大都市》（*Population and Metropolis*）散见全文各处，尤其67－79页关于陌生人群的记述。胡格诺学会（the Huguenot Society）关注现代早期"外国人的回归"的出版物为有关陌生人的研究提供了宝贵的帮助。参见Kirk和Kirk，AR；以及Scouloudi，*Returns of Strangers*.

兴趣爱好塑造了人们的社会生活和知识生活，一种世界大同主义与新兴民族主义互相调和、竞争、合作并存，理论学习与实践经验相互融合的都市感知力也应运而生。由于大多数社交和知识往来靠的都是面对面的交谈，转瞬即逝，所以历史学家想要在个人和某个特定学术圈之间建立起隶属关系就十分困难；而至于那些人在晚餐时分以及在药店里买祛痛灵丹妙药时的所言所想就更无从考证了①。莱姆街是不同寻常的，这并非单纯源于它存在过的事实，而是因为当时的书信、遗嘱以及英国国内外出版的自然史书籍参考文献对它均有记载。凭借这些文献，我们才能看到莱姆街的社区情况以及那里生活着的如朋友和同事一般的博物学者们；我们才能窥见莱姆街上的房屋、店铺中，人们如何进行动物、植物标本研究与分类，如何鉴定化石并在珍宝阁陈列展示化石，以及如何培育和繁殖珍稀植物。

在现代早期的欧洲，打造一个自然史学术圈并非易事。它需要不同因素混合、化合之后产生出知识活力，实践证明，只有莱姆街具备了这一系列条件。首先，要找到一伙志趣相同的人，一伙对通过研究自然、古物和动物学标本解读自然世界充满热情的人②。人到位后，一个

---

① 一些学者深入探讨了现代早期伦敦的邻里关系和社会，尤其是 Pearl, *London and the Outbreak of the Puritan Revolution*; Boulton, *Neighborhood and Society*; Carlin, *Medieval Southwark*。莱姆街社区的人口一直相当稳定；相关比较见 Boulton, “Neighborhood and Migration”, 107 – 149。关于伦敦的建筑环境，见 Schofield, “The Topography and Buildings of London”, 296 – 321。帕斯特(Paster)在《城市概念》(*The Idea of the City*)中对城市经验的可能性进行了富有想象力的探讨。

② 有关现代早期的自然史，参见 Findlen, *Possessing Nature*; Ogilvie, *The Science of Describing*。通过社区形成的角度看自然史，参见 Findlen, “The Formation of a Scientific Community”, 369 – 400。Reeds. *Botany in Medieval and Renaissance Universities* 对大学课程中的植物学研究进行了考查。下列出版物描述了现代早期英国的自然史：Raven, *English Naturalists*; Hoeniger and Hoeniger, *The Development of Natural History*; Hoeniger and Hoeniger, *The Growth of Natural History*。

有前途的学术圈还可能因世俗问题止步不前。自然博物学者们只有在充足的财力支撑下，才能获取标本开展研究，才能获取书籍了解广博的自然史发展，才能从容安逸地投入到研究工作之中。这并不是说学术圈中人人都得腰缠万贯，但至少要有一个人能为这样一种昂贵、耗精力的行为付得起开销。而且，城市生活所需的昂贵资产——场地，同样也是一个优秀的自然史学术圈所需要的。由于很多自然史研究都着眼于植物标本，因此必须要有园林种植场地。相应地，要在伦敦这样一个现代早期城市拿到闲置土地，就需要支付高额的附加费。

为了走向真正的繁荣，像莱姆街那样的博物学者学术圈还要有能力与其他可能有途径获得不同植物、动物和矿物标本的人建立联系。标本就是学术团体中的知识资本，是现代早期的欧元——它不论出处，不问归宿，随时随地自由流通，交换便捷，是一种知识货币形式。莱姆街的园林中培育、繁殖出来的珍稀植物，再加上给意大利、德国、法国和荷兰那些有学问的博物学者的一封书信，就成了重要的交换物品。通过这些交换，莱姆街自然史学术圈在广泛的学术团体内声名鹊起①。如此大手笔的通信往来要求一个学术圈内起码有一个人具备拉丁文读写能力——如果掌握其他欧洲语种就更理想了。语言能力是一个学术圈与有影响的自然史出版物保持联系的必要条件，因为很多著述都是拉丁语写就的。一个学术圈与其他博物学者之间的知识联系往往有赖于其“博学”程度，而对“博学”程度的评估(正如他们园林中所种的植物)同样也是学术团体中的有价资本。

有了热情、财富、场地、关系网和学识等重要资源，莱姆街学术圈

---

① 关于17世纪人文主义知识分子网络的发展，参见 Bots and Waquet, *La république des lettres*; Jardine, Erasmus, *Man of Letters*; 以及 Goldgar, *Impolite Learning*。关于科学革命中重要的知识分子网络及其借助旅行和通信取得的发展，参见 Lux and Cook, “Closed Circles or Open Networks?”

就把人们动员起来，去探索和研究自然史。学术圈的核心人物是丝绸商詹姆斯·科尔，他拥有的资源支撑这个学术圈绰绰有余。科尔家资丰厚，他就住在莱姆街南端，离狄厄尼索斯后教堂不远。他那看似平常的英语名字掩盖了祖上显赫的弗兰德移民身世：他的母亲伊丽莎白·奥特尔斯(Elizabeth Ortels)的兄弟是知名的安特卫普制图人，拉丁笔名叫作亚伯拉罕·奥特利乌斯(Abraham Ortelius)。出嫁前，科尔的母亲一直在她那有名的兄弟的制图店工作，她的工作是按顾客的要求在亚麻布上安装地图并手绘涂色。她的儿子，1563年在安特卫普受洗时取名为雅各布·科勒(Jacob Coels)，为了逃避荷兰的宗教迫害，加入了生活在伦敦的胡格诺教徒难民潮，后来只保留家族姓氏，改名为詹姆斯·科尔①。自青年时代起，家人就在科尔身上看到了旺盛的求知欲和跟他舅父一样的非凡能力。通过间或造访及有规律的书信往来，科尔和舅父的关系走得很近。

两人的书信往来显示出詹姆斯·科尔是一位博学的拉丁语学者，对植物、化石和古币都有十足的兴趣。没有迹象表明科尔受过文法学校或正规大学教育，同时代的人视他为自学成才者，但他早

---

① 参见 Ortelius Correspondence, no. 334(7 January 1603/4), 787 - 791，是 Johannes Radermacher 写给詹姆斯·科尔的。科尔的名字采用的是出现在 ESTC 和大多数英文记录中的拼写方法。他还以 James Cole、Jacob Cool、Jacob Coels 和 Jacobus Colius Ortelianus 等多个名字出现过。范·多尔斯腾(van Dorsten)和格雷拉(Grell)将科尔作为一个人道主义者和加尔文主义者进行研究：van Dorsten, "I. O. C.", 8 - 20；Grell, *Dutch Calvinists*, 92n., 259, 269, 295；Grell, *Calvinist Exiles*, 24, 110, 111 - 113, 165, 167 - 68, 175 - 177, 179, 203, 206 - 207。另见格雷拉的 DNB 新版本文章，"Jacob Cool"。詹姆斯·科尔爵士在 1550 年代初期就已经在伦敦建立了自己的丝绸生意基地。1571 年之前，詹姆斯、伊丽莎白和他们年幼的儿子住在伦敦城北部拥挤的圣博托尔夫比绍普斯盖特教区。因为宗教原因，他们和自己大家庭的许多其他成员逃离了低地国家。关于移民社区，参见 Grell, *Calvinist Exiles*；Lindeboom, *Austin Friars*；和 van Dorsten, *Poets, Patrons, and Professors*，以及他的 *Radical Arts*。虽然将加勒特、拉贝尔和科尔描述为弗兰德人更准确——因为他们都来自南部低地国家，但在伊丽莎白女王时代的英国，他们被称为荷兰人，说起荷兰人我们更容易联想到荷兰北部。

期爱上学习很可能是其受过良好教育的母亲培养出来的。他十二岁时已经在学习希腊语了，并且通过舅父奥特利乌斯寄来的书籍学习一些简单的拉丁字母。二十几岁时，科尔前往安特卫普，与舅父及舅母安娜一起生活。“他没有虚度光阴”，奥特利乌斯给詹姆斯远在伦敦的父亲写信说，“他在研究，写作。他每天都在学习，我看在眼里，喜在心上。”科尔的研究不仅限于自然史，他还深入研究历史、神学和哲学问题。“我发现他对古代的事物充满热情，博洽多闻”，古物研究者马夸特斯・弗雷赫罗斯（Marquardus Freherus）向奥特利乌斯汇报说[①]。

科尔在学术圈内备受尊敬，同时他也是有重印作品的作家。他的论著涉及领域广泛，深受欢迎，被重印并翻译成其他语言出版，其中包括一部赞扬植物研究的著作、一部描述伦敦瘟疫的著作和一些宗教文本。科尔，这位潜心研究历史学的学者，在帮忙设计荷兰教堂 1606 年 4 月迎接英格兰新国王加冕庆典时，将自己掌握的古罗马节庆知识转化为有用的政治工具。在与内科医生拉斐尔・托里（Raphael Thorius）、建筑师孔拉特・詹森（Conraet Jansen）两位朋友一起工作

① Grell, “Jacob Cool.”关于英格兰荷兰社区的学术传统的讨论，参见 Grell, “The Schooling of the Dutch Calvinist Community,” 45 - 58. *Ortelius Correspondence*, no.57 (25 May 1575), 130 - 131. 科尔收到他舅父寄来的书籍包括，*Deorum Dearumque capita* (Antwerp, 1573)，现为 Cambridge University Library f. 158.d. 6.2；以及 Francesco Maurolico, Martyrologium (Venice, 1567)，现为 Cambridge University Library K＊.11.27. 科尔保存的兰伯特・多东斯著作 *De frugum historia* (Antwerp, 1552) 副本，书名页上有他的签名，现为 Magdalene College, Oxford Goodyer 96. 关于奥特利乌斯对科尔研究习惯的赞扬，参见 *Ortelius Correspondence*, no. 161 (30 September 1588), 375 - 376：“Hij en verslyt synen tyt hier niet onnutelyck, hij studeert, hij schryft. Hij leerdt alle dage, dwelck ick geerne sie.”有关科尔的研究范围，可参见 *Ortelius Correspondence*, no. 192 (25 January 1591/1592), 458 - 462，科尔在里面讨论了他拥有或正在寻找的关于灵魂不朽的书，包括 Plato's *Axiochus*, *Epictetus's Enchridion*，以及 Aeneas Gazaeus and Cassiodorus 的作品。关于弗莱何洛斯(Freherus)的证词参见 *Ortelius Correspondence*, no.313 (1 December 1597), 737 - 739.

时，科尔写下了优美的诗句赞扬新国王。在著作出版中，科尔也展示了自己的学识和对诗歌的热爱。他的《草木鉴赏集》（*Syntagma herbarum encomiasticum*，1606，1614，1628）是一部简炼的诗歌体著作，表达了植物研究和搜集的乐趣。伦敦大瘟疫的凶险深深刻在科尔的记忆中，他在《大瘟疫中的伦敦状况》（*Den staet van London in hare Groote Peste*，1606）中[①]，生动地记述了1603年夏末和秋天那场疾病的蔓延和发展。在这部记录了现代早期流行瘟疫的景象、声音和气味的罕见的一手报告中，科尔讲述了医生如何劝说病人把闻起来甜丝丝的草药拿回去预防传染，城市人如何艰难度过疾病蔓延引起的社会和心理难关。作为一名坚定的新教徒，科尔也写他的宗教信仰，其中包括对104首赞美诗的解释《〈诗篇〉104篇释义》（*Paraphrasis ... van den CIIII Psalm*，1618，1626）和一个关于基督教徒"安详的死"的演讲《死亡的真实描述》（*Of Death a True Description*，1624，1629）[②]。

科尔对自然史的兴趣，他所接受的教育以及他和欧洲那些博物学者之间的联系，都建立在他的家庭基础之上，而这个基础的基石就是他那著名的舅父。亚伯拉罕·奥特利乌斯（1527—1598）是安特卫普

---

① 该书英文名为"The State of London During the Great Plague"。——译者注

② 科尔关于古罗马节日的未发表作品 *Fasti Triumphorum et Magistratuum Romanorum*，现在是剑桥大学图书馆手稿 Gg.6.9。该手稿与他关于希腊硬币的未发表研究合订在一起，即 *Græca numismata externorum regum, ac populorum, descripta et exposita*，记载的日期为安特卫普1588年和伦敦1589年。Colius, *Syntagma herbarum encomiasticum* 第二版于1614年由他的朋友方济·拉夫兰吉斯（Franciscus Raphelengius），普朗坦的印刷帝国的继承人，在安特卫普出版，第三版于1628年在莱顿出版。Cool, *Den staet van London in hare Groote Peste*。关于本出版物的更多信息，参见 Grell, "Plague in Elizabethan and Stuart London", 424–439。1962年出版的现代版本由范·多尔斯腾和沙普（Schaap）作序和注解。《〈诗篇〉104篇释义》改写版本见 Colius, *Paraphrasis*。科尔的论文 *Descriptio mortis* 后来翻译成《死亡的真实描述》出版。

的一位书商和古董商，他酷爱地理和自然史，因此在1570年被钦点为西班牙国王菲利浦二世的皇家制图师[①]。他的《世界全览》(*Theatrum orbis terrarium*，1570)是现代早期出版的最重要的地图，使奥特利乌斯一夜成名；而他的生意——交易古董、书和编制地图，也帮助他与学术团体中的其他学者之间建立起亲密关系。他是一个认真、有恒心的通信人，只要他觉得某个朋友识货，就一定能留意各种特征，帮他们找到珍稀的古币。而作为回报，朋友们也给他寄来航海探险的最新见闻，以及能引起他兴趣的古代和自然世界方面的手稿片断。奥特利乌斯是科尔的榜样，科尔也自觉地追随着舅父的风格。在学术团体内部，他在自己刚刚崭露头角的信笺上落款为"雅各布斯·库里斯·奥特里亚那斯"(Jacobs Colius Ortelianus)，这样，他与安特卫普制图巨匠、伦敦商人之间的关系自然也就不容忽视了。

在母亲的表亲埃曼努尔·范·梅特伦(Emmanuel van Meteren)(1535—1612)的保护之下，科尔的信件寄往欧洲各地。与科尔一家情况相似，范·梅特伦一家也因躲避宗教迫害逃离荷兰。范·梅特伦的父亲雅各布在16世纪30年代首部英文《圣经》的出版中发挥了重要作用，奠定了其家族在伦敦新教徒难民圈中的支柱地位。埃曼努尔成年后就住在莱姆街，当上了伦敦荷兰商人的领事，并身居邮政局长要职。由于邮寄的标本从郁金香球茎到犀牛角无所不有，并且要在感兴趣的博物学者圈内流转，因此，可靠的邮寄服务成为自然史网络中不可或缺的要素。当然，与标本如影随形的，从狭义上说，是欧洲自然史

---

① 关于奥特利乌斯的大多数履历信息都来自奥特利乌斯书信以及他的《朋友录》(*Album amicorum*)中的相关信息，后者现存于剑桥大学彭布罗克学院。一个现代重印版本为Puraye，*Abraham Ortelius*。《世界全览》汇编最好的序言是Karrow，*Mapmakers of the Sixteenth Century*。Mangini，*Il "mondo" di Abramo Ortelio*，对这个人及他所处的时代进行了分析，并为这个地理学家的很多相关经典研究提供了一个切入点。

学术圈，从广义上说，则是学术团体赖以繁荣发展的书信网络。毫无疑问，莱姆街上有一个欧洲范围内的邮件包裹配发中心，给科尔的生活带来了更多便利，对邮局的精良管理也使范・梅特伦成为必不可少的人物。艺术家马库斯・吉尔哈特（Marcus Gheeraerts）想要把烟熏鲱鱼寄到安特卫普，或者奥特利乌斯想把礼物送到伦敦的姐妹家时，他们必定会通过埃曼努尔・范・梅特伦和他那由中间人、商人、水手和旅行家组成的坚不可摧的网络，以确保贵重信息和礼物顺利抵达目的地。埃曼努尔・范・梅特伦和奥特利乌斯一样，都游走于半儒半商之间，只不过他的兴趣点偏重历史方面。历经数年辛苦，几经出版延迟，范・梅特伦研究近代荷兰大事件的《比利时或荷兰当代史》（*Belgische ofte Nederlandsche Historie van onzen Tijden*）终于在1599年问世了。詹姆斯・科尔校对了此书，在整个出版过程中贡献很大。科尔在1590年与1591年之交给奥特利乌斯的信中讲道："眼下我正在读梅特伦写的历史，对拼写做一点小修改。"科尔专注于他的工作——两个月通读了前六章——并且范・梅特伦也以"谨以此书献给科尔"表达了谢意①。

科尔母亲的族亲将他引进学者圈，而他本人也对进一步提升自己在国内外学术地位的各种路数十分上心。科尔与伦敦的荷兰教堂里杰出成员的女儿玛丽亚・西亚斯（Maria Theeus）的第一次婚姻，将他引介到"陌生人"学术圈成员的视野；而与路易莎・德・拉贝尔的第二次婚姻更强化了他在学术团体中的既有地位。科尔的岳父马蒂亚斯・德・拉贝尔在植物分类学方面做了开创性工作，并与皮埃尔・佩纳合著了《新植物志》，因而颇有名气。1569年至1571年游历伦敦期间，科

---

① *Ortelius Correspondence*, no. 192（25 January 1590/91），458－462。关于范・梅特伦，参见Grell, *Calvinist Exiles*, 110－113，166，168，179。

尔遇到法国博物学家查尔斯·德·莱克吕兹(Charles de L'Écluse)，并与其一同在布里斯托尔进行田野调查；他还与伊丽莎白女王的药剂师休·摩根(Hugh Morgan)交好，摩根家花园中有新奇的西印度植物。1585年，拉贝尔返回伦敦，永久定居在莱姆街南端。一到伦敦，拉贝尔就一边种植物一边培养赞助人，最后当上了哈克尼的朱什勋爵的花园主管。拉贝尔家族物色赞助人的脚步从未停止，1604年，马蒂亚斯·德·拉贝尔的儿子保罗在詹姆斯一世加冕不久后就被任命为药剂师，这个家族的下一代人终于谋得了高高在上的保护伞[①]。

在位于莱姆街的家族的簇拥下，詹姆斯·科尔与舅父亚伯拉罕广泛的生意伙伴和通信人交际网络保持着联系，最后，他在伦敦城最著名的博物学者学术圈担任了核心职务。除了科尔和拉贝尔，值得莱姆街周边的人夸口的还有弗兰德药剂师詹姆斯·加勒特(James Garret，卒于1610)，这位国际知名的药剂师对种植和提取医用植物原料十分精通。詹姆斯·加勒特因非法行医遭到伦敦医疗机构内科医师学院的起诉——但此事似乎并未给他的好名声和生意造成不良影响。在伦敦，加勒特以进口来自东方和西印度的新奇药品和植物而知名。他的药剂师同行们也明白，他们可以求助于加勒特翻译的约瑟·德·阿科斯塔(José De Acosta)关于这些药物的有用的记述，因为当时还没有其他印刷的译本[②]。

---

① Raven, *English Naturalists*, 116, 135. 关于德·拉贝尔及其作品参见 Greene, *Landmarks of Botanical History*, 2: 876-937；以及 Louis, *Mathieu De L'Obel*。保罗·德·拉贝尔的医疗处方现在编为大英图书馆手稿 Sloane 3252号，他的《朋友录》现编为大英图书馆手稿 Harley 6467号。

② 关于詹姆斯·加勒特参见 Raven, *English Naturalists*, 170, 192; Matthews, "Herbals and Formularies", 187-213; Pelling and Webster, "Medical Practitioners", 178。

与科尔、拉贝尔一样,加勒特也与博物学者圈广泛地保持着联系,其中就有伊恩-亨利·彻勒(Jean-Henri Cherler)和查尔斯·德·莱克吕兹(Charles de L'Écluse, 1526—1609),后者描述加勒特是一个"亲爱的朋友,幽默的人,乐在草药研究之中的人"。[①] 今天,人们还记得莱克吕兹用东方引进的鳞茎和郁金香,包括鸢尾、风信子、百合、花贝母,给欧洲菜园的面貌以及重要植物学论著写作带来了改变。他之所以与加勒特交好,应该是出于两人都酷爱郁金香,酷爱加勒特在伦敦阿尔德盖特断壁残垣一带的花园中栽培的那些郁金香。1571年至1579年,莱克吕兹游历伦敦期间,就与加勒特和拉贝尔两位朋友住在莱姆街上。1581年,也是在伦敦,他收到弗朗西斯·德雷克(Francis Drake)爵士送的一些奇怪的植物根茎,这是他1580年沿麦哲伦航线航海时搜集到的。为了表示敬意,莱克吕兹将标本命名为"德雷克根茎"[②]。16世纪时期,能与莱克吕兹在专业知识方面比肩的只有拉贝尔,因而,这两位欧洲最有影响的植物专家的居所一度将莱姆街又延长了一小段。

莱姆街一带还住着几位在英国极盛时期热衷于动物和昆虫研究的重要人物,他们也是科尔为首的博物学者学术圈的一部分。但是托马斯·佩尼(Thomas Penny,约1530—1588),和詹姆斯·加勒特一样,不顾内科医师学院最猛烈的打压,也开展了大众医学业务,并与伦敦和英国以外的人积极交换标本。但是,佩尼对动物和昆虫更着迷,

---

① Raven, *English Naturalists*, 192; L'Écluse, *Rariorum Plantarum Historia*, 109。另见 Hunger, *Charles de L'Escluse*; Raven, *English Naturalists*, 136; Pavord, *The Tulip*, 62,109; Egmond et al, *Carolus Clusius*。

② Gerard, *The herball* (1597),117。约翰森(Johnson)于1633年出版第二版对内容进行了大量扩充。由于约翰森经常对杰拉德的作品进行扩充,特别强调莱姆街的贡献,所以我使用后续的版本而非第一版作为我的标准文本。当我引用第一版时,必会注明日期(1591)。了解加勒特早期对收集和繁殖郁金香产生兴趣的背景,参见 Anne Goldgar, *Tulipmania*;关于"德雷克根茎",可见于约翰森版本的 Gerard, *Herball*, 1621。

这份热情是他1565年在苏黎世和博物学家康拉德·格斯纳（Konrad Gesner）一起进行研究时培养起来的。格斯纳去世几个月后，佩尼带着格斯纳的动物研究课题离开了苏黎世，随后将注意力转向植物研究。后来，他到了法国的蒙特利尔大学，结识了医学学生马蒂亚斯·德·拉贝尔；再后来，他在伦敦与拉贝尔成为邻居。在欧洲期间，佩尼就与日后写就动物学和植物学领域先驱著作的作者乔基姆·卡梅拉留斯（Joachim Camerarius，1534—1598）走得很近。卡梅拉留斯在其著作《药用植物志》（*Hortus medicus*，1588）中这样描述佩尼："杰出的伦敦医生，精通自然史，我重要的朋友"。[①] 卡梅拉斯留从佩尼那里得到大量的植物，其中包括纳入他研究视野的大戟和景天，而他也用昆虫标本回馈了佩尼在专业方面给予的协助。

1569年，佩尼返回伦敦，搬进了离科尔、加勒特、范·梅特伦家不远的一幢房子，恰好与列登赫市场相邻。正是佩尼，将又一位内科医生和博物学家托马斯·莫菲特（Thomas Moffett，1553—1604）拉进了科尔在莱姆街上的学术圈。莫菲特是伦敦本地人，在他远赴国外到巴塞尔大学求学之前，曾和佩尼一起就读于剑桥大学。与加勒特和佩尼的遭遇十分相似，莫菲特也常与内科医师学院发生争执，内科医师学院反对他的医学观点，尤其不赞成他对备受德国医药从业者争议的帕拉塞尔苏斯新化学药品所表现出的兴趣。尽管饱受伦敦医疗机构的非难，但莫菲特仍因乐于交好同时代的有识之士而闻名。18世纪时期，威廉·奥尔迪斯（William Oldys）曾这样写过："同博学多闻的人交谈，使他增长了知识和见闻"。1580年那次意大利之旅，让莫菲特领

---

① Raven, *English Naturalists*, 164。关于佩尼，参见 Raven, English Naturalists, 153－171。Gunther, Early British Botanists, 234－235，也包含关于佩尼的信息。虽然我们必须谨慎使用冈瑟的文献，但这些信息是可靠的。另见 Jeffers, *The Friends of John Gerard*, 26。关于卡梅拉留斯及其在自然史中的重要性，参见 Ashworth, "Emblematic Natural History of the Renaissance", 17－37。

略到了近距离研究昆虫的乐趣，返回伦敦后，他仍热情不减。佩尼过世之后，莫菲特收集了他这位朋友关于昆虫的全部手稿，并结合自己的观察，编撰出一部1 200余页的里程碑式著作。然而，伦敦的出版商都不愿意出版这部作品，尤其是自打莫菲特不能再坚持修改，不能把他关注的令人兴奋的标本增加到书中以后。莫菲特去世后，他的药剂师把书卷卖给詹姆斯·加勒特和拉贝尔的另一位移民朋友希欧多尔·蒂尔凯·德·梅耶恩(Théodore Turquet de Mayerne)。1634年，这部著作才以《昆虫或小动物志》(*Insectorum sive minimoorum animalium theatrum*)为名重见天日。而莫菲特在世之时，他只有一些推广桑葚种植、养蚕的田园诗篇得以用英语出版①。

科尔、拉贝尔、范·梅特伦、加勒特、佩尼和莫菲特都是莱姆街博物学者学术圈的核心成员。其他住在附近的人——威廉·查尔克(William Charke，活跃于1581—1593)，约翰尼斯·托里(Johannes Thorius)和约翰尼斯·拉德马赫(Johannes Radermacher)——也与该学术圈有一定的联系。但他们或是将自己的研究兴趣局限于某个领域(威廉·查尔克是一名求知若渴的地理学者，约翰尼斯·托里是内科医生，一直致力于医学)，或是涉猎范围太广(如身为商人和历史学家的约翰尼斯·拉德马赫)，不经常参与我所讨论的自然史的相关交流。莱姆街上其他对自然史感兴趣的居民，诸如身为市议员和市长

---

① Moffett，*The Silkewormes and Their Flies*。关于莫菲特与伦敦内科医师学院之间的问题，参见Houliston，"Sleepers Awake"，235－246。道伯恩(Dawbarn)最近在《用另类眼光看待托马斯·莫菲特博士》(New Light on Dr. Thomas Moffet)(3－22)中从赞助关系的角度对这个证据进行了重新评估。另见RCP *Annals* 1：31a，31b，32a。威廉·奥尔迪斯的赞美之辞源自他给Moffett，*Health's improvement*，xii所作的序言中的注释。《昆虫志》(*The Theatre of Insects*)的手稿包含保存的昆虫标本，现为大英图书馆手稿Sloane 4014号。该手稿首次作为Moffett，*Insectorum sive mini-morum animalium theatrum*出版，后来作为Topsell，*The History of Four-footed Beasts*的《昆虫志》第三卷出现。

的詹姆斯·哈维(James Harvey)爵士，似乎根本就没参与过小组会谈、评议和交流。尽管哈维的房子是莱姆街上最大的之一，尽管他在当地博物学者圈内因其著名的莱姆街花园(某年，气温罕见升高，约翰·杰拉德造访哈维家并看到了“疯狂的苹果”，或者说是茄子结出果实)备受尊敬，但没有证据表明他在现存的学术圈记录中露过面[①]。

伦敦小规模的社区邻里和喧嚣的街道为莱姆街这样的学术圈走向繁荣提供了得天独厚的机会。作为港口城市，伦敦还是一个集散地，来自五湖四海之人经由这里前往四面八方。虽然科尔、加勒特这样英文发音的名字经常带有欺骗性，但莱姆街一带的人员构成仍提醒着人们，伊丽莎白时代的伦敦具有国际化特征。伦敦是大量欧洲宗教受害者逃难的家园，也是各大洲的商人、手工艺者为其商品和服务觅得的有利可图的终极市场。因而，伦敦不能专意地、全英格兰也不能广泛地以确切的“英语”科学自夸。正因为具有国际化特性，伊丽莎白时代的科学才与欧洲现代早期其他的世界性大都市和地区的科学呈现出超乎寻常的相似之处，如佛罗伦萨、布拉格和莱顿等。16世纪，生活在伦敦、对自然研究感兴趣的人们，与欧洲其他地方的同道人一样，不管是在自己生活的街道上，还是与国外亲朋好友的交流中，都能挖掘到新思想和新方法，而这一切都是宝贵的财富。

伦敦还为莱姆街博物学者学术圈以及其他类似的学术圈提供了足够的商机，这样，他们就可以潜心自然科学研究工作，不必东奔西走地寻求赞助人出资度日。个人成员经济上均可自足，这是莱姆街博物

---

① John Gerard, *The herball*, 274; Jeffers, *The Friends of John Gerard*, 66.托里的相关信息，参见 *Ortelius Correspondence*, no. 22 (14 June 1567), 51－52; no. 26 (12 July 1568), 61－62.关于拉德马赫尔，参见 AR 1：387, AR 2：203, *Ortelius Correspondence*, no. 330 (25 July 1 603), no. 331 (14 August 1603), no. 334 (7 January 1604), 772－783, 787－791.这些信件回忆了亚伯拉罕·奥特利乌斯的《世界全览》的起源，并追忆了拉德马赫尔在英国的时光。

学者学术圈的显著特征。像佩尼这样有体面职业的内科医生，像詹姆斯·加勒特这样忙碌的药剂师，像詹姆斯·科尔这样富足的丝绸商人，根本用不着找贵族赞助人或者到宫廷谋个职位来维持生计。举个例子，科尔父亲的丝绸生意非常成功，有传闻说他在圣狄厄尼索斯后教堂区这个富人区的"陌生人"中缴税最高，令人半信半疑[①]。通过行医、开药店或经商所得的利润，保证了莱姆街学术圈成员可以随心所欲地探索感兴趣的知识，购买书籍，获取标本，甚至是斥巨资到国外旅行。

莱姆街学术圈中，虽然只有拉贝尔家族和宫廷关系比较牢靠，但实际上，即便是对这种关系毫不知情的人也会跟着沾光。例如，虽然拉贝尔与爱德华·拉·朱什(Edward la Zouche)及其哈克尼的花园联系紧密，但1600年他被逐出了花园。拉贝尔被起诉的罪名有二：一是偷窃植物，二是散布言论，说园林的荣誉归功于自己，而不是他的贵族赞助人。这时候，朱什迫于压力，要么与拉贝尔断绝关系，要么承受园艺投资损失和名声败坏之苦。拉贝尔拿了几袋珍贵的植物和球茎走出花园后，朱什愤怒地给这位博物学家写信说："我还爱着这个园子，我会把事情搞大的。"拉贝尔很可能是因为朱什支付不起足够的薪水才会走上偷窃植物这一步的。不过，朱什也暗示，拉贝尔夫人在整个事件中也没起什么好作用，她取笑自己丈夫的宏伟梦想以及他在赞助者圈子中的卑微地位。朱什曾向马蒂亚斯·德·拉贝尔抱怨说，他"会心甘情愿地付出代价有……你永远的陪伴，"但是"拉尔贝夫人的伟大思想……阻止了它。"拉贝尔的儿子保罗离开莱姆街和伦敦城这

---

① 参见AR 2：233，*Lay Subsidy Assessment for 1582*，詹姆斯·科尔爵士被估价50英镑。当收费人登门时，他实际上支付给这些女王的雇工60英镑。关于这段时期伦敦中产阶级文化、经济和社会方面的更多信息，参见Brooks，"Professions, Ideology, and the Middling Sort"，113－140。

块万全之地，步入了宫廷赞助者的险境，境遇并没好到哪里。1604 年，保罗成为御用药剂师后不久，受国王宠臣托马斯·奥弗伯里爵士(Thomas Overbury)谋杀案的牵连而卷进一场纷争。保罗·德·拉贝尔负责给奥弗伯里提供药物，1613 年，奥弗伯里在伦敦塔服毒身亡。在国王全力捉拿凶手的过程中，罪名指向了拉贝尔，尽管事实上他几乎可以确定是清白的，但漫长的调查和审判使他的声誉受损①。

虽然莱姆街学术圈的博物学者需要资金，但只要在可能的情况下，他们都有足够的理由远离宫廷。他们的欧洲朋友和通信人也认同这种做法。鲁道夫二世的宫廷内科医生约翰尼斯·卡拉多(Johannes Crato)曾没完没了地向奥特利乌斯抱怨宫廷生活的折磨，渴望到安特卫普市过相对安静的生活。保罗·德·拉贝尔和伍尔夫冈·鲁姆勒(Wolfgang Rumler)得到提拔，对此，约翰尼斯·鲁姆勒(Johannes Rumler)1609 年对詹姆斯国王的宫廷赞助进行了有针对性的评论。鲁姆勒承认他的兄弟"取悦了王子理应蒙受更多赞扬"，但他还是敦促科尔警告伍尔夫冈不要太相信自己突然的成功。"宫廷生活，"鲁姆勒写道，"不过是外表华丽光鲜的悲惨生活。"鲁姆勒将宫廷空洞的赏酬与自己的职业轨迹带来的好处做了比较，"我在当地城市当内科医生，"他不无满足感地写道，"我不依附于任何人。"②尽管鲁姆勒反对

---

① 关于谋杀和审判的经典记述，参见 McElwee, *The Murder of Sir Thomas Overbury*。最近的一个分析是 Bellany, *The Politics of Court Scandal*。朱什写给拉贝尔的信件转载于 Louis, *Mathieu de L'Obel*, 510 - 512。

② *Ortelius Correspondence*, no. 79 (26 October 1578), 184 - 185; no. 90 (30 October 1579), 214 - 216; no. 350 (2 April 1609), 828 - 829. "Fratrem in magna apud Regiam Majestatem esse gratia lubens ex tuis cognovi, et Principibus placuisee viris non ultima laus est, ne tamen fidat ille nimium secundæ fortunæ, aulica enim vita splendida miseriaesse solet, miseriarum officina, veritatis exilium, liberatis carcer, ni dextere ea utaris, de quibus ipsum jam monui sæpis: Ego praxin in patria exerceo, nemini addictus, meaque vivo contentus sorte. Te cum tuis quam optime valere exopto, meque tibi, nos omnes Deo, commendo."

宫廷赞助者的论调听起来有些空洞,但他在信中建议那些经济上可以独立支持研究工作的博物学者,如丝绸商、内科医生和药剂师等,远离宫廷险境方为上策。然而,在伊丽莎白时代,这些职业也和英语发音的名字一样,掩盖了很多伦敦博物学者以及自然从业者的外国居民身份,而历史学家想要揭示这些人的活动,不得不面临一道屏障。

伦敦的世界大都市气质和这座城市为经济福利创造的机会,孕育了莱姆街博物学者学术圈的活动,也促进了助益他们研究自然世界的合作与协作精神的萌生。莱姆街的博物学者们没有去角逐有限的资源,相反,他们开展互补性贸易,交换信息和标本,既不迎合赞助人的突发奇想,也不参与宫廷生活的激烈斗争。就莱姆街博物学者而言,伦敦的都市感知力帮助他们在英国人和"陌生人"之间、市场力量和同事关系之间、合作与竞争之间保持了富有成效的张力。这些态度与行为准则在学术团体中以重要的方式交叠着。最终,在错综复杂的欧洲学术网络中,伦敦的莱姆街博物学者们赢得了博学多识、同心同德、睿智谦逊的美誉。

## 地图、郁金香和蜘蛛:莱姆街上的收藏与合作

1586 年 1 月 9 日,亚伯拉罕·奥特利乌斯在安特卫普给他远在伦敦、时年 23 岁的外甥科尔书信一封。[①] 彼时,英格兰正与西班牙交战,荷兰沦为这一强一弱两个帝国政权较量的浴血战场。但奥特利乌斯在信中却只字不提这个与自然史和古董研究关联的复杂事件。尽管两人因地理因素和政治争端相隔异地,但奥特利乌斯和科尔都明显感

---

① 同上,no. 144(9 January 1585/1586),331 - 333。关于信件内容及其与自然史关系的分析,参见 Harkness,"Tulips, Maps, and Spiders",184 - 196。

到，他们同属于一个亲密无间的、可以分享兴趣的学术圈和社团。因此，奥特利乌斯提出要见识一下詹姆斯的犀牛角草图也就不足为奇了，因为他觉得曾经在安特卫普的集市上见过一个男人兜售它。在此前的一封信中，詹姆斯曾代表一位朋友，也是他的邻居——托马斯·佩尼向舅父求助，当时佩尼正在整理有关昆虫的笔记，为了能让研究工作更出色，他还在不懈地努力寻找珍稀标本。可惜奥特利乌斯除了一只尼泊尔狼蛛再没有节肢动物可送了。皮埃尔·安德里亚·马蒂奥里（Pier Andrea Mattioli）在1557年论述狄奥斯科里迪斯的《医药材料》（*Materia medica*）的文字中，曾描写过该狼蛛的特征。不过奥特利乌斯还是褒扬了佩尼的项目，认为它将对学术研究做出独特的贡献。

一年后，奥特利乌斯围绕博物学者们共同关心的话题再次致信詹姆斯·科尔——这次谈及的是地理、历史和植物。在信中，奥特利乌斯感谢他的外甥向刚从罗诺克探险回来的人打探清楚了“Wigandecua”，或者说是“弗吉尼亚”的确切位置。奥特利乌斯对詹姆斯掌握的历史知识大加赞赏，同时也为他未能充分利用馆藏丰富的安特卫普图书馆开展研究感到惋惜。为了弥补安特卫普和伦敦之间的差距，奥特利乌斯还把妻子安娜从自己花园中摘来的一些缬草和太阳花种子（当时最时髦的园林花卉）随信寄走[①]。奥特利乌斯认为，给詹姆斯寄去这些种子就好比“给雅典寄去了猫头鹰”，因为自己的外甥是一位学识如此渊博的园艺师。奥特利乌斯希望这些种子足以取代詹姆斯想得到、而这位安特卫普制图师却没有门路从

① 同上，no. 149（19 January 1586/1587），345－347。赫塞尔斯（Hessels）的转录中包含“Marvella”，我怀疑是拼写错误，实际应为“marnella”，一种具有药性的野生缬草。参见Gerard，*The herball*（1597），918。鉴于原始信件集在20世纪早期分批次拍卖，我一直无法查清它们目前的下落。关于向日葵的状态，参见Findlen，“Courting Nature”，66－67。

欧洲搞到手的非洲万寿菊。

正是通过这些自然世界的流通和收集——一包种子、一张犀牛角草图、一只蜘蛛、一个关于弗吉尼亚的信息碎片——让莱姆街学术圈得以在国内彰显生命力，在国际上树立美誉。尽管人们很容易把这些东西看作是知识体系中的小摆设，是对自然世界不成体系的片断式证据，而对此不加以理睬；但每件物品都是这个东起俄罗斯、西至新世界，北起丹麦，南至非洲的错综的交换网络的组成部分。干燥的植物标本几经易手，随着它出处的不断丰富，联系不断拓展，其自身也浸润在了文化和知识传播之中。每一个花朵球茎或是化石礼物的到来都伴随着一个不言自明的共识，接受者不会单纯地视这些标本为馈赠，而是要想方设法直接或间接地用同等价值或是同等重要的东西进行回报①。

自然物件在这样的交换环路中过上了双面生活：它们既是研究者研究和探索的对象，又是因其稀有和美丽而备受珍视的手工艺品。作为研究对象，当学术圈内的人们辩论和讨论其特征与优点时，它引发了评论与争论。作为物质实体，自然物件被贮藏于陈列室，依博物学者心仪的标本名单用于交换，并成为对珍奇物品感兴趣的国王、王后、学者和知识分子们谈资中的文化装点。那个时代，多数欧洲国家都陷入了宗教与帝国野心引发的战争旋涡，自然物件的交换推动了与民族争端背道而弛的知识礼仪的发展。虽然像科尔那样的博物学者很难从新教徒的英格兰旅行到西班牙占领的荷兰，但是，他的犀牛角草图和装着种子的邮包则可以相对容易地跨越边境，培养起跨越语

---

① 本书中对莱姆街交流场景的描写主要依据富梅顿(Fumerton)对伊丽莎白和斯图尔特贵族以及引导其文化表达的审美习俗进行的睿智研究《文化美学》(*Cultural Aesthetics*)，尤其是 1 - 110 页。关于礼品制作和现代早期文化，参见 Davis, "Beyond the Market", 69 - 88; Biagioli, *Galielo, Courtier*，散见全文各处; Findlen, "The Economy of Scientific Exchange", 5 - 24。

言、宗教和民族界限的友谊。

自然物件在学者间传递，在学术评论中出现或历经短时沉寂，走上收藏家的自然史陈列阁，对这些过程加以追踪，给我们提供了一种观察视角，可以了解到莱姆街学术圈的内部运转情况，了解它是如何嵌入到一个更大的知识交换网络之中的。支配莱姆街博物学者的动力有两种：合作冲动和收藏冲动。正如包括自然研究在内的现代早期伦敦生活的方方面面，这包含了合作与竞争之间微妙的互动作用。不管人们谈论的是郁金香还是地图，对它们多一些发现，了解它们如何从一个人这里转手到另一个人那里，就可以阐明莱姆街学术圈，也能帮助我们理解伦敦这样的世界性大都市是如何培养人们对自然科学的兴趣的。

莱姆街博物学者的合作冲动与收藏冲动主要聚焦在植物领域——植物收藏、繁育和鉴定。除植物之外，他们最感兴趣的是动物和化石标本，他们借助书籍、地图和古董收集各类信息。这些看起来令人困惑、风马牛不相及的兴趣领域，在 16 世纪却代表了自然史的经典要素，与此类似地，它们也都是珍宝阁中的典型藏品。珍宝阁是那些奇妙、令人愉悦的自然物件和工艺品的临时栖身之地。可以用来收藏独角兽的角和干瘪残骸，也可以收藏具有艺术性的贝壳、表达敬意的人形雕像以及各类机械小发明，这些物品频繁地跨越了自然与手工艺之间的古老分类，不无挑衅意味。欧洲王室集结了海量的珍奇收藏，尤以神圣罗马帝国皇帝鲁道夫二世为最。伊丽莎白一世的私人寓所也有一个珍宝阁，藏有人像的微型复制品、珍贵宝石和她的私人信件。女王在格林威治还有一个房间，里面装满了钟表、地球仪、一个镶嵌有珍奇宝石和羽毛装饰的北美土著居民样子的盐瓶以及孔雀羽毛织锦。瑞士旅行家托马斯·普拉特曾这样讲，这些都是受过女王恩典的贵族送的礼物，“因为他们知道女王陛下喜欢奇异、可爱的小件珍奇物品”。女王的国务卿威廉·塞西尔也有一个装满岩石、钱币和其他古董的"稀有工艺品"珍宝阁，其中有一件怪异的矿物标本是声名狼藉的布拉格炼金术士爱德华·凯利(Edward Kelly)寄来的[①]。

到了 16 世纪末，收藏之风盛行于中产阶级，不少伦敦居民也有了自己的珍宝阁。例如，巴伯外科医生行会成员和博物学者威廉·马丁(William Martin，活跃于 1575—1606)就收藏有小件珍奇物品，包括近代英国国王和女王的肖像、"会讲 28 种语言的希伯来内科医生"肖像、一枚鸵鸟蛋、耶路撒冷地图、奥斯坦德地图、书籍和外科手术工具。马丁的一件收藏品，古代植物标本采集者狄奥斯科里迪斯的一张画像甚至成了莱姆街的詹姆斯·加勒特的收藏品[②]。1599 年，瑞士旅行家托马斯·普拉特造访伦敦时，莱姆街的马蒂亚斯·德·拉贝尔带他去伦敦近郊肯辛通的沃尔特·考普爵士(Walter Cope)家拜访，他们一起谈论伦敦人对烟草的嗜好，并参观了他的珍宝阁。在各式令人生畏的武器中，放置着羽毛头饰、中国布料、各式各样的鞋子、仪器、工具、犀牛角和尾巴、一个更罕见的从英国女人头里长出来的角、小孩尸体、毛虫、弗吉尼亚萤火虫、鹈鹕喙、鳞沙蚕和一个完整的"顶棚上挂

---

① Evans, *Rudolf II and His World*; Kaufmann, "Remarks on the Collections of Rudolf II", 22 - 28; Fumerton, *Cultural Aeshetics*, 67 - 69; Platter and Busino, *The Journals of Two Travellers*, 98; British Library MS Lansdowne 103/173 (undated); Ortelius Correspondence, no. 71(4 August 1577), 167 - 171。关于普拉特的冒险的完整记述，包括丰富脚注，参见 Platter, *Beschreibung der Reisen Durch Frankreich, Spanien, England und die Niederlande*。关于收藏文化的重要研究包括 Pomian, *Collectors and Curiosities*; Findlen, *Possessing Nature*; Kaufmann, *The Mastery of Nature*; Impey and MacGregor, *The Origins of Museums*。早期英格兰最知名的古董收藏是特里德·斯堪特(Tradescant)收藏，该收藏是阿什莫林(Ashmolean)博物馆的基础。见 MacGregor, *Tradescant's Rarities*。古董的历史得到了大量学术关注，包括 Daston and Park, *Wonders and the Order of Nature*，以及 Evans and Marr, *Curiosity and Wonder*。

② 巴伯外科医生行会威廉·马丁的遗嘱，立于 1606/1607 年 1 月 22 日，写道："Item I give to Mr. Jarret the trewe pickture of Dioscorides." 他可能指的是詹姆斯·加勒特，或者可能是外科医生约翰·杰拉德。*Commissary Court of London*，现为 GHMS 91 71/20, ff. 251 v - 253v. Gerard, *The herball*, 141，提到马丁，说他是一个喜欢与医生史蒂芬·布赖德尔(Stephen Bredwell)一起实地考察植物的人。

有桨和滑板”的北美土著居民独木舟。“在伦敦，还有其他一些人对珍奇小物件感兴趣，”普拉特写道。但有一点他十分确信，那就是“考普满怀热情地完成了印度航海之旅，因而他拥有的古怪物件胜人一筹”。[①]

我们知道，莱姆街的博物学者们几乎都藏有各式各样的自然物件和手工艺品。托马斯·佩尼有一个“干花园”，或者说“压干植物标本集”，是他夹在书页里保存下来的植物标本收藏品。他还收藏昆虫题裁的图画、模型和真昆虫标本，后来这些东西都到了他的朋友托马斯·莫菲特手里。莫菲特十分珍爱佩尼的这个“昆虫库”，他把自己最珍稀的标本也存放在里面，其中包括一只非洲蚱蜢，这只蚱蜢是他从安特卫普知名收藏家萨缪尔·昆其博格(Samuel Quiccheberg)的儿子皮特·昆其博格(Pieter Quiccheberg)那里弄到的。詹姆斯·科尔从亚伯拉罕·奥特利乌斯那里继承了一大批自然物件、地图和古董收藏品——包括来自新世界的手工艺品，医学治疗上不可多得的、被认为是解毒石的波斯山羊胆结石，宝石和古老的大理石雕像——他把这些东西悉数存放进位于莱姆街的有抽屉和架子的两个大珍宝阁[②]。科尔将这两个珍宝阁置于账房中，要知道多数商人都会把最贵重的物品、商业利润和分类账目锁在那里。通常，历史学家会把注意力集中在这些蔚为壮观的珍宝阁及其光怪陆离的内容上，但我想把关注点从这些物品的临时

---

① Platter and Busino, *The Journals of Two Travellers*, 32－36。麦格雷戈(MacGregor)在《珍宝阁》(202－203)中将考普的珍宝阁放在17世纪英国珍宝阁收藏模式的背景下讨论。

② Raven, *English Naturalists*, 154 and 159; L'Écluse, *Rariorum plantarum*, 215; James Cole's Will, PCC Prob. 11/153, ff. 328b－330a。关于昆其博格家庭与莫菲特的联系，参见 Raven, *English Naturalists*, 172。塞缪尔·昆其博格的《题词》(*Inscriptiones*)给读者提供摆放和整理珍宝阁的指导方法。奥特利乌斯藏品包含的范围，参见 *Ortelius Correspondence*, no. 177(30 March 1590), 427－429; no. 195(10 April 1591), 469－472; no. 288(26 April 1596), 683－685。

栖身之处转换一下，取而代之的是，我们要考虑这些物品在莱姆街学术圈和国外是如何被获取、讨论和交易的。为了实现这一点，我们需要到田野调查、旅行、交换的信件、手稿和出版著作中寻找证据。

居民的合作精神是莱姆街生活的一个显著特征，他们开展智力活动，解决共性问题，追求普遍看重的知识。16 世纪晚期是一个令人振奋的时代，也是一个充满挑战的时代，博物学者们努力对从四面八方汇入手中的新植物和新动物进行分类和整理，同时，与其他研究自然的学者一起并肩作战，为未知物种的比较和对比研究工作扫平困难和障碍。莫菲特和佩尼乐于一起做田野调查，漫游"各处采集样本"。拉贝尔和佩尼也一起到田野考察植物标本。詹姆斯·加勒特帮助莫菲特研究田蟋蟀，他把田蟋蟀的翅膀扯下来精心地摩擦，看到底从什么地方发出音乐声，因为其他博物学者认为声音是从翅膀或者昆虫胃部的某个空管里发出来的。加勒特还研究在自己花园的紫罗兰上观察到的昆虫幼虫的习性。他这样报告说，"它们体型非常小，很黑，长得很快。"16 世纪 70 年代，正值英国医生彼得·特纳(Peter Turner)和威廉·布鲁尔(William Brewer)在海德堡求学，他们也参加了托马斯·佩尼赴海德堡的那一次考察[①]。

与欧洲博物学者广泛共事，为莱姆街学术圈成员提供了额外的合作机会，也给他们指明了确立专业技能、获得额外标本的途径。莫菲特和佩尼从查尔斯·德·莱克吕兹那里收到过黄蜂、生长在希腊的螳螂插图以及有关绚丽的蝴蝶的描述等物品，查尔斯曾一度在莱姆街居

---

① Moffett, *The Theater of Insects*, 924,995,1087,1001; Pena and L'Obel, *Stirpium adversaria nova*,在 Hoeniger, Hoeniger, *Natural History*, 56 中引用。关于该时期的"信息过载"参见 Blair,"Reading Strategies",11 - 28,和 *Coping with Information Overload in Early Modern Europe*(纽黑文：耶鲁大学出版社，即将出版);Ogilvie,"The Many Books of Nature", 29 - 40。关于协作，参见 Johns,"The Ideal of Scientific Collaboration", 3 - 22。

住，后来迁居维也纳。这其中，有一个绚丽无比、十分罕见的蝴蝶画像，莫菲特热情赞颂它"好像是大自然为了装点它……用光了染料铺的染料"。[1] 莱姆街回馈了查尔斯·德·莱克吕兹的帮助，詹姆斯·加勒特送给他来自新世界的压干植物标本和丁香莓树果实，托马斯·佩尼则送给他开蓝花的龙胆根[2]。詹姆斯·科尔向安特卫普著名的印刷商克里斯托弗·普兰廷(Christopher Plantin)的外甥弗朗西斯科斯·拉菲兰吉斯(Franciscus Raphelengius)提了一个要求，可能的话，送自己一支白郁金香，并送给他的一位住在奥格斯伯格的朋友马库斯·韦尔瑟(Marcus Welser)一些玫瑰灌木和花朵球茎。很多植物新品种进入科尔的花园，这要感谢送给他美国栗树和悬铃树种的舅父奥特利乌斯。法国内科医生让·安东尼·萨拉辛(Jean Antoine Sarrasin，1547—1598)觉得佩尼很喜欢他在日内瓦送他的一张螳螂的图片，于是亚伯拉罕·奥特利乌斯就提议把自己的那不勒斯狼蛛送给他观察。乔基姆·卡梅拉留斯，莱比锡城的一位博物学者，也把自己珍宝阁中收藏的罕见的牛角甲虫画像送给佩尼公爵，一并送去的还有在德国的谷仓中发现的两种象鼻虫标本。詹姆斯、皮特·昆其博格在安特卫普和维也纳两地互送昆虫，包括甲虫、墙虱子和蚱蜢。外科医生爱德华·埃尔默(Edward Elmer)给伦敦的莱姆街博物学者寄去稀有的俄罗斯甲虫，供他们研究[3]。

---

① Moffett, *The Theater of Insects*, 924,959,963,983。关于艺术家般美丽的大自然，参见 Anne Goldgar, "Nature as Art", 324－346。

② Johnson in Gerard, *The herball*, 434,1610,1618。关于佩尼对莱克吕兹的植物学研究的贡献，参见 L'Écluse, *Rariorum aliquot Stirpium*, 66,87,117,290,342,362,367,419,647,657。德·巴克(De Backer)等的《低地国家的植物》(*Botany in the Low Countries*, 74)中复制了加勒特送给莱克吕兹的一张爪哇辣椒的照片。

③ *Ortelius Correspondence*, no. 164(15 May 1589), no. 314(24 January 1597/1598), no. 321(1 June 1598), 752－753; no. 214(5 May 1592), 512－514; no. 144(9 January 1585/1586), 331－333; Moffett, The theater of insects, 983,937－938,1008－1009,1007,1015,1025; Raven, *English Naturalists*, 172。

穿梭于伦敦和欧洲大陆之间的邮包里装满了各式新奇物品和想法：毛茸茸的诺曼底毛虫、伊斯帕尼奥拉岛奇怪的咬毛虫、巴巴里的蝎子都寄到了莱姆街。有时候，家门口的人也来做贡献。托马斯·尼维特（Thomas Knyvett，1545/1546—1622）和他的兄弟埃德蒙"以其对自然事物知识充满求知欲的研究而知名"，经常把自己研究昆虫的信息寄给莫菲特和佩尼。埃德蒙·尼维特（Edmund Knyvett）给佩尼寄去了落在花朵上的银色小苍蝇的着色画像，帮助博物学者在"篱笆上和有水腊树的地方"进行辨认；此外，还寄去了描述一只甲虫和毛虫的文字。身为医生和博物学家的威廉·布鲁尔给莫菲特和佩尼寄去有关蜻蜓的信息，还随时告知他们当地渔民的钓鱼习惯；除此之外，他还细致入微地观察萤火虫的生殖情况，他把石南上找到的昆虫精心贮干并保存下来制成标本，随后寄给了佩尼。伦敦医生兰斯洛特·布朗（Lancelot Browne，卒于1605）给佩尼讲述"为取暖和果腹"住在花间的一只小苍蝇的情况。当然，莱姆街上提供消息的英国人并非都博学多闻或出身高贵。例如，一个纯"乡下人"也和佩尼分享过自己观察苍蝇生命轮回的发现，这位医生后来雇一个当地居民研究沼泽蟋蟀，去"尽可能多观察它的情况，并从中找出内在联系"。①

此类合作冒险活动往往发端于野外考察，而野外考察旨在观察新奇、罕见或特别的事物。托马斯·莫菲特解释说，研究自然奇观的一个好处是，让好学之人的头脑里装满多样和稀奇的品种。拉贝尔尤其热爱野外考察工作，这份热爱萌生于他在蒙彼利埃大学求学时代，且终生不减。拉贝尔和托马斯·佩尼一起在日内瓦和汝拉山脉研究植物。在英格兰萨默塞特郡的一块玉米地里，拉贝尔认出了黄色的"伯

---

① Moffett, *The Theater of Insects*, 1038, 1045, 1050, 948, 985, 1016 - 1017, 1044, 946, 976, 979, 949, 936, 1018。

利恒之星”(Star of Bethlehem)，还在波兰靠近普利茅斯一带观察到一种长在岩石中的叶子与常春藤叶相似的芥末。在英格兰西北边境和威尔士旅行时，拉贝尔辨认出两个植物新品种：黄色白头翁和开蓝花的捕虫堇。“我正在山里找寻一些美丽的植物!”他让自己的女婿詹姆斯·科尔也为之振奋。墨菲特也是一位孜孜不倦的实地考察工作者，为了获取一种特殊蚱蜢品种的一手资料，他走遍了“瑞士、德国和英格兰”，但他没能如愿找到这难以捉摸的被捕食动物。当墨菲特发现一个不寻常标本，如“稀有的苍蝇，不是在哪儿都看得到的……以泥浆和腐物筑城的泥墙为食，”他就保存下来，“尽管已经死了，但还是放进盒子里，对其稀有价值珍视不已”。[①]

能代表莱姆街博物学者们工作历程的是出国旅行，而不是消遣式出游。出国旅行能给他们提供在新环境中实地考察的机会，能够在野外就地考察或在人工栽培花园中观察此前只在书本上出现的标本，而通过书信建立的友谊也会因这种面对面的联系而进一步巩固和加深。1597年夏天，詹姆斯·科尔的第一任妻子玛丽亚·西亚斯去世后，他在欧洲进行了一次自然史考察之旅。”[②]在另一位“博学的英国人”的陪伴之下，科尔游遍欧洲。他到纽伦堡拜访了博物学者乔基姆·卡梅拉留斯，到奥格斯伯格拜访了马库斯·韦尔瑟，还在周游意大利之前到亚琛拜访了收藏家阿道弗斯·欧蔻(Adolphus Occo)。在意大利，科

---

① 同上，949，994，947；Raven，*English Naturalists*，159；L'Obel，*Stirpium adversaria nova*，41，233；Gerard，*The herball*，168；Johnson 同上，271；*Ortelius Correspondence*，no. 353(7 June 1610)，832 - 834；no. 352(10 September 1609)，pp. 831 - 832。

② 科尔旅行的行程及、所引起的反响及其对所见所闻的描述，参见 *Ortelius Correspondence*，no. 304(6 June 1597)，716 - 717；no. 306(2 July 1597)，719 - 721；no. 309(18 October 1597)，726 - 729；no. 312(21 November 1597)，735 - 736；no. 313(1 December 1597)，737 - 739；no. 314(24 January 1597/1598)，740 -741。关于该时期旅行的文化意义和知识意义，参见 Stagl，*A History of Curiosity*。

尔和那位英格兰朋友到博洛尼亚大学拜访了马吉尼(Magini)教授,看他是否收藏有让人感兴趣的古代地图;他们还在佛罗伦萨与艺术家会面,到罗马的梵蒂冈参观了富尔维奥·奥尔西诺(Fulvio Orsino)收藏的无与伦比的宝石(两名新教徒能进入此地似乎有些令人生奇)。

然而,正是在那不勒斯的黛拉·波尔塔(della Porta)兄弟的寓所和博物馆里,科尔看到了具有合作精神的科学,使他回想起莱姆街家中的生活。在蒂斯塔·黛拉·波尔塔(Giambattista della Porta)和乔瓦尼·温琴佐·黛拉·波尔塔(Giovanni Vincenzo della Porta)的家中,科尔感受到 16 世纪晚期那不勒斯知识气息最美好的一面。那不勒斯市是一个自然史中心,吸引着全欧洲游客,她拥有与罗马琳申(Lincean)学院相联系的活跃的知识移民群体,也拥有像尼科洛·斯坦利奥拉(Niccolò Stelliola)和费兰特·因佩拉托(Ferrante Imperato)这样知名的博物学家,以及像黛拉·波尔塔兄弟这样的博学者①。詹巴蒂斯塔·黛拉·波尔塔的圆形面积数学研究和乔瓦尼·温琴佐·黛拉·波尔塔的托勒密占星学让科尔眼花缭乱。不过,兄弟二人收藏稀有古币和大理石雕像的博物馆也给科尔留下了同样深刻的印象,并且,还很有可能激励了科尔,让他重振旗鼓为自己莱姆街的珍宝阁收藏珍奇物件。

以现代早期标准看,那不勒斯离伦敦相当之远,但是,随着航海探险打开新世界的大门,出现了越来越多的异国野外考察工作机会。受当时旅行条件所限,那些通往天南海北的旅程充满艰难险阻,因而急不可耐的博物学者都出手很快,纷纷将来自南美、北美和非洲的新奇标本实例收入囊中。当托马斯·莫菲特不得不“从巴伯利手里”购买

① Olmi,“From the Marvelous to the Commonplace”; Findlen, *Possessing Nature*,散见全文各处。

一种螳螂时，发现获取这些“花了些钱从非洲给我们带出来”的令人心仪、时髦的自然商品可不便宜。可是，相比而言，从朋友那里搞到国外标本不仅价格划算，而且更有助于维系自己在学术团体中培养起来的责任纽带，比如说安特卫普的彼得·昆其博格曾送给佩尼一只青壮蚱蜢，这只蚱蜢在佩尼去世后，被友人莫菲特珍藏于自己的昆虫储藏室中。其他朋友也为莱姆街的自然研究成就做出过贡献，比如，那个时候，“一位勤奋的外科医生”卢多维卡斯·阿莫卡斯（Ludovicus Armacus）给佩尼从几内亚带回一只蚱蜢，从非洲带回一只毛毛虫；还有，与罗利同行参加罗诺克探险之旅的艺术家约翰·怀特(John White)也送给佩尼一只“来自弗吉尼亚”的蚱蜢[①]。

莱姆街博物学者的信息获取渠道是各种各样的——亲力亲为的野外考察，朋友的野外考察报告，情报人员从遥远的俄罗斯和新西班牙收集到的情报。因而，学者们在自己曾亲眼见过的和仅通过二手资料间接了解到的自然物件之间认真地进行着区分。莫菲特记述道，他曾见过四只小蜻蜓，但不是威廉·布鲁尔送来并引起佩尼关注的那种吃苹果的、体型纤细的灰色蜻蜓。莫菲特之所以要如此细致的区分是因为，无论报告来源多么可靠，报告的事实有时候却不可靠。莫菲特带着满足写道：“有人报告说变色龙是什么东西都不吃的，这是错误的”，“1571 年，我亲眼见过变色龙吃苍蝇，它 6 英寸长的舌头突然向前伸去并来回摆动，乘苍蝇不备时攻击，把它拉过来然后一口吞掉。”朋友彼得·特纳报告说，蚯蚓“最贪食未发酵的白面包”，[②]当莫菲特的观察证实了这一现象时，他也感到十分欣慰。

鉴于二手报告真实性查证的相关问题，莱姆街博物学者更愿意接

① Moffett, *The Theater of Insects*, 983,997,990,1045。关于动物标本的交易，参见 George, “Alive or Dead”, 250 - 252。

② Moffett, *The Theater of Insects*, 939,946,1104。

受动植物标本实物，甚至是工笔精细的图画，而文字描述并不是最理想的。植物、昆虫的画像或者及时冷冻的动物标本，与珍宝阁有着类似的功能，可供博物学者同其他感兴趣的伙伴一道分享，他们可以经常观察或者闲暇时进行研究。一件充满艺术气息的自然物件表现形式，比单纯的描述更直观，也更逼真，尤其当文字描述不足以恰如其分地抓取到标本本身的珍稀和华丽特质时。当莫菲特从朋友查尔斯·德·莱克吕兹那里得到一张考究的彩色蝴蝶画像时，喜悦之情无以言表，因为这张画像比适当的描述性语言更"容易让人产生联想和赞美。"即便如此，无论用语言还是图画将实物转换为标本描绘，人们都会觉得无法做到尽善尽美。马蒂亚斯·德·拉贝尔写道："用文字描述植物各部分是何其难，何等充满不确定性(熟练是唯一的指导，但仍与事实有出入，它们的样式，朋友寄来的……)，他们最好知道谁最了解该领域[①]。

多数情况下，植物、昆虫的图像或其他表现形式的可靠性取决于画手的水准。尽管奥特利乌斯赞赏过科尔的绘画能力，但他很确信，比起莱姆街知名的艺术家，如大马库斯·吉尔哈特(Marcus Gheeraerts the Elder)、小马库斯·吉尔哈特(Marcus Gheeraerts the Younger)、约翰·怀特和尤里斯·赫夫纳格尔(Joris Hoefnagel)，科尔只是业余爱好者。[②] 用于出版或馈赠朋友的线条画如果不经着色，

---

① Moffett, *The Theater of Insects*, 959；马修·德·拉贝尔(Matthew de L'Obel)，在杰拉德的《草药》(61)中引用。关于自然的视觉描写和自然研究之间的关联见 Smith, *The Body of the Artisan*，以及 Long, "Objects of Art/Objects of Nature", 63 - 82。弗里伯格(Freedberg)在《猞猁的眼睛》(*The Eye of the Lynx*)中描述了与伽利略相关的图纸在个体之间的流通。贾尼斯·内里(Janice Neri)在"精彩的观察"("Fantastic Observations")中探讨了近代早期艺术家中与他们的科学绘图的真实性和准确性问题。

② 有关这些艺术家的研究包括 Hodnett, *Marcus Gheeraerts the Elder*; Tahon, "Marcus Gheeraerts the Elder", 231 - 233; Hearn, *Marcus Gheeraerts II*; Hulton 和 Quinn, *The American Drawings of John White*; Hulton, *America*, 1585; Hendrix, Bocskay，以及 Vignau-Wilberg, *Nature Illuminated*; Hendrix, "Of Hirsutes and Insects", 373 - 390。

对其他修习自然的学者而言，参考价值甚至也会打折扣。莫菲特悉心指导他的读者修改即将收入其出版的《昆虫摄影》(*The Theater of Inseets*)的线条画，以便更如实地反映活体标本。莫菲特在一只毛茸茸的毛虫画像旁写道，“我们已经记录了食天竺葵毛虫的精确形态和长度”，但为了识得庐山真面目，读者还要“在铁黑色环绕带上涂装饰的白点，在腹部、足以及环绕带之间的空白处涂灰绿色。”莫菲特用同样的方法指导狼蛛画像的手工着色，“如果用浅棕色表现白色处，用深棕色表现黑色处，就更真实地表现了带斑点的狼蛛[①]。

不论是活体实例还是保存的标本，或是其他表现形式，单一的观察还不足以保证人们对自然事物有充分理解。有时候，研究工作还需要更深一步。例如，1587年，内科医生托马斯·莫菲特到英格兰西部旅行。他在一个小村庄发现了完整的黄蜂巢，决定验证一下书面报告中提到的雌黄蜂没有螫针这个说法。莫菲特研究的是一种能伤人的昆虫，但他对此并不畏惧。他往蜂巢上泼热水，杀死了一窝黄蜂。通过对死黄蜂更近一步的观察，他得出这样的结论，“我认为一般而言，所有的黄蜂都装备了螫针”，因为他“找到的黄蜂全都带有螫针，或是在体内，或是伸出体外。”为了验证一种叫“真爱(True Love)”的草药的解毒效用，马蒂亚斯·德·拉贝尔和皮埃尔·佩纳还在巴黎、鲁汶和海德堡用砷和水银给狗投毒。还有，佩尼和威廉·布鲁尔在海德堡附近的一座山中找到了火蜥蜴，他们做焚化火蜥蜴的实验，证实了火蜥蜴并不能在火里存活，与传说中的迪奥斯科里迪斯的理论背道而驰[②]。

园林培育给莱姆街的博物学者提供了另一个机会，让他们动手探

---

① Moffett, *The Theater of Insects*, 1038,1060。

② Moffett, *The Theater of Insects*, 921,1020; Gerard, *The herball*, 407,引自 Pena and L'Obel's, *Stirpium adversaria nova*, 105。

索自然，展示超凡的收藏技术。奥特利乌斯很羡慕他外甥位于伦敦的那座园林以及园内珍稀的葡萄风信子属植物、郁金香、水仙和百合花标本，其中有一些植物安特卫普人根本不认识①。马蒂亚斯·德·拉贝尔在托马斯·佩尼的园林中第一次见识了水生玄参。拉贝尔把自己在伦敦花园种植的植物送给加斯帕德·鲍欣(Gaspard Bauhin)，帮他完成《植物绘本》(*Pinax theatric botanici*，1623)。世界各地的植物汇集到莱姆街上，人们期盼随着这些植物适应英国的气候条件，它们能够健康地生长。奥特利乌斯从与新世界有联系的朋友那儿获得了南美太阳花种子和北美栗子，并把它们送给了莱姆街的博物学者。法国博物学家尼古拉斯·法比利·克劳德·德·皮埃尔斯(Nicholas Fabri Claude de Peiresc)送给马蒂亚斯·德·拉贝尔和詹姆斯·科尔芳香的彩色苏合香灌木丛，还有刚从阿尔及尔带来的重瓣水仙。皮埃尔斯给科尔的信中这样写道，"希望您能从中找到一些配得上您那美丽小花园的珍品"，因为它们"生长在法国"，但是"在贵地不是很常见"。②

尽管科尔在园艺方面成就斐然，但詹姆斯·加勒特才是莱姆街博物学者群体中实用技艺最精湛的园丁，他利用在花卉基地蔓延的病毒不经意地培育出色彩更为缤纷的郁金香新品种，这项能力国际知名；而他从世界各地获取植物新品种标本的能力在国际上也是响当当的。

---

① British Library MS Harley 6994，Letter from Ortelius to James Cole(30 September 1586)，f.39r。该信未编入赫塞尔斯(Hessels)版本的奥特利乌斯书信，并且从未包含在伦敦荷兰教会的收藏中。可能此信在到达科尔手里之前已经被王室官员没收。

② Raven，*English Naturalists*，168，236；Parkinson，*Theatrum botanicum*，613；Bauhin，*Pinax theatri botanici*，第 112 章；*Ortelius Correspondence*，no. 149(19 January 1586/1587)，345－347；no. 214(6 May 1592)，512－514；no. 348(3 February 1608/1609)，823－825。感谢朱利·海耶斯(Julie Hayes)帮我辨认皮埃尔斯(Peiresc)的书信。关于皮埃尔斯与博物学家和其他英国学者的关系，参见 van Norden，"Peiresc and the English Scholars"，368－389。

约翰·杰拉德，那个成了加勒特敌人的人，在《草药》一书中解释了这位药剂师是怎样"尽可能发现无穷无尽的[郁金香]品种的，靠的是二十年间辛勤地播种郁金香，种植他自己培育的品种，以及从海外朋友那里收到的郁金香。"人们蜂拥至加勒特位于莱姆街上的药店，把植物作为礼物送给他：西印度的草、哈得孙（Hunsdon）勋爵从秘鲁获取的香脂树、豆科新品种、坎伯兰郡伯爵从波多黎各带来的有斑点的含羞草，以及土茯苓的弗吉尼亚变种。①

然而，并非所有植物都像加勒特的郁金香那样耐寒，新植物品种或人们不熟悉的植物移植到寒冷的英国花园里，面临的风险则是实实在在的，并非所有的植物标本都能在土壤中顺利越过第一个冬天。马蒂亚斯·德·拉贝尔从拿索园林的威廉（William）那里得到的珍贵生姜标本就"没挺过严酷的寒冬"。詹姆斯·科尔1588年到安特卫普探望他的舅父时，在花园种下了卡米拉利斯从纽伦堡寄来的新样本，有毛地黄、山谷粉百合、贝母和紫色银莲花。结果，无一幸免都没有好下场，奥特利乌斯在随后的那个春天写道，冬天过去后，多数植物都没有从土里冒出芽来。尽管在园林方面遇到了这些挫折，但是奥特利乌斯还是随时告知科尔他在安特卫普种植的白郁金香和红郁金香的情况，这两样是最有希望成活的②。

多年的观察、野外勘查、旅行、通信往来、合作以及收藏，为莱姆街博物学者的研究工作提供了信息与资料。托马斯·莫菲特讨论蜂窝中老年蜜蜂的工作时，关注到它们来之不易的专业技能优势：它们的等级应该高于"其他工种和经验的蜜蜂，因为岁月教会了它们技能。"

---

① Gerard，*The herball*，137－140，85；Johnson ibid.，1530，1599，1618；L'Écluse，*Rariorum aliquot Stirpium*，713－732.

② Gerard，*The herball*，61；*Ortelius Correspondence*，no.160(29 August 1588)，374－375，161(30 September 1588)，375－376；no.164(15 May 1589)，393－395。

随着时间的推移和知识的积累,莱姆街的博物学者们越来越谨慎,他们不会草率地给自然世界错综复杂的关系下结论。莫菲特不愿意把"未经过长久经验"证实的内容收入自己昆虫方面的著述,尤其是那些可能被读者质疑的见识。把萤火虫与水银混放在玻璃烧杯里能产生一种特殊光效,在找到这种现象背后的多种原因之后,莫菲特断言,"直到我亲眼看到实验那一刻,才相信(它)"。①

这种洞察力帮助莱姆街博物学者从令人困惑、纷繁复杂的世界中提取自然知识的精华。只有经过具体观察才能产生广义的理论。1589年,在化石这一研究对象上,奥特利乌斯和詹姆斯·科尔之间发生的一个事例正好诠释了这一逐步渐进过程。多年来,奥特利乌斯不断从欧洲通信人那里收到化石,并坚持对化石进行讨论。后来,科尔提出自己的观点,他认为化石是上帝精心撒下的稀有、无机的"自然界的玩笑",只是为了取悦修习自然的人,分散他们的注意力。例如,1579年,一个崇拜奥特利乌斯的弗来芒人送给他一块石头,这位制图师从中"观察到大自然奇妙的独创性"。这块中空的石头里面还有一些小石头,哗啦啦响个不停。此外,里面还有"化作石头的各种样式的蜗牛壳、蚌壳和海扇壳"。这件令人费解的物品,引起了科尔莱姆街上那些朋友的兴趣。1579年冬天,托马斯·佩尼把一个从剑桥的田野里出土的大牙齿送给一位博物学者朋友,他也观察到"在古老腐化的石头中有六条腿"的小蠕虫,这让他的邻居莫菲特大为吃惊,莫菲特一向清楚"一切事物……虽然及时腐败了,但不繁殖蠕虫"。②

化石对现代早期的博物学者来说是极为神秘的事物,探讨动物、

---

① Moffett, *The Theater of Insects*, 892,926,980.

② *Ortelius Correspondence*, no. 86(11 July 1579), 203 - 206; Bodleian Library MS Douce no. 363, f. 140v; Moffett, *The theater of insects*, 1081。关于蕨类植物特性的讨论见 Findlen, "Jokes of Nature", 292 - 331。

植物残骸在什么时间、以何种方式陷入泥土中等内容的理论很丰富。虽然多数学者都认为化石是无机物，但也有些人对化石遗留物和现今存活的生物之间结构的相似性感到困惑。例如，后来出现的一个理论认为，在泥土中找到的尺寸异常的残骸本身就生长在这个地方，这种解释一定程度上扫除了障碍，可以在大型化石化骨头和小得多的活生物骨头之间建立起明确联系。发现动物困在石头中的报告从国外传到莱姆街，结果，化石到底是有机物还是无机物的辩论愈加激烈，也愈加扑朔迷离。当瑞士内科医生菲利克斯·普拉特(Felix Platter)向莫菲特报告"他发现被锯断的石头里有一只活着的大蟾蜍"时，他的立场发生明显转变，认同化石一定程度上是有机物。普拉特总结说，蟾蜍"就是生在"石头中间的。莫菲特发现自己也认同普拉特的观点，因为一度看似"不可信和荒谬"的德国人的报告，现在可以和来自莱斯特郡采石场那记述了惊人相似事件的报道相提并论了①。

然而，科尔却得出另一个大胆的不同结论。他认为，壳类及其里面的动物实际上是曾经栖息在地球上的有机生物的残留物。残留物的体型异常、所处位置异常都丝毫动摇不了他的观点。科尔解释说，那些长眠于山上，被诸多收藏家发现的化石化的贝壳是在诺亚洪水时代或更早前，有机物周围的泥土硬化成为石头而形成的②。奥特利乌斯虽然声称自己对这个主题没什么看法，但却被科尔这不可能成立的理论所困扰，尤其是科尔说化石化的贝壳不是自然界的"无机的玩笑"，而只不过是有机生物的遗骸被完好地保存下来了。奥特利乌斯还认为化石无机理论的另一种替代说法——石化的动物遗骸某种意

---

① Moffett, *The theater of insects*, 1081。关于化石的解释见 Rossi, *The Dark Abyss of Time*, especially 3 - 113; Rudwick, *The Meaning of Fossils*; Ashworth, "Emblematic Natural History", 17 - 37; Ashworth, "Natural History and the Emblematic World View", 303 - 333。

② *Ortelius Correspondence*, no. 164(15 May 1589), 393 - 395。

义上是正常体量的有机物遗骸从泥土中"长"出来的——并没有完全被排斥。奥特利乌斯在安特卫普考察过一个体型巨大的石化蜗牛，并从中得到启示，承认那么大的东西不可能在地球上生存过，因而，如果石化的贝壳是有机的，那它一定是从泥土里生长出来的。

科尔和奥特利乌斯所在的学术圈影响力广泛，加入化石主题讨论的人不止他们两个。奥特利乌斯的另一个通信人，法国古文物研究者和博物学者狄厄尼索斯·德·维勒斯（Dionysius de Villers）曾对他认为泥土里能长出化石的观点进行过批驳，并指出，如果遗留在泥土中的单个骨头可以通过土壤神秘的营养特质长成大号尺寸的化石，那么，如何解释人们发现的整具骨架？维勒斯研究了自己珍宝阁中的一个巨型牙齿（可能是猛犸象牙）以后，得出的结论是，唯一的可能性就是地球上曾经出现过这种巨型动物。莫菲特揣摩着同样令人伤脑筋的莱姆街博物学者化石记录的证据，同时也被佩尼有关蠕虫是生长在碎石中的观点所困惑着，最终，他得出结论。他认为，岩石确实可以孕育出有机生命形态，尽管这与古代哲学家的观点背道而驰。"我开始仔细地权衡，不弄虚作假，对他们的全部观点都一视同仁，"莫菲特写到，"并且最终发现，我们的先人处处都被卑鄙地欺骗了，我认为这主要是靠我和佩尼的眼睛发现的，而不是去相信他们那些古代的词句。"①

这些都不是收藏家随便的业余闲聊——这是关于那个时代自然史方面最亟待辩论的深思熟虑的科学咨文。直到1616年，克隆纳（Colonna）在他的《论舌石》（*Dissertation on Tongue-stones*）中公开提出与科尔理论类似的内容。科尔认为化石既不是放大了的既往有机生物遗骸，也不是自然界的无机玩笑，而恰恰是曾在地球上存活的或

① 同上，no. 215（1 July 1592），514－517；Moffett，*The Theater of Insects*，1081。

许不知名的有机生物的印迹[①]。克隆纳和另外两位意大利博物学者——阿格斯蒂诺·斯泰诺（Agostino Steno，1629—1700）和尼古拉斯·斯泰诺·希拉（Nicolaus Steno Scilla，1638—1686）一道，对化石理论做出了清晰表述，并予以出版，他们的理论与早些时候科尔的个人论断异乎寻常地相似。在比较了活生物与化石残余物之后，三人就化石缘何是有机物给出了令人信服的实例，引发了一场吸引博物学者关注并一直持续到19世纪的争论。

自然世界中令人困惑的不只有化石，动物学界还有另外两个谜团：黑雁和狼蛛，也同样深受莱姆街博物学者及其朋友们关注。亚伯拉罕·奥特利乌斯是这些交流中的关键人物，因为他所掌握的动物方面的知识在欧洲享有很高声誉，引得那些从荷兰来到那不勒斯的博物学者纷纷向他咨询珍稀物种和外来物种问题。例如，博物学者尼科洛·斯坦利奥拉（Niccolo Stelliola）要求奥特利乌斯与他分享可能发现的、上帝与自然界开的另一个玩笑——黑雁相关的知识（图1.2）。有人认为黑雁是从苏格兰一种罕见的树上结出来的，据说这种树结的不是果实，而是黑雁。这些黑雁孵出来的一只四条腿的鹅从树上走失了。尽管人们已经知道世界上既没有黑雁树，也没有黑雁，但这样的事实仍然不能打消博物学者们继续寻找黑雁的念头。斯坦利奥拉很清楚，关于珍稀物种该了解哪些内容，奥特利乌斯有发言权。这给他提了一个醒，奥特利乌斯透露的任何信息都代表着“给修习自然的学生的最了不起的服务”，并且也有可能顺便证实他的一个说法：传说中黑雁的四条腿中，实际上有两条是翅膀。另一方面，托马斯·佩尼也让奥特利乌斯证实一下詹姆斯·科尔在报告中提到的关于制图师有一只四眼狼蛛标本的说法。这种说法很出乎佩尼的意料，因为他并不记得哪

① Findlen，*Possessing Nature*，232－240。

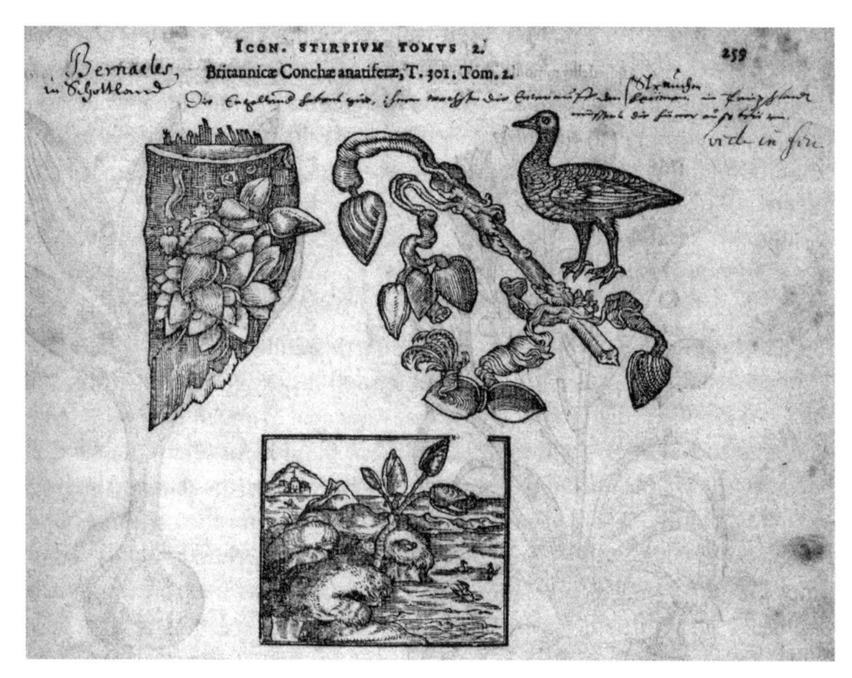


图 1.2　苏格兰有名的"黑雁",来自马蒂亚斯・德・拉贝尔的《植物志或植物图汇》(1581)。其他修习自然的学者与莱姆街的博物学者取得联系,因为他们更了解英国本地的动物和植物方面的专业知识(图片复制得到亨利・E. 亨廷顿图书馆许可)

个博物学者对此有所提及。况且,科尔在意大利为他绘制的草图显示,这种狼蛛明明只有两只眼睛。尽管奥特利乌斯不情愿将自己定位成动物和昆虫方面的专家,但佩尼心情急切,请求他马上把手头的狼蛛以及其他可能知道的安特卫普的珍稀动物草图给他。佩尼还向奥特利乌斯保证,他愿意让当地的邮差埃曼努尔・范・梅特伦出面代理,不惜一切代价买这些图①。

虽然莱姆街的博物学者们对细致的观察、实验、建构假说和得出结论饶有兴致,但他们不急于跳入自然哲学错综复杂的丛林之中,对

① *Ortelius Correspondence* no. 157(15 June 1588); no. 152(12 June 1587), 350 - 351。

上帝的宇宙规划做出任何论断；同时，他们也不急于加入有关宇宙最初原因和最终源动力的辩论。这些修习自然的学者都尽量避免声称自己精通自然世界。托马斯·莫菲特警告说，“如果人类智慧不是建立在正确的推理(推理是艺术和科学的灵魂)之上，那么不停地自吹自擂……是多么愚蠢和徒劳。”“大自然有众多产物，”莫菲特忠告人们，“不可能所有人都知道一切缘由，能展示给别人的就更少了。”莫菲特还讨论说，实际上帝早有安排：他让人类认识到自身的盲目性和无知，敬畏上帝。上帝创造了像化石和狼蛛这样的自然奇观，“完全是为了彰显其荣光，让人们认识到自身见解浅陋而受挫，但又教人们增长智慧”。当“人们探索事物的自然原因时”，莫菲特总结说，“不太可能再深入一步。”①

伴随着开展项目合作以及同别人分享探究结果，莱姆街的博物学者们开始认识到个人经验的价值以及经过验证的自然世界知识的重要性。这种都市感知力不但帮他们处理了伦敦的合作与竞争之间、英国人与陌生人之间、私人和公家之间的相互作用，还帮助他们区分信息提供者的经验和自己亲身发现、亲眼见证的信息。因为伦敦人都明白，别人告诉你的事情不能一概相信——即便提供信息的人是著名的博物学家或学识渊博的朋友。莱姆街的通力合作中潜存着良好的竞争思路，因为学术圈内每个人都努力地就自然界提出更精确、更可信的信息。然而，最终让莱姆街淡出历史视野的是来自外部的竞争，而不是内部竞争。

## 莱姆街的衰落

莱姆街的博物学者忙于收藏与合作，伊丽莎白时代的人们也知道

---

① Moffett, *The Theater of Insects*, 980,1021。

当时伦敦城中心有这样一个活跃、重要的自然史学术圈，其兴趣、能力与欧洲其他学术圈是平起平坐的。然而蹊跷的是，像詹姆斯·科尔、托马斯·佩尼、詹姆斯·加勒特，甚至是马蒂亚斯·德·拉贝尔的名字都没有出现在规范的植物学史和科学史之中。我认为，这其中的主要原因在于巴伯外科医生行会的英国人约翰·杰拉德。约翰·杰拉德各个方面的表现都与莱姆街学术圈博物学者不一样：他不在经济自足的莱姆街博物学者之列，他无法在竞争与合作之间寻求平衡，他也不遵守学术团体建立的恰当的学术行为准则。相反，他依仗赞助人和个人雄心，进入出版市场，追求个人成功。

复杂的交换圈聚拢着莱姆街学者群，也维系着他们同国外重要人物之间的关系。从中我们可以看到，自然史研究对合作和竞争的依赖程度是不相上下的。合作事业反过来依靠对公民准则的恪守、博学的行为，来保持辩论处于可控范围内。恰当使用通信地址格式、答谢学术援助和快速回报的责任都是彼此尊重、合作精神的表达方式。只有莱姆街学术圈以礼貌、清白、诚信和透明的合作方式进行自身管理，支撑它的义务经济体系方能免受商业交易的玷污。无论是跟国际知名的还是当地杰出的作者、学者或贵族对话，莱姆街博物学者们撰写的信件、手稿和出版专著中都充满了礼仪之辞。莫菲特把乔基姆·卡梅拉留斯描述为"最有学问、最懂礼仪的绅士"，把威廉·布鲁尔描述为"有学问的人，也是我的好友。"莫菲特和内科医生彼得·特纳还欣赏布鲁尔的"谈吐真诚"，认为"无人可及"。在贵族中，莫菲特赞扬埃德蒙得·尼维特是"对有学识的人颇有礼貌，血统和道德都非常高贵的爵士"。①

如同珍宝阁一样，那个时代流行的朋友录将这些精心培育起来的

① 同上，938，939，976，1001，985。

真挚关系定格在了页面上[①]。然而，和珍宝阁一样，朋友录表面看上去是静止的，但实际上它们也是用来交换的，是流动的。当年，这些朋友录以整册或活页（待订成册）形式装上船只，运往欧洲各地，而如今，它们已经成为见证友谊的博物馆。举个例子，似乎每一位活跃在学术团体中的人都在亚伯拉罕·奥特利乌斯的朋友录中题了一些内容，1598年奥特利乌斯去世后，这本朋友录由其外甥詹姆斯·科尔保管。英国著名的知识分子，如历史学家威廉·卡姆登（William Camden）和数学家约翰·迪，都在奥特利乌斯的朋友录中认真地题写了座右铭、警句和说明。这就有点像现代摄影技术的早期形式，在朋友录中留有自己的形象，意味着能让主人想起你所分享的经验、长存的友谊和共同度过的欢乐时光。有时候，为了更清晰地记住朋友的样子，页面上还有精心装点的雕刻肖像。幸运的是，埃曼努尔·范·梅特伦和马蒂亚斯·德·拉贝尔之子保罗的朋友录保留了下来。莱姆街的其他居民在他们的朋友录以及其他欧洲和英格兰人的收藏品中，题写了值得回忆的内容。埃曼努尔·范·梅特伦的朋友录中包括詹姆斯·科尔、亚伯拉罕·奥特利乌斯和查尔斯·德·莱克吕兹题写的条目，以及尤里斯·赫夫纳格尔和卢卡斯·德西里（Lucas d'Heere）这样的艺术家亲笔画的静物写生微缩图。尼古拉斯·法比利·克劳德·德·皮埃尔斯也装饰了自己的页面，表达与这位弗莱芒历史学家之间永恒的友谊。保罗·德·拉贝尔的朋友录上也是同样的星光闪耀，有古典学者约瑟夫·斯卡里格（Joseph Scaliger）、法兰西皇家园丁伊恩·罗宾（Yean Robin）、他父亲的老友和邻居查尔斯·德·莱克吕兹、国王詹姆斯一世的两个药剂师以及伍尔夫冈·鲁姆勒和刘易斯·德·莱克

---

① 关于朋友录的研究包括 Bosters，*Alba Amicorum*，以及 Klose，*Corpus Alborum Amicorum*。参见 Egmond，“A European Community”。

吕兹(Lewis de E'cluse)的亲笔签名，另外还有他兄弟马修和姐夫(妹夫)詹姆斯·科尔题写的条目(图1.3)[①]。

在当时的朋友录和信件中，学者、知识分子们不得不在谦虚和自我推销之间仔细推敲，画出一条既泾渭分明又天衣无缝的分界线。他们希望自己题写的条目能得到学术团体内其他人的关注和赞美，但同时也想恰当地自谦。威廉·卡姆登在亚伯拉罕·奥特利乌斯的签名纪念册中题写了用赫耳墨斯头像和占星符号做插图的条目后，给这位朋友写信说，"在众多富有独创性的条目之中，我所题写的内容既无才思又欠修辞，但我很高兴将自己的名字写入您的朋友录并配上插图"。尽管卡姆登不以为然，但是很明显，朋友录内容题写多半都是要耗费大量时间，往往还有金钱的。很多人题写的条目的艺术性遭到质疑，英国国务卿托马斯·威尔森(Thomas Wilson)爵士就有类似的遭遇。于是，他花钱请画家来提升自己在奥特利乌斯朋友录上那一页的艺术水准。如果能给个人声誉增光添彩或是提升他人对自己的尊重，那么花费的所有时间、努力和金钱都是值得的。举个例子，詹姆斯·科尔把朋友录还给古典学者约翰尼斯·瓦威尔(Johannes Woverius)之后，人们纷纷向他表示衷心祝贺，祝贺他措辞颇有文采，给两人之间的友谊留下了确凿证据[②]。现在，科尔的学识在瓦威尔极具影响力的弗莱芒哲学家和艺术家圈内留下了公开的记录。

在学术团体内部，个人之间的每一封信件往来和每一次交换都附

---

① 范·梅特伦的朋友录现为 Bodleian Library MS Douce 68。其中列出的个人参见 ff.3v－4r，5r－6，7，46，56r，60r，61r，71r。保罗·德·拉贝尔的好友录现为 British Library MS Harley 6467。这些个人信息参见 ff.6r，27r，33r，64r，67r，71r，92r。

② *Ortelius Correspondence* no.72(24 September 1577)，169－171；no.76(19 August 1578)，178－179；no.329(2 July 1603)，770－771。卡姆登的朋友录在 Puraye，*Abraham Ortelius* 中转载。卡姆登的条目在第87－88页讨论，并在 f.113v 转载。威尔森精心装饰的条目在 f.18r 转载。

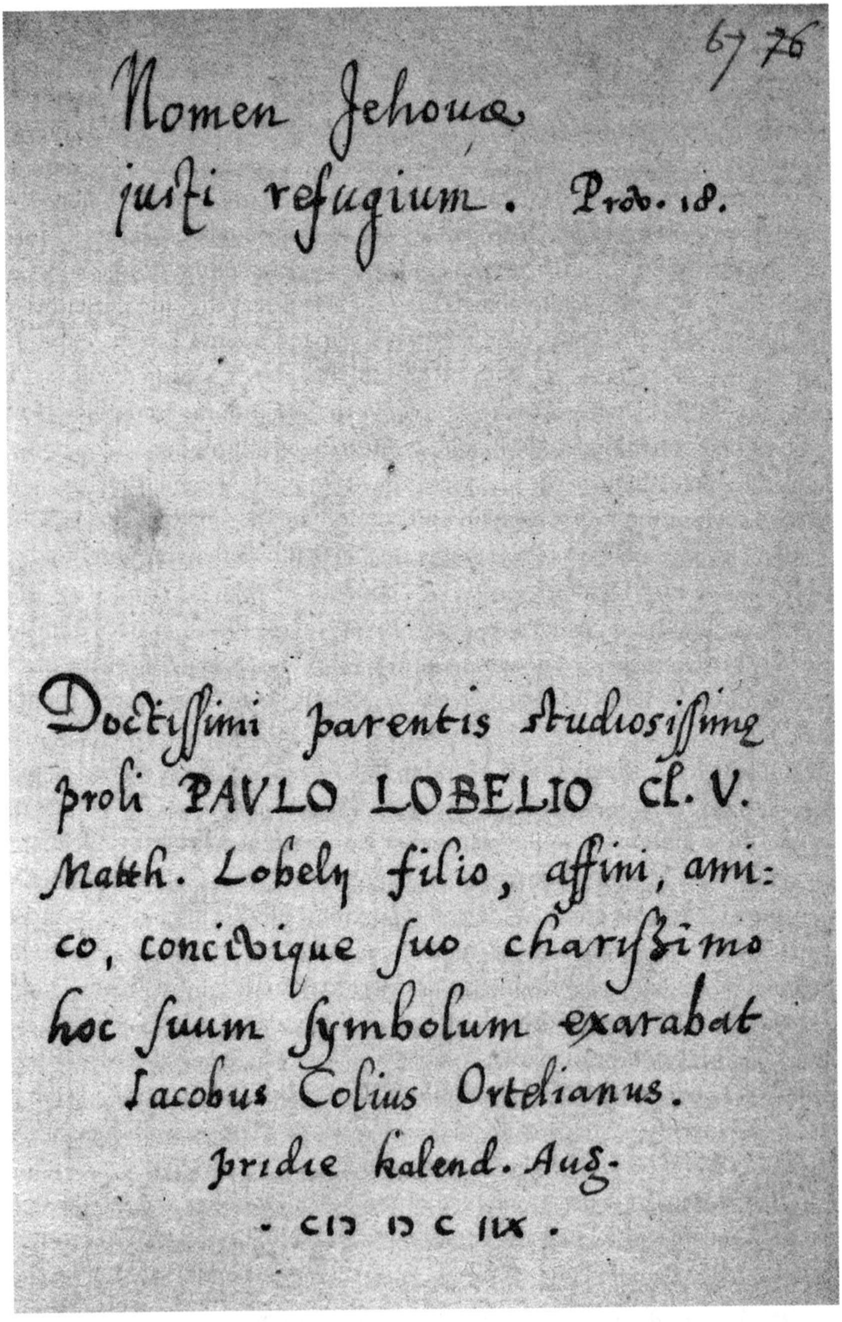

67 76

Nomen Jehouæ
justi refugium. Prov. 18.

Doctissimi parentis studiosissimæ
proli PAVLO LOBELIO Cl. V.
Matth. Lobelij filio, affini, ami:
co, conciuique suo charissimo
hoc suum symbolum exarabat
Iacobus Colius Ortelianus.
pridie kalend. Aug.
· CIϽ IϽ C IIX ·

图 1.3　詹姆斯·科尔在他妻弟保罗·德·拉贝尔的朋友录中题写的条目。这里所展示的那些表明友谊的明确证据备受欧洲学术团体的珍视（Harley MS6467，图片复制得到不列颠图书馆许可）

有礼物并充满赞美之辞——然而,随着每一次交换和信件往来,赠与者和接受者都被推向更深层次和更复杂的责任和交换关系之中。“真的,亚伯拉罕,您外甥的礼物让我不知所措。”约翰尼斯·瓦威尔在一封并无诚意的信中责怪奥特利乌斯,随信寄来的还有一张邮费欠资收据。他在米德尔堡收到科尔从伦敦的家中寄来的一些礼物,现在他想让奥特利乌斯报销这笔邮费。正如在朋友录中表达谦虚品质一样,感谢之情、感激之意、不愿之念也需要有保留地表达出来,而且遣词造句要反复斟酌,避免造成误会。1593 年,鲁道夫二世的宫廷画师尤里斯·赫夫纳格尔给亚伯拉罕·奥特利乌斯写了一封信,用心良苦。他要求奥特利乌斯承诺一直与他保持友谊并进行合作,他想借此求得二人之间交换往来的持续。赫夫纳格尔跟奥特利乌斯做了一些生意,因此这位艺术家送给他“我画的一幅小画,希望您能喜欢”,同时送去的还有一幅画着花盆的旧画作,而这个花盆很久以前他就送给制图师表达感谢之意了。事实证明,赫夫纳格尔还了一个人情,现在又想让奥特利乌斯帮他完成自己的“艺术之书”,当时他“已经拿到了大约三百位优秀、著名的大师”的作品样例了。“这项研究需要朋友的援助”,赫夫纳格尔诚挚地解释说,“那个小小的花盆我不为了别的,就是为了艺术的艺术。”后来双方互通最新消息后,赫夫纳格尔在信中敞开天窗说亮话,讲明了他想拿到哪些艺术家的作品:“亨利·布莱斯(Henry Bles)、朱斯·范·克莱夫(Joos van Cleve)、弗兰斯弗·劳瑞斯(Frans Floris)和波兰巴塞斯(Pourbuses)的作品我还一件没有。”①

人们使出大力神赫拉克勒斯的努力,尽量不去冒犯他人,在各种时机表现慷慨,但是,学术团体内和莱姆街学术圈内的关系有时候还

---

① *Ortelius Correspondence*, no. 232(16 April 1593), 556 - 557; no. 239(20 September 1593), 566 - 567。

是会充斥着竞争、压力和冲突。詹姆斯·科尔特别小心，尽量不冒犯他的舅父。他到安特卫普来去匆匆，对奥特利乌斯朋友的建议的漫不经心，经常让舅父有被怠慢之感。这些人都是学术团体内的资深成员，也是奥特利乌斯几十年来精心维护的关系，因此，当别人向他告状说科尔失礼时，这位地理学家一下子被激怒了。奥格斯伯格·马库斯·韦尔瑟(Augsburger Marcus Welser)嗤之以鼻地抱怨过，1597年科尔到访时，他很高兴与他谋面，但"他没有采用"自己给他的今后旅行的建议。海德堡的教授扬·格鲁特尔(Jan Gruter)向奥特利乌斯告状，说科尔对他太无礼了，总共都没说三个单词。奥特利乌斯别无所求，就希望科尔能够给格鲁特尔写信，为自己匆忙返程赔个不是。后来，科尔也确实通过书信和赠送礼物修补了二人之间的关系，向格鲁特尔证明了他"虽然走神了，但对他说的话还有印象"。①

现代早期，严重的宗教差异和政治斗争致使众多国家走向分化，有鉴于此，礼仪显得尤为重要。生活在荷兰、法兰西地区的学术团体成员在宗教争端面前摇摆不定，宗教注定要成为学术团体内的议题。有时候，科尔为自己不愿意到安特卫普拜访奥特利乌斯辩解说，他发现，像他这样长着一副坚定的新教徒面孔的人为了进入西班牙占领的荷兰而费尽心机，真是太麻烦了。尽管科尔谨小慎微，但他的拒绝还是让舅父感到伤心。"我邀请你来和我们小住，不过我会原谅你的，"1593年，奥特利乌斯给科尔写信说，"我想，宗教束缚了所有好人，你也没能例外。"但是，正如所有以家庭、友谊和责任为粘合剂的圈子一样，科尔的所作所为受到了惩罚，他的舅父很快就提醒他了。"我本来想把我的所有财产都委托到你的名下，"奥特利乌斯在书信的最后几行

---

① 同上，no. 306(2 July 1597)，719－721；no. 322(3 June 1598)，754－755；no. 328(2 January 1602/1603)，768－769。关于格鲁特尔在英格兰与学者和知识分子的关系，参见Forster，*Janus Gruter's English Years*。

严厉地批评他说，"现在我要考虑其他人选了"。①

鉴于学术团体内根深蒂固的礼仪惯例，对朋友的工作提出批评是特别微妙的事情。当詹姆斯·科尔通知舅父自己发现查尔斯·德·莱克吕兹版的加西亚·达·奥尔塔(Garcia da Orta)关于东南亚植物的著作有错误时，他也意识到了这一点。奥特利乌斯为他外甥的睿智感到骄傲，并把这些评论寄给了自己的老朋友。老朋友的回复略带辛辣，他感谢科尔指出他著作中"写得不清楚"的地方，表示这样他就可以在新版本中加以完善。虽然莱克吕兹与莱姆街其他博物学者，如加勒特，还保持着良好关系，但此后与科尔的关系一直很冷淡。后来，莱克吕兹拒绝读科尔那本赞扬植物研究的著作《草木鉴赏集》(*Syntagma herbarum*，1606)。多年以后，科尔尝试妥善处理这一微妙事件。科尔给奥特利乌斯写信说："我恐怕没脸面按照您建议的那样，把著作提供给他[莱克吕兹]"。"四年前，我在法兰克福请他一读此书，但他表示歉意，说没时间……[而且]我很怕再讨扰他。"但科尔还是把全书寄给了舅父，这样奥特利乌斯才能全然不顾两人之间的争吵，把书送到莱克吕兹那里②。

在同事万不得以站出来帮你指出错误之前，为了避免公然的尴尬，自觉地纠正自己的错误往往是比较审慎的做法。杰拉德写《草药》一书时，马蒂亚斯·德·拉贝尔根据自己出版物中生姜的插图发现杰拉德的差错，于是给他送去了一张新插图。拉贝尔向杰拉德说明自己

---

① 同上，no. 228(27 January 1592/1593)，546－548。"Omnia mea tibi lubens in manus tradidissem. Nunc aliud cogitabo"。

② *Ortelius Correspondence*，no. 192(25 January 1590/1591)，458－462；no. 197(12 March 1590/1591)，475－476；no. 294(October 1596)，696－697。涉及的作品为 Garcia de Orta，*Coloquios dos simples e droges*(Goa，1563)。莱克吕兹的翻译版本首次于 1567 年出版为 *Aromatvm，et simplicivm aliqvot medicamentorvm*，此后出现过其他几种版本。参见 Egmond，"Correspondence and Natural History"。

信赖“诚实、专业的药剂师威廉·德赖斯（William Dries）”的插图，“……从安特卫普把这张生姜的图片寄到伦敦，保证是忠于实物、逼真的”。后来，拉贝尔意识到这张插图并非根据实物所画，而是根据一种弗莱芒草药复制而来的，并且到处都是误导性的差错，尤其是叶子。比起“承受这个错误流传更广的痛苦”，拉贝尔宁愿把这个差错如实告诉杰拉德，这样他才能免于以讹传讹（永久错下去）的尴尬[①]。

杰拉德抛弃治理着伦敦和欧洲学术团体的明确行为准则，与莱姆街学术圈产生了冲突，历史学家查尔斯·雷温（Charels Raven）形容他犯下了“有知识、懂科学的人会为之感到愧疚的几乎全部罪孽”。一想到拉贝尔曾经付出的努力，杰拉德的这种做法不由得更让人瞠目结舌[②]。杰拉德的《草药》是一部里程碑式的著作，该书由 1 400 多个对开页的木刻版画和描述性文字构成。该著作 1597 年首次出版，17 世纪又几经重印，从药剂师到时髦女子全都用过这本书。时髦女子照着书把豌豆盘绕的卷须和稀奇的黄瓜绣到床挂（帐）和衬裙上。这部著作中，对莱姆街博物学者成果和工作的零星参考以及一封来自马蒂亚斯·德·拉贝尔的表扬信，说明杰拉德的大量成就在当时是为莱姆街学术圈所知晓和敬重的。然而，如果我们查阅文本以外的证据，就会得到大相径庭的结论。

多数外围证据表明，在莱姆街博物学者和约翰·杰拉德的竞争与合作之间谨慎地保持平衡是很难的，而这种平衡是伦敦科学团体都市感知力的关键组成要素。首先，杰拉德实际上偏居在伦敦的远郊霍尔本，他是一个外人。那里虽然有更广阔的空间修建花园，却没有伦敦城中心莱姆街上流行的、重要的知识分子圈。杰拉德通过在宫廷中寻

---

① Gerard, *The herball*, 61; L'Obel, *Balsami*, *opobalsami*, *carpobalsami et xylobalsami*, 39－40。

② Raven, *English Naturalists*, 204。

找赞助人和谋求地位来弥补友谊的缺失。他不仅被宫廷任命为女王的外科医生,还当上了威廉·塞西尔位于斯特兰德的花园和地处西奥尔博德的乡间别墅花园的主管。杰拉德这一生,多数时间都往返于宫廷、他自己在霍尔本的花园以及他为塞西尔效力的地方之间。通过塞西尔,他有机会接触到大量的珍稀标本,其中不少都是装在外交文件袋中进入英格兰境内的,例如来自君士坦丁堡的一生只开一次花的重瓣白水仙①。当然,他也很挂念那些把自家花园中的标本送给他的人,包括马蒂亚斯·德·拉贝尔的赞助人——爱德华·拉·朱什勋爵。杰拉德收到大量的各种各样的种子,包括朱什送他的意大利芥末种,"它的确在我的花园里繁茂生长,为此,我觉得和勋爵的关系更近了一层"。②

杰拉德还与伦敦内科医师学院和巴伯外科医生行会这两家医学机构有联系。虽然这两家机构之间经常关系紧张,但是杰拉德请求学院任命他为一个专门的医药种植园的主管,这个园子专门服务于医用植物研究。1586 年,学院批准了他的请求,但没有证据表明曾经修建过这样一座医药花园。但是,杰拉德与学院成员之间还一直保持着良好关系。内科医生史蒂芬·布雷德韦尔(Stephen Bredwell)也加入进来,和他一起在伦敦周围考察和采集植物,有一次,他们考察了巴尔内斯村庄生长的一种婆娑纳属植物。《草药》出版时,正文前面加了很多信件,作为正式内容的一部分出版,其中,有布雷德韦尔写的赞扬这部著作的一封信,提到了杰拉德的园艺技艺和热衷实地考察的精神③。

和莱姆街的博物学者一样,杰拉德也精心培育着与国内外学者之间的关系。他将欧洲博物学者中许多重要人物视为朋友,其中就有查

① Gerard, *The herball*, 127。另见对塞西尔从君士坦丁堡收到并送给杰拉德在他的花园种植的拜占庭百合的引用(1633 版本中被省略),参见 Gerard, *The herball*(1597), 199。

② Gerard, *The herball*(1597),207,539。

③ Gerard, *The herball*, 629, n.p。

尔斯·德·莱克吕兹和乔基姆·凯米拉留斯，他们送过杰拉德一种德国的鸢尾属植物和山羊吃的荆棘籽，这两种植物在杰拉德那里成活了两年，后来遭遇“一些不幸”死掉了。杰拉德经常和法兰西皇家园丁伊恩·罗宾交换植物和种子。罗宾送给他水芹籽、风信子、一种“珍惜、奇特”的淫羊藿（杰拉德将其命名为“淫羊属植物”）以及巴黎重瓣黄水仙。在英格兰，托马斯·赫斯克斯（Thomas Hesketh）和药剂师托马斯·爱德华都曾把自己在植物探寻旅行中发现的植物送给杰拉德。住在哈特菲尔德的牧师罗伯特·阿博特（Robert Abbot）把女王小时候自家附近长着的一种本地兰花的情况告诉杰拉德。还有一位叫尼古拉斯·莱特（Nicholas Lyte，1517—1585）的萨姆塞特商人，也是一位活跃的博物学者，把法兰西卷心菜籽、波兰黄色康乃馨以及更为珍稀的叙利亚标本送给了杰拉德，这个标本是他通过远在阿勒波的生意伙伴弄到的[①]。

杰拉德在研究过程中经常进行实地勘察。他观察长在肯特和艾塞克斯的植物，和罗伯特·威尔布里厄姆（Robert Wilbraham）一起到伦敦城外的村庄探寻植物，在威尔夏尔一位老妇人的花园中，他还第一个识别出那里的一种水仙。杰拉德利用自己后花园得天独厚的优势，经常到伦敦附近的田野旅行，他记录下了威斯敏斯特修道院内乔叟墓和旧宫之间一扇门上的脐景天（琉璃草）和赞善里砖墙上簇生的瘰疽草，他还在伊斯灵顿发现了大蒜和兰花样本，在德特福德发现了蔓生石竹花，在查莱顿的村庄中发现筋骨草属植物，在苏塞克斯伯爵位于伯曼德赛的房子附近的沟里发现了蜀羊泉，在奇斯威克教堂大院附近发现了婆娑属植物，在埃德蒙顿发现了芥末。在南华克区郊外处决犯人和天主教支持者那一带，杰拉德又发现了名为“大箭头”（Great

---

① 同上，54，1329，108，132，157，249，251，480，96，182，468，216，227，314，589。莱特在《一种新草药》（*A niewe herball*）（伦敦，1578年）中依据莱克吕兹的1557年法语版本翻译了多东斯的《本草学》（*Cruydeboeck*，1554）。

Arrow Head)的水生植物。还有,汉普斯特德荒野以及周围的林地也为杰拉德研究兰花、黄色紫蘩蒌、秋麒麟草属植物、牛膝草和山谷百合等本地物种提供了绝好机会[①]。

1596年,杰拉德这位干劲十足的园丁将自己花园中的植物集成目录首次出版,直到此时,人们才有机会一睹他花园墙内的植物样本[②]。他的花园里,至少一部分种的是他精通的医用草药和植物,书中记录,他在此种了数种阔叶野草为"内科和外科之用"。除了英国本地的植物,杰拉德还致力于收集外来珍稀物种。他在院子里种植甘蔗,发现"严寒的天气把我的甘蔗都冻死了。"他种水稻等其他西印度植物也遇到同样的困难,但他种烟草时"试验了各种使其快速生长的方法",结果就理想多了。虽然杰拉德种的叙利亚棉花没能在自己手下繁茂生长,但他从君士坦丁堡弄到的地中海植物,如"海洋葱",比起新世界的植物来说,则是典型的更易移植的植物。他很快就被一些移植植物意想不到的生长习惯吸引住了。1596年,杰拉德把亨利·莱特给他的罗马甜菜籽种在自己的花园中,结果,甜菜长势喜人,个头巨大,还结出了质量上乘的种子。然而,大自然母亲的衣袖里藏着一些绝技,当杰拉德把从"那种全都是一种颜色的植物"上收集来的种子种下去以后,长出来的是"很多颜色各异的植物",他这样写道:"大自然看起来的确很顽皮……我之前给他的那些种子在他的花园里结出许多其他颜色,尊贵的绅士大师约翰·诺登(John Norden)可以很好地证明这一点"。[③]

按说,杰拉德对收藏植物标本、实地调查、耕作花园以及同国内外博物学者通信等方面都有兴趣,莱姆街学术圈应该给他提供一个志趣

---

① Gerard, *The herball*, 27,29,220,229,253,254,264,277,350,403,561,562,572,886,179,218,220,272,529,596,610,624,625,631,416,403,410,429,582,621,906;Johnson(引用佩纳和拉贝尔的《新植物志》),同上,135。

② Gerard, *Catalogus arborum*。1599年重印,为第二版。

③ Gerard, *The herball*, 38,39,79,358,172,900-901,319。

相投的朋友群，让他就大家共同关心的事情切磋咨询。实际上，莱姆街博物学者在《草药》一书中也时有出现，杰拉德在花园耕作、田野调查以及从朋友那获得植物标本等处对他们都有提及。对莱姆街博物学者的提及，证明了他们实际上曾把合作精神延伸到杰拉德和他的研究上——至少刚开始时是这样。比如詹姆斯·加勒特曾经给他看过自己花园中稀有的大蒜鳞茎，并且给过他标本，包括罕见的百合和一种叫欧洲“兜兰”的兰花[①]。杰拉德描述詹姆斯·科尔是“一位博学的商人……对简易税率知识极富经验”，科尔给他讲过自己在斯特普尼周边田野中发现的一种叫做“花边”的本土兰花，还告诉了他在霍奇森村庄具体什么位置发现了稀有的野生长叶车前。在《草药》的书稿陷入崩溃境遇之前，杰拉德与马蒂亚斯·德·拉贝尔也甚交好。两人曾一同深入肯特旅行，去“找寻一些迄今没有记载的奇特植物”，这些植物后来都收入了《草药》。在杰拉德的研究过程中，拉贝尔为许多新物种命名，因此杰拉德不得不反复引用他，而且还颇有风度地承认拉贝尔“恰如其分”地用拉丁语为一种英国草命名。两人还曾友善地闲聊过荷兰居民怎样用野茅草做出燕麦状稀粥。但是，杰拉德在明知道自己花园中的“十二个不同品种”支持拉贝尔对八种海葵的描述的情况下，摒弃了拉贝尔的这段描述。于是，他对这位杰出朋友报以竞争姿态的情况就人尽皆知了[②]。

杰拉德不愿意大方地承认自己蒙受了莱姆街博物学者的诸多帮助，对此我们又作何解释呢？一个可能的原因是，他对外国人和外来事物持有明显的矛盾态度。在《草药》和杰拉德的一生中，欧洲移民及他们在英格兰的社会地位始终令他喜忧掺半。伊丽莎白时代的伦敦，

---

① 同上，197，443以及Gerard，*The herball*（1597），145。对大蒜鳞茎的最后一次引用在1633年版本中被省略。

② Gerard，*The herball*，218，422，373，7，27，37。

欧洲陌生人和体面的英国公民之间关系普遍紧张。在中世纪和现代早期，伦敦人想把犯罪、贫穷、传染病或者经济困难等罪名加于某人时，生活在他们之中的移民往往就成了替罪羊。这种紧张关系有时候会转化为暴力。例如，1517 年 5 月 1 日，不满的伦敦学徒和富有的陌生人之间爆发了一场动乱，那天，后者正在圣安德鲁斯安德沙夫特前面，莱姆街上的五朔节花柱那里庆祝春日到来[①]。不可否认，尽管这种摩擦时不时地会给伦敦城居民制造分歧——但无论生在哪里，操何种语言——移民都是新技术、新思想和新文化实践的源泉。陌生人将针饰制造业等行业引入英格兰，并创办学校，给伦敦人提供外语教育，像汉斯·霍尔拜因（Hans Holbein）和马库斯·吉尔瑞特斯（Marcus Gheeraerts）这样的艺术家都为英国的艺术发展作出过重要贡献。

然而，杰拉德嘲笑一些英国市民对国外新奇事物表现出的兴趣时，代表了很多人的想法，似乎他并没有意识到自己也与他们有着同样的倾向。他在讨论秋麒麟草属植物及其在药物制剂中的作用时，说了一大堆嘲笑伦敦消费者太天真的话。他说伦敦人花半克朗的价钱买一盎司进口干秋麒麟草，而对从汉普斯特德采集来的新鲜货却只是闻一闻。"这正应了'远道、高价买来的东西最合女人心意'这句伦敦谚语。"杰拉德很不屑地写出伦敦人为了进口的稀罕物心甘情愿掏腰

---

① 骚乱后五月柱被放回原处，最终在 1546 年由新教改革者推倒，Stow, *The annales*, 1：152。学者对 1517 年骚乱的意义存在争议。一些学者，尤其是扬布拉特（Yungblut），强调陌生人和公民之间的敌意，其他学者，诸如佩蒂格里（Pettegree）和塞尔伍德（Selwood），指出两类人曾寻求共同生活和工作的方式。见 Yungblut, *Strangers Settled Here Amongst Us*；Pettegree, *Foreign Protestant Communities*；Selwood, "'English-born reputed strangers'", 728 - 753。关于陌生人和公民之间的关系涉及自然世界的方面，见 Harkness, "'Strange' Ideas and 'English' Knowledge", 137 - 162。伊丽莎白时期，伦敦人诉诸暴力并不需要太多借口，城市居民的巨大挑战之一是找到办法与形形色色的人，包括外国人，面对面地一起生活。参见 Rappaport, *Worlds Within Worlds*；Archer, *The Pursuit of Stability*；Ward, *Metropolitan Communities*。

包[1]。但诸如此类的偏好正是全体社会成员对移民怀有矛盾心理的表现：倘若他们能够拥有、支配并最终征服移民，就会找到全新的、异域的、新奇的、有吸引力的东西。

杰拉德热心收藏本土以外的珍稀植物，并精心加以培育。即便这些植物在条件恶劣的英国土地上未能茁壮成长，杰拉德看起来也是成功的，而这本身是具有启示意义的。当威廉·塞西尔的君士坦丁堡白色重瓣水仙没能二度开花时，杰拉德写道，“当花儿除却在原产国生成的血统和负荷，接触不到那些物质、土壤或气候，开不出更多的花，它们从此就变得贫瘠，也不结果了，应该会出现这种情况的。”不过，杰拉德几乎没有提到数量庞大的、易于驯化的非本地水仙，而是在驯化失败的国外水仙上花了大量的笔墨[2]。

可是，有一些花卉精心培育后是可以驯化的，或者用杰拉德的话讲，“变成外籍居民”。此处，杰拉德用这个措词来说明自己以及其他伊丽莎白时代的英国人与在英格兰的外国人之间的复杂关系，因为外籍居民被授予半居民身份，税赋稍有减免并持有少许特权。要想成为外籍居民，就要走进一段文化认同、融入英语社会的历程，直到几代人以后，就连邻居都不知道你家祖上曾是“陌生人”。杰拉德写到法国纳尔博纳地区生长的一种水苏，“这些植物天生长在河界或河边峭壁上……由此被带进英格兰，被认为变成了我花园中的外籍居民”。杰拉德保留了一些植物的外籍居民身份，这些植物没有恣意繁殖，也没有迅速凋亡，而是(在他的有力指导下)毫无闪失地安全生长。杰拉德从罗切斯特主教的房子带回家的“法国山靛”让他很头疼，因为自那以后，这种植物就开始疯长，无法从花园中除掉了。有时候，只需通过一

---

① Gerard, *The herball*, 430。

② 同上，127，“西班牙黄水仙同样装饰了我们的伦敦花园，在那里，它们的数量无限增加”。杰拉德关于这些顽强的花卉所费的全部笔墨不过如此(134)。

个英国中间人就足以将一种植物由弱不禁风的国外标本转化成坚定的英国外籍居民。巴黎的伊恩·洛宾送曼陀罗籽给杰拉德，后来"确实长大并开花了，但还没等果实成熟就死了"，不过君士坦丁堡的朱什勋爵给他的曼陀罗籽却"结出了果实和成熟的籽"。像波斯百合或花贝母等名贵夺目的花卉通常在"外籍居民"中享有特权，因为一旦它们移植过来，就能继续为英国的风景增添色彩。"波斯百合天生就长在波斯及其周边地带，也因此得名，"杰拉德写道，"现在(被深入那些国家的勤勉的旅行者和爱植物的人)变成伦敦一些花园中的外籍居民了。"①

考虑到杰拉德对移民和外国植物品种的担忧心理，他如此戒备地保护《草药》一书，不让加勒特和拉贝尔插手也就不奇怪了。或许，正是因为认识到自己已经激起了莱姆街博物学者的愤怒，杰拉德才格外着急，利用坚定的英国支持者进一步保护自己的著作。杰拉德把自己的书献给赞助人威廉·塞西尔。除了拉贝尔的信(伪造的)，所有现存的序言材料都由英国的内科医生、外科医生和博物学者执笔，他们都强调了杰拉德对英语科学做出的巨大贡献。弗朗西斯·赫林(Frances Herring)和托马斯·牛顿这些从事医学的人，用拉丁语诗歌把杰拉德吹捧成"植物学家"，说他是"外科医生和草药学家"。通常来讲，一本书只收录一封信件，但杰拉德的书收录了三封：分别是内科医生史蒂芬·布莱德威尔、外科医生乔治·贝克和杰拉德自己写的。贝克写的信格外出色，因为他提到了与外国博物学者之间的知识战争。"我认为在植物知识方面，他不逊于任何人。"贝克写道。"从前我确实见他考验一位到过英格兰的陌生人(与自然史有关)，这个人是最优秀的之一，"贝克很得意地继续写道，"我们在那儿花了一整天来搜寻珍稀的单体植物。不过说到考验，我们这位法国人在四种植物中连

---

① 同上，431，332，348，200。另见其对 Crown Imperial(203)的引用。

一种都叫不上名字来。"①

尽管有英国人的庇护，但随后杰拉德《草药》一书的出版质量还是令博物学者们大失所望。1633年，托马斯·约翰森(Thomas Johnson)决定编辑修订《草药》时，他试图挑选出插图不当、名称费解等一些问题。约翰森发现，处理起来更棘手的是，杰拉德书中的原始出处不一致、不同品种植物的合并倾向以及从合并中得出结论等问题。约翰森最后写道，"本章中我们的作者想表达的很多"，当看到杰拉德草率处理藏红花问题时，他干脆放弃了。看到杰拉德写到龙胆属植物时，约翰森写道，"我们的作者在这一章把所有的(植物)都混淆得一塌糊涂，更正工作真是无从下手。"约翰森发现杰拉德对一些植物样本的描述"过于苍白无力"，修习自然的学生"几乎不会有什么收获。"在两次考察杰拉德声称曾亲眼见过，被认为是阿尔卑斯地区本地生的刘寄奴属植物的地方后，约翰森又开始质疑杰拉德的实地考察工作。"我已经走遍了这些地方去核实这些植物，但没找到。"约翰森写道。可是，这种植物却"长在拉尔夫·塔吉(Ralph Tuggy)的花园里……这个国家怕是很难有野生的。"②

杰拉德有可能因为他的著作《草药》被尊为英国植物学之父，但他绝不是伊丽莎白时代最好的博物学者，甚至连最有名的也谈不上。最优秀、最知名博物学者的美誉属于伦敦城中心的那一伙人，他们孜孜不倦地工作，增加了自然知识总量，通过合作实现了竞争的可控。然而，莱姆街的博物学者，正如在接下来的内容中要遇到的很多其他群体一样，犯下了一个致命错误：他们这个群体太重要了，活力四射，以至于从未想过自己对自然研究的卓著贡献有一天会中断。结果，他们

① 同上，n.p。
② 约翰森，同上，164，436，281。

没有出版研究成果,而仅仅是依靠面对面的互动交流和手稿记录进行传播。可能在他们所处的时代,这是无关紧要的事情,因为他们无疑找到了与朋友、同事、伙伴交流思想和工作进展的各种方式。然而,当莱姆街的博物学者们纷纷离世并逐渐淡出人们的记忆,没有成果出版便带来了毁灭性的失败。即便 17 世纪杰拉德过分滥用这个学术圈,出版了大批著述,也没能唤回莱姆街学者在人们心中的记忆,因为,本无记忆可唤回。如今,莱姆街的博物学者们,就像他们之中很多人曾膜拜的圣狄奥尼索斯后教堂区的教堂一样,已然永远地尘封于历史之中了。

杰拉德的《草药》留给后世的确是关乎生存的启示:出版还是消亡?莱姆街这个城市学术圈在当时是令人钦佩的,而且享誉国际,然而,随着时间的流逝,它还是受到了没有出版物的影响。基于手稿的知识交流虽然活跃,却缺乏精确性,因而是脆弱的。这给后来的英国博物学者和修习自然的学者留下了深刻教训。虽然,总会有几个像艾萨克·牛顿那样不情愿的钉子户,但大多数人还是急于将自己的研究成果付诸出版;牛顿的朋友曾苦口婆心地劝他,再不出版别人就会出版类似的研究成果,他的伟大发现就会被别人抢先,并硬从他手上把著作撬出来出版。英国的科学界与权威出版物有着紧密的联系,然而,想要通过出版社得到任何书稿,却仍需要不厌其烦地进行面对面的沟通和学术圈的斡旋①。出版物是修习自然的学者储备库中宝贵的武器,然而,长期以来它都是利弊共存的。本章中,它将伦敦最富声望、最活跃的博物学者学术圈从史料记载中排挤出去了。在下一章,我们将会看到出版物又如何成全了一个寻求公开身份的学术圈,实现了学术血统的延续。

① 有关科学研究成果公开发表的复杂途径,参见 Johns, *The Nature of the Book*,散见全文各处。

第2章

# 角逐医学权威：瓦伦丁·鲁斯伍林和巴伯外科医生行会

1573年暮春的一天，打欧洲中部施玛卡尔登镇来了一位流动行医人。此人名叫瓦伦丁·鲁斯伍林，他在伦敦城商业中心的皇家交易所外立起一个临时摊位，于喧闹繁华的医疗市场中开创了属于自己的一片天地（图2.1）。他在那里展示自己收藏的膀胱结石，有报道说那都是从健康、快乐的病人身上取下的；他还展示了证明他外科手术治疗白内障能力的凭证，以及自己配制的皮肤病强效药膏样本——他始终稳健地喋喋不休着，取悦观众。每年，伦敦都有数以百计类似的货摊涌现，鲁斯伍林的只是其中之一，它填补了为数有限的、可供租赁的店面间空隙，也填充了对图书、衣服、食物和其他货品及服务感兴趣的城市消费者的日渐蓬勃发展的市场。在伦敦这样一个商业和贸易都处于管理之下的城市，瓦伦丁·鲁斯伍林这样的外国人，还有不完全属于某个同业公会或行会的妇女以及许多只想谋暴利的人，都选择直接向群众出售商品和服务。他们经常只有一个能给雀跃的购买者提供有利位置

图 2.1 一个流动行医人正在摊位上展示自己的医疗器具，摊位后面挂有横幅，上面镶嵌着从满意的患者身上摘除的结石。一位衣着体面地男士，可能是一位外科医生，提醒一位意向患者说这些证据都是伪造的，这位患者一瘸一拐地走开了，庆幸自己没有上当。这幅描述了瓦伦丁·鲁斯伍林行医的插图表明了当时的德国江湖医生的工作状态。本图出自威廉·克洛斯的《法国病治疗简论》(*A brief and necessary treatise, touching the cure of disease called morbus Gallicus*，伦敦，1585)(图片复制得到亨利·E.亨廷顿图书馆许可)

的略微支起的平台，或一个可以展示一些器具的小桌子。某种意义上，鲁斯伍林这些不具备行医执照的人最青睐这样的货摊，因为当官员们发现他们无证行医，也就是非法行医时，他们可以迅速地撤摊走人。①

① 鲁斯伍林这个名字的拼写着实让伊丽莎白时代的作家和历史学家犯难。在当时和现今的文献中，他为人所知的名字有 Valentyne Rawnsworm、Valentine Razeworme 和 Valentine Rushworm；我之所以选用 Russwrin，是因为 British Library MS Landsdowne 101/4 采用此拼写方法。有关鲁斯伍林事件的证据需要从 Patent Rolls, Repertory Court of Aldermen(CLRO 7, f. 196r－v, CLRO Rep. 18, f. 211r)中进行拼凑。威廉·塞西尔收到的一份情报，讲到了鲁斯伍林的活动(British Library MS Lansdowne 18/9)；鲁斯伍林给过威廉·塞西尔尿液化学分析和眼药的相关论著(British Library MS Lansdowne 101/4)，论著未署明日期，但从塞西尔母亲的相关参考文献判断，一定是 1587 年前写的，文献表明他的母亲就是那年去世的。此外威廉·克洛斯在《法国病治疗简论》中对鲁斯伍林被捕有相关记录。涉及鲁斯伍林相关信息的现代学术研究包括：Beck, *The Cutting Edge*, (转下页)

虽然鲁斯伍林的德国血统和外国疗法吸引了进出皇家交易所的伦敦人，但他不过是众多无证行医人中的一员。他们这些人做自己的生意，并尽力阻止伦敦城、伦敦内科医师学院以及巴伯外科医生行会的官员们让他们停业关门。例如，史密斯菲尔德啤酒馆的女主人向需求迫切的伦敦人提供泻药和被管制的孕检服务。巴伯外科医生行会一位员工的女婿，名叫理查德·霍特夫特(Richard Hottofte)，在新鱼街的英皇头酒馆和城堡酒馆治疗头疼病。贵族海军上将查尔斯·霍华德(Charles Howard)雇佣颇受欢迎的无证行医人保罗·巴克(Paul Buck)给自己治病，女王最宠信的艾塞克斯伯爵也是如此。新门大街的贝克夫人罹患慢性咳嗽，向商人之妻爱丽丝·斯克芮思(Alice Skeres)寻求治疗；一位助产士心脏疼，找法国织丝工马修·戴斯勒(Matthew Desilar)治疗，而当时他正在给另一位患有脱脂消耗性疾病的妇女治病。亨利·霍兰德(Henry Holland)这样的医生"以友谊的名义"治病，顾客仅限于家庭成员和穷人。甚至律师也涉足药品，比如克雷弗德旅馆的理查德·斯科特(Richard Scot)依靠药剂师安德鲁·菲尔德给他制药(斯科特遗嘱充分记录了这一贡献，遗赠 40 英镑给药剂师)①。

---

(接上页)186；Debus，*The English Paracelsians*，70；Webster，"Alchemical and Paracelsian Medicine，" 317；Pellin "Appearance and Reality，" 86；Pelling，"Medical Practice in Early Modern England，" 106。鲁斯伍林的欧洲大陆背景及其在英格兰一些活动的相关分析参见 Jütte，"Valentin Russwurm，"99 - 112。然而，意大利有一个伊丽莎白时期留存下来的证据，证明现代早期就能够摘除肾结石，这个证据比英格兰的更有说服力。目前，这份证据收藏于牛津大学图书馆 MS Eng. Misc. d. 80 (R)。证据表明，1593 年，约翰·胡伯特(John Hubbert)在诺威奇给比阿特丽斯·史洛夫(Beatrice Shrove)摘除了肾结石。目前，这份证据仍附有摘除的肾结石。

① RCP Annals 2：134b，99b - 100a，103b，1：32b，2：110a，133b，62b，79a，86a，92a；*Barber Surgeons Company Court Minute Books*，1551 - 1586，GHMS 5257/1，f.45r (10 December 1566). 斯科特的遗嘱，1592 年 9 月 22 日，现编为 PCC 73 Harrington.

正如这许多事例所表明的，伦敦人都能找到自己喜欢也请得起的行医人。在欧洲，伦敦的医疗市场管理不是最严格的，但它无疑是繁荣的。教区记录、遗嘱和同业公会文集都给我们提供了大量类似的医疗案例和医疗从业者的详细信息。与此同时，这些记录也阐明了伦敦城患者和护理者之间上演的一场医学权威的重要争夺战。这场争夺战围绕着谁能，或者说应该准许谁来给城市中慢性病患者提供必要的医疗服务展开。然而，内科医师学院和管理严格、人流密集的巴伯外科医生行会大厅等特权属地并不是这场角逐的主战场，角逐就发生在伦敦的大街小巷、店铺和市场中。

巴伯外科医生行会有两个雄心勃勃的年轻人，威廉·克洛斯和乔治·贝克。在众多无证行医的人中，他们选中了瓦伦丁·鲁斯伍林，陷他于一场违法、不当行医的诉状之中，这时候，鲁斯伍林成了伊丽莎白时代伦敦医学权威之争的核心人物[①]。依照传统，巴伯外科医生行会成员和无证行医者之间的争端都由该行会法庭挑选出来，并呈送至伦敦的行业公会大厅。但是，克洛斯和贝克采取了不同寻常的策略。他们无视行业公会的先例和规定，直接越过巴伯外科医生法庭，而这时候，鲁斯伍林在伦敦已经工作 9 个多月了。克洛斯和贝克把坊间流传的鲁斯伍林医疗事故中的一长串患者名单和细节，都递到了市议员那里。后来，人们对这场争端的结局不得而知，不过这也是常有的事情。伦敦城的记载中没有这个八卦记录，巴伯外科医生行会和内科医师学院也从未提及此事。而我们也再没收到过鲁斯伍林的任何消息了。

该事件调查之后，虽然公民记录对此事保持缄默，但在克洛斯、贝克以及伦敦其他巴伯外科医生行会成员的医学著作出版物中，鲁斯伍林却成了一个臭名昭著的人物。这些出版物揭示了克洛斯和贝克之

---

① CLRO Rep. 18，f. 211r (22 April 1574).

所以选择鲁斯伍林加以责难的原因。因为鲁斯伍林不经意间对一个巴伯行会的年轻外科医生圈子的日常工作形成了威胁，而这伙人对一件事情很感兴趣，那就是通过宣传瑞士行医人菲利浦·冯·霍恩海姆(Philip Theophrastus Bombast von Hohenheim)的疗法，提升外科手术在伦敦城的地位，并扩大外科手术的应用范围。冯·霍恩海姆生于15世纪末，他生来就是一位没落贵族。当时的医学教育强调精通经典医学文献，不重视临床经验，虽然他对此持有不同意见，但还是子承父业，做了一名内科医生。1541年，在他去世之际，已经赢得了帕拉塞尔苏斯的绰号。并且，为了求索医学和自然知识，他的足迹遍布了欧洲和地中海地区的树林、田野、车间和矿山。终其一生，他将日益精湛的医术奉献给有需要的人们。通过他在世时出版的著作以及死后其追随者收集、整理和出版的书稿，冯·霍恩海姆将不同的疾病概念介绍到西欧。同时，他还对纯植物药物治疗疾病作了更改，写到了怎样用新奇的化学药物治病。他最知名的著作是关于一部梅毒的论述，宣扬汞的疗效。人类在20世纪发现抗生素之前，几乎一直在使用汞疗法，这是非常少数的治疗性传播疾病的方法之一——尽管它可能会产生包括疯魔、死亡在内的严重副作用①。

尽管医学界勉强承认巴伯行会的外科手术属于医学领域，但其实它的地位一直很低。但是，帕拉塞尔苏斯疗法，如在药膏或口服饮剂

---

① 关于帕拉塞尔苏斯思想及其在化学和医学领域中地位的介绍，参见 Debus, *The Chemical Philosophy*, Pagel, *Paracelsus*；以及 Trevor-Roper, *The Paracelsian Movement*, 149－99。关于帕拉塞尔苏斯的专业文献十分广泛，此处仅做粗略介绍。Shackelford, *Early Reception of Paracelsian Theory* 123－35 讨论了帕拉塞尔苏斯思想的传播。以下文献对帕拉塞尔苏斯的改革背景有讨论，Moran, "Paracelsus, Religion and Dissent", 65－79；Webster, "Paracelsus: Medicine as Popular Protest," 57－77；Webster, "Paracelsus, Paracelsianism, and the Secularization of the Worldview," 9－27.全国上下对于帕拉塞尔苏斯思想的反应可以参考以下文献，Debus, *English Paracelsians*; Debus, *The French Paracelsians*; Kocher, "Paracelsian Medicine in England," 451－480。

中使用汞等，则提供了一个新的医学选择范围，有助于克洛斯和贝克之流巩固自身技艺及其在医学界中的地位。按照传统，克洛斯和贝克这些巴伯外科医生要接受传统医术的学徒实践训练，然后拿到执照，再进行器械治疗——如拔牙、手术和伤口缝合——以及借助局部用药治疗体表疾病的程序。而另一方面，内科医生是有学问的拉丁学者，他们拥有大学文凭，有权诊治病人并使用内服药治疗周身的疾病。内科医生参与整体健康状况的评估和调节，而外科医生，在人们看来，只是简单的治疗师，他们只能通过敷药或手术程序做些外部治疗。涉及患者术前和术后治疗时，内科医生和外科医生之间的界限很快就突破了。外科医生可以给将要开刀做肾结石手术的病人开麻醉剂吗？如果患者术后出现恶心症状，外科医生有责任提供胃部镇静饮剂吗？像梅毒这样症状为皮肤疼痛的病例，正常情况下归外科医生管，但是，该许可内科医生还是外科医生来治疗呢，又该怎么治呢？多数情况下，在这些内科、外科治疗界限的争端中，巴伯行会的外科医生们一方面竭力给患者提供更好的治疗，另一方面，还努力参与“开处方”和管理内服药物。

当内科医生和外科医生为学术圈的边界之争忧心之际，帕拉塞尔苏斯疗法在伦敦街头巷尾的消费者之中真真切切地风靡开来了。尽管该疗法很受欢迎——或者说正因为如此——伦敦城和整个欧洲还是就此展开了大讨论，讨论帕拉塞尔苏斯疗法由什么构成，怎样制药，该由谁管理及其对患者有何危害。多数受过大学训练的内科医师学院成员主张谨慎应对此事，并尊重那些历史悠久的传统疗法。他们倾向于通过放血使人的“体液”达到一种恰当的平衡，并向患者宣传通过服用植物饮剂来净化身体。内科医师学院的多数成员，虽然不是全部，都不相信帕拉塞尔苏斯药典里那些药效很强、经过提纯的化学配制品，同时，也不赞成巴伯行会外科医生使用这类药物。另一方面，通过临床治疗而非一味啃书本积累知识的流动行医者和无证行医的江湖郎中，还有药剂师，则主张帕拉塞尔苏斯疗法的自由交易。他们早已为医疗市场上帕拉塞尔苏斯疗法的丰富内容所陶醉，伟大的帕拉塞尔苏斯的疗法无所不包，既有特制秘方，也有带毒性的化学饮剂。一边是内科医师学院那些谨小慎微的成员，另一边是经常给帕拉塞尔苏斯疗法冠以恶名的流动行医者和无证行医的经验主义医生们。克洛斯和贝克这些追求更广范围医疗实践的人，以及其他志趣相投的巴伯行会外科医生们，决定游走于二者之间。

在医疗市场上，克洛斯和朋友们要与广受欢迎的鲁斯伍林这样的帕拉塞尔苏斯派医生保持距离——这些人中，很多人不过是给胡乱调制的化学调和物起一个品牌名称——而与此同时，他们还要在自己的医疗实践中采用"恰当"的帕拉塞尔苏斯形式，并打造一个包括配制新药业务的学术圈身份。

外科医生希望成为在人们心目中有更严格界定的一个学术圈，希望人们承认自己在外科治疗实践中的专家身份，可以投口服药。然而，在伊丽莎白时代，一位帕拉塞尔苏斯派经验主义医生来到伦敦城经营生意，一头扎进这个雄心勃勃的巴伯外科医生行会小集团时，外科医生的这一诉求从一开始就遭遇了不测。正当克洛斯、贝克及其朋友们开始在内科医生和其他医疗从业者之间寻找合适位置来完成这一艰巨任务时，瓦伦丁·鲁斯伍林来到城中，并宣称自己是帕拉塞尔苏斯的学生和门徒。结果，随后的二、三十年间，在这些人努力拓展外科学在伦敦城的领地、加紧支配帕拉塞尔苏斯疗法以及界定与竞争者有关的外科医生学术圈过程中，只要用得着的情况下，不论何时何地，鲁斯伍林这个倒霉的名字就会突然冒出来。

巴伯行会外科医生与鲁斯伍林之间的辩论很令人头疼，事情本来也就是如此，他们的争议点主要不在患者的康乐或者外国医疗从业者的出现。鲁斯伍林案例的核心是关于学术圈和学术权威的双重担忧，这种担忧被野心勃勃、打算提升自身技艺范围和地位的外科医生推到了舞台中央。这些巴伯行会的外科医生亲身实践并推广有学养、回应古代传统的外科学，但外科学强调解剖学，要求熟悉主要的医学和外科学文本知识，并接受可靠的训练和实践动手经验。在这些方面，它又无疑是具有现代性的。为了患者的福祉，克洛斯、贝克和他们的朋友全情投入，努力将外科技术和艺术转变为理论与实践结合的一门科学和行业。为了达成目标，他们需要净化医疗市场，剔除不理想要素和不当训练的从业者，并为其他在医学理论上有威信、医术高明的专家建立一个学术圈身份。

本章中，我回溯了鲁斯伍林案例中不同立场的支持者对"帕拉塞尔苏斯"这一词的不同理解，以及面对某些医疗从业者进出伦敦医疗市场这些事件时，这一词怎样为众人所理解。

通过描述主要人物之间的联系，我们对医学实践如何在伦敦街头开展，医疗市场作为一个复杂的经济体和知识体如何运行，能够做出局部的、非常详细的解释[①]。如果我们将鲁斯伍林案例当作医疗市场中一个另类的构成要素，一个不同学术圈间界限的辩论加以考察，就会发现，内科医生和外科医生、精英和经验主义派从业者之间的界线是多么模糊。为了能混迹于伦敦的政治江湖中，人们需要借助层层交织的责任和迷宫似的曲折迂回。也是因为这些原因，我们要了解鲁斯伍林案例的全部真相就更难了，而解决问题则是难上加难。然而，该事件还让人们了解到伦敦医疗争端仲裁、调查和解决的方式。在此过程中，一层层看似混乱的行业公会规定、伦敦城法律、朋友和敌人网络组织以及来自医疗市场消费者的压力，的确都发挥了作用。

---

① 我此处使用的方法意在吸收约尔丹诺夫(Jordanova)的一些建议，他建议我们应该充分整合医药的社会和文化历史；参见《医学知识的社会构建》(*The Social Construction of Medical Knowledge*)。

伊丽莎白时代，处于萌芽状态的出版文化在医学权威辩论之中，在追求明晰的公众身份过程中，都是强有力的武器，对此，我也加以展示。出版为伦敦人搭建了一个舞台。在这个舞台上，人们不必非经过同行公会或伦敦城等传统的许可才能听到新声音或公开自己的悲伤。在鲁斯伍林案例中，个体为追求自我提升而故意蔑视规定、惯例的做法看起来好像是混乱的冲突，但如果近距离观察，你会发现，它是一场精心策划的、利用出版的力量反对共同敌人的学术圈运动。

贝克和克洛斯在努力解决一些其他小争端时，曾在伦敦城墙外的田野里互相大打出手，他们可能会因此招致谴责。然而，虽然巴伯外科医生们内部可能会吵成一团，但在公众场合，他们会拧成一股力量，共同反对不良医学和鲁斯伍林这样的流动行医人①。

那么，巴伯外科医生是如何抓住出版文化并充分利用出版优势的呢？想理解这一点，我们首先要搞清楚伦敦的医疗市场是怎样让鲁斯伍林这样一个人走向声名狼藉的。瓦伦丁·鲁斯伍林流星般的上升也是值得关注的，因为他的成功与他有能力处于帕拉塞尔苏斯权威的保护下是相联系的。最后，我们还要考察巴伯外科医生们以及他们的“图书战役”，这场战役不断发展扩大，企图赶走鲁斯伍林并拓展自己的市场份额，在伦敦城中打造清晰的学术圈身份。

## 警惕漏洞：伦敦的医疗市场如何运行

和瓦伦丁·鲁斯伍林一样，保罗·费尔法克斯(Paul Fairfax)的案例也诠释了伊丽莎白时代伦敦医疗从业者面临的机遇和挑战②。费

---

① GHMS 5257/1, f.109r (25 [March 1577]).

② 我沿用了格林(Green)对佩林(Pelling)和韦伯斯特(Webster)对这个术语的原始定义所做的修定和拓展。我用“行医人”一词来形容这样一类人，他们在人生的某个阶段，在自己或他人的认同下从事医疗实践。参见 Pelling and Webster, “Medical Practitioners,” 166, 以及 Green, *Women's Medical Practice*, 445 - 446。

尔法克斯 1588 年来到伦敦医疗市场，他的出现好像一颗不吉利的耀眼的星星，1589 年初就陨落了。费尔法克斯自制了神药“aqua coelestis”。他在市场上散发传单宣传他自制的蒸馏水，吹嘘自己治愈了南华克区特瑞恩（Treen）先生儿子的浮肿，治好了斯贝格曼（Spagman）先生女儿的头疼病。保罗·费尔法克斯做生意时，被伦敦主要的医疗管理机构——内科医师学院抓了个现行，他被控非法行医[①]。学院对费尔法克斯问题的记录言辞很过分。虽说他只是个“旅居之人”，但从宣传单上不难看出他的“傲慢自大和吹嘘卖弄”，他用自己传说中的神奇之水“骗取人们钱财”。内科医师学院放话，如果费尔法克斯不停止非法治疗交易，就送他坐牢。之后，狠罚了他 5 英镑，并要他保证以后注意检点自己的行为。

毫无疑问，内科医师学院希望以后都不要再看到和听到保罗·费尔法克斯其人其事，但内科医生们对伦敦的医疗市场了如指掌，他们预见到这个人还会卷土重来。更糟糕的是，反复受指控而顶风作案的违法者频频出现，向人们炫耀可以证明自己医术的证据，那些证据十分重要，人们无法视而不见。数月之后，费尔法克斯再次因非法行医受控，伦敦内科医师学院对此记了一笔，这也不足为奇。这一次，他拿出了证明自己曾获得法兰克福大学医学学位的证据，还有出自伊丽莎白一世的宫务大臣和近亲——哈德森勋爵亨利·凯里（Henry Carey）之手的信件，而内科医师学院是不想怠慢这位大人物的。然而，费尔法克斯还是因继续非法行医被关进了监狱，内科医师学院给女王的表兄发去一封解释信，对费尔法克斯的知识缺陷，所接受专业培训的不

---

① RCP Annals 2：70a－71a。虽然费尔法克斯的传单已经不存于世，但是当代有一个关于尼古拉斯·鲍登（Nicholas Bowden）的手术服务广告（约 1602 年）的案例，参见 Bodleian MS Ashmole 1399，f.1。因为内科医师学院致力于驱除市场中无证行医的人，参见 Pelling，*Medical Conflicts*，佩林只关注一部分医疗从业者。他们来的时候，内科医师学院还未将其注意力放在整个伦敦医疗市场中的这一小份额之上。

足以及他来路不明、令人生疑的大学学位做了汇报，并大致描述了他编造医学术语来“娱乐单纯的听众，迷惑蒙昧无知的人们”的癖好[①]。

和其他的伦敦医疗从业者一样，费尔法克斯对伦敦医疗市场的运行规则，以及无证行医必要时怎样规避众多、交叉的管理机构了如指掌，而这些管理机构对伦敦城医疗实践实际上形不成监督[②]。这套管理体系中到处都是被掩盖的漏洞，人们在其中都熟练地利用着出版文化、患者推荐书、伪造的大学学位和良好的人际关系；并且，由于供求关系实际存在，费尔法克斯及其他行医人在与患者和竞争对手发生纠纷，冲撞内科医师学院这样的管理者之前，能相安无事地工作上几个月，甚至是几年。即便因为不当行医被带到当局，比如费尔法克斯，事情也不算完结：效忠者、联盟等关系这时候都能派上用场，他们不断地四处奔走，上下活动，帮着减免罚款、从监狱里捞人或者找人对付那些诽谤者，让他们走投无路。

在医疗从业者和试图监管其活动的当局之间，影响、拥护、敌对和联盟各种因素交织在一起，这样一来，历史学家很难理解反对医疗从业者的诉讼案件是从何而来，因为患者有很多渠道控告医疗从业者。然而，这种错综复杂未必一定暗示这其中是一片混乱的。伊丽莎白时代的伦敦人和今天的患者一样，他们可以到众多管理机构中的一个

---

① 亨利·凯里（Henry Carey）是威廉·凯里（William Carey）和玛丽·博林（Mary Boleyn）夫妇的儿子，玛丽·博林与安·博林（Ann Boleyn）是姐妹。凯里至少是伊丽莎白的大表兄。有人认为他其实是她同父异母的哥哥，因为在玛丽·博林与凯里婚姻存续期间，亨利八世（Henry VIII）和玛丽·博林的关系非常亲密。关于赞助人对该学院的重要性及其工作，可参见 Pelling, *Medical Conflicts* 以及 Dawbarn, “Patronage and Power”。

② 哈罗德·库克（Harold Cook）是最先关注医疗市场的经济现实的，参见 *The Decline of the Old Medical Regime*, especially 28 – 69。随后对此做过强调的研究包括：Fissell, *Patients, Power, and the Poor*, especially 37 – 73; Gentilcore, *Healers and Healing*, especially 56 – 95；以及 Brockliss and Jones, *The Medical World of Early Modern France*, especially 170 – 346。

（或多个）去诉苦，去寻求建议或要求赔偿，选择很多。伦敦城有一套包括众多医疗实践监管机构在内的医疗护理体系。在这套体系中，许多不同的机构都有可能叫停出医疗事故或治疗不当的行医者；患者通过请愿或投诉，对建立一套医疗服务的质量预期发挥着作用。伦敦医疗市场的正常运行，得益于一大群潜在的慢性病客户给它不断施加的压力，这些人十分清楚自己的合法权益，会心安理得地让提供不当医疗服务的从业者吃上官司。

当我们回顾这波澜不惊的历史岁月所留存下来的事件及其展现的 16 世纪伦敦医疗市场，尝试去还原出它的轮廓时，由于从医者和相互交叉的管理机构的多样性，我们终没能得到一个清晰的谱系图。但是，它又使人想起伦敦的地下同业公会的一些往事，其中，由人、研究机构和场所作为标志的各种起点奇奇怪怪地交织在一起。虽然我们可以分析影响因素和敌对因素，通过连点成线的方式轻而易举地描绘出医疗市场的某些特征，但得到的都是片段式记录和不完整的描述，总会留下一些让人摸不到头脑的空白。在伊丽莎白时代的街头，展开来的是伦敦城医疗实践的一幅画卷，它很与众不同：应该到处都有医疗从业者，他们与同行紧密联系，与患者和城市官员之间也有联系，而这些人都没有记录在册。伦敦的每个社区都有药剂师、江湖医生、内科医生、外科医生，助产士、草药女师、牙医、泌尿科医生、接骨师和白内障专家各一名，这些人或开店面，或挨着社区的教区教堂支起一个临时摊位行医——而且他们都有自己的患者。倘若我们到伦敦城的大街小巷走一遭，就能更深入地考察这道风景，了解在伊丽莎白统治的时代，这个医疗市场是如何运行的。医患的故事和行医人的故事很好地说明，伦敦医疗市场之所以能够良性运行得益于其松散的管理。这种松散的管理给个体从医者创造了各种各样的机会，允许合作和竞争并存。在患者、从医者和伦敦的医疗规定的罅隙之中，那些勇于坚持、敢于想象的人们得以谋生，塑造公众认同感，甚至开始构建学术圈。

一些医学人士对伊丽莎白时代错综复杂的医学世界作出回应，如约翰·霍尔(John hall)、约翰·塞库里斯、威廉·克洛斯和乔治·贝克，他们试图将其彻底地一分为二：一部分是像他们这样缔造良好的医疗市场秩序的好从医者；另一部分是像鲁斯伍林那样的不良从医者，这些人竭尽所能地将无序传播到市场中。这极有可能是一种故意犯错的两分法，为的是吸引读者和城市官员的注意力。虽然现代早期的伦敦人注意到，明确区分秩序和混乱对他们应付城市势不可挡的生活经验来说很令人欣慰，但是历史学家彼得·雷克(Peter Lake)认为，这两种竞争性势力实际上"事实上两股相互竞争的力量在道德上或多或少都有缺陷和不足，但都处于相互链接起来的一条坚固的链条上，并无太大差别。"[1]正如唐纳德·拉普顿在1630年代所记述的，这一点对于伦敦来说尤为真实，因为它是那么地多样化和多变。我没有当真接受贝克和克洛斯这些人提出的条理清晰的分类，但我被雷克描述的重要的第三类深深吸引了："秩序的底面"——对城市居民来说最熟悉不过、介于好和坏之间的中间地带[2]。在现代早期的伦敦，秩序和混乱是互相依存的。正因为如此，克洛斯及其朋友试图将合格的、不合格的从医者一一对号入座，结果却是徒劳的。伊丽莎白时代的医学作品中，作者们都故意使用强烈的、带有分化意味的修辞，努力将公众的注意力从令人困惑的中间地带移开。而在这个中间地带，我们可以找到那么多的患者和从医者，同时代很多其他类型的文献也是如此。

---

① 参见 Lake, *From Troynovant to Heliogabalus Rome and Back*, 244. 以及 Pearl, *Change and Stability in Seventeenth-Century London*, 3 - 34; Archer, *The Pursuit of Stability*。

② Lupton, *London and the countrey*, 1; Lake, "From Troynouvant to Heliogabulus's Rome and Back," 219。

瓦伦丁・鲁斯伍林的经历更强化了这种观点。1573年，他进军伦敦医疗市场时，能迅速、透彻地分析出这个市场的最主要特征及运行方式。伊丽莎白时代，伦敦医疗市场由三类主体构成：内科医师学院和巴伯外科医生行会这样力图监管市场秩序的法人机构组织；经营生意的从医者，有的人有行会支持，有的人没有；消费治疗服务和医疗建议的患者，他们不太注重谁持证行医或无证行医。促使伦敦医疗市场充满活力、抵制监管部门的组织化趋势的，正是伦敦的慢性病人群——患者们。伦敦人要求可以随时随地、以任何价格获得医疗服务，市场回应了他们的这一需求。然而，年龄、性别、阶层和地位都不是决定你要看什么医生，寻求什么治疗的决定因素。朝臣和普通市民都会找江湖医生看头疼脑热，而杰出的内科医生和有名的巴伯外科医生们则会以慈善方式在圣巴塞洛谬这样的医院为穷苦人民治病。

尽管患者对伦敦的医疗市场来说十分重要，但历史学家很难从患者视角重新建构当时的那个医学世界，这很大程度上是因为患者的描述几乎都失传了①。和历史学家对过话的患者多数也都参与过法庭的调查或者官方询问。结果，我们对医疗市场没有达到患者预期方面的事情了解得更多，而对正常的患者护理过程却知之有限。患者投诉中的证据表明，伊丽莎白时代，多数人在行医人和治疗方案方面都有较大的选择空间；并且我们感到，如果人们选中的治疗者没有达到承诺的治疗效果，患者是有求助渠道的②。伦敦患者能够很快地从两个主要的医疗监管部门——内科医师学院和巴伯外科医生行会那里获得

---

① 关于尝试恢复患者观点的研究，参见 Porter, "The patient's view," 175 – 198; Beier, *Sufferers and Healers*; Duden, *The Woman Beneath the Skin*; Fissell, *Patients, Power and the Poor*。

② 关于大多数现代早期医疗安排的契约，参见 Pomata, *Contracting a Cure*。有关患者到内科医师学院的投诉，参见 Pelling, *Medical Conflicts*, 225 – 274。

赔偿。鞋匠克里斯托弗·哈迪(Christopher Hardy)住在南华克区，是一个仆人，他也知道可以到泰晤士河对岸的伦敦内科医师学院投诉江湖医生保罗·巴克没按约定用药——即使巴克根本不是内科医师学院成员。贝特先生接受维多·奥斯汀(Widow Austen)的治疗后死了，但是贝特夫人曾送过奥斯汀一些厨具和洗盘，她对这笔损失的愤怒比她丈夫的死更甚。贝特夫人向内科医师学院求助，并要回了自己的财物。巴伯外科医生行会也一道处理过相当一部分的患者投诉，该行会一名成员的妻子纽曼夫人给布赖恩先生治疗淋巴结核，结果没治好，于是布赖恩先生向巴伯行会申请退款。还有，五金商人理查德·塞尔比(Richard Selby)派妻子阿格尼丝到巴伯行会投诉其成员威廉·怀斯(William Wyse)未能治愈自己的腿伤[①]。

内科医师学院和巴伯外科医生行会是伊丽莎白时代伦敦最年轻、最活跃的监管部门。内科医师学院是由托马斯·利纳克尔(Thomas Linacre)及其合作人在亨利八世(1509—1547在位)统治时期创立的，他们是接受过大学训练的人，方圆7英里的伦敦城赋予他们高于所有行医者的最广泛、最自由的决定权。内科医师学院代表着教育医疗设施，并因为与牛津大学和剑桥大学的联合确立了权威性，这两所大学的医学课程都以罗马内科医生盖仑(Galen)的文本为支柱。内科医师学院对帕多瓦大学和巴塞尔大学等欧洲大陆大学的毕业生越来越不满意，那里的学生学习解剖学和帕拉塞尔苏斯化学疗法等时髦新观点和新思想，而盖仑的权威著作里是不讲这些内容的。理论上讲，只有内科医师学院认可的行医者才可以给患者开口服药和植物类药剂，这是盖仑医学治疗的核心。这些"内服药"，正如其称谓一样，可以使人体体液恢复

---

① RCP Annals 2：78a，106a；GHMS 5257/1，ff. 44r（24 September 1566），58r（19 April 1569）。

平衡状态，给每位患者重新调整其独特的元素精华混合体。伊丽莎白加冕后，巴伯外科医生行会的医疗管理职责同样也是新奇事物，因为这个团体是在1520年由巴伯行会和一个垮掉的外科医生行会合并而成的[①]。巴伯外科医生行会负责考察和认证伦敦城及其周边方圆1英里内近郊的外科医生。

在现代早期的伦敦，没有哪个管理体系是百分之百成功的，不管它是集权式的，比如像西班牙或意大利的部分地区；还是像英格兰那样的分权式和多面性的[②]。患者对医疗服务的需求实在太大了——而且有那么多人愿意提供护理、药物和其他治疗服务。旧观念认为，体力劳动地位低下，这让内科医生精英的境遇更为复杂。举个例子，虽然内科医师学院的成员试图严格支配植物和其他有机物制成的饮剂，但他们开展业务时，又不得不依靠其他从医者提供劳动和专业技能。内科医生要靠采药人采集植物，靠药剂师把植物制成药丸或饮剂，靠外科医生治疗皮肤表面伤、正骨或开刀。于是，医疗市场的动态变化，使得任何一种将内科医生精英和其他行医人划分开来的理论都无法成立。

尽管区分好、坏两伙行医人及其活动并非易事，但内科医师学院和巴伯外科医生行会还是尽力履行管理伦敦医疗市场的职责，他们代表不满的患者向不当行医和不法行医行为积极问责。虽然行医人不敢保证自己不触犯不当行医这一条，但他们可以通过获得教堂开具的从业执照来规避不法行医。教堂是中世纪以来最古老的医疗监管部门，

---

① Clark, *A History of the Royal College* 保留了内科医师学院历史的起点。关于现代早期英国医学的更为广泛研究，参见 Wear, *Knowledge and Practice in English Medicine*。巴伯外科医生行会的经典历史，包括其记录中摘录的内容，参见 Young, *The Annals of the Barber-Surgeons*。

② Gentilcore, *Healers and Healing*; Clouse, "Administering and Administrating Medicine."

1511年，亨利八世批准了教堂的医疗管理功能，赋予它向医疗从业者（包括内科医生、外科医生、助产士和江湖医生）颁发从业执照的权力。尽管后来又有新的监管部门成立，但是在伊丽莎白时代，伦敦主教、圣保罗大教堂的主持牧师和坎特布理大主教发放从业执照的权利都得以保留下来了。教堂可以对无照行医的人施行一项极至的惩罚——逐出教会，整个伊丽莎白时代都是如此。例如1595年，托马斯·伍德豪斯（Thomas Woodhouse）因为无照从事外科治疗被逐出圣博托尔夫教区教堂。虽然内科医师学院和外科医生行会的章程赋予它们监管伦敦城医疗实践的权力，但章程并没有否定教堂有责任关爱人的身体和精神的相关法令。直到1948年亨利法令（Henrician Statues）颁布，教堂的医学管理权威才宣告废止[①]。

通常，在拥有巴伯外科医生行会身份或大学学位的教会官员出现以前，内科医生和外科医生就已经想额外要一张教会颁发的从业证书了。鲁斯伍林最强劲的对手威廉·克洛斯，虽然在巴伯外科医生行会1569年的记录中有记载，但直到1580年才拿到在伦敦行医的教会许可证。尽管与外科医生行会合作了十数年，出版过医学著作，而且还是圣巴塞洛谬医院的员工，但克洛斯还是没把握去单独拜见主教。后来，他在5位巴伯外科医生行会成员陪同下去见的主教，这五个人为他的医术做担保[②]。江湖医生和助产士们没有像外科医生行会或者内科医师学院这样能代表自己的合作主体，他们申请教会证书时也要带证人。圣玛丽伍尔教堂的伊丽莎白·阿利（Elizabeth Alee）出具了6名妇女对她接生技术满意的证明后，于1591至1592年间拿到了助产

---

① Atkinson, *St. Botolph Aldgate*, 119; Guy, "The Episcopal Licensing," 528 – 542.

② Bloom and James, *Medical Practitioners*, 16。这些发现表明，Roberts的论点"主教来许可医生和外科医生的常用系统在伦敦从来没有运行过"需要谨慎对待；Roberts, "The Personnel and Practice of Medicine," 217。

士执照[①]。巴伯外科医生和药剂师等医疗从业者的太太们，给助产士申请教会执照增添了一抹亮色。多萝西・埃文斯（Dorothy Evans）带巴伯外科医生威廉・博维（William Bovey）的妻子安娜・博维去见主教，为自己的医术作证；罗莎・普利斯特（Rosa Priest）（她丈夫就是巴伯行会一名外科医生）找了三位巴伯外科医生的太太为她代言[②]。

虽说教堂、内科医师学院和巴伯外科医生行会是伦敦医疗市场的官方监管者，可是伦敦城市议员们也发挥着一定作用。市府参事议政厅偶尔给流动行医人或外国行医人放行信号，允许他们继续为伦敦市民治病，并且也会调和医疗实践中的争端。彼得・"腌青鱼"・范・杜兰（Peter "Pickleherring" Van Duran，活跃于 1559—1584），南华克区圣奥拉夫教区的一位啤酒酿造师，"自称懂外科知识和外科学"，市议员对他很满意，1563 年获准"在伦敦城中的这类地方支起（广告）宣传单宣传自己，使自己看起来可以很好地把上述科学知识传播给人们"。巴伯外科医生行会成员约翰・史密斯（John Symth，活跃于 1556—1573）因为在街头流动招揽生意，给伦敦居民制造了麻烦，受到

---

① DL/C/335，f. 62r。对她申请执照过程中给予支持的女性是玛格丽特・戴尔（Margaret Dale）。玛格丽特・戴尔是圣・玛丽・阿尔德曼柏利（St. Mary Aldermanbury）家族约翰・戴尔（John Dale）的妻子；安娜（Anna）女王是圣・米尔德里德・鲍特里（St. Mildred Poultry）家族威廉（William）国王的妻子；托马西娜・霍尔（Thomasina Hall）是圣・玛丽・伍尔邱奇（St. Mary Woolchurch）家族理查德・霍尔（Richard Hall）的妻子；Sara Hopkyns 是 St. Gile Cripplegate）家族理查德・霍普金斯（Richard Hopkyns）的妻子；玛格达莱娜・布拉德肖（Magdalena Bradshaw）是圣・安妮・布莱克弗莱阿斯（St. Anne Blackfriars）家族理查德・布拉德肖（Richard Bradshaw）的妻子；多萝西・沃特司通（Dorothy Waterstone）是圣・米尔德里德・鲍特里家族威廉・沃特司通（William Waterstone ）的妻子。

② 关于多萝西・埃文斯可参考 DC/L/335（11 May 1590），关于罗莎・普里斯特（Rosa Priest）可以参考 DC/L/332，f. 142r，她的见证人包括刘易斯・布罗姆黑德（ Lewes Bromhead）的妻子玛格丽特・布罗姆黑德（Margaret Bromhead），以及亨利・贝利（Henry Bailey）的妻子阿加莎・贝利（Agatha Bailey）。圣玛丽乌尔诺斯教区的记录对罗莎・普里斯特作为一名助产士的活动有所提及，提到 1582 年，她代表一个叫西塞莉・塔斯克（Cicely Tasker）的新生女婴出面干涉执照申请，这个女婴由于过于虚弱，没等到周日到教堂受洗就夭折了。

市议员的严惩。史密斯向人们展示了人体血液和其他淤血，这类活动将公众健康置于恶劣气味和空气中，存在风险，惹恼了伦敦上层社会，招致大批群众集会抗议。他们命令史密斯，今后"只能在自己家房子或院子里公开展示，其他地方都不允许。"当市议员开始"叫停这位贫寒医生的工作时"，整个巴伯外科医生行会遭到市民的一片谴责，结果，市议员又马上撤销了这一决定①。

国王特许给新兴监管部门以权利之时，并没有废除早期的管理程序，因而伊丽莎白时代的伦敦人继承了中世纪和亨利时代这些多元、交叉的监管部门。所有证据都表明，伦敦人——患者和行医人都一样——熟谙四大机构的管理和监督职责，并对其充分加以利用，寻求医疗护理；同时，他们也找出了处于四大机构管理空白地带的行医者们②。患者和行医人好像也认识到，尽管伊丽莎白一世也在伦敦医疗生意的开展方式中发挥了作用，王权所建立的制度也可以轻易地被忽视。最终，还是女王有权废止营业执照，或推翻教堂、伦敦城、内科医师学院和巴伯外科医生行会作出的任何决定，但是，这样的撤销事件并不常有。和多数前辈一样，女王深知伦敦的支持对她政治上的存亡十分必要。除非是绝对必要，否则她不会急于炫耀特权。伊丽莎白女王插手过涉及荷兰江湖医生玛格丽特・肯尼克斯（Margaret Kennix，活跃于 1576—1583）的一个罕见事例，内科医师学院执意要她关门停业，但她向女王请求保护，并最终如愿以偿。保罗・费尔法克斯和肯尼克斯这样的人都知道，和内科医师学院发生争端时，与高层攀上关系十分重要。1581 年，伊丽莎白女王指示弗朗西斯・沃尔辛厄姆

① CLRO, Reps. 15, f. 156r; 18, f. 107v; 13/2, f. 506r。1563 年，内科医师学院同样尝试让范・杜兰停业，RCP Annals 1：22b。

② Pearl, "Change and Stability in Seventeenth-Century London," 15，表明在更广范围内的伦敦情况也是如此。

(Francis Walsingham)公爵提醒内科医师学院，“准许这个可怜女人……用某种饮剂安静地行医，治愈疾病和伤痛，这是她至高无尚的荣幸。”沃尔辛厄姆援引两点理由，说明女王希望肯尼克斯可以不受任何干扰行医的原因。第一，“上帝赐予她特殊的[药草]知识来造福受苦受难的人。”第二，肯尼克斯的丈夫没有劳动能力，整个家庭“全靠她施展技艺”赚钱谋生。尽管事实上王权对此事件有最终发言权，但受到冒犯的内科医师学院不能让沃尔辛厄姆(或者说女王)在如此重要的事件中做出最终裁决。它回复说，肯尼克斯的“弱点和不足那么明显，大家对她只有同情，犯不上嫉妒她，也不会支持她。”①

肯尼克斯和其他无照行医人还可以进一步从女王的父亲亨利八世的话语中找到行医的根本理由。亨利八世曾授予内科医师学院和巴伯外科医生行会管理权力，但他也无权取缔教会的许可权，可他对此全然不顾，又颁布了1542/43号宪章，确保经上帝传授了草药、根茎和水方面知识的“男男女女”在医疗市场中占有一席之地，这使得伦敦城本已令人抓狂的医疗关系网变得更加混乱不清。亨利八世的“夸克宪章”(Quack's Charter)专门批评巴伯外科医生行会试图垄断伦敦城的医疗实践，将有经验的医治者逐出市场的行为。正如历史学家所质疑的，这部宪章赋予每个市民医药方面的权利，允许他们调制治疗乳腺疼痛、烧伤、口疮和膀胱结石等疾病的药膏、洗涤化妆品、湿敷药物和石膏等②。市民不可开展的医疗行为只有外科手术(巴伯外科医生行会所在省份)和开内服药物处方(内科医师学院所在省份)。伊丽莎白和沃尔辛厄姆显然非常熟悉先皇法令中的言辞，并在代表肯尼克斯

---

① RCP Annals 2：7a－8a。关于玛格丽特·肯尼克斯和他的丈夫亨利·肯尼克斯(Henry Kennix)的信息，可以参考AR 2：172，250，301；AR 3：341。她的丈夫是一个手套贩卖商，并且1582/83；AR 2：301称他是一个外籍居民。

② Clark，*A History of the Royal College*，86－87。

申诉行医权利时派上了用场。

玛格丽特·肯尼克斯、瓦伦丁·鲁斯伍林和保罗·费尔法克斯这些想搞医药、做外科手术的医治者发现自己夹在两股力量中间，一边是急需治疗服务的消费者，另一边是管理他们的内科医师学院和巴伯外科医生行会。但是，来自患者与法人机构的相互冲突形成的压力通常被伦敦城、教堂和皇室官员缓解了，不足以将这些行医人逐出医疗市场。只要伦敦的患者还寻求医疗服务，就有感兴趣的行医人提供药丸、药水和泻药。有些行医人来自英国的各省，但流动行医人更多的是有着外国名、用外国疗法的外国人。乔治·贝克在表扬杰拉德《草药》一书的信中不想给外国人留情面，他的出版物中对他们当中的"陌生人"进行了抱怨，尤其是像瓦伦丁·鲁斯伍林这样"乍到时名声甚好，但是后来……被人们厌倦"的人。按照贝克的说法，外国从业者的涌入部分意义上归咎于那些急于尝试新疗法的英格兰人。"虽然英格兰人的知识强于其他人，但英格兰人认为当个陌生人就会比英格兰人得到更多的好处，英格兰民族简直在做愚蠢的白日梦"，他写道。一个内科医生控诉道，一些伦敦本地的行医者跑到那么远的地方就为了取得外国行头和口音，从而在充满竞争的伦敦城医疗市场中拉到客户[①]。

与那些提供治疗、威胁患者健康和幸福的"铁匠、刀匠、车夫、鞋匠、箍桶匠、皮革匠和一大群女人们"相比，真正有技术的外科医生和内科医生非常少。考虑到这一点，约翰·豪尔在他的著作《最优秀、最有学问的外科著作》(*Most Excellent and Learned Woorke of Chirurgerie, called Chirurgia Parva Lanfranci*, 1565)中提醒读者看病要谨慎。然而，人们却往往对这样的提醒充耳不闻。像鲁斯伍林、

① Baker, *The composition or making*, 44v; Securis, A *detection and querimonie*, sig. Ciiiv。

费尔克斯和肯尼克斯这样的人仍然带着自己的新奇疗法结伴涌向伦敦城，他们怀揣王子、贵族和城镇出具的证明自己医术的信件，甚至还在条幅上镶嵌了从治疗满意的顾客身上取下来的膀胱结石作为实物证据，来展示自己的医术。因此，当威廉·克洛斯在《青年外科医生处理枪炮伤之必备技艺》(*A Prooved Practise for all Young Chirurgians*，1588)中确实"不是恶意谈起"一群扰乱他得体行医观念的无照行医人时，很容易想起一长串最受伦敦人欢迎的行医人，包括"纽因顿圣乔治运动场那边的老太太，人们像求助圣人一样求助她"，"班克塞德克罗斯基丝那个像狐狸一样狡猾的女人"和"海煤巷那个精明女人，判断尿液的水平和医学、外科手术知识还不如她判断煤篮子里的技术。"[①]这些无证行医人就像寓言中的九日奇观一样，经常快速消失又旋即复出，身后留下的是那些不满意的患者。内科医生约翰·塞克里斯把行医人的这种令人羞愧的多样性归咎于内科医师学院和巴伯外科医生行会管理的不利以及大众的愚昧。人们在看病时不懂得质疑行医人，即便他是"不懂拉丁语的约翰先生、一个小贩、纺织工、(或者)……专横的女人。"[②]

想要对鲁斯伍林在伦敦医疗世界中骤升骤降的地位有一个清楚的认识，我们要谨记一点，一个行医者在这里是庸医，在另一个人那里可能就是完美的神医。在伊丽莎白时代充满竞争的医疗氛围中，没有哪个行医人可以免受庸医、不当行医、玩忽职守等指控。实际上，同时期一些最有敌意的攻击，针对的都是内科医师学院的行医人。现代早期

---

① Hall，A *most excellent and learned woorke of chirurgerie*，sig. + iii r－v；Clowes，*A prooved practise*，sig. A3 v。这一时期，海煤巷的女性从业者可能不止一位，克洛斯指的可能是玛格丽特·肯尼克斯，处于伊丽莎白女王保护之下的荷兰江湖医生。妇女是杰出的治疗师，但是内科医师学院和巴伯外科医生行会不给她们颁发许可证。出色的能力及缺乏行会认同的身份或许可以解释她们为什么对克洛斯的诽谤表现得如此激烈。

② Securis，*A detection and querimonie*，sig. Biiv。

的伦敦人发现，受过大学训练的内科医生显然也与江湖医生一样，诡诈而有争议性。伊丽莎白晚期或詹姆斯一世时期的一首讽刺诗，描述了内科医师学院及其成员的好色淫荡、不良诊断和不称职。有匿名诗这样写伦敦内科医师学院一位长期任职的官员、备受尊敬的帕迪(Paddy)医生：

帕迪医生一到来，
小姐太太笑颜开。
管他小病与大病，
统统灌肠来应对。
虽说抽血不光彩，
费用照收不能误，
医生派头真叫大，
骑士勇士都认输。①

给女性患者灌肠剂是有明显性暗示的行为，因为要往患者的肛门插入润滑过的管子，并且，涉及女性首次性行为处女膜破裂的抽血血样可能也有同样的淫荡暗示。然而，性方面的言行失检并不是诗歌要表现的唯一主题。彼得·特纳(Peter Turner)是莱姆街的博物学者，也是一名内科医生，他对帕拉塞尔苏斯药物和点金术很感兴趣，曾被指控用化学药品害死患者。内科医师学院那些过量食用、饮用或购买这些药品的人也都遭到过各种批评：人们质疑约翰·阿金特(John Argent)的药，因为他"过度肥胖而不可能身怀任何技艺，"而马修·格温(Matthew Gwinn)行为不检点，体形过瘦；丹尼尔·塞林(Daniel Sellin)呢，比起履

---

① 这首诗有两个手稿版本，一个在大英图书馆(MS Lansdowne 241, f. 374v, *John Sanderson's diary and commonplace book*, 1560 - 1610)，一个在剑桥大学图书馆((MS 4138, ff. 16v - 18v)。这两个版本在一些细节处存在不同。从这首诗里出现的医生名字来看，剑桥大学图书馆副本比大英图书馆的副本出现略晚一些。我要感谢奈杰尔·史密斯(Nigel Smith)让我接触到了剑桥图书馆的副本，也要感谢比利·谢尔曼(Bill Sherman)给我提供了诗的细节。剑桥大学图书馆 MS 4138, f. 16v。

行医疗职责和在伦敦城做公开医药演讲来说，他更贪恋葡萄酒。

看似博学的医药行业道中人怎样凭自己掌握的知识一路走来，内科医生、江湖郎中、外科医生三者之间如何精细划分，关于这些，诗歌都有广泛涉及。萨维尔(Sawell)博士是一位移民来的外科医生的儿子，他被指控同巴伯外科医生行会那些身份卑微的人共处的时间太多，还被指控从他父亲的外国老处方中收集医药知识。诗歌还强调了托马斯·罗林斯(Thomas Rawlins)的药剂师学徒身世及其在伦敦城的粗暴行为：

罗林斯医生，对于你的全部名声来说，

你不过是一台肮脏的过滤器。

直到有机会，你能往上爬，

靠的不过是给寡妇灌肠的不耻手段。

你不过是一个药剂师，更确切地说只不过是她的男人，

但是，人是要靠名声而上升，正如树一样，

罗林斯先生，我还能为你祈祷什么呢？①

这首诗语言粗俗而具有讽刺意味，达到了作者预期的效果。它叙述了这样一个事实：在医疗市场中，受过大学培训的内科医生也无法保证为人们所接受，或者免受批判。

不论个人背景好与坏，地位高与低，一个医疗从业者要想成功，靠的是向客户提供优质服务。但是，没有哪个医疗从业者敢保证治愈所有的患者(药到病除)。在伊丽莎白时代的伦敦，医疗从业者要想应对来自患者的挑战和当局的审查，求得生存，必须要尽可能多地建立起本地关系网。而来自患者方面的挑战，要么是集中治疗数周不见效，要么是医生已尽全力而患者却仍医治无效死亡。在医治不利情况下，教育、婚姻、邻里、患者、社团协会以及朋友关系都能提供潜在的联盟

① 同上。

支撑。虽说鉴于群体差异性，英国公民和移民来的陌生人、内科医生和外科医生、药剂师和江湖郎中之间划出了分界线，但是，伦敦医疗市场管理的松散性使得医疗从业者之间通过分享患者、借用疗法等，结成紧密联系，形成共同的邻里关系，附属于共同的机构。虽然鲁斯伍林这样的陌生人可能会因为出了外国人的风头短期内占优势，但长远来看，如果他不能成功地与其他从业者和客户之间建立起强有力的联系，这种异国风格就会趋于劣势。

回溯医患之间的关系，我们可以拎出阐明伦敦医疗市场如何实现良性运行的线索。当夏达夫人（Sharde，活跃于 1589—1590），一个顽固不化的江湖医生，因为无证行医再次被带到内科医师学院时，法国移民来的内科医生威廉·德洛尼（William Delaune，活跃于 1582—1610）要求“给夏达夫人帮助和好意”，因为“曾有个患者在她家吃了一个月的净化饮食来治疗发烧。”药剂师爱德华·巴洛（Edward Barlow，活跃于 1581—1594）定期和移民来的内科医生约翰·瓦普（Johann Vulpe，活跃于 1581—1589）、赫克托·努内斯（Hector Nunes，活跃于 1553—1592），英国内科医生托马斯·佩尼、理查德·福斯特（Richard Forster，约 1545—1616），以及沃尔特·贝利（Walter Bayley，活跃于 1580—1591/1592）一起工作。1581 年，巴罗不顾这些朋友的反对开始行医，受到众人谴责；可尽管如此，他与内科医师学院成员之间的联系还是没有中断。他有一本处方书，是指导药品配制的处方集手稿，揭示了内科医生如何在疑难病例中分担治疗责任。一些巴伯外科医生行会成员开始合作行医，比如来自圣巴塞罗谬医院社区的威廉·费拉（William Ferrat）和托马斯·西蒙斯（Thomas Symons）。1591 年至 1592 年间，圣劳伦斯庞贝特教区为一个头部受伤的年轻男孩支付治疗费，那次治疗雇用了一个护理团队，包括一名女护士、一名女外科医生和一名男理发师：

支出项目：古德伍艾夫·古德盖姆(Goodwife Goodgame)9 月 5 日治疗头伤，13 先令 4 便士

支出项目：理发师给他剃头，2 便士

支出项目：理发师 9 月 7 给他治疗臂伤，2 先令 6 便士

支出项目：头部所需的必需品，1 先令 4 便士

支出项目：头部所需的布，8 便士

支出项目：1591 年 9 月 5 日至 1592 年 12 月 22 日，古德伍艾夫·斯诺登(Goodwife Snoden)护理罗伯特·马修，68 周，每周 12 便士，3 英镑 8 先令[1]

伦敦的医疗从业者都很清楚，如果想要在医疗市场中生存下去，他们需要合作。

最持久的合作关系往往是基于婚姻的。伊丽莎白时代，随着行医的人与其他有医药倾向的家庭的跨代联姻，医药在伦敦演变为家族生意。威廉·巴克斯特(William Baxter，活跃于 1578—1602)，巴伯外科医生行会的成员，与已经是知名江湖医生的艾玛·菲利浦(Emma Philips，活跃于 1571—1603)结为连理，艾玛的兄弟爱德华·菲利浦(Edward Philips，活跃于 1583—1602)是一名很有前途的药剂师。那时候，艾玛被内科医师学院盯上，说她是"无知、无耻的女人"，并以无证行医的罪名将她关进监狱，但仅四天之后她就获释了，因为他的丈夫出面保证妻子今后不再涉足医疗行业。助产士经常与行医人联姻。例如，根特的利芬·爱利特斯(活跃于 1586—1602)就是无证外科医生纪尧姆·爱利特斯(Guillaume Alaertes，活跃于 1588—1592)的妻子[2]。

---

① RCP Annals 2：142a，6b；GHMS 5257/1，f. 51 r (21 October 1567)；3907/1，entries for 1591－92. 巴洛在 1588 至 1590 年间的医学处方现为牛津大学图书馆的 Ashmole1487 号手稿。

② RCP Annals 1：33a；AR 2：411，468；COMCL 17/381。关于医学界中婚姻的重要性，可参考：Pelling，The Women of the Family?，" 383－401。

当行医人与管理方发生冲撞时，家庭关系会帮助解围；而满意的客户则是最有力的挡箭牌。满意的患者不会到当局投诉。可是，当内科医师学院和巴伯外科医生行会对他们自己发现的非法行医者提起诉讼之前，多数治疗不成功或者不当行医的人，就已经被患者以治疗无效、无法返还财物等原因带到管理机构来了。在伊丽莎白时代，尽管死亡和并发症是医药市场中司空见惯的现象，但仍有一些记录提到那些为减轻病患的伤痛作出非凡努力的行医人。枪托制造商的妻子昆灵（Querings）1589 年在圣博托尔夫阿尔德盖特产下一名死女婴，教区办事员形容女婴"畸形"且"仅一拃长"，当时出钱给教堂司事安葬女婴的，正是她的助产士普莱特（Pullet）夫人（活跃于 1584—1589）。虽说教堂司事经常无偿安葬穷人家的孩子，但是这个婴儿外表畸形，他很可能不情愿履行职责。类似的情况还有，1567 年，附近的圣海伦主教门的外科医生自己出钱，买下"教堂的主体部分的一口矿井，埋葬一名死在巴伯蒂尼・博西努瓦（Barbadine Bonsiniors）家房子里的男孩"①。

伦敦医疗市场的松散管理，监管部门的东拼西凑以及行医者和患者之间的有力结合，为瓦伦丁・鲁斯伍林这样的流动行医人提供了理想的从业环境，帮助他们走向兴旺与成功。玛格丽特・肯尼克斯、保罗・费尔克斯和鲁斯伍林这些人通过利用伦敦城的管理漏洞，结成强有力的联盟，使用新奇有效的疗法来满足患者需求，最终实现了个人成功。这种联合战略通常是成功的——最起码是一时成功的——有证行医和无证行医的人都欣然接受。然而，公众识别不出那些训练有素、持有无可挑剔的行医证书或者官方许可印章的医者，一些内科医生和巴伯外科医生对此感到不悦。在伦敦街头，多数人都无法分辨出保罗・巴克那样的无证行医者和威廉・帕迪（William Paddy）那样的

① GHMS 9234, f.61v; 6836/1, f.5r.

内科医师学院官员。当我们把目光拉回到瓦伦丁·鲁斯伍林的案例，并对其进行一般细节上的考察时，会发现其最大的不幸并非治疗患者，也不是他在伦敦城医疗市场中的特殊境遇；相反，正是他在帕拉塞尔苏斯药物方面的专业技能，导致了与富有事业心的巴伯外科医生威廉·克洛斯和乔治·贝克产生了职业路线上的冲突。

## 瓦伦丁·鲁斯伍林的伦敦职业生涯

如果将保罗·费尔法克斯比作伦敦医学宇宙中一颗耀眼的星，那么瓦伦丁·鲁斯伍林的到来则称得上是一次大融合，一次由充满能量、有时候互相矛盾的行星碰撞在一起而引发的天体事件，它预示了一个时代的终结和另一个时代的开启。在鲁斯伍林案例中，没有政治制度的更迭，也没有新的宗教产生。正如围绕杰拉德《草药》一书出版发生的事件改变了自然史进程一样，针对这个德国流动行医者的调查和质疑也改变了伦敦的医疗市场。

鲁斯伍林的出现犹如催化剂，加剧了伦敦医疗市场的多极分化，出现了以帕拉塞尔苏斯疗法、反帕拉塞尔苏斯疗法、“恰当的帕拉塞尔苏斯疗法”为标识的三大阵营[①]。鲁斯伍林在伦敦同时具有三重身

---

① 持证上岗的医疗从业者普遍采用一种策略：他们一方面与江湖医生划清界限，另一方面又采用江湖医生的技术，参见 Lingo, “Empirics and Charlatans”, 592。围绕英格兰采用帕拉塞尔苏斯思想的历史学研究方法分为两派：一个是克歇尔-德布斯（Kocher-Debus）方法，强调不赞成帕拉塞尔苏斯理论但却为其疗法所吸引的行医者之间的“折中”；另一个是韦伯斯特（Webster）方法，强调那个时代帕拉塞尔苏斯思想流通的范围之大和重要性。我相信此处提供的证据证实了韦伯斯特方法的价值，因为伦敦城对此形成的争论不只是围绕该疗法和理论，而是关于谁有权传播帕拉塞尔苏斯服务和疗法的问题。尽管特雷弗-罗佩尔（Trevor-Roper）告诫我们，可以使用“半帕拉塞尔苏斯”（semi-Paracelsian）这个术语来描述使用化学药物但不支持帕拉塞尔苏斯理念的医生，但此类分析也没有讲清楚这个情况。参见 Kocher, “Paracelsian Medicine in England,” 451 – 80; Debus, *The English Paracelsians*; Debus, “The Paracelsian Compromise in Elizabethan England,” 71 – 97; Trevor-Roper, “Court Physicians and Paracelsianism,” 79 – 94; Webster, “Alchemical and Paracelsian Medicine,” 301 – 334。有关这一争论和近期相关史学研究的综述，参见 Smith, “Paracelsus as Emblem,” 314 – 322.

份——熟练的帕拉塞尔苏斯内科医生、无证经营的江湖郎中和流动庸医——这个组合有点像神话中的多头怪兽，让他在彻底挫败并被驱逐出城以后，身后仍留下声名。这三重身份的不同吸引力体现在人们对他的不同反应之中。鲁斯伍林初入医疗市场之时，他在行医过程中表现出来的"幸运"和"灵巧"为伦敦市民所称赞，而且，像威廉·塞西尔这样的宫廷俊杰也要找他征求建议。然而，克洛斯和贝克却把他这样一个开局良好的人转变为伦敦城中最危险、最不正当的行医人，对良好秩序、英联邦和每个被伊丽莎白珍视的子民都有威胁的人。

还没有证据可以说清楚鲁斯伍林是什么时间、怎样进入到英格兰的。对他的第一次提及是 1573 年 8 月 29 日的一项有关"'Allmaigne'外科医生"的记录，起草者是威廉·塞西尔的一个仆人。威廉·赫利（William Herle）是塞西尔最活跃的情报员之一，他热情洋溢地给主人描述了一个不知名的外科医生保持视力和恢复视力的本领。后来，鲁斯伍林在给塞西尔的长信中讨论的他毕生的敌人——痛风症的根本原因，并且给他最好的建议，以治疗他母亲的眼盲。很显然，赫利所说的"'Allmaigne'外科医生"就是鲁斯伍林[①]。塞西尔的家人受多种疾病的困扰，他一直都在寻求新的、更有效的方法治疗病痛。随着医疗市场中新面孔的到来——一个外国人，自称"眼科医生"——让塞西尔燃起了新的希望，觉得至少部分病痛可以得到缓解。

赫利对鲁斯伍林在伦敦和国外活动的记录让人印象深刻，这些是他从"博学有信的人"那里听到的，包括像康尼斯伯（Konigsber）公爵这样的欧洲大陆知名人物。赫利写到，鲁斯伍林的英国患者对其为人

---

① British Library MS Lansdowne 18/9，29 August 1573；101/4，日期不详。虽说伦敦的德国移民数量比弗来芝和瓦隆少，但肯定不止鲁斯伍林一人。在当代记录中，这三个人群都被称为"荷兰人"。对伊丽莎白时代的人来说，"Allmaigne"这个词并不常用。关于现代早期德国移民的出现，参见 Esser，"Germans in EarlyModern Britain."

和医术都很满意，认为鲁斯伍林"很诚实而不怠慢"他们。在他所有的骄人业绩之中，琼·温特(Joan Winter)案例算数得上的一个。这位66岁的孀居妇人眼盲近十年，鲁斯伍林用外科手术器械和药膏，帮助她重见光明。术后护理是鲁斯伍林的长项之一，另一位患者爱丽丝·伯顿(Alice Burton)赞扬他让自己呆在他家里"一间黑暗的客厅里……直到确认了她的视力得以恢复。"身为博物学者和内科医生的彼得·特纳对鲁斯伍林的医术给予了进一步的赞誉。特纳刚从先进的海德堡大学医学院毕业，他曾在大学里与西格斯蒙德·梅兰克森(Sigismund Melanchthon)就药物净化进行过辩论，还与托马斯·伊拉斯塔斯(Thomas Erastus)就肾解剖进行过辩论。特纳曾坐在伯顿旁边听鲁斯伍林"解释各式各样的源自盖仑的内容，让……特纳医生……感到……眼睛各种不听使唤……看不清东西了……直到盖仑的书和……[他的]眼睛合上了。"①

一切都不容乐观。赫利讲道，内科医师学院和巴伯外科医生行会还是有人对鲁斯伍林的所作所为表示不满。赫利将这些不祥的聒噪声斥为嫉妒之心使然；他认为这些抱怨无关紧要。"内科医生和外科医生……用很多……言辞来丑化他，"鲁斯伍林写道，"市长大人公开宣布禁止这些行为。"尽管医疗机构总是对鲁斯伍林鸡蛋里挑骨头，但是鲁斯伍林很确信，他"已经做出了……我认为效果不凡的事情。"特纳的观点也验证了鲁斯伍林的这一看法，特纳认为这个德国人具有"眼睛相关方面的独特的知识，而且别人这方面的专业技能都不如他。"

---

① British Library MS Lansdowne 18/9，29 August 1573. 关于彼得·特纳，参见 Munk，*The Roll of dathe Royal College*，1：84。特纳对于自己在伦敦行医多年后的应有权利问题，同内科医师学院产生了一场纠纷，RCP Annals 2：1b，13a，18a，19a－b. 有关眼睛和相关治疗的近现代观点，参见 Sorsby，"Richard Banister，" 42－55。

在赫利笔下，鲁斯伍林是一个冷静、敬业、经验丰富的行医人，他得到过愉快的患者的祝福，同时也为一些英国本地行医者的嫉妒之辞所困扰。鲁斯伍林唯一幸存下来的一个亲笔证据片断，表现了他作为医术娴熟的行医人形象，其中写到他穿上技艺精湛的帕拉塞尔苏斯内科医生的衣装。在信件的开篇，鲁斯伍林说自己在医药方面取得成功，要归因于他配制和使用化学药品的经验以及对人体的实践知识。鲁斯伍林不像那些读过大学的医生一样读一些盖仑的著作，恰恰相反，他通过"辛苦的体力劳动和难以忍受的疼痛，不只是头上的……还有手和身体的"来获取医药方面的知识。就像鲁斯伍林所身体力行的那样，学医靠的就是像他的指导者帕拉塞尔苏斯那样，到"田野、树林和山区中"去探寻自然界的秘密，而不是死读书①。

在医疗市场中，鲁斯伍林建议使用的化学药物通常归入帕，拉塞尔苏斯药物一类中，并且，围绕这些药物配制和使用展开的争论，使得整个欧洲的内科医生、外科医生、江湖郎中和药剂师之间的分野日渐鲜明。在这种正义的氛围中，鲁斯伍林很自豪地声称自己是一个"痛苦的帕拉塞尔苏斯"，而不是"填鸭式的"盖仑信徒（Galenia）。他还与其他身份卑微的行医人结盟，在医疗市场中为自己、为化学疗法争取一席之地。然而，鲁斯伍林注意到，英格兰的很多内科医生和外科医生表现出令人不安的势头，他们将化学药物斥为危害患者健康的有毒成分。鲁斯伍林将英格兰的内科医生和外科医生的负面行为归因于知识分子的势利、无知和嫉妒。鲁斯伍林写道："自从我踏上这片土地……在有大学毕业的医生出席的任何一次会议或一顿宴席上，就没能免遭被批评、诽谤以及无礼的……失望。"②鲁斯伍林说自己已经习

① British Library MS Lansdowne 101/4，日期不详.

② 同上。

惯了不被尊重；可是，皮埃尔·安德里亚·马蒂奥里（Pier Andrea Mattioli）和伦伯特·多东斯（Rembert Dodoens）这些在欧洲大陆备受尊敬的内科医生却尊重他的医学观点。“他们在场……我处理患者的时候没有过于傲慢或难为情……从我这儿学到了像这样的东西……他们应该在盖仑或者阿维森纳（Avicenna）那里……从未发现。”英国医生的轻蔑态度并未削减伦敦化学药品的规模——他的产品的一些最活跃的消费者正是那些公开批判他的内科医生和外科医生。“如果……化学……配制品有毒或者……服用之后会让人少活三到四年，因而在美好的联邦国家中……令人憎恶，”鲁斯伍林暗自发笑，说，“我惊讶于……是什么让[内科医生和外科医生]……求助于配制这样的药品……去买一切可能到手的化学药品。”

如果英格兰的内科医生和外科医生能都像彼德·特纳那样客观求真，并且能够像鲁斯伍林那样探访患者，他们也有可能学到大量的帕拉塞尔苏斯药物知识及疗法。因为从鲁斯伍林致塞西尔的信中可以看出，他显然不是一个头脑空空、没文化的行医人——他精通关于人体的帕拉塞尔苏斯理论，在化学药物蒸馏方面学识渊博，还有大量的临床经验。例如，为了治疗塞西尔的痛风，鲁斯伍林用上了帕拉塞尔苏斯技术，他给患者验尿时不光看颜色和透明度，还要称尿液重量，并分析尿液成分。正如鲁斯伍林所生动地解释的那样，这种分析方法揭示出塞西尔的身体功能运转就好比蒸馏仪器一样。塞西尔功能低下的消化系统产生了热蒸气，这些热蒸气上升，在下降生成水汽进入到眼睛和耳朵之前，于大脑中冷却，引起了头痛和眼疾。而更重更冷的气靠重力作用流向塞西尔的四肢末端，在那儿硬化成“垢石”，于是就引起了痛风。鲁斯伍林说，这种治疗方法就是要用化学药物清理患者的血液，并用其他化学药物暖化患者四肢，消除在那儿郁结成的坚硬“垢石”。

鲁斯伍林对身体运行过程的解释及其选用的治疗方案与塞西尔的盖仑派内科医生形成了鲜明对比。塞西尔的内科医生将人体视为封闭的容器，在体内流动的气处于平衡状态时，人就处于健康状态，这与鲁斯伍林的蒸馏仪器之说正好相反。他们认为，塞西尔痛风的病根在头部，而不是消化系统。他的医生引述盖仑的说法，说人的大脑好比吸满水的海绵，在受到食物和外部条件干扰时，向身体中释放液体，引起四肢末端的肿胀和疼痛。按照塞西尔的盖仑派内科医生的说法，这种疗法就是要先积极用灌肠剂和清理剂阻止液体在大脑中积累，同时在头部局部用药，进一步拦截水气①。

1574 年，鲁斯伍林给塞西尔的痛风病提供咨询，并承诺治愈导致他母亲眼盲的白内障，此后，伊丽莎白一世授予自称是“内科医生、炼丹家和眼科专家”的鲁斯伍林外来居民的身份②。那年春天，他因给人们治疗眼病、膀胱结石和皮肤病而闻名伦敦城。鲁斯伍林在他位于主教门大街的家中给爱丽丝·伯顿治疗眼疾，可是，他更喜欢到伦敦皇家交易所门口的货摊上去宣传自己治疗令人痛苦（且流行多发）的膀胱结石的本事。在那儿，他可以展示自己摘取的膀胱结石收藏品，引得好奇的路人惊叹不已。游医和无证行医人常用这套广告路数，但那些有声望、和宫廷有联系的行医人就很少这样做。一些人立起吸引眼球的牌子，比如说外科医生爱德华·帕克（Edward Parke，活跃于

---

① 关于塞西尔和他的盖仑派医生的关系，参见“Nosce Teipsum,”171 - 192。

② 鲁斯伍林给塞西尔签的信件署为“Medicus Spagiricus opt[halamista],” British Library MS Lansdowne 101 /4。“Ars spagyrica”是化学蒸馏的分支，这种方法与帕拉塞尔苏斯药品有关，但同炼金转化不相干。第谷·布拉赫（Tycho Brahe）拒绝从事炼金术，但是对“ars spagyrica”的治病能力很感兴趣。参见 Christianson, *On Tycho's Island*, 91。我们不知道鲁斯伍林是否医好了塞西尔的母亲伊恩（Jean），但是根据她写给儿子的信可知，她已于 1574 年 12 月 12 日失明。British Library MS Lansdowne 104/61。关于鲁斯伍林的居民身份，可参考 Webster,“Alchemical and Paracelsian Medicine,” 305，在文献中，他引用了 CPR 6: 261, 25 February 1574。鲁斯伍林在和柯伦斯夫人发生冲突之前，曾短暂拥有过外籍居民身份。

1564—1588)的店面招牌上写着自己是“圣·托马斯·瓦兰福德的学者”，但与实际情况有出入。虽然帕克在西边的圣·丹斯坦教区与其他三名外科医生有竞争，可是，当巴伯外科医生行会勒令他清除招牌时他也十分淡定，因为这是个让他在商业竞争中(即便是转瞬即逝的)与众不同的大好良机，他无法抗拒①。更多的行医人选择印制单页传单，可以分发或张贴在墙上或大门上。查尔斯·科尼特(Charels Cornet，活跃于1555—1598)是个厚脸皮的丑角，他不顾自己无证行医的事实，竟然在“伦敦城铺天盖地”地竖起了推销自己的广告牌。另一方面，鲁斯伍林决定立一个摊位来，突出自己是来自遥远的异乡的流动行医人，而摊位是流行的江湖医生的代言特征②。

鲁斯伍林的市场摊铺受到好评，引来了患者，但同时也惹来了易怒的邻居的注意，此人就是巴伯外科医生行会的乔治·贝克。贝克就住在临近皇家交易所的巴塞洛缪巷，在做生意、见患者、拜访朋友和邻居的过程中，他会经常路过鲁斯伍林的摊位。鲁斯伍林没能治好音乐家的夫人海伦·柯伦斯(Hellen Currence)的泌尿系统疾病，贝克可能是该事件的见证者之一。1574年4月3日，鲁斯伍林确有“尝试用器

---

① 外科医生包括英国人罗伯特·克拉克(Robert Clarke)和理查德·维斯托威(Richard Wistowe)，还有外国人詹姆斯·马卡蒂(James Markady)。在1567年或1568年的3月16日，行会勒令帕克删除这些自我奉承的描述，“并且要求他像其他医生一样略去姓名和地址。”GHMS 5257/1，f. 52r。关于路标的意义，可参考Garrioch，“Shop Signs and Social Organization，”20－48。

② 内科医师学院抓住了科尼特捏造事实、实施不健康治疗措施的现行并惩罚了他，把他的东西扔进威斯敏斯特市场的篝火中烧毁。RCP Annals 1:8a。在鲁斯伍林走上街头并在伦敦城的好地段支起临时摊位时，他把自己的医疗活动和那些经常遭到市民责难的游医以及其他无人管理的商贩的活动进行了比较；Beier，“Social Problems in Elizabethan London.”关于骗子及其流动性的讨论，参见Porter，*Quacks*。即便如此，还是有一些流动的江湖骗子留下了一些固定的治疗方法，参见Gentilcore，“‘Charlatans，Mountebanks，and Other Similar People，’”297－314；Lingo，“Empirics and Charlatans”，散见全文各处。有关皇家交易所及其在伦敦的重要性，参见Saunders，“Reconstructing London.”

械从她的膀胱中取出一块结石”。鲁斯伍林后来称“没发现有东西……他从紧身裤的口袋里拿出一块结石……放进海绵中……硬放进她的外阴。”这个治疗过程能减轻患者的不适，鲁斯伍林后来又给她送去一些药粉，结果她却无法排尿了。药粉引发的不适和副作用包括口、鼻、面部以及“身体内部”生水泡。然而，鲁斯伍林全然不顾柯伦斯夫人经受的折磨以及自己治疗的无效，又继续去给别人治疗泌尿系统疾病和眼疾。鲁斯伍林治疗眼疾的病例中，对剑桥大学学者卡斯特莱顿(Castleton)先生造成的影响是最不可思议的。这位先生第一次向鲁斯伍林咨询病情的时候还有一点视力，在与鲁斯伍林签订了治疗合同后不久，瓦伦丁“用他乡下人般低劣的手法，给他清洗眼睛，然后他就什么也看不见了”。卡斯特莱顿让人把当时正在皇家交易所经营的鲁斯伍林抓了起来，“那是他展示标语和医疗器具的地方”。[①]

贝克被这个未经许可就在自家后院做外科手术的人激怒后，找来他的朋友和同事——巴伯外科医生行会的威廉·克洛斯来帮忙。他们俩一起找到鲁斯伍林的患者，将他们的“抱怨和反对意见”在1574年4月22日呈到了宫廷，引起市议员的注意——这是一个肯定会引起攻击和愤怒的做法[②]。克洛斯和贝克公然强调伦敦医疗管理体系(以及行使管理权的官员们)的不力，从而想控制鲁斯伍林这样的江湖医生，并监控伦敦市民使用的帕拉塞尔苏斯疗法。一些更有经验的巴伯外科医生行会成员可能给过他们两人建议，让他们通过常规渠道向内科医师学院和市政官员递上反对意见。但是，贝克和克洛斯(都是30多岁的人)却不想效法那些优先和谨小慎微的行为。伦敦的变革是缓慢的，当年长者还满足于迈着方步向目标前进时，贝克和克洛斯这些年轻人更

---

① Clowes, *A Briefe and Necessarie Treatise*, 10r, 11r。

② CLRO Rep.18, f.196r–v。

愿意用绝招解决问题，他们先在目标周围徘徊观察，然后直接俯冲向敌人。正如两人绕开本行会的法庭去解决和鲁斯伍林起初发生的争端一样，他们向更高层面的公众意见法庭求助，提升了诉讼案件的层次，他们想要代表外科医生来行使监督帕拉塞尔苏斯疗法的管理权力。

按照后来他们在诉讼中给出的理由，鲁斯伍林留下了一长串医死的患者名单——总共 23 人——分布在各行各业，包括梅斯师傅(Master Mace)，一个杂货商；金匠达默斯师傅(Master Dummers)的仆人；还有两位伦敦城的新移民。迫于压力，市议员只得按照大范围治疗不当的消息来处理这一事件，于是组建了一个专门委员会，召集"伦敦城最审慎、医术最高的外科医生"来对鲁斯伍林的"外科知识和医术进行评判"。专门委员会里有两位杰出的内科医生：曾任内科医师学院主席的约翰·塞明斯(John Symings)以及与女王及塞西尔有关系的焦洛·博尔加鲁奇(Gillio Borgarucci)。专门委员会展开调查时，鲁斯伍林被安全地监禁在纽盖特监狱，1574 年 5 月 10 日，此案由一个新组建的委员会审理①。新委员会由市议员、牧师和五名内科医生组成——其中包括一名内科医师学院的检查员罗杰·吉福德(Roger Gifford)，牛津大学的理查德·史密斯(Richard Smith)，剑桥大学的理查德·史密斯(Richard Smith)，还有赫克托·努涅斯(Hector Nunes)。约翰·塞明斯不在新委员会里，但焦洛·博尔加鲁奇的席位得以保留。

专业委员会的调查结果及最终判决记录都没有留存下来，因此，我们只能求助于鲁斯伍林最猛烈的批判者之一——威廉·克洛斯来透露他们调查获得的一些信息。按照克洛斯的说法，鲁斯伍林只有一

---

① Clowes, *A Briefe and Necessarie Treatise*, 11r - v; CLRO Rep. 18, ff. 196r - v, 211 r。被咨询的医生是荷兰医生彼得·塞明斯(Peter Symons)和意大利医生尤里奥·博尔加鲁齐(Julio Borgarucci)。

个辩护人：一个“自大的吹牛家伙……无医术又不诚实的人……他未经任何授权和命令就做外科手术”。收藏于亨廷顿图书馆的克洛斯著作复印本的书页边缘，有不知何许人士书写的读书笔记，对这位辩护人做了唯一的提及：他就是保罗码头的炼金术士约翰·赫斯特(John Hester)，是帕拉塞尔苏斯思想的知名支持者，也是一位活跃的化学药物制造商(图 2.2)①。赫斯特称“瓦伦丁·鲁斯伍林是一位睿智的炼金术士”，克洛斯和他的密友则都是“无知的傻子和蠢货”。瓦伦丁·鲁斯伍林之所以给约翰·赫斯特留下“睿智的炼金术士”的印象，是因为他在医疗实践中吸纳了化学思想。他用化学方法分析塞西尔的尿液，认真地称了尿液重量后发现是“8 盎司多一点，和健康人的尿液完全一样。”他在讨论塞西尔母亲的眼疾问题时，聚焦在白内障的硬“垢石”上。具备专注精神使得鲁斯伍林的医疗实践得到帕拉塞尔苏斯治疗学家的积极关注，读过帕拉塞尔苏斯著作的人都认为瓦伦丁是这位伟大医学家名副其实的弟子。克洛斯承认自己的能力不足以评判鲁斯伍林的炼金术士技术，但他确知，“依我看来，睿智的炼金术士们实际上都视他为一个大骗子、无证经营者和庸医。”②

市参议员调查结束后，鲁斯伍林的处境如何一直是个谜团。他被捕了？被驱逐出英格兰了？抑或是发现自己无法再立足于伦敦的医疗市场中而意志消沉了呢？正如乍出道时的一夜成名，他很快就从历

---

① Clowes, *A Briefe and Necessarie Treatise*, 12r in Henry E. Huntington Library copy, HEH 29002, f. 24r 的旁注对他也有提及。Eamon, *Science and the Secrets of Nature*, 254 - 255，谈到赫斯特与意大利医生菲奥拉万蒂之间的关系。德布斯(Debus)在《英国的帕拉塞尔苏斯医学》(*English Paracelsians*)中也提到了赫斯特，尤其是在 64—69 页。

② Clowes, *A Briefe and Necessarie Treatise*, 12r-v; British Library MS Lansdowne 101 /4, ff. 12r, 14r。虽然没有注明日期，但是鲁斯伍林声明伦敦医疗从业者对他的不合理判罚与 1574 年的事件进程具有一致性。关于帕拉塞尔苏斯医学强调的尿液化学分析，参见 Debus, *The Chemical Philosophy* 1:59,109 - 110。关于垢石在帕拉塞尔苏斯医学中的影响，参见文献同上，1: 107。

De Morbo gallico. 12

for all went against the haire. He hearing (I say) of this, and also I thinke, his conscience accusing him of his former accusations, doubting the worst, and to preuent the same, vpon a sodain he hid his head, and priuily ranne his waies, whose only practise may be a sufficient admonition for all honest persons to take heede of such craftie braggars, and an ensample to his disciples and followers, and such other like bungling botchers, ignorant make-shifts, caterpillers in a common wealth, which runne and gadde, from Countrey to Countrey, from Citie to Citie, and from Towne to Towne, whose beastlie impudencie is such, that some of them doe not yet blush, or be once ashamed, to magnifie, commend, and defende in corners this maruellous monster, capitaine cousoner and quacksaluer, and to colour and shadowe his wicked and craftie collusions: one other proud bragger or single souled Chirurgeon steppes forth, being of the foresaide Adders broode or affinitie, and a man of little skill, and lesse honestie: and yet practiseth Chirurgerie, without all order or authoritie, which saide forsooth, that Valentine Rasworme was a wise Alchymist, and that I with others who had pulled the vale ouer his face, and did discouer his subtilties, were but ignoraunt fooles and asses, in the respect of this Valentine Rasworme, and himselfe.

Golde will abide the brūt of the fire.

But yet if Valentine Ras. had liued in the daies of Augustus the emperour of Rome, hee could not haue so escaped vvithout the revvard of Antony Musa, for all his great bragges and gorgeous attire.

✗ But as for his foolish, and vnmodest speeches, wee returne it againe vpon his owne head: for comparisons are odious. But yet it much skilleth not, for euer, like will to like quoth the Diuell to the Colliar, and such Birds of a feather, will still holde together.

✗ Joh: Hester Alchymist at Pauls wharf

Notwithstanding, for his great paynes and reporte he hath giuen vnto vs, without our deserte, wee wish him againe, for his olde approued friendship, King Mydas

图 2.2　书页边缘的笔记揭示了瓦伦丁·鲁斯伍林的辩护人是约翰·赫斯特，一位知名的药剂师，他在伦敦保罗码头开有一家店。资料来自亨廷顿图书馆克洛斯著作复印本：《梅毒治疗简论》（伦敦，1585）（本图片复制得到亨利·E.亨廷顿图书馆许可）

史记载中销声匿迹了。然而，前前后后，鲁斯伍林在伦敦移民中占有一席之地达十数载，威廉·克洛斯、乔治·贝克及其友人出版的著作对他都有记载。在伦敦的医疗市场中，尽管鲁斯伍林并不是独一无二的——他到此地时还有其他流动医生、帕拉塞尔苏斯派行医人以及无证行医的人，他离开之后，这些人仍久留于此——但是，在他威胁到包括贝克和克洛斯在内的一群巴伯外科医生的那一刻，他也就成就了自身的卓越。鲁斯伍林在伦敦职业生涯的成功，是以他熟悉的、人们质疑的化学药物和帕拉塞尔苏斯药物为基础的。对富有野心的行医人来说，他的成功进一步证明在医疗实践领域是有利可图、有名可求的。直到伊丽莎白时代末期，鲁斯伍林案例引发的争论都还积极影响着伦敦医疗市场的动态变化。更重要的是，他们使志同道合的外科医生圈子更为明确，并为医学和外科手术的传统疆界重置搭建了舞台。

## 巴伯外科医生行会的战斗

1573至1574年间，鲁斯伍林已是声名狼藉，威廉·克洛斯也处于焦虑不安之中。他相信自己的外科医术和医药知识要胜出巴伯外科医生行会的大多数同事一筹，但他在伦敦医疗市场中的地位仍相对卑微，因而难免有挫败感，他想继续推进自己作为一名外科医生的职业生涯（纵然他不知道如何去实现）。自从他投师巴伯外科医生行会最杰出的外科医生之一——乔治·基布尔（George Keble）门下之后，事业上更是雪上加霜。在莱斯特伯爵手下，克洛斯前往低地国家服了几年兵役，这段经历为他赢得了一些贵族赞助者，使得他的野心持续膨胀。在低地国家，克洛斯在当时外科医生领军人物约翰·班尼斯特（John Banister）身边工作，两人都在我们所谓的急诊或创伤处理方面积累了重要经验。班尼斯特后来成为英格兰少数几个获得内科和外科许可证的医生之一，他深谙医药理论，实践技能熟练，备受推崇①。在伊丽莎白的军队服役期间，克洛斯与来自意大利、西班牙、荷兰、弗莱芒、法国的外科医生建立起联系，分享了他们的新技术和新疗法。其中的一些技术和治疗法在理念和内容上就算不属于帕拉塞尔苏斯派的，无疑也是化学相关的。在喧嚣的阵地前线，为了快速治愈患者或减轻患者病痛，克洛斯这样的外科医生使用新奇、有争议的药品，或闯入内科禁地给患者口服制剂，都无人过问。

然而，克洛斯回到伦敦后，人们却不希望他再越界，而是希望他能尊重外科医生的各项约束，提升巴伯外科医生行会的良好声誉，推进城市文明建设。克洛斯发现自己很难达到人们对他的种种期望，他经常被拉到行会官员那里，因为行医失败或令人震惊的公众行为遭受斥责。1573 年秋，也就是鲁斯伍林来到伦敦医疗市场后刚刚几个月，克洛斯就遭到一位患者控告，说他拿了钱却没有如其所承诺的那样治好病。后来又有控告接踵而至，威廉·古德耐普（William Goodnep）投诉克洛斯承诺治好妻子的梅毒，但并没有如约治愈。虽然这些投诉让人不无遗憾，但巴伯外科医生行会的办事大厅却例行受理，并能迅速给出解决办法。对行会而言，更为不堪纷扰的是克洛斯对同事的所作所为。克洛斯曾和好友乔治·贝克闹翻过，除此之外，约翰·古德里奇（John Goodrich）还向行会汇报，说他自己和“行会的多数医生”都曾被克洛斯用“嘲弄的言辞和玩笑”侮辱过。克洛斯又一次承诺改过自新，但发现还是很难管住自己的嘴巴，很难收敛脾气秉性。几年后他又重蹈覆辙，在巴伯外科医生行会走廊的合议庭上侮辱了同事——外科医生理查德·卡林顿（Richard Carrington），因而又遭到一番斥责②。

---

① Munk，*The Roll of the Royal College*，1：104－106. 关于这一时期的军事医学，可参见 Cruickshank，*Elizabeth's Army*，174－187。

② GHMS 5257/1，ff.82r (6 October 1573)，95v (7 February 1574/1575)，104v ([28] February 1575/1576)，113v (14 February 1577/1588). 关于古德里奇，参见 Hessels，*Ecclesiæ Londino-Batavæ Archivum*，2：820 and *RCP Annals* 1：8a。

克洛斯心直口快，但行会官员对他严加监督，确保不给行会招惹事端。可是，鲁斯伍林这样的人却不受任何约束，除非惹了祸或者被管理官员发现，否则没人能制止他。日复一日，克洛斯眼见从事经营化学药品的江湖郎中和药剂师声名鹊起，自己却只能按照别人的期望从事巴伯外科医生行会的惯常业务：缝合小伤口、上膏药治皮肤病、正骨。然而，实际上内科医师学院的盖仑学派医疗机构却忽视了帕拉塞尔苏斯疗法已经风靡伦敦这一事实。化学药品溜过了内科学和外科学的空白地带，给鲁斯伍林这样的行医人带来了新的机遇，这些人不为行业公会的规定所羁绊，也不受天价罚款和短期监禁等威胁。然而，对克洛斯这样的人来说，他们的遭遇却可以进一步佐证与伦敦严格的医疗规定相关的一些问题。

在伦敦，受挫的巴伯外科医生不止克洛斯一人。外科医生行会的很多其他人也意识到自己前景堪忧：他们受到内科医师学院的反对势力、药剂师和使用化学药物的医者两方面的挤压，市场份额更小了。克洛斯的朋友约翰·班尼斯特也不希望外科行业萎缩，希望它继续拓展，因此他们两个人与巴伯外科医生行会的乔治·贝克、威廉·皮克林（William Pickering）、威廉·克劳（William Crowe）、约翰·里德（John Read）和约翰·杰拉德等结成联盟。他们不是泛泛地关注那些摆在明面上却又无法解决的无证行医问题，而是将具体关注点转移到帕拉塞尔苏斯疗法以及那些蔑视他们的行医人身上。从1574年鲁斯伍林现身一直到16世纪80年代晚期，他们为争取化学药物的经营权，以及定义什么是帕拉塞尔苏斯治疗的权利进行了坚韧不拔的斗争。

在鲁斯伍林之前，克洛斯和朋友们已经为提升自己在医疗市场中的地位，争取当局对外科医术的认可进行过努力；在鲁斯伍林之后，他们协商发起一个出版项目来争取公众支持。鲁斯伍林及其英国支持者约翰·赫斯特在克洛斯等人的外科及医药出版物中出现的次数越来越多。他们这样阐述，如果伦敦当局不认定巴伯外科医生为合适的帕拉塞尔苏斯药剂师，就会引发新的危险。1574 至 1590 年间，贝克、克洛斯和班尼斯特通过媒体发布一些刻薄言论，这样坚持了十几年，雷打不动。克洛斯的《梅毒治疗简论》(*A short and profitable treatise touching the cure of the disease called morbus Gallicus by unctions*, 1579)中只有一段话简要提及了鲁斯伍林，但 1585 年该书的增编版发行时(第二版)，有好几页的笔墨谈及 1574 年的事件。我们试问，鲁斯伍林从伦敦医疗市场颜面扫地消失了十余年，为什么还值得更多的关注呢？如果对其间几年的外科手术和化学药品的书籍稍作考察，就会找到答案。这些书籍透露出这样的信息：1585 年，约翰·赫斯特这些药剂师开始自己出书，全方位地指导消费者选择化学药品，这时候，他们与巴伯行会外科医生的出版战争达到了危机点。

最终，1585 年，内科医师学院开始高度重视这场化学药物之争。内科医生学院组建了一个委员会，这和其他机构应对挑战的做法不无二致。有一帮内科医生因考察过伦敦一家化学制药机构而受到指控，该机构承认的药物中包含帕拉塞尔苏斯药品①。一旦涉足争论，内科医生们就把鲁斯伍林在危机中的催化作用忘光了，并且，克洛斯那帮巴伯行会朋友们的注意力也转移了。他们开始专注于展示医术和学识，以确保巴伯行会至少还在制药学方面保有顾问地位。诸多优化管理和控制医疗市场的现代早期宏伟计划都以失败告终，与此相似地，内科医师学院也没能将伦敦的成药处方和药物列表合并起来。到 1590 年，克洛斯的同事们已经心中有数，虽然他们会时不时地输掉一场战役，但最终会取得化学药物这场更大的战争的胜利。

① Pelling and Webster, “Medical Practitioners,” 172。

事实证明，这些巴伯外科医生选择的武器——图书出版，在提升外科医生地位的长期战略中是有效的，在追求代表伦敦“恰当帕拉塞尔苏斯”药物的最权威声音的短期、夸大目标中，也是有效的[①]。在当时，多数医疗从业者都把时间用在了药方和治疗方法的手稿转录上，克洛斯也不例外。可是，一旦需要宣传巴伯行会的英国外科医生并提升他们的医术时，威廉·克洛斯对出版也倾注了同样的精力。在其职业生涯中，克洛斯撰写、发表有关枪伤、梅毒治疗的原创著述，并指导经典外科学著作的编辑和翻译项目，使其本土化。他甚至还参与制定了英语外科学经典著作的标准，而这些经典著作出自巴伯外科医生行会那些德高望重的成员之手，比如他此前的师父乔治·基布尔和托马斯·盖尔（Thomas Gale）。克洛斯的所有著作都是高度合作的产物，无不凝结着巴伯外科医生行会的贡献，其中包括行会中杰出成员写的歌颂作者的证明信和诗歌，从行医的外科医生那里收集来的药方，还有立场鲜明的行医人，如贝克和班尼斯特等人追加撰写的著述和后记。莱姆街的生活界定了伦敦的自然史学术圈，但图书出版却界定了这个外科医生学术圈。它将一群志同道合的巴伯外科医生转变为一个可识别的知识分子群体，他们致力于确保公众健康，提升外科学的价值，提升英国外科医生的声望。

然而，前进的道路上依然困难重重，内科医师学院就是其中之一。但我相信，像鲁斯伍林这些化学药物从业者才是更大的威胁——而且更容易公然发起攻击。结果，巴伯外科医生笔下就刻画出一个很不一样的鲁斯伍林，与赫利向塞西尔汇报的那个医术高明、成功的从医者

---

① 关于医学出版，可参考 Slack，“Mirrors of Health and Treasures of Poor Men，” 237 - 273；Furdell，*Publishing and Medicine*；Johns，*The Nature of the Book*。我随后用来记述鲁斯伍林的夸张修辞策略多数都是受到 Harley，“Rhetoric and the Social Construction of Sickness”的影响而形成的。

形成了鲜明的对比。赫利处在给主人寻找新奇药物的前哨，在他看来，鲁斯伍林在英国医疗市场中的存在是有成效的。克洛斯领衔的巴伯外科医生急于通过占有化学药物来拓展自己在市场中的角色和功能，因而将鲁斯伍林视作威胁。他们用传染病、毒药和感染等医学字眼，突出鲁斯伍林外国人的身份，强调他对英国人身体带来的侵害以及对伦敦城'造成'的潜在不良影响。鲁斯伍林的负面影响像传染病一样蔓延开来，连带了赫斯特这样的英国人，把他也变成了毒害公众秩序和英联邦的人①。

1574年，巴伯外科医生响应贝克的号召，投入到化学药物之战中。那年春天，当鲁斯伍林忙于将客户拉到他皇家交易所的摊位时，贝克正在对实用医学知识纲要——《珍贵顶级油膏——神油制作法》(*The Composition or Making of the Moste Excellent and Pretious Oil, Called Oleum Magistrale*)书稿作最后的处理②。该著作不但对过去能治疗小到痔疮、大到致命伤口的轰动一时的流行西班牙药油进行了讨论，还包括了盖仑《药物成分》[*De Compositione Medicamentorum per Genera*(*On the Composition of Medicines*)]一书中有关创伤治疗及并发症的一部分内容的翻译，甚至还有伦敦外科学中常见错误的练习。读者看到贝克这部著作的标题就可以确信，该书"对所有外科医生和其他有意了解正确治疗方法的人都是有益而必要的"。如果不是为了防范潜在的批判者，贝克也不会进入出版领域：开篇写道，谨以此书献给其赞助人牛津伯爵爱德华·德·韦里(Edward de Vere)；结尾，还附有显赫的巴伯外科医生约翰·班尼斯特和威廉·克洛斯的赞

---

① Harris, *Foreign Bodies and the Body Politic*，跟踪了外国毒性感染的概念及其对英格兰造成的威胁，乃至它与帕拉塞尔苏斯医药的关系。

② Baker, *The Composition or Making*，致读者的前言写作日期是1574年3月15日，那时候克洛斯和贝克还没有将鲁斯伍林事件提交至市议员那里。

美诗。因此，这部书得到了充分的庇护。

贝克的这部纲要涵盖了所有的药物基础：流行于西班牙的摩尔斯科江湖郎中的药油，内科学和外科学之父盖仑的古代智慧，甚至还包括对当代外科医疗实践中有待改正的错误的评估。但贝克还算不上化学药物的公开倡导者。他在前言中提醒消费者，有些行医人过分地依赖对帕拉塞尔苏斯追随者的“粗鲁调查言论”，对这些人不可不无警戒之心。如果没有盖仑这样的巨匠对医学理论知识进行合理阐述，帕拉塞尔苏斯学派行医人也就不可能“有序地，……[巧妙地]，确信地“治愈患者”。“虽然普通的行医者也确实治愈了不少疾病”，贝克承认，“他们自己也必须承认取得成果要靠运气。”[①]他翻译盖仑的著作，意图将古代医学理论整合到外科学实践之中，正如他曾讨论过的，那些毫无经验的“普通外科医生”要恰当地护理梅毒患者。

贝克未曾讨论到用以汞为基础的化学药物治疗梅毒。这种新化学药物与那个世纪发现的新病种并肩游历了医疗市场。该新病种叫法很多，当时还叫“法国疹”、“意大利病”和“梅毒螺旋体”。[②] 这种病起源于哪个国家人们不得而知，然而，对于患者和医者来说，更令人烦恼的是该怎样进行治疗。反过来，这个问题的答案也有一种暗示：医疗市场中哪个小群体专享治疗该病的权利，能够治愈众多患者。巴伯行会的外科医生很快就指出，年代过于久远的盖仑对梅毒治疗几乎帮不上忙。多数情况下，梅毒症状表现为体表溃疡和水泡，这就意味着，治疗不关内科医生的事，属于外科医生的业务范畴。不管内科医生执行内服药疗法还是巴伯行会的外科医生采用局部疗法，梅毒都对传统药

---

① Baker, *The Composition or Making*, sig. Ciir - v.

② Arrizabalaga, *Henderson*, *and French*, *The Great Pox*; Pelling, “Appearance and Reality,” 95 - 105; Kevin Siena, *Venereal Disease*, *Hospitals*, *and the Urban Poor*.

物产生了耐药性。可是，新型的化学疗法和帕拉塞尔苏斯疗法，通过口服汞为基础的调和药或此类调和药转换成的药膏或洗液，却能提供更有效的治疗选择。巴伯外科医生争论道，由于英国大学不讲授帕拉塞尔苏斯医学知识，而且，以化学成分为基础的药物在治疗梅毒及其他皮肤病方面疗效显著，因此，不管以何种方式执行以汞及其他化学成分为基础的疗法，都在外科行业的合法范围内。

不管怎么说，鲁斯伍林事件发生之前，贝克还没把化学药物当回事，还能负责任地坚持研读盖仑等医学权威的著作。随着市参议员调查鲁斯伍林的活动以及大量颂扬化学药物著作的出版，贝克没办法再保持这个姿态了。例如，1575 年，约翰·赫斯特和弗朗西斯·考克斯，一个曾因巫术被人嘲笑的臭名远扬的魔术师出版了捍卫化学药品制作和使用的著述[①]。1558 至 1573 年这 15 年间，英国出版的与药物提纯和化学药物相关的著作只有 3 部，但短短不到两年时间，贝克尔、赫斯特和考克斯(Coxe)出版的著述数量就已经翻倍了[②]。鲁斯伍林事件之后的一些年里，这些著作与巴伯外科医生的书在书店里形成竞争，其中包括约翰·班尼斯特的解剖学教材——《人类的历史》(*The Historie of Man*, 1578)，还有托马斯·维卡里(Thomas Vicary)的《人体解剖的有益论述》(*A Profitable Treatise of the Anatomy of Mans Body*, 1577)，这本书是威廉·克洛斯带领巴塞洛缪医院的四名外科医生编撰的。

---

① 赫斯特的著述《提炼药油的正确最优步骤》(*A True and Perfect Order to Distil Oils*)唯一的副本藏于格拉斯哥大学。考克斯的著作"Treatise on the Making and Use of Divers Oils"没有副本留存于世，但 Maunsell, *A First Part of the Catalogue of English Printed Books*, pt.2,6 对这部作品有提及。关于考克斯因涉及神秘学而致歉，可参见其著作《短篇论文集》(*Short Treatise*)。他还出版了一本年鉴《预测》(*A Prognostication*)。更多关于考克斯的讨论可参见 Jones,"Defining Superstitions," 187 - 203。

② Webster, "Alchemical and Paracelsian Medicine," 333。

英国社会对化学药物类的书籍也有需求，因此，出版商急于出版乔治·贝克翻译的康拉德·格斯纳(Konard Gesner)的药物提纯解释手册——《健康新珍宝》(*The Newe Jewell of Health*，1576)。贝克是从托马斯·希尔(Thomas Hill)那里接手了《健康新珍宝》的未竟手稿。希尔是一位书籍、手稿收藏家，也是一位求知若渴的博物学者，但他未完成该项目就撒手人寰了。像多数热情洋溢的学者一样，希尔案头留下的未竟书稿不止这一部。他的文件中还有一部有关梦的解析的论著，以及意大利江湖医生莱奥纳尔多·菲奥拉万蒂(Leonardo Fioravanti)关于瘟疫治疗论著的翻译稿，其中讲到了化学药物。离世之前，希尔将书稿分发给朋友，菲奥拉万蒂的那部论著他没有交给乔治·贝克进行润色和出版，而是托付给了约翰·赫斯特。看起来，贝克尔和赫斯特不但有共同的朋友，在化学药物方面也志趣相投，1576年时，虽说两人对鲁斯伍林的看法截然不同，但仍能融洽相处。在给牛津女伯爵安妮·德·维里(Anne de Vere)的《新珍宝》(*The Newe Jewell*)一书中，贝克对赫斯特的医术和化学药物的功效倾注了同样的热情。"我们看得明明白白，"贝克写道，"经过化学提纯的药物比那些惯常使用的药物更强、更优，也更有效。日复一日的[化学药品]试验证明了我们是可信的，患者享受到了舒适。"贝克建议读者到一组选定的药剂师店铺内去买提纯的制剂，其中就有约翰·赫斯特位于泰晤士河边圣保罗码头的一家公司，因为他是"那些事件中痛苦的亲历者，我见证过。"①

化学药物倡导者之间这种愉快的分工持续了一些年。1579年，克洛斯、贝克和赫斯特都出版了化学药物方面的著作，一群巴伯外科医生也完成了居伊·德·肖里亚克(Guy de Chauliac)的《伟大的外科医学》(*Chirurgia magna*)的英文翻译工作，这是一部鸿篇巨制；同时，贝

---

① Baker，*The Newe Jewell of Health*，sigs. *iiiv，*ivr。

克又翻译了一部分盖仑的著作，克洛斯搜集汇总了医药方[①]。表面看来，人们对化学药物和外科学很感兴趣，每位行医人都有客户，都赚得盆满钵满。或许这就是克洛斯当初公布鲁斯伍林事件记录的原因，所有证据都表明，克洛斯对赫斯特没有挥之不去的敌意。在《涂抹法治疗梅毒简论》(*A Short and Profitable Treatise Touching the Cure of the Disease Called Morbus Gallicus by Unctions*, 1579)第一版中，克洛斯猛烈抨击的对象仅限于鲁斯伍林和与之为伍的"逃亡者和流浪者"，这些人"无序地、鲁莽地渗透到他们职业的禁地……[并且]在一未经过培训二无经验的情况下就操刀上阵了"。尽管他也曾发誓"不会触及某个人"，克洛斯还是没法不点鲁斯伍林的名，"石匠、厚颜无耻的骗子"，"以内科医生、外科医生、眼科医生，[还有]石匠的名义，用最不道德的方式滥用了女王最好的学科"。[②] 克洛斯后来又接着讨论了汞化学制剂的使用，其原著和乔治·贝克增补的关于汞的本质和性质部分均没有提及赫斯特。化学药物之争此时尚未达到顶点。

随后的五年，贝克、克洛斯及其巴伯外科医生朋友们没有再写出医药、外科学或是化学方面的著作，但是，约翰·赫斯特却仍笔耕不辍。由于赫斯特继续大量翻译有关化学药物方面的欧洲文本，并大量配制化学药物，后来被冠以"伦敦大药剂师"的绰号，或许这正是克洛斯将他从好朋友划入敌人行列的原因[③]。然而，仔细看赫斯特署名出

---

① 这些作品中，除了克洛斯关于梅毒治疗的著作和贝克关于汞的医疗用途的著作，还包括 Baker, *Guidos Questions* 和 Hester, *A Joyfull Jewell*，以及由托马斯·希尔(Thomas Hill)翻译的菲奥拉万蒂的瘟疫论著。

② Clowes, *A Short and Profitable Treatise*, sigs. Civ, Ciir。

③ 这是加布里埃尔·哈维(Gabriel Harvey)给他起的名字，哈维将其题写在了赫斯特广告的边上。这个广告的日期并未记录，但是人们认为广告制作于1585至1588年间。可以参考藏于大英图书馆的约翰·赫斯特的著作《油、水及其萃取物》(*These Oiles, Waters, Extractions*)的副本。有关赫丝特的更多的信息，可参考 Kocher, "*John Hester, Paracelsian*," 621 - 638。

版的书就会得到这样的启示，他已经不再局限于化学药物主题了。就像巴伯外科医生发现很难彻底厘清内科学和外科学一样，赫斯特发现自己也无法做到只坚持提纯而不碰化学药物本身。1580 年至 1581 年冬，赫斯特出版了莱昂纳多·菲奥拉万蒂的外科医学论著的译作。紧随其后，1582 年，又翻译出版了菲奥拉万蒂的外科学和医药秘诀方面的书[①]。两本书都有化学药物方面的内容。最终，赫斯特 1583 年出版《医生帕拉塞尔苏斯的 114 种实验和疗法》(*A Hundred and Fourtene Experiments and Cures of the Famous Phisition Philippus Aureolus Theophrastus Paracelsus*，1583)时，首次将帕拉塞尔苏斯的名字放在英语书名页上。这 3 部著作不仅讨论了化学制药，还涉及了如何投药。虽然赫斯特声称他翻译这些著作只是“冲着我经常配制的药物”，而不是“冲着我从不干涉的制药方法”，但却很难让读者只把注意力放在药方上[②]。赫斯特写道，如果“一些游手好闲的无赖把诡计都装进口袋中的外科医生药箱里，把学识装进背后的盖箱里，滥用这些或类似的药物……那就不是事件本身的错误了，而是人为的。”[③]

法国内科医生、炼金术爱好者伯纳德·乔治·佩诺(Bernard Georges Penot，1519—1617)给赫斯特翻译的帕拉塞尔苏斯著作撰写前言[④]。佩诺在前言中的一席话，虽然并非出自赫斯特，却足以激怒克洛斯及其巴伯外科医生圈中的朋友。佩诺的序言中满是对一些批评

---

① John Hester，*A Short Discours*，以及 John Hester，*A Compendium of the Rationall Secretes*。关于菲奥拉万蒂及其在“秘密书”(Book of Secrects)传统中的重要性，可参考 Eamon，*Science and the Secrets of Nature*。

② Hester，*A Hundred and Fourtene Experiments and Cures*，给瓦尔特·罗列(Walter Raleigh)爵士的一封题词信。赫斯特表现出的兴趣使罗伯茨(Roberts)得出这样的结论，即“帕拉塞尔苏斯药几乎触及了所有的药剂师”；“The Personnel and Practice of Medicine，”226。

③ Hester，*A Compendium of the Rationall Secretes*，sig. iiijv。

④ 这表明，赫斯特的翻译是以 1582 年里昂(Lyon)版本为基础的。

家的不屑，“当有报告传播利用药酒、蔬菜酒和矿物酒治疗各式各样病痛的奇特疗法时”，这些人随后就攻击药剂师，说“他们应该被驱逐出英联邦，他们都是骗子，他们的提取物和制剂……没有任何好处，硫酸的酒精制剂是毒药，锑和汞本质上没什么了不起”。佩诺还控告这些批评家：“像狡猾而又诡诈的盗贼一样，他们靠偷偷摸摸和说好话，从可怜的药剂师那里抠出内科医学的秘密，把禁止普通市民触碰的毒药学到手。”优秀的内科医生不应该“反感药剂艺术”，相反，他应信奉提纯技术，学习“从不纯中提纯”和“纯化、净化药物”。这就是化学药物的力量所在，佩诺讨论道：那是蔬菜和矿物质纯粹的精华，提纯后，所有杂质都去除了①。

赫斯特掺乎到内科学和外科学事件中，他的书又收录了佩诺作的序言，这之后，克洛斯的圈内人就摩拳擦掌跃跃欲试了，急不可耐地想要对抗这位比鲁斯伍林这样的流动行医人更厉害、更顽固得多的对手。鲁斯伍林事件 1585 年被人们重新拾起，但这不是因为他回到英格兰，也不是因为江湖医生还像 1574 年至 1579 年间那样是个威胁。克洛斯之所以让鲁斯伍林在 1585 年复苏，是因为这样他就可以攻击赫斯特和出版帕拉塞尔苏斯药物和化学药物方面图书的其他作者。理查德·博斯托克（Richard Bostocke）是他的攻击目标之一。这是一位很有身份和教养的律师，他宣称帕拉塞尔苏斯药物还原了亚当的古代医药，净化了数个世纪以来由亚里士多德、盖仑这样无宗教信仰的哲学家和内科医生所导致的异教徒的增加。在《古代物理学与后来物理学的差异》（*The Difference between the Auncient Phisicke ... and the Latter Phisicke*, 1585）中，博斯托克在现代早期炼丹术实践和“包含于

---

① Hester, *A Hundred and Fourtene Experiments and Cures*, 6,7. 关于化学药物文献中蒸馏技术的重要性，参见 Multhauf, “The Significance of Distillation in Renaissance Chemistry,” 329 - 346。

探索大自然奥秘之中的真正的古代内科学”之间建立起了联系。帕拉塞尔苏斯疗法以两门治疗学为支柱：一门是恢复健康的一般医学；另一门是治疗具体疾病的专门医学，该疗法要求从医者精通提纯技术。通过化学分离，自然界中的万事万物，即便是那些有毒或不健康的东西，都可以变成对人体有益的东西[①]。博斯托克建议从医者和患者抛却盖仑和亚里士多德的异教徒信仰，因为他们两人对自然界和人体治疗都谈不上了解；要信奉被帕拉塞尔苏斯疗法恢复了的、上帝意图让他的子民们使用的医药学。

1585年出版的扩展版梅毒论著《梅毒治疗简论》（*A Briefe and Necessarie Treatise*）中，克洛斯拿赫斯特、博斯托克和其他化学药物支持者做文章。克洛斯笔下，鲁斯伍林成了“不明不白、有瑕疵的实验者、粗鲁的乌合之众、夸夸其谈的骄傲农民、无知的蠢货”的主要代表人物。这些人使用提纯仪器，常走上伦敦街头，将有害的化学药物强加给市民。对于这群不受欢迎的行医人如何像毒药一样在伦敦城中弥漫，如何“诋毁他人，把横幅扯到国外、器械摆到国外，在大街、露天市场胡扯，吹嘘，撒谎”来宣称他们的“天赋”医术，克洛斯都有描述[②]。该文配有一幅粗糙的版画，形象地刻画了一个向驻足的潜在客户展示自己行医工具的江湖游医形象——刀、钳以及尿液烧瓶，而他上方挂着的横幅上嵌有膀胱结石标本和担保他专业技能的证明书（图2.1）。他还用拉丁词语警示有文化的读者，说这些保证书都是伪造的。还有一位上了年纪的跛行患者表示，自己的病没让这个危险的行医者治疗就自行缓解了。

---

① Bostocke, *The Difference Between the Auncient Phisicke*, sigs. Bir, [Bvir]。关于博斯托克的更多信息，参见 Harley, “Rychard Bostok of Tandgridge, Surrey,” 29－36。

② Clowes, *A Briefe and Necessarie Treatise*, 9r－v。

在附文中，克洛斯把鲁斯伍林在伦敦声名狼藉的行为又重新提了一遍，并披露各种不为人知的细节，其中有他患者的姓名。死在鲁斯伍林手上的人，多数是因为膀胱结石手术后出现的并发症。然而，鲁斯伍林的失职不仅限于治疗不当。克洛斯还谴责鲁斯伍林用外国的东西冒犯善良、正直的英国人的身体，试图拉拢更多顾客维护自己的声望。这种"下作手法"，克洛斯写道，被用到音乐师的太太海伦·柯伦斯和服装商威尔弗雷·乔伊(Wilfry Joye)身上。克洛斯声称，这两起都是鲁斯伍林做外科手术摘取可疑的膀胱结石的事件。尸体解剖揭示了柯伦斯的膀胱里没有阻碍物——结石在肾里，而现代早期的外科手术是无法摘除肾结石的[①]。

克洛斯这里走的路线更加精确了：他要的是鲁斯伍林这样的行医人名声涂地，而非让人们拒绝化学药物或拒绝可能用化学药物的巴伯外科医生。显然，伦敦人对化学药物的需求是居高不下的，克洛斯的圈内人都希望巴伯行会能垄断市场。赫斯特和博斯托克等人将事态搞复杂化了，本是内科医生和外科医生之间的单纯竞争，变成了一场更加难以分出胜负的比赛。克洛斯是怎样让英国人成功地将英国药剂师和一个德国流动行医人联系起来的呢？他夸张地将赫斯特和其他帕拉塞尔苏斯医学的英国支持者转变为毒药，甚至比鲁斯伍林疗法中的毒性更大。那些倡导化学药物却又不在克洛斯向往的巴伯外科医生圈内的英国人，被归入了"蝰蛇窝"，一群可以用其外国疗法让更多英国人被传染的毒兽。在这个蛇窝里，赫斯特就是"毒蛇"头子，他传谣"到自己患者耳朵里……某些粗俗、下流的话"，攻击那些正直的行医人。克洛斯执意要坚定地直面赫斯特及"黑心肠的人"，这些人"逐日将毒药洒向我们和我们的同胞，以及深谙外科学这门

---

① 同上，9r－11v。

艺术和秘诀的教授们”。[①]

为了提升外科医生学术圈的形象和社会地位，提升外科学作为一个专业的社会地位，克洛斯和其他巴伯外科医生同事们需要将新奇的化学药物和外国疗法剥离出去，这个过程甚至与他们试图将自己从鲁斯伍林那样的流动外国行医人中区分出来有些类似[②]。公众健康问题关注梅毒感染，人们对传染和中毒充满忧虑，而这种忧虑经常与英国人对外来性的普遍忧虑相伴相生，如果用当代英语词汇来表示，这个外来性就是“奇异性”。这种忧患意识弥漫于伦敦的市民关系之中，影响到人们接受国外引进的医学思想，最终，帮助克洛斯塑造了外科医生在公众中的清晰的形象。但是，伦敦对外国人和外来性的敌意是不确定的，好比他们对舶来品的欲望一样，本来就是爱恨交织。伦敦人普遍都想使用帕拉塞尔苏斯医学的化学药物，而这也是克洛斯和他巴伯外科医生朋友的真实意愿。威廉·皮克林给克洛斯的论著写了书信体的结尾，从中我们可以看出，他一方面给鲁斯伍林扣上外来毒药的帽子，另一方面还试图将帕拉塞尔苏斯医学作为可行的治疗选择加以保留，试想，做到这样的平衡是何其困难。皮克林把鲁斯伍林描述成是“一个骄傲的、夸夸其谈的帕拉塞尔苏斯学派人——名不符实，只

---

① 同上，12r，13r。Jonathan Gil Harris，*Foreign Bodies and the Body Politic*，散见全文各处，将外国人及其担忧的传染病巧妙地联系在一起。

② 韦伯斯特指出，因为外国行医者能够吸引患者，据说他们很懂有效的治疗方法，而且在医疗市场中也积累了一定的公众知名度，因此，对克洛斯这样的人构成了威胁，参见“Alchemical and Paracelsian Medicine，”301 - 334。虽然历史学家经常给这种对外国人的消极反应扣上排外主义的帽子，但这个术语太过于宽泛了，无法帮助我们理解鲁斯伍林事件引发的不同反应。参见 Yungblut，*Strangers Settled Here Amongst Us*，以及 Dillon，*Language and Stage in Medieval and Renaissance England*。约瑟芬·沃德（Joseph Ward）通过托马斯·德克（Thomas Dekker）的“鞋匠的假日”（The Shoemaker's Holiday）以及从纺织工行会（Weavers Company）发往法国教会长老的一封信，建议我们不要轻率地得出“排外心理是生活在现代早期的伦敦人的本质特征”这样的结论，参见 Ward，“Fictitious Shoemakers，Agitated Weavers，”85。

是徒有其名。"皮克林进一步含蓄地表达出，"我不反对真正的帕拉塞尔苏斯学派人的优秀工作……但是[只]针对那些被教训过、从一个城市被赶到另一个城市的江湖游医。"①

在伦敦的大街小巷和市场中，帕拉塞尔苏斯疗法的表现形态众多，疗效也各异。"帕拉塞尔苏斯"一词，贝克用它指代市场策略，赫斯特将其用作身份的标志，克洛斯则将其用作毁誉之词；而对鲁斯伍林而言，这个字眼给他这样的流动行医人打开了通往贵族资助人的大门。在伦敦，宣布放弃或接受帕拉塞尔苏斯医学或观念已不只是医学裁决那么简单，它是一个公众立场，会将你置于医学战役的某一方立场之上。而这场战役关乎的是应该由谁来治疗公众的常见病。1585年之后，在伦敦被视作帕拉塞尔苏斯学派或非帕拉塞尔苏斯学派事关重大，就好比一个人是否支持一个现代政治联盟一样。对历史学家而言，问题是要分清谁是发言人，谁是听众。正因为如此，帕拉塞尔苏斯及其治疗法才会如此有价值，如此充满危险色彩，巴伯外科医生们才会选择它作为武器，用于争夺更高的医学权威，追求更明确的医学学术圈。

1585年，克洛斯的朋友们将矛头从鲁斯伍林身上转向他的英国支持者，之后，他们与赫斯特的支持者之间又开始酝酿一场新的战斗；巴伯外科医生定期在自己执笔的书籍前言中，将这种愤怒情绪推向顶点。1586年，乔治·贝克编辑托马斯·盖尔翻译的乔瓦尼·达·维戈(Giovanni da Vigo)的外科医学著作，他嘲笑赫斯特在帕拉塞尔苏斯实验的引言中使用拉丁语，还说这个药剂师都没搞懂自己翻译的内容。"现在他已经放下了某些帕拉塞尔苏斯内容"，贝克写道，"这个大好人自己都不明白原因，因为多年前他就当着我的面猛烈抨击帕拉塞

---

① Pickering, "Epistle," f.59r。

尔苏斯。"若要充分理解帕拉塞尔苏斯的著作，需要艰苦的研究和临床操作，单靠把几本书翻译成英语是成不了专家的。"就我而言，研读和实践过 18 年的帕拉塞尔苏斯医学，"贝克说，"可还是不敢说自己已经理解了……更不要说把[他的著作]中的任何一部分付诸出版。"贝克解释道。以前他和赫斯特是朋友，"我初识这个人时，他还是很乐于[向我]学习那些他现在仍在使用并最受益的东西的。"①

可是，赫斯特喜欢上出版后，触犯了贝克及其朋友的利益，他们曾经意气相投的友谊也随之烟消云散。伦敦这座城市不大，有证据表明，当时的人也清楚引发这场化学药物之争的动机十分复杂，远不限于对伦敦城公众健康的考虑。一位有学识的内科医生写了一封署名为"I. W."的匿名信给朋友，反驳贝克对赫斯特及帕拉塞尔苏斯支持者的攻击。"I. W."承认他"对这种名号为帕拉塞尔苏斯的内科学新派别十分着迷，"而且，他很痛心别人不愿意分享自己对化学药物的热情。或许，批评家们还应该多读一些确由伟大的德国医生所著的著作，抑或"是后来被博斯托克大师用我们的母语加以阐释的书籍。"②

克洛斯对"I. W."的建议充耳不闻，相反，他在《青年外科医生处理枪炮伤之必备技艺》(*A Prooved Practise for All Young Chirurgians*, *Concerning Burnings with Gunpowder*, 1588)中又开始嘲笑钟爱的赫斯特。他还抨击帕拉塞尔苏斯学派的理查德·博斯托克。克洛斯和皮克林一样，都试图区分使用恰当帕拉塞尔苏斯疗法的行医人(比如说巴伯外科医生)和使用冒牌、陈腐的帕拉塞尔苏斯疗法的庸医。克洛斯解释说，这些无知的同事们"没有真正读懂帕拉塞尔苏斯，对其进行不当解释；根本没有读过希波克拉底和盖仑的著作，却对其

---

① Baker, *The Whole Worke of that Famous Chirurgion*, sigs. iiv - iiir。
② I.W., *The Copie of a Letter*, sig. Ar - v。

加以谴责”。更甚的是，他们提出巴伯外科医生使用的治疗伤口的常用药都是多余的，含杂质，应当用经化学提纯的药物取代。克洛斯感到，对于支持帕拉塞尔苏斯承诺治愈一切伤痛的包治百病和提纯药物而言，完全放弃传统药典是南辕北辙的[①]。克洛斯的书里写的都是经过自己的患者验证，或是在战地上验证为有效的、经得起时间考验的药物，那些有良知的外科医生看了这本书后，在使用经过批准的化学药物时，不会将传统疗法弃在一旁。克洛斯收录的每一个药方都配有轶闻趣事，描述其用法以及历史上的成功治疗案例。

为了巩固外科医生在伦敦医疗市场的地位、招揽更多患者，克洛斯及其巴伯外科医生同事乔治·贝克、约翰·班尼斯特打了头阵。他们做到了这一点，靠的是顽强追逐挡在他们实现恰当的帕拉塞尔苏斯药物计划面前的鲁斯伍林这样的江湖游医，靠的是热情地利用出版文化来树立统一的公众身份，让他们能够立场分明地去反对一些事物。1588 年，他们的阵营又吸纳了一个新同盟，把他们的精力从老掉牙的、几近消失了的鲁斯伍林、赫斯特这样的对手身上引到了更令人敬畏的对手身上：内科医师学院。约翰·里德是第一个公开站出来主张外科医生有权力给负伤患者开内服化学药物的人。里德翻译了弗朗西斯·阿尔考斯（Franciscus Arcaeus）的《头伤治疗之最佳、最快捷方法》（*A Most Excellent and Compendious Method of Curing Woundes in the Head*，1588），他在书中讲外科医生亟需精通“开内服药和建议适当的饮食”。里德认为，局部治疗对有些伤口是不见效的，因此外科医生需要接受正规的内科学教育。这样的综合训练不会迫使内科医生和外科医生、外科医生和药剂师区别开来，而是会把巴伯行会的外

---

① Clowes，*A Prooved Practise for All Young Chirurgians*，“Epistle to the Reader，” n. p.；sig. Ar－A2v。

科医生和理发师区别开来，因为"只了解巴伯行会店铺里的两三种膏药，未系统学习其他知识的人不配做外科医生"。如果一名外科医生潜心研究外科学理论和实践，假设他不是一个理发匠或者笨拙的女人，或者威廉·克洛斯在《梅毒》(*Morbusgallicus*)中提到的"瞎眼的江湖医生"，他要投内服药就是畅通无阻的。为了让读者接受他的主要观点，里德坚定地声称"外科医生都应该在内科学方面有所作为，理发师的手艺应该与外科医生截然不同。"[①]

最终，伊丽莎白时代伦敦的这场医学权威之战决出了胜负——胜利属于那些借助出版树立了持久的公众形象的人，这个公众形象包括一套具体的医术、一脉回溯到古典的知识血统以及对伦敦居民健康的关注。长久以来，历史学家苦苦思索出版在科学革命中起到了什么作用。瓦伦丁·鲁斯伍林这样的行医人确信地认为，出版文化为一个可识别的人物形象建立了标准，因为他们著书立说，后世学者很容易研究他们，将出版的书视作能够向感兴趣的同行传播知识的最佳途径。虽然知识在伦敦的大街小巷、医疗市场中也一样能轻而易举地传播开来——但是，图书出版却使传播变得更加快捷、更加廉价了。在威廉·克洛斯和乔治·贝克手中，书籍成为有价值的工具。不过，在伊丽莎白时代的伦敦，工具还不止这些。

巴伯外科医生里德的后继者们历经数个世纪，成功地游说一个专业行会完全致力于外科学实践。1745 年，外科医师学院成立之时，遭到了内科医生和理发匠水平的外科医生们的强烈反对，因为这两个群

① Read, A most excellent and compendious method, sigs. Aiir-Aiiir。关于里德的更广泛的看法可参见 Cook,"Against Common Right and Reason," 301－322。当女王成功说服内科医师学院授予约翰·班尼斯特行医执照时，开口楔或许就已经做好了；RCP Annals 2：63。后来，艾萨克斯伯爵要求按照班尼斯特的先例，给为自己提供医疗服务伦纳德·波(Leonard Poe)，一名无行医执照的江湖游医，也颁发一个类似的许可证；同上，104b－105a。

体都对被挤出有利可图的医疗市场感到焦虑和恐慌，而这本也是无可厚非的。尽管伦敦医疗机构的图景发生了变化，但是一直到19世纪，伦敦的医疗市场都还是完好和相对分散的。追随威廉·克洛斯和乔治·贝克的外科医生都成了知名且成功的医学专家；不过在医疗市场中，像鲁斯伍林那样出售知识和服务的行医者们，有男性，也有女性，仍占有一席之地。

就这样，联手协作闯一番事业的克洛斯、贝克和其他巴伯行会的外科医生只是部分赢得了伊丽莎白时代伦敦医学权威竞争的胜利。然而，外科医生、内科医生和药剂师之间的界限却越来越清晰了，在秩序井然的医疗体系内，多产、富有活力的"底面"——江湖郎中、助产士和其他无证行医人——继续给潜在的患者施加推动力。伦敦公民在大街上仍然难以区分像鲁斯伍林这样的流动江湖医生和克洛斯那样公认的外科专家。一个行医人在这个人眼里是庸医，随即在另一个人那里会受到认可。培育和支撑了伦敦医疗市场的社会关系网络，在未来几个世纪中对出版文化仍然保持着抵抗态势。事实已经证明，出版文化对学术团体及莱姆街居民领地内的群体生存十分重要；但在旺盛、单调的市场中，在伦敦医疗从业者面对面生存的世界中，就没有那么重要。莱姆街博物学者的案例显示出，在伊丽莎白时代的伦敦，如果不熟练运用出版文化作为支撑，科学的社会基础将是多么薄弱。然而，瓦伦丁·鲁斯伍林和巴伯外科医生的案例提醒我们，伦敦城的生活是富有生命的体验，它永远不会囿于樊笼——既不受制于管理官员，也不受制于精英行医者出版的那些打造公众形象和学术圈身份的图书。

第3章

# 伊卡洛斯的教育和代达罗斯的展示：伊丽莎白时代伦敦的数学和仪器化

1590年前后，数学家、教育家汉弗来·贝克(Humfrey Baker，活跃于1557—1590)从伦敦出版商那里选了一摞文章。贝克出版有畅销算术教材《科学之源》(*The Well Spring of Sciences*，1568)，翻译有奥龙斯·菲内(Oronce Fine)的占星术著作《关于通用天文表的使用和实践之规则及充分说明》(*The Rules and Righte Ample Documentes, Touchinge the Use and Practise of the Common Almanackes*，1558)。当时，他着手把挑选出来的这些文章和他的这两部著作一起送到伦敦城各处的书店里出售。这些文章分为三部分。第一部分关注的是贝克打算分科教授的算术、代数等理论课程；第二部分讲"帮助机械工人"解决实际问题的几何应用；第三部分体量最大，专讲巧妙的文字问题，这是贝克的特长，也是修习数学的学生最头疼的内容。在文字问题中，贝克运用数学方法理清了在伦敦、鲁昂、米德波罗和埃尔布隆格四地经营贸易的四家商业合作伙伴之间错综复杂的财务问题，从而以最迷人、最合理的方式将数学推到了伦敦公众的面前。有了贝克的数学知识，诸如布匹长度、外汇及顾客消费额等交易中常出现的令人眼花缭乱、倍感迂回曲折的问题都迎刃而解了，而贝克也愿意(有偿)传授这些数学知识[①]。

贝克鼓励成人、儿童、仆佣和学徒们到他的住所参观。房子位于格莱沙姆皇家交易所北侧一条繁华的商业街上，巴伯外科医生行会的乔治·贝克和帕拉塞尔苏斯学派的瓦伦丁·鲁斯伍林就在那里生活和经营生意。在那儿，紧挨着船标的地方，学生们可以安排私人课程学习，或者，“为了更快地学习探索”，甚至还可以和汉弗来·贝克及其夫人伊丽莎白一起上船学习。罗伯特·雷科德(Robert Record)的《技艺基础》(*Grounde of Arts*，1558)再现了贝克教室的布局：教师坐在一块可以算数的黑板一样的平板前，学生们围在桌旁，面对着让他们百思不得其解的问题；他们头顶上方高处有一个书架，摆放着一些珍贵的书籍(图 3.1)。贝克在家里教授算术和几何，他强调，自己的数学知识在很多情况下都有用，可用来改进土地丈量以及木方和石方测量方法。他还教授会计学，用此前伦敦人没用过的浅显方式，教授商人和他们的孩子。贝克甚至还教会他的学生使用(有些情况下制作)四分仪、天文仪器和星盘等测量仪器。

伊丽莎白统治时期，伦敦是国内用英语开展数学教育的中心，也是数学出版和器械制造的中心。伦敦人会购买数学方面的书籍，时常出入于器械制造商的店铺，也会成群结队地去观看新机械品展示。伦敦人无处不用数学，譬如店主找零钱，学徒打算盘，木匠锯木料，钟表匠维修曾使伦敦教堂蓬荜生辉的钟表里一个彻底坏掉的机械部件，外

---

① 贝克的广告只有一个副本流传于世，现由伦敦古文物研究学会(Society of Antiquaries, London)收藏。有关贝克的信息可参见 McConnell, “Baker, Humphrey,” DNB 伦敦记录表明他的活动日期过于保守，不甚详细。1586 年，皇家交易所的圣巴塞罗谬教区委员会会议记录册(*Vestry Minute Books*)将他列为教区居民(GHMS 4384/1, 89)，但直到 1593 年时，才有对贝克的评估(132)。

THE GROVND OF

ARTES:

Teaching the woorke and practiſe of
Arithmetike, both in whole numbres
and Fractions, after a more eaſyer
and exacter ſorte, then anye lyke
hath hytherto beene
ſet forth: with di-
uers new ad-
ditions.

Made by M. ROBERTE
RECORDE
Doctor of Phyſike.

图 3.1　此处，在罗伯特·雷科德《技艺基础》(1585)中的一幅插图中，一名内科医生正在算数(可能与药方有关)，该图有可能反映了伊丽莎白时代伦敦数学的教授情况(图片复制得到哥伦比亚大学珍本与手稿图书馆普林顿收藏室许可)

国商人计算货币汇率，勘测员为新房丈量土地，等等。社会精英和工匠们对航海、勘测、工程、建筑、弹道学、木工手艺、砖石建筑等需要的一些数学知识展开研究，而数学理论和实践潜在的结合又需要熟练从业者，为此，他们很受打击。正如雷科德在他的算术书中解释的，数学是“人类一切事务的基础”。缺少了数学素养，“什么事情也长不了，交易也进行不下去，也没办法公平地买卖和做生意”。①

面对激烈的市场竞争和手工作坊竞争，为了提高工作的精确性、速度和效率，越来越多的伦敦人开始积极寻找出路。数学教师、作家和器械制造者宣扬，数学素养和器械素养能够让人增长智慧，还可以培养人的创造力以及快速解决问题的能力。这恰好回应了城市客户的需求。在伦敦城，数学知识和利润往往结伴而行，并且，对那些赚得盆满钵满、需要账本记账的人来说，计算能力就是成功的标志。但是，按照数学推广者的说法，数学不完全是关于贪欲和利润的。雷科德认为，在天文学里，数学能够“鼓励人类尊敬上帝”。莱昂纳多·迪格斯写过，“富于创造力、博学、经验丰富、持重细心的学生们每日从他们充满智慧的练习中获得的精神上的愉悦，比你们任何时候买任何商品得到的快乐都多(不论何其富有)②。一个好的新教徒可以通过精确盘点自己的财富，免除与繁荣、财富有关的罪孽。

不管是为了贪欲还是追求更高尚的目标，伊丽莎白统治时期，很多伦敦人都急切地接受了数学③。然而，并非所有人都欢迎人们为培

---

① Record, *The Ground of Artes*, sig. Bi, v。F. M. Clark, “New Light on Robert Recorde,” 50－70 对雷科德的工作和生活有过考察。Keith Thomas, “Numeracy in early modern England,” 103－132，在当时首次给数学素养下定义并讨论其特征。

② 同上，sig. [Aviir]; Digges, *A Prognostication Everlasting*, sig. Air.

③ 一些经典著作对数学学习的兴趣展开研究，包括：Taylor, *The Mathematical Practitioners* 和 Feingold, *The Mathematicians' Apprenticeship*。最近，本尼特(Bennett)、克鲁卡斯(Clucas)、约翰斯顿(Johnston)和科马克(Cormack)进一步深化和拓展了泰勒(Taylor)和范戈尔德(Feingold)开启的分析进路。参见 Bennett “The ‘Mechanics’　(接下页)

养数学素养而付出的努力。谈到计算在占星学和其他形式占卜中的应用，仍有些人认为数量计算不比巫术高明多少，并谴责人们传播这样一门学科是很荒唐的。然而，另有一些人反对数学的原因却是相反的：他们认为数学是上帝的语言，过于神圣，不是伦敦大街上做生意的平民技工能掌握得了的。这些批评家认为，数学属于神学家，不属于白铁匠。与汉弗来·贝克同时代的弗朗西斯·培根是位律师，曾在剑桥大学接受教育，他对数学科学和机械、技艺之间日益紧密的合作关系，对数学素养和器械素养的传播都感到特别矛盾。人们要么是被机械装置神奇、微妙的复杂性所吸引，要么是憎恶"数学家和动手指的人"的神秘涂鸦。弗朗西斯·培根在17世纪早期告诫读者，不要过多涉猎这令人着迷的科学。

培根给那些钟情于数学的人讲自己最钟爱的劝诫故事——代达罗斯的传说："一个有创意却可憎的人。"代达罗斯用羽毛和蜡制造了一对翅膀，由于他没认识到翅膀的局限性，眼睁睁看着儿子伊卡洛斯戴上翅膀试飞时坠亡。代达罗斯和伊卡洛斯象征了数学知识应用中的潜在危

---

（接上页）Philosophy and the Mechanical Philosophy"；Clucas，"'No Small Force'"；Johnston，"Mathematical Practitioners and Instruments"；Johnston，"Making Mathematical Practice"；Cormack，"'Twisting the Lion's Tail'"；Cormack，*Charting an Empire*。其他一些学者的著作补充了对英语数学的研究，这些研究关注科学革命中数学实践者们所发挥的作用。尤其是 Westman，"The Astronomer's Role"；Hall，"The Scholar and the Craftsman"；Biagioli，"The Social Status of Italian Mathematicians"以及 Biagioli，*Galileo*，*Courtier*。夏平（Shapin）的"学者与绅士"（"'A Scholar and a Gentleman'"）将研究由单一学科群体拓展至多学科群体，从而重新审视了数学实践者发挥的作用。尽管都铎（Tudor）王朝和斯图亚特（Stuart）王朝的数学家都使用"数学实践者"（mathematical practitioners）这一术语来集体指代那些对数学及其应用感兴趣的人，但是阿什（Ash）对此还是持批判态度，参见 Ash，*Power*，*Knowledge*，*and Expertise*，140－141。他断言，"他们自己是否会、有没有自我认同属于某一类学术圈，都是很受质疑的；因此，历史学家将其视为一个最有用、信息量最大的学术圈并不合适。"我十分感激这些学者所开展的工作，正如本章中所表现的，这里，我对数学家的作用关注少一些，而对数学发展和数学素养对伦敦城起到的作用更感兴趣。

险，它"用途模棱两可，能解决问题，也会招致伤害"。[①] 尽管存在着潜在危险，但是，伊丽莎白时代的多数人都对新工厂建设和发动机发展中的数学应用，以及造船和武器制造的技术改造感兴趣。然而，伊卡洛斯对机械发明的自信远胜于对其中数学规律的了解，每当想到他的命运，人们心头的忧虑仍挥之不去。怎样才能发展数学知识并将其应用于机械难题和项目之中，而又不重蹈前人覆辙呢？伦敦该何去何从呢？

数学教育家给出一个答案：伦敦人必须接受更好的教育，学习数学理论的细微差别，以便合理判断那些精巧的机械装置的局限性，能在他们称之为"数学"的基础上进行实际应用。然而，许多看似直观的答案并不能很好地解决问题，要提升伦敦人的数学素养，只会引发新的问题。数学应该由谁来教，适合谁学，谁来给数学教育买单？这些都是最直接和最迫切的问题。可问题还不止这些。在这个城市数学素养的新世界中，出版要发挥怎样的作用？谁会买书，消费者最需要什么水平的数学文本，数学出版物应该涵盖哪些主题？伦敦人对从国外进口的、当地可以生产的时尚而昂贵的测量仪器又有多大的依赖空间呢？

剑桥大学毕业的一位数学家和一位商人初步回答了上述问题，他们将提升数学素养作为英格兰实现更多成效和利润的途径。当服装配饰商行会成员亨利·比林斯利(Henry Billingsley)(卒于1606)决定利用业余时间翻译伟大的希腊几何学家欧几里得(Euclid)的教科书《几何原本》(*Elements*)时，他请求同为伦敦人的同事——数学家约翰·迪写一篇序言，来描述一下数学这门学科，阐明人们仍理解不透，甚至不太敢应用的堪舆学和占星学，并说明市民具备更多数学素养后可能给英格兰带来的实惠。迪伊和比林斯利说，为了不重蹈伊卡洛斯和代达罗斯的悲惨命运，英格兰必须消除久久萦绕在数学身上的神秘气氛，必须要让更多

---

① Bacon, *The Wisedome of the Ancients*, 92 - 95.

人学习数学理论，而数学理论为器械制造、占星学等学科的应用奠定了基础。

比林斯利和迪建议搞一个数学上的折中。这是一个有意识的设计，强调数学理论和实践并重，从而在可能情况下最大范围内推广数学。然而，多数伦敦学生仍对实用层面的数学素养更感兴趣。对很多人而言，首要的学习目标是基本理解数学，能更熟练地进行商贸交易、记录，培养自己使用（虽然可能理解得不够充分）伦敦城作坊里的新器械的技术和能力。多数伦敦人都认为，动手经验和实用思考应该主导伦敦的课堂、书房和讲堂中教授的数学理论。但是，老师们却不以为然，他们认为，学生学数学时，只有完全以算数理论为基础，才能获得真正的数学素养。此后，学生可以一步步提升，学习更高级的数学理论乃至精密仪器的使用[①]。

巴伯外科医生行会与瓦伦丁·鲁斯伍林的支持者之间曾经开战，与此相似，数学实用能力的支持者和数学理论知识的倡导者在书店、街头也展开了辩论。但这场辩论的本质无关数学素养的价值。虽然牛津大学和剑桥大学的数学家们可能会谴责数学实用的一面，但在伦敦，很少有人重视纯理论或纯实践的数学入门方法。在比林斯利所译的欧几里得著作出版后的几年间，一旦伦敦学生从老师那里学到数学理论与实践之间的联系之后，作家们便在数学著作中将理论知识和实践知识作进一步的结合。这样，伊丽莎白晚期的数学作家们得以跨越到一个新观点的讨论之上：数学素养可以让商人、手工艺者甚至国家官员提升解决问题的速度和可靠性。

在这里，我们要探究的问题有：作家和教育家如何宣传数学，出版商和器械制造者如何将数学知识具体化到书本和器械之中。对此，伦敦

---

① Hill, "'Juglers or Schollers?'"

的学生和消费者又是怎样理解的呢？1570 年，比林斯利、迪合作出版的欧几里得《几何原理》将数学理论和实践相提并论，此后，数学与数学应用结成亲密的伙伴关系。比林斯利、迪用这种方法重新唤起了伦敦人对数学的兴趣。16 世纪 80—90 年代，数学教育家和作家越来越强调运用数学解决问题的潜力，数学素养对快速、准确解决会计、货币兑换、技术困难和工艺难题来说至关重要。伦敦人能用数字来分析问题，而不是靠反复试验的方法，这给家庭和雇主都带来了实惠。然而，靠纸笔解决一切问题也是不切实际的，遇到复杂情况就需要较长的计算时间，并且，计算过程中的某一个简单错误就可能导致灾难发生。正如伊卡洛斯被父亲制作的翅膀所吸引，伦敦人渐渐为运用机械物件和测量仪器解决数学应用问题所痴迷。器械素养本身很快就成为了一个热门目标。

在所有这些事件的发展过程中，伦敦都起到了重要作用。从宣布这座城市植根于比林斯利—迪版的欧几里得《几何原本》，到学生和商人走上街头购买最新的数学教科书和最有创意的器械，再到老师们在课堂上争论培养学生的数学素养的正确方法，伦敦为公众的态度转向计算能力和器械知识提供了社会、文化和智力语境。人们探讨和争论数学素养对于国家和市民的价值，认为数学素养对于伦敦城的价值和它对于牛津大学和剑桥大学的价值不相上下。那一大群批判性十足的专家教师、熟练技术工人、好学的学生以及求知若渴的读者，在将少数精英数学家的愿望转化成基础广泛的、本土化的数学方式来认知世界的过程中，发挥了必不可少的作用。他们，是伦敦的骄傲！

## 商用数学：本国语数学著作的出版

伊丽莎白时代，伦敦人对数学教育和数学素养的兴趣起源于一个非常不可思议的事件：为剑桥大学本科生排演的戏剧制作的一只会飞的甲虫。1545 年，伦敦年轻人约翰・迪答应用自己掌握的数学知识给学生们排演的经典戏剧制作一个机械道具，戏剧排演是为了让学生们在春假期间放松身心，而迪当时正研究希腊语和数学。阿里斯多芬尼斯（Aristophanes）的《和平》（*Pax*）是希腊早期喜剧，讲主神宙斯接见一个农夫，故事情节中需要一只飞向太阳的甲虫。迪后来讲道，这只甲虫太逼真了，把那些有学问的观众都吓跑了。迪经常抗议，说那个小玩意儿不过是一个简单的机械装置，用数学思考方式完全可以理解其内部工作原理，最没文化的人也能懂。就这样，早期的迪凭借这个看似无辜的舞台作品以魔术师的名声为人所知，而不幸的是，他的余生也没能逃脱这种误解带来的隐痛。直到离世之时，他都在抗议关于他如何做到那种特效的"传至国外的虚荣的报道"。[①]

见证或听说过迪制作的甲虫的人，认为接踵而至的吵闹是数学、机械和魔术交叉的实例，是很危险的[②]。很多人都觉得，数学对未受过教育的人来说过于强大，过于危险，因为《圣经》的一些段落暗示上帝在创世之初，根据数学、重量和长度法则塑造了一切事物（《智慧篇》11：21）。况且，正如浮士德博士的凄惨故事所表明的，拉丁语教育或大学教育都不能让人完全摆脱数学的模糊性带来的危险。观众对迪制作的甲虫有不公的反应，迪可以想怎样抱怨就怎样抱怨。但是，如果找不到一种方法来演示清楚机械物件不过是抽象数学法则的具体表现，抱怨也是徒劳的。因此，当他的同事，剑桥大学的校友亨利·比林斯利找到迪为自己翻译的《几何原本》写序言时，迪终于觅得一个平台，可以抒写自己对数学重要性、数学理论复杂性的信仰。

在努力推动数学吸引广大公众的数学作家中，比林斯利和迪还不是最早的。15 世纪时期出版问世，此后不久，数学方面的图书开始进

---

① Dee, "Compendious Rehearsal," 5 - 6.

② 有关人们将数学与魔术混淆的趋势，参见 Zetterberg, "The Mistaking of 'The Mathematics' for Magic," 83 - 97。

入书店，且数量比较稳定。其中包括算术和几何的初级教科书，诸如星盘、直角器等测量仪器的使用手册，航海、宇宙结构学和宇宙学方面的著作，占星术和天文学方面的论著，尤其是历书和有关神明活动的日历一这一类人们称为星历表的东西。整个伊丽莎白时代出版的数学相关的图书达250余册：初期，还只是少量、慢节奏出版一些会计手册和算术文本；到16世纪末，则出版了大批以数学为主题的各类书籍。

研究图书的历史学家都知道，想要精确统计那一时期出版的数学图书数量很难，因为很多著作都失传了，尤其是星历表。由于纳入考察范围内的图书品种相对较少，这样一来，估测数学图书出版数量明显增长所体现的重要意义也是有问题的。不过，我们还是能看出一些趋势。例如，伊丽莎白即位5年后，数学图书出版量还很小，一直到1588年西班牙无敌舰队危机时，每五年在25册左右，比较稳定。1588至1598年，数学图书出版数量持续增长了12年，然后又回落到无敌舰队危机之前的水平。1588至1598年出版的数学图书数量很大，其中，1596年出现一个陡升趋势，那时候，伦敦的出版商发布了数学图书出版数量的记录。可是，1563至1588年间，算术、几何、地理、宇宙学、占星术和天文学方面的图书出版数量本质上还保持恒定，1588至1597年，书店中数学图书的逐步增加，1596年市场中数学图书的陡增，都和人们对器械使用手册与航海论著需求的不断增长有关。那时候，读者可以接触到的16本数学图书中，有10本都主要和器械使用有关，其中就涉及到器械在航海和勘测中的作用①。

---

① 我参考1558至1603年的《英文简称目录》提取出这些统计数字。我以主题标题为索引，编撰出包括理论数学和实践数学著作在内的一个著作清单（历书和占星学、天文学、航海学、宇宙学、测量学、地图和制图学、军事科学以及将几何应用于测量的求积学方面的著作）。由于有一些主题标题前后不一致，或是在《英文简称目录》中记录不充分。为了将那些不以数学为标题但很大程度上包含了数学内容的著作也囊括进来，我还按年度调查了出版书目的标题。

正如这些出版趋势所表明的，从出版流水线上下来到了读者手中的数学图书，从来不像宗教论著、医疗手册、训诫和戏剧那样受欢迎，那样丰富。学者们对谁是数学图书的购买者和读者这一问题进行了充分的讨论，试图了解伊丽莎白早期出版市场上的这一小部分份额。这一时期的数学作家在预测潜在读者时都有些冒进，他们狂热地将所有有意愿、有能力、急于买他们图书的各类人都一口气算了进来。罗伯特·雷科德在自己的几何图书《求知路》（*The Pathway to Knowledg*，1551）中曾开心地宣称“木工、雕刻工、接合工、泥瓦匠都会欣然认识到没有……几何他们无从下手”，当然，并没有热销和再版记录可以支撑他的这一美好愿景[1]。

伊丽莎白时代，人们对某些数学图书表现出更浓厚的兴趣。从具体书目的重印次数来看，历书和其他解释神明活动的书是此时期最受欢迎的数学出版物，接下来是器械设计和使用方面的书，再接下来是初级算术图书。雷科德的算术图书《技艺基础》在 1558 年至 1603 年间共重印 7 次，而他的另一部更高级一些的著作《求知路》则少有人问津。总体来看，1558 至 1603 年，英格兰出版的数学图书对上述主题都有涉及。天文、航海、宇宙、地理和勘测方面的图书处于数学图书中的第二梯队，弹道和军事科学、磁学、地图和测量（测量几何）方面的书更逊一筹[2]。对历史学家来说，评论伊丽莎白时代的数学应用如何广受欢迎已经是老生常谈，然而书店里一些高度实用的数学应用，如防御

---

① Record，*The Pathway to Knowledg*，sig. ir. 估量一部现代早期著作标题的受欢迎程度比较难。尽管如此，出版商们还是发现，还能卖出去的重印标题是良好的利润源泉，参见 Johns，*The Nature of the Book*，454－457. 我把图书频繁的重印视作一种暗示，暗示只要有书供应，消费者就会真的去购买，同时，我也将其视作畅销的标志。

② 梅斯肯斯（Meskens）记录过 16 世纪晚期安特卫普算术出版物的高频次和几何出版物的相对低频次之间的差距，他得出这样的结论，“对商人来说更重要的是算术，而不是欧几里得或者萨克罗博斯科（Sacrobosco）”。Meskens，“Mathematics Education，”152，155.

工事和勘测类图书的受欢迎程度则不如预想的乐观。相反，倒是发行的日历、技术手册以及最基本的数学图书，每年都在书店中有规律、平稳地进进出出。不过，如果我们将这些图书主题也与当今普通消费者可能经常购买的新年日历、计算机升级手册、理财类图书加以比较的话，这种现象也就不足为奇了。

包含有复杂的占星术计算的星历表颇受人们欢迎，或者，人们经常购买历书，这都不奇怪。对伊丽莎白时代的人而言，历书、日历以及有关神明活动的解释是不可或缺的生活助手。这些东西对合理开药和经营药品、在适合的时节种庄稼、估测潮汐和天气都是必不可少的。历书的形式很多，或是廉价的一页纸，或是有着多年格式和人体图表的精装册，总之，人人买得起，大家的需求都能得到满足。就连伦敦的教堂也买历书，圣贝尼特格雷斯教堂的唱诗班就有一本，教堂官员和教区居民都可以看[①]。朝廷大臣托马斯·巴克敏斯特（Thomas Buckminster，1531/1532—1599）也是一位历书制造商，是伊丽莎白时代获利最丰厚的数学作家，他的星图、气象预报和占星预兆图书在伊丽莎白统治期间印了大约20次。同一时期，受欢迎的其他历书作家还有莱昂纳多·迪格斯（Leonard Digges，约1515—约1559），直到他去世后很久，他的历书还在重印和售卖；还有多面手数学作家威廉·伯恩（William Bourne，约1535—1582），他在历书之外还写有器械和航海方面的著作[②]。

入门类算术文本在书店里常年受到读者的追捧。在伊丽莎白时代的数学作家中，有两个人的作品频繁重印，使得巴克敏斯特书店门

① London GHMS 1568，f.18r（1549）.

② 参见，例如，Bourne，*An Almanac and Prognostication*，1567年出了第二版，Digges，*A Prognostication Everlasting*，1567年也出了第二版。迪格斯在1553年还出版了一部一般预测类的书。用现代早期的英语研究历书的综性著作是Capp，*Astrology and the Popular Press*.

庭若市。罗伯特·雷科德的《技艺基础》于1543年首次出版，后在伊丽莎白统治时期六次重印；汉弗来·贝克的教科书《科学之源》(1562)也有过6个版本。这两部算术入门文本采用教师和学生间的苏格拉底式对话形式，将学生从"数字是什么"的基本概念引向包含外汇交易、分数、会计等在内的一系列问题。算术图书关注的是记经济账目，这对于做外贸和生意伙伴关系复杂的商人来说十分重要①。一些算术图书还涉及了更为复杂的话题，例如复合药中配料数量确定的混合法技巧。

写基础算术文本的通常是教师，他们强调，习得真正的数学素养需要循序渐进地掌握技巧和技术。雷科德和贝克谴责那些经常在数学书中跳来跳去给具体问题寻找快捷答案的读者。在《技艺基础》中，教师这样告诫学生，"如果你想又快又好地学数学，不可能同时学到入门知识和高级知识"。有些算术图书是课堂教科书——厚重且开本大，适用于坐在课桌前学习，让学生从导论开始进入到一个学习的过程。其他图书，如一位佚名作者写的《笔算或筹码计算学习入门》(*Introduction for to Learne to Recken with the Pen, or with the Counters*, 1566)非常小巧，可以装进口袋带到工作场所或者市场。这些小巧、便于参考的书自豪地费尽"苦心……进行更好、更清晰的说明以对[算术]规则作更清晰表述，并且还……删减多余和无用的内容，这些内容对加深理解无益，反尔成为阅读的障碍"。② 雷科德和贝克书中的详细说明和冗长实例太多了！

作家和出版商重印那些受欢迎的历书和算术书很容易。可是，处于市场上第三大受欢迎的数学图书类型——器械相关书籍却是另一回事。伦敦人想要的是航海、勘探和军事事务中测量仪器使用的最新

---

① 参见 Davis, "Sixteenth-Century French Arithmetics and Business Life."

② Record, *The Ground of Artes*, sig. Bvv; Anonymous, *An Introduction for to Learne to Recken*, sig. Aiir－v。

奇、最跟得上潮流的设计和简便技术。1570年，比林斯利和迪伊翻译的欧几里得《几何原本》问世以前，有关器械和器械使用方面的图书很少。内科医生威廉·坎宁安（William Cuningham）在他有关宇宙学的《宇宙之镜》（*The Cosmographical Glasse*）一书中对器械有一定涉及，但当时器械图书还不像其后在16世纪晚期那般流行。1570年以前，人们对器械图书不太感兴趣，影响因素有两个。第一，器械使用发展的程度更多要取决于人们对几何知识的掌握程度，在这一点上，几何比算术还重要，在伦敦人比林斯利和迪翻译欧几里的著作之前，当地人接触不到英语几何著作。第二，器械昂贵且稀有，这一点就让多数伦敦人望而却步。16世纪70年代以前，在宗教难民潮还没有将技艺高超的法国和荷兰器械制造者引进伦敦时候，伦敦几乎没这方面的人才。宫廷和伦敦的教区对活跃于伊丽莎白早期的器械制造者需求很盛，而他们的作品也正如我们所了解到的那样，价格不菲。

莱昂纳多·迪格斯是首位认真关注器械及其背后几何知识的作家。迪格斯在牛津大学接受教育，父亲是位乡绅，长久以来，他对应用数学知识解决防御工事和勘测中的问题很感兴趣。在迪格斯1555年的历书《吉兆》（*A Prognostication of Right Good Effect*）中，他就已经解释了如何在观星和航海中使用器械。在《建造学》（*A Boke Named Tectonicon*，1556）中，迪格斯自始至终都在讲运用几何知识解决勘测中的实际问题，该书在随后的一个半世纪重印达20次。该书书名页上印有正在使用直角器进行丈量工作的两个勘测人员。勘测人员代表的是迪格斯这本书的读者——他特别提到了读不懂“那些优秀却晦涩难懂的”几何书的勘测员、木工和泥瓦工。迪格斯的书除了涉及几何基础，还提供了诸如木工尺等工具的使用和制作说明，这样，读者就可以将新学到的几何知识进行实际应用。迪格斯主张，第一次读他的书学习数学时，要认真、仔细地进行思考，“然后再读时就要多判断，第三遍读时要动脑筋运用他经常描述的方法和技术”。迪格斯写道，“勤奋阅读与独创性的实践相结合，付出的劳动就会有回报。”[①]

《建造学》一书还在书名页上宣传了迪格斯的出版商，弗莱芒雕刻师托马斯·热米纽斯（Thomas Geminus，活跃于1540—1562）制作器械的技巧。他们二人的合作，标志着伊丽莎白时代伦敦城里数学家和手艺工匠合作关系的产生。这种合作关系不断延伸，跨越了古希腊罗马时期哲学思维生活与粗笨的手工劳动之间的古老分界[②]。热米纽斯是现代早期的一个万事通，他涉猎医药、出版和雕刻领域。在亨利八世统治晚期和伊丽莎白统治早期，他是技艺最精湛、备受推崇的器械制造者之一。伦敦城最早的一个剧院区内有一个黑衣修士修道院，那一带在宗教改革中被改造成一个购物拱廊和居民区二合一的地方，他在那儿的一座斑驳的建筑内开了一家店铺。热米纽斯向读者保证“会迅速、准确地”在书中分专题描写“所有器械”。热米纽斯有 7 件器械流传于世，证明了他并未食言，其中包括 1559 年他给伊丽莎白女王制作的一件华贵的黄铜星盘[③]。

巴克敏斯特、伯恩、汉弗来·贝克、雷科德和莱昂纳多·迪格斯等都是伊丽莎白早期的数学作家，他们的著作在现代早期印刷出版并几经重印。出版记录表明，巴克敏斯特或迪格斯的历书，还有雷科德或贝克的算术书已经是很多家庭的常备书。这些历书、占星预测、算术书以及器械使用手册备受欢迎，频繁重印。最令人吃惊的是，它们所代表的数学素养水平与我们现代人对数学的掌握程度很接近。我们大多数人都有一个日历或者行事历——但很少有人可以从这些胡写

---

① Digges, *A booke named Tectonicon* [unsig., Preface to the Reader].

② Johnston, “Mathematical Practitioners and Instruments”; Hood, “Thomas Hood'sInaugural Address,” 98. 有关这一观点，还可参考，*The Body of Nature*，散见全文各处。

③ 参见 Jones, “Gemini, Thomas,” *DNB*，为一份现存器械及其存放地点的清单。

乱画中制定出日历，或者解释出日历设计背后的数学和天文学理论。

然而，为了具备更高水平的数学素养和器械素养，伦敦的读者在算术基础知识以外还要接触更为抽象的几何原理。唯有如此，学生们才可以尝试基于天文观测制定日历所需的复杂计算，真正理解利用象限仪或者星盘计算星星之间的距离、塔的高度这类数学原理。罗伯特·雷科德就尝试给读者提供这样不同层次的指导[①]。学生读《技艺基础》，从算术学起；然后读《智慧之硎》（*Whestone of Witte*），学习几何基础知识；再然后读《求知路》，深入学习天文学理论、宇宙学以及几种机械仪器的概论。学生掌握雷科德的基础文本后，如果还想深入学习数学专业知识，可以转而阅读威廉·坎宁安的《宇宙之镜》（1558），这本书对宇宙学进行了更为学术化的深入讨论，强调经典的亚里士多德和托勒密的地心说理论。哥白尼的日心说在1543年的《天体运行论》（De Revolutimobus）中发表，在英格兰的数学图书市场中影响很大[②]。坎宁安的《宇宙之镜》以斯波达尤丝（Spoudaeus）和朋友的对话形式写成，斯波达尤丝尝试通过单纯的阅读方式学习宇宙学，以失败告终，而朋友是比他学识更高的斐洛（Philo）。斐洛赞同他读罗伯特·雷科德的著作，因为读完这本书具备中等水平的数学素养后，就可能继续学习更复杂的数学科学，但是，斐洛还奉劝他也读一些其他著作。其中包括奥龙斯·菲内算术方面的著作，米安·斯比利乌斯（Johann Scheubelius）几何方面的著作，狄奥多西（Theodosius）关于球形演示方面的古代著作，还有墨伽拉（Megara）的欧几里得关于几何的著作。

斐洛给斯波达尤丝提出了很好的建议，但坎宁安的读者中接受这

① Johnson and Larkey, "Robert Mathematical Teaching"对雷科德的教育学策略有讨论。

② 关于人们对哥白尼思想的接受，参见Gingerich, *The Book Nobody Read*。

些建议的却寥寥无几，因为斐洛提到的这些著作当时都没有英文版本。绝大多数伦敦人都具备英语读写能力，但会拉丁语的却没几个，会希腊语的就更少了。对他们而言，比林斯利和迪翻译的欧几里得著作代表了数学素养培养中的一个转折点，因为它给使用英语的数学作家提供了经典的文本，他们可以通过更廉价、人们更容易买得起的图书版本进一步推广数学。在伊丽莎白时代的伦敦，欧几里得《几何原本》这样的古代文本能流行开来还远算不上独特，相反，它是将重要的数学著作译为本国语著作的欧洲运动的一部分。举个例子，欧几里得《几何原本》由比林斯利和迪翻译的英文版本与尼克洛·塔尔塔利亚(Niccolò Tartaglia)和费德里科·康曼丁诺(Federico Commandino)翻译的意大利版本有着惊人的相似之处[①]。塔尔塔利亚、康曼丁诺、比林斯利和迪都认识到，在更多学生接触到欧几里得和其他人的经典数学著作英语版本以前，只有大学、高层次的拉丁语和希腊语文法学校的学生才具备更高的数学素养。

在伊丽莎白时代，尽管比林斯利和迪翻译的欧几里得的《几何原本》不是第一部数学图书，也不是最通行的，但今天看来，它在当时是最知名的。这部著作出版之初，书的尺寸和定价将许多城市消费者拒之门外[②]。出版商全力以赴，制定巧妙的市场营销策略，通过书名页来抓取读者眼球，提升潜在销售量(图 3.2)。约翰·戴(John Day)再一次采用坎宁安《宇宙之镜》书名页上的形式繁复的边框，不过他将早期

---

① 塔尔塔利亚也提供了一份列举了数学所有分支的序言。参见 Tartaglia, *Euclide Megarense Reassettato*。欧几里得的著作在 1572 年被康曼丁诺翻译成拉丁语出版，随后，1575 年被翻译成意大利语。

② 高克罗哲(Gaukroger)希望人们注意到，迪的“数学前言”曾被“同时代的人及后世所忽视”，甚至培根、波义耳这样的自然哲学家对其也没有提及，参见 *Francis Bacon*, 23. 比林斯利——迪版本的欧几里得《几何原本》可能并没有在自然哲学精英圈中产生影响，也没有重新发行过，人们更多是通过当时流行的廉价英文出版物了解它的主要思想。

Ptolomeus
Marinus
VIRESCIT VVLNERE VERITAS
Strabo
Aratus
Polibius
Hipparchus
Geometria
Astronomia
Arithmetica
Musica
MERCVRIVS

THE ELEMENTS
OF GEOMETRIE
of the most aunci-
ent Philosopher
EVCLIDE
of Megara.

Faithfully (now first) tran-
slated into the Englishe toung, by
H. Billingsley, Citizen of London.
Whereunto are annexed certaine
Scholies, Annotations, and Inuenti-
ons, of the best Mathematici-
ens, both of time past, and
in this our age.

With a very fruitfull Præface made by M. I. Dee,
specifying the chiefe Mathematicall Scie̅ces, what
they are, and wherunto commodious: where, also, are
disclosed certaine new Secrets Mathematicall
and Mechanicall, vntill these our daies, greatly missed.

Imprinted at London by Iohn Daye.

图3.2　亨利·比林斯利翻译欧几里得《几何原本》(1570)的书名页，数学家约翰·迪撰写了序言。出版商约翰·戴重复使用早先威廉·坎宁安的《宇宙之镜》一书的印版样(图片复制得到亨利·E.亨廷顿图书馆许可)

著作使用的古老的哥特式黑体字换成欧洲大陆流行的时髦新字体，这样，伊丽莎白时代的读者就可以买到既熟悉又入时的东西。潜在的购买者把慵懒的索尔(Sol)和卢娜(Luna)——太阳神和月亮神的生动形象带回家，也就把如此古老而带有神性的数学带回了家——泰姆(Time)和迪阿思(Death)好奇地凝视着这部表现了大量与数学相关的神秘而真实的人物的著作，其中包括托勒密(Ptolemy)、斯特拉博(Strabo)、希帕克斯(Hipparchus)以及代表几何、天文、算术和音乐中与数学有关的学科的女性形象。书名页上印有7件数学器械，其中有一个星盘、一个浑天仪和一张地图。长翅膀的信使小精灵墨丘利坐在看似蛋糕裱花的云端，承诺要把晦涩难懂的知识传播给读者。如果说这一群神秘人物还不足以说服伦敦人下决心学习，达到更高的数学素养水平，书名页上还刊有两位杰出的伦敦市民的名字。忠诚的英文译著者第一人——"伦敦公民"亨利·比林斯利的名字位于书名页中央。在下面一格里，出版商宣传的是约翰·迪"富有成效"、"揭示了学术和机械方面某种最新秘密"的序言。这是一部向所有人都有所承诺的著作——开放而不失神秘，经典中带有现代意味，让人既感到似曾相识又不乏扑面而来的新意。

为了引导读者一步一步走进数学这一学科，比林斯利写有一篇言简意赅的前言，他宣称真正的数学素养要取决于"几何学的法则、证据和定理"。比林斯利也承认这会给学生带来一些问题，他们必须要"勤奋研读过去的、古代作家的著作"，尤其是欧几里得。没有欧几里得的知识作基础，学生就永远跳不出基本算术，也无法通往更高级、更抽象的数学推理和分析。比林斯利断言，为了学生们，他已经"投入一些费用和辛苦工作，将欧几里得的这本书翻译成忠于原著的英语，并把书送到国外。"然而，翻译过程中，比林斯利没有局限于欧几里得著作本身，他增加了从其他数学文本中搜集来的“图片实例”、注释、批注和发明①。

比林斯利努力提升英国人的数学素养，在此过程中，他得到了甲虫的制造者约翰·迪的协助，迪在1570年以前是英格兰最有名的自然哲学家。迪有一位身为布商的父亲，给他提供了无可挑剔的受教育环境，在前后三朝的王权统治中，他几度受到皇家支持，几度又被抛弃。然而，他仍然寄厚望于伊丽莎白，希望她能认识到议会工作人员中有一个哲学家就自然和超自然事务进行建议咨询的价值。伊丽莎白是实用主义至上者，尽管她确曾让迪去调查在野地里发现的、周身扎满针的、可疑的女王雕像事件，但并无意吸收迪进宫廷。伊丽莎白的这种不情愿部分是缘于迪广为流传的巫师名声——可能是人们反复参考他给欧几里得著作写的“数学序言”中数字的神秘力量，于是他就有了这样的名声。之所以有这样的效果是因为，如果说比林斯利旨在使《几何原本》尽可能通俗易懂，迪则想让数学科学尽可能地吸引人。迪对数学的优点和背后的危险进行了密集、繁复的原文阐释，并且夹杂了大量的经典、神秘、圣经的参考文献，它还给每个数学科学起了绰号，例如“mecometrie”和“embadometrie”，结果他如愿以偿地吸引了读者的注意力。无论对于当时还是现在的读者来说，值得高兴的是，迪构建了一个现代早期数学学科及其应用的流程图。这张流程图以伟大的逻辑学家彼得·雷默斯(Peter Ramus)使用的教育学图标为基础，传达了迪主张的核心内容，比起他写的散文而言可读性强很多。对平日喜好啰嗦的迪来说，这张流程图已经相当简洁，但后来的作家发现还可以进一步简化这张图表，威廉·伯恩后来设法将其处理成带

---

① Billingsley, “The Translator to the Reader,” in Euclid, *The Elementes of Geometrie*, n. p.

有明确定义的简单列表[①]。

在序言中，迪首次将数学置于人类的思想世界之中。他稳妥地将“数学的事物”置于自然和超自然之间，又赋予其“不可思议的中立性”，让其“以不同寻常的方式处于超自然与自然、不朽与终有一死、聪明与敏感、简单与复杂、可分割与不可分割的事物之间”。对于数学的神奇和神秘之处，迪不是轻描淡写。他承认它们的存在，并试图展示在学识渊博的从业者的掌握之下，人们怎样才能不害怕、不鄙视并接受“数学事物”的这些特征。商人发现数学有用，同样地，占星家也因为知晓算术、几何以及天文学、宇宙学、自然哲学和音乐中的数学规则而颇多受益。算术和几何为建筑学、航海学、静力学（平衡力学）和地理学奠定了基础，当迪亲自勘测世界、调查此方面曾经开展的工作时，他发现数学是无处不在的。运用水文学中的数学，古罗马人修建了沟渠，伊丽莎白时代的人们改变了河水和溪流的走向[②]。

数学还可以帮助人们解释那些可能排除在自然秩序以外的奇怪现象，比如说迪的甲虫。迪指出，了解透视图中数学规律的人，不会被通过光学镜片看到的景象吓到。他鼓励那些具有怀疑精神的读者到威廉·皮克林（William Pickering）先生家的房子参观，“亲眼”看一看光学镜片制造出来的神奇效果。在努力推动伦敦人追求更高数学素养的过程中，迪很信任皮克林具备的简明表述的能力，这是至关重要的。学习数学的师生追随迪，强调用眼睛观察的重要作用。加布里埃尔·哈维（Gabriel Harvey）复制了约翰·布拉格雷夫的《数学珍宝》（*Mathematical Jewel*，1585），正如他的页边笔记写到的，观察、触摸并操控器械很有必要。哈

---

① 有关迪在数学面的兴趣，参见 Clulee, *John Dee's Natural Philosophy*, 143－176，另见 Harkness, *John Dee's Conversations with Angels*, 91－97，以及 Bourne, *A book called the treasure for traveilers*, sig. ＊＊＊iir－[＊＊＊iiir].

② Dee, "Mathematical Preface," unsig., sigs. ciiiiv-div

维写道，“用任意一种方式，给我演示一下天文学、宇宙学、地理学、水文学或者数学学科中所有法则、实验和几何知识，要能带来视觉冲击，在头脑中留下根深蒂固的印象。”正是演示将数学同纯粹的奇观或危险的魔术区分开来。在一段文字表述中，威廉·伯恩希望人们不要对迪因甲虫而惹祸上身的经历掉以轻心，他指出，“当黄铜做的甲虫头确能发声说话，黄铜做的蛇确能发出咝咝声音，世人都对这件奇特的作品叹为观止”，但作品并不像有些人所想的那样靠魔法而为之，它靠的是“我们见过的，钟表里用于计时的齿轮，有的带铅锤，有的带弹簧，就像男士颈上挂的、装在小盒里的小巧的表”。[①] 合理使用并可以充分演示的数学是可以同魔术区分开来的。

迪在序言结尾抛出了一条重磅信息：他认为数学对整个英联邦都是有益的。英格兰工匠们的技艺和经验与比林斯利新翻译的欧几里得著作中的“好帮手和信息”结合起来，就会引领人们发现“新作品、新奇的发动机和器械，在英联邦应用于各个方面。”迪是首位将数学素养与英格兰的福祉联系起来的数学作家。迪此处的说法立足于爱德华六世国王统治时期人们谈话中的一个突出话题——“大众福利联邦”之上，当时他还年轻。部分意义上，联邦哲学是对这位年轻国王执政任期内经济、社会和宗教论战的反应，尤其是对圈地运动遭到人们反对的反应[②]。围绕这一社会痼疾出版了大量的宣传册和论著，然而，该主题下最知名的著作《英联邦论》(*A Discourse of the Commonweal*)在伊丽莎白即位之前都只是通过手稿在民间流传。

《英联邦论》的作者是托马斯·史密斯爵士(Thomas Smith，1513—1577)，一位机智敏锐的实用主义官僚，和迪一样，他也在剑桥大学接受

---

① Ibid.，sig. bjv；Stern，*Gabriel Harvey*，167 和 Bourne，*Inventions or Devises*，98 引用过哈维。哈维的布拉格雷夫副本现为 British Library C.60.0.7.

② Ferguson，*The Articulate Citizen*，363.

过良好的教育，与伦敦方面有关系[1]。史密斯在全英格兰以及威斯敏斯特城拥有多处地产，但他选择了与经商的兄弟住在伦敦城的费尔伯特巷。史密斯与伦敦城的联系还不止于此：她的首任妻子是一位伦敦出版商的爱女，第二任妻子是一位伦敦商人的千金。爱德华六世国王任命他为国务卿，史密斯凭借自己旺盛的精力和好战、聪慧从同僚中脱颖而出。与许多宫廷人物疏远之后（包括护国公的夫人、萨默塞特公爵夫人），1549年，他接受指示远离宫廷到埃顿消夏，在那儿写就《英联邦论》。

史密斯的《英联邦论》记述了一位律师、一位爵士、一名商人、一名手工艺者和一名农民之间的对话，他们都对挖掘出英格兰面临的经济问题和找出解决办法很感兴趣。律师充当的是史密斯及其联邦哲学代言人的角色，提炼出导致国家痼疾的众多因素。首先，他对人们不尊重学习感到痛心，他指出，不光那些受过大学教育的绅士要掌握有价值的知识，各行各业的人都应当如此。如果这些英语的知识、学问和经验能得到更多尊重，人们自然就会加快为改善英格兰作出贡献的步伐。

"我想让那些有学问的人（这些人的意见大部分我都很敬重），以及商人、农夫和工匠（名字取得很聪明）都能自由地使用，被激怒，就此事给出自己的建议[2]，"这位律师解释说："可能揭示出，在一个领域中最为明智的有些观点，可能无法[反驳]。"武士那样的当兵人也会受益于懂"设置发动机、攻城拔寨、渡桥等几何问题处理和排序中的算法知识；凯撒(Caesar)在这些方面比别人高明，就是因为他从这些科学中获得了学识，从而实现了一个没有受过教育的人不可能创造的伟大功绩"。历史学家们就此观点有过争论。尽管律师对这种观点十分确信，但他还是嘲笑一些人认为手工艺知识和书本知识可以造福英联邦的观点。

---

① 关于史密斯的自传，参见 Dewar, *Sir Thomas Smith*，和 Archer, "Smith, Sir Thomas," DNB.

② Smith, *Discourse of the Commonweal*, 12,28.

律师抱怨道，在英格兰，不仅各类知识的价值都被低估了，而且对那些有好的想法的人来说，没有足够的激励机制去促使他们将想法转变为现实。相反，他们受到规定、法律和限制的束缚和困扰。这些约束是导致英格兰出现问题的第二个因素，并且，就这一点而言，与"当年欧洲最繁荣的城市威尼斯"相比，是明显的劣势。威尼斯这座城市欢迎陌生人，鼓励创新，认可技艺。"威尼斯人对每个带来就业机会和岗位的新工艺或神秘事物的人，以及带来财物或者其他商品的人都予以酬谢，"律师讲道。威尼斯这座城市很清楚，聪明人不都是本地人，因此，"如果他们听说有哪里有熟练工匠，就会设法吸引他们定居"。[①] 一个理想的联邦能够在保护市民权利的需求与对创新和发明的需求之间找到平衡点。

比林斯利和迪所译的欧几里得著作正是这样一个创新之举。这两个伦敦人将古代理论和新型、实用的思想观念展现给"良好、重要的英国智慧人士"，使他们"推进这门有道德的知识的增长"。[②] 迪很确信"没人……会开口反对这门知识"，他的判断大体正确。"通过用英语给英国人确立起一门有利的技艺"，迪虽不能让所有反对的人都闭上嘴，但也让很多认为数学素养超出普通伦敦人接受能力的批评者无话可说。最重要的是，他写的序言已经将数学从一门邪恶、危险的知识类别转变为对个体市民以及他们所生活的国家都有利的知识类别。比林斯利和迪翻译的欧几里得著作进入书店，再到读者手中，推动了伦敦数学教育家们创造性地思考问题。他们思考如何在城市中教授数学，如何在城市商业和手工业领域中更成功地推销数学这个有价值的工具。

## 伊卡洛斯的教育：数学和"智力敏捷"

1570年，比林斯利和迪翻译的欧几里得著作在书店里出售，伦敦富

---

① 同上，124，88.

② Smith, *Discourse of the Commonweal*, 12，28.

商之子西普利安・卢卡(Cyprian Lucar)就是可能为这样一本书掏腰包的人。卢卡在一个重视数学素养的家庭中长大，在他们家，连女人都懂数学。父亲埃缪尔在发妻伊丽莎白・威瑟普尔(Elizabeth Withypool)过世数十年后，在教区教堂为她立了一块纪念碑，铭文中赞扬了她作为女性的优秀品质，包括针线活方面的天赋、谦虚的品质以及对《圣经》的虔诚。可是，对大多数女性而言，在墓碑上表达这些情感都是标准化的，埃缪尔・卢卡则不同，他还把妻子那非传统的能力永久地刻在铭文中：她可以"谈论各式各样的算术或会计学。"[①]或许这些并不是为人妻的传统才能，但在卢卡这样的商人之家需要处理复杂的国际贸易事务，具备这些能力还是非常令人满意的——每笔交易中都会用到不同的货币、量制和记账方法——需要牢牢掌握基本算术，甚至代数。

迪在序言中给学生们吹响了从事数学研究的号角。这时，首先作出回应的是校长和数学作家们，随后就是像卢卡那样富有而受过良好教育的人。这些人已然尝到了数学带来的甜头，因此用不着向他们强行推销。倒是如何让那些手工艺者和小商人们相信，他们手下的学徒是需要经过数学训练的，更让人感到气馁。而事实上，木匠确实用上了几何学，商人也借力算术，但几乎没人能清楚地表述几何原理或者给代数学下定义。但这并不耽误他们盖楼房、加工物品或是和外国进行贸易往来。在传统社会中，人们主要通过动手和操作理解手工艺，直到近代，随着欧洲人数学素养水平的提升，随着印刷技术发展，使得消费者更易于获得图书，书本才成为另一种补充学习手段[②]。但是，欧几里得《几何原本》的比林斯利—迪译本 1570 年出版之后，伊丽莎白

---

① 伊丽莎白・维瑟普尔・卢卡（卒于 1537）墓碑上的刻字，圣劳伦斯庞特尼教堂，伦敦，承蒙朱迪斯・本尼特(Judith Bennett)的恩惠。纪念碑很可能是依照其体裁元素，在伊丽莎白时代修建的。Ferguson，*Dido's Daughters*，讨论了与当时评价女性素养的相关问题。

② *Smith*，*The Body of the Artisan*，*passim*.

时代的教师和数学作家、器械制造者开始联手，向商人、泥瓦匠和其他市民阐释数学素养带来的好处，并以一般消费者可接受的价格营销这门知识。

数学家特别关注数学研究如何提升解决问题的技巧，如何使学生发现精确、创新性的解决方案。于是，人们耳熟能详的代达罗斯和伊卡洛斯故事的教育意义又一次被证实。最初，代达罗斯(威廉·坎宁安形容他为“优秀的几何学家”)制作那个具有决定性意义的翅膀是为了逃离监狱。代达罗斯失宠于迈诺斯王之后被关在一座塔中，他“(通过科学的方法)准备一对翅膀并用它们逃离羁押。”[①]由于在机械方面具有独创性，懂数学知识，代达罗斯想出这个便捷有效的途径解决此前没有相关经验的问题。他的儿子伊卡洛斯对学习翅膀构造、了解它们的特性兴趣不大，他更愿意追着他父亲玩耍，结果，他的游戏超出了翅膀的能力范围，坠地而亡。这是个血的教训，那些最谨慎的商人或手工艺者不禁突然警醒，并注意到：不懂数学知识的人虽然能搞懂事物的工作原理并使用机械物品，但也可能招致灾难性的后果。而真正得到数学素养保佑的人，会走向成功，走向发迹。

越来越多的数学教育家和作家都认为，如果工匠、政治家或商人都难免要面对不可预期的事物，那么，数学就是一门不可或缺的工具性学科。况且，在伊丽莎白时代，不可预期的东西铺天盖地：新世界、新贸易和新行业，以及因中世纪势力在时代的挑战面前无能为力而兴起的政治新秩序和社会新秩序。数学论著和课程中经常出现简单的解决问题的主题，这是缓解困难的一种方法。一位作家认为，数学是“发明出来的最好的磨石，或者是使人头脑敏锐的刻刀”。学习数学可

---

① Cuningham, *The cosmographical glasse*, *sig*. *Aiir*. Cuningham, *The cosmographical glasse*, *sig*. *Aiir*.

以帮助人们培养“敏锐的智慧”，促进买卖交易，引发人们创造性思考。威廉·伯恩认为，一个具备数学素养的人“处理事务速度更快”。伦敦的教育家们承诺，要培养学生为处理不常见的意外情况做准备的能力。人们买得起的数学书里经常出现假定生意者面临技能挑战的应用题，通过商人使用不同度量单位的货币兑换交易、贸易来引导学生学习，再复杂一些的计算就需要会计学知识了。伦敦最成功的数学教师之一——汉弗来·贝克在他的《科学之源》一书中给学生出了这样一道题目：

甲、乙、丙三个商人合伙开公司。商人甲投资数目不详，商人乙投资 20 块布料，商人丙投资 500 英镑。生意结束时，公司共获利 1 000 英镑，其中，商人甲应得 350 英镑，商人丙应得 400 英镑。问：商人甲投资多少英镑，商人乙投资的 20 块布料值多少英镑[①]？

这是批发商和零售商都有可能遇到的一道题目，靠试错法经验无法有效解决。

虽说商人或木匠能通过经验获得一些知识，比如一个特定尺寸的船可以装多少桶酒，怎样锯木板做标准尺寸的桌子，但这些被证明有效(或可靠)的经验在探索未知事物时不是万能的。试错法可能最终会产生一个有用的结果，但其成本高，耗时长。然而，数学却不同。一旦掌握了基本原理及其应用，数学就会成为廉价快捷的工具。汉弗来·贝克强调他解决问题的“简要规律”，这个规律可以让问题解答“比三次法则快捷。”威廉·伯恩解释说，即便是有经验的枪手，不通过步测也无法精确判断新目标的距离，尽管“从地理学视角来说有办法真实、准确地了解情况。”[②]数学承诺，让木匠想学习数学知识不是为了

---

① Baker, *The well spryng of sciences*, sig. Aiiir, 128r; Bourne, *A booke called the treasure for travellers*, sig. [ * * ivr].

② Baker, *The well spryng of sciences*, 78v; Bourne, *The art of shooting*, sig. Aivr.

竭力维持生计，而是要让他们在充满竞争的劳动力市场中更有实力。这些作家认为，数学知识是熟练工匠们的军械库中至关重要的一种武器。

为了让更多学生走进课堂学习数学，让更多人走进书店购买数学图书，1570年以后，不断壮大的数学教师和作家圈子放出了这样的信息：数学素养和变通的解决问题能力联袂而行。正如汉弗来·贝克所讲，伦敦的教师一向以支持数学著称；他还写道，“我在别的国家没有发现……比英国，也就是伦敦的年轻人中……对这门科学知识掌握更多”，他将这种盛景归功于教师们“无微不至的关怀”，教师们训练他们由此进入应用领域”。① 然而，在伊丽莎白时代，伦敦城的教师和学生是如何互动的呢？这方面几乎没有直接证据保留下来，借助插图、流行的对话体教科书以及伦敦学校的描述，我们还可以拼凑出一些作为那个时代修习数学的学生应有的样子。此处，我将重点放在公开讲座或中学私人教师提供的正规教育之上。从伊丽莎白时代维瑟普尔·卢卡（Withypool Lucar）的事例中可以知道，重要的教育行为都是在家里开展的，可即便如此，没走进课堂（公立或私立）的女孩儿和年轻人是如何了解数学的呢？这方面的信息还是很有限的。

伦敦的教育家和数学作家为提升公民数学素养付出的努力，是整个西欧推广数学学习的一个组成部分。尼克洛·塔尔塔利亚，罗伯特·雷科德，乔瓦尼·弗兰切斯卡·佩韦里尼·迪·库内奥（Giovanni Francesco Peverone di Cuneo）和佩特鲁斯·雷默斯（Petrus Ramus）都在宣扬数学给年轻人和国家繁荣带来的益处。佛罗伦萨成为市民数学传授的先驱者，一定程度上是因为这座城市以银行业和商业为经济命脉；并且，在中世纪和现代早期，整个意大利半岛的算盘学校

① Baker, *The well spryng of sciences*, sig. Aiiiv - Aiiiir.

都得到蓬勃发展。在安特卫普，现代早期欧洲的另一个金融中心，来自校长同业公会的“计算大师”向年轻人传授算术[①]。伦敦很需要具备良好教学技能的数学教师，教师要能将深奥的概念转化为通俗的内容，并传授给两类受众：一类是绅士的儿子们，那些接受过经典教育但基本不具备应用数学理论、使用测量仪器或是解决勘测难题的实践知识的人；另一类是商人的儿子或仆人，那些会记账、会制造机械物品，却不会很好地表达抽象数学理论和概念的人。

孩童们读完伦敦城开设的“启蒙学校”(petty school)后，社会阶层出现分化。“启蒙学校”是初级学校，教师借助孩子们熟识主祷文和教义问答书这类主要宗教文本的便利条件，教授男孩子、女孩子们用英语阅读。由于纸、墨水和羽毛笔都很昂贵，来自社会底层的、5 至 7 岁的孩子们在校期间虽能学会阅读，但却不会书写。小学毕业后，一些女孩子在家里继续接受正规教育(尤其是商人家庭)，而另一些富家公子和天赋高、获得奖学金资助的穷人子弟则一起升入伦敦城的中学。中学要训练男孩子们掌握升入大学所需的语言技巧，课程设置上强调拉丁文、希腊文和数学等学科的书写训练。伦敦有些中学的课程设置更具创新性，包含了算术和音乐，其中，最知名的要数圣保罗学校(St. Paul's)和商人泰勒学校(Merchant Taylors')。例如，理查德·莫卡斯特(Richard Mulcaster)，圣保罗学校和商人泰勒学校的连任校长，感到有必要训练男孩子们学习算术和地理学。1561 年，由南华克区的圣奥拉夫教区居民创立的中学第一个在课程设置中纳入会计学。然而，

---

① Van Egmond, *The Commercial Revolution*; Meskens, “Mathematics Education,” 137 - 55. 有关欧洲对数学教育的推动，参见 Keller, “Mathematics, Mechanics,” 350 - 52. 罗斯(Rose)的研究《意大利的数学复兴》(*The Italian Renaissance of Mathematics*)给对意大利的发展感兴趣的历史学家们保留了一个经典的起点，而意大利的发展给整个欧洲带来了灵感。有关佛罗伦萨，参见 Goldthwaite, “Schools and Teachers of Commercial Arithmetic.”

敢于超越经典的语言教学和书写去钻研数学教学的中学，总的来说是凤毛麟角[①]。

伊丽莎白时代，确有一些人为了数学教育，尤其是为绅士家庭的男孩子们的数学教育大声疾呼。沃尔特·雷利（Walter Raleigh）同母异父的兄弟汉弗来·吉尔伯特（Humphrey Gilbert）爵士提出，给女王的护卫和贵族建立一所学院，教学生学习有益于联邦的科学和技艺[②]。像军事政策、修辞、法律和语言这样传统的学科还是随自然哲学和数学一起教授。由两名数学教师每隔几天轮流教几何和算术，几何教学侧重实用，例如"排兵布阵、防御工事以及火炮实操战事。"吉尔伯特还倡导用类似的方法轮流讲授更难懂的数学相关其他学科——宇宙结构学、天文学、航海学和造船。另外，再雇一名教师教学生"根据比例、必要视角和测量规则"来画图和看图表。

还有一位丝绸行会会员托马斯·格雷沙姆出资建了一所学院，向伦敦人传授吉尔伯特早就想到的那些内容，而在此之前，女王从未支持过吉尔伯特雄心勃勃的计划。格雷沙姆还出资修建了皇家交易所，他从遗嘱中拨出一部分资金用于建立包括中学和同业公会体系的公共机构，为不同背景的伦敦人提供教育。格雷沙姆学院的修建历经数年——遗嘱立于1575年，但直到1596年格雷莎姆的妻子去世时，学院才一切就绪——他们希望学院能够充当起伦敦城各类知识交流的中心。早期的课程设置要求有医学、神学、音乐、法律、修辞学以及数学方面的讲座。牛津大学的爱德华·布里里伍德（Edward

① 西蒙（Simon）的《教育与社会》（*Education and Society*）仍然是那些对现代早期英格兰的教育感兴趣的人的研究起点。关于数学教育的历史，包括对圣奥拉教区中学课程的提及，参见 Howson, *A History of Mathematics Education in England*，也可参见 Alexander, *The Growth of English Education*，特别是，203；Watson, *The Beginning of the Teaching of Modern Subjects*，特别是 304；以及 Wood-bridge, "Introduction," 1.

② British Library MS Lansdowne 98/1.

Brerewood）、剑桥大学的亨利·布里格斯（Henry Briggs）分别担任天文学教授和几何学教授，他们被任命为学院的首任数学课程总监。然而，格雷莎姆讲座的受欢迎程度从未达到其创建者的预期，17 世纪早期，讲座大厅的上座率经常只有一半①。

如果说伊丽莎白时代伦敦人的数学素养有所提高，那么，多数人都是得益于阅读或者私人教师辅导，而不是听公开讲座。伊丽莎白时代，伦敦有可供雇佣的私人数学教师——在算术、几何、会计、数学器械应用等某一数学学科方面具备实用技能或受过大学训练的有事业心的年轻人。伊丽莎白即位后不久，乔治·巴克（George Buck）爵士调查了伦敦城市民可能接受到的教育选择情况，他将伦敦称为“英格兰的第三所大学”。他提到，算术、天文学、几何学和数学、水利、地理学、航海、宇宙学和军事科学方面的辅导轻易可及②。倘若竞争如此激烈，那么，私人数学教师像行医人一样推销自己也就不足为奇了。

伦敦城的知名数学教师中，借助出版来赢得更多学生、更高地位和爆光度的不只贝克一人。南华克区的一名校长约翰·梅利斯（John Mellis）编辑了罗伯特·雷科德那本受人敬重的数学教材《技艺基础》，从而提升了自己在伦敦人心目中的形象，这本书经约翰·迪增补后再次发行。1582 年，梅利斯用“一些新规则和必要的新增内容”对这部著作进行了“优化”，尤其是新增了第三部分，专门讲“经过删节更为简便的实用规则”。梅利斯紧跟迪的步伐，在参考文献中与联邦哲学相呼应，他宣称自己的愿望是让学生掌握“正确无误的规则和简便的实用

---

① Johnson, “Gresham College,” 426，有两人对格雷莎姆学院早期历史中的数学进行研究，分别是 Feingold, “Gresham College and London Practitioners,”和 Clucas, “‘No Small Force.’”莱瑞·斯图尔特（Larry Stewart）在后来的自然哲学公众讲座与技术素养之间建立起了联系：*The Rise of Public Science*.

② Buck, *The Third Universitie*, in Stow, *The Annales*, 965，有关伦敦数学、地理学教授方面选择的讨论，参见 Cormack, “The Commerce of Utility,” 311 – 317.

方法”，在“好的事务中为主人尽忠尽用”并成为“优秀的联邦成员”。然而，梅利斯和迪的不同之处在于，他强调方法的简便性，而且他的著作价格较低。编辑雷科德的著作时，他没有做过多的提升，以免书“过厚，价格过高”。①

尽管梅利斯和迪都对数学知识应用感兴趣，但实践证明，梅利斯更注重实用。了解到读者对算术学的偏好，梅利斯出版了《复式计账简明指导与方法》(*A Briefe Instruction and Maner How to Keepe Bookes of Accompts*，1588)，这本书专讲复式记帐法，是他的英语著作之一。16世纪早期的数学教师休·奥尔德卡斯尔(Hugh Oldcastle)将卢卡·帕乔利(Luca Pacioli)的意大利语著作翻译成英文，该著作也是关于复式计帐法的，梅利斯修改了翻译稿。奥尔德卡斯尔1543年的著作没有流传下来，但梅利斯讲述了他“为了积累知识和个人成长”，如何将翻译稿留在身边30年之久。即便是在会计领域推销自己，梅利斯也主张简便和快捷。他认为，所有优秀的商人都应该“在会计和计算方面做到快捷、迅速”，并且“会用笔或计算器精明、巧妙地计算”。梅利斯承诺，会在他位于南华克区圣·奥拉夫教区附近的家中教缺乏这些重要技能的商人及其孩子和手下；在他家里，他们可以“发现我会在可能很短的时间内，轻而易举地帮他们实现愿望”。②

梅利斯和贝克在自家以外也开展工作，他们通过出书和其他媒体宣传自己的教学服务。然而，1588年，伦敦人托马斯·胡德(Thomas Hood，卒于1620)成为伦敦城中的第一位数学公共讲师，数学素养的推动工作出现了转折点。与无敌舰队战败之后，英格兰急需训练士兵投入与西班牙的下一场预期的战事之中。因此，在商人和海关官员托

① 在雷科德的《技艺基础》(伦敦，1582)及后来版本中中可以找到梅利斯增加的内容；Mellis, “To the Right worshipfull,” sig. Aiiv.

② Mellis, “To the Reader,” in Oldcastle, *A Briefe Instruction*, sig. A3r.

马斯·史密斯的资助下，伦敦城上上下下达成共识，认为这是让士兵们更好地理解数学、组建有战斗力的队伍的好时机。起初，胡德在他的赞助者家中讲算术学、勘探仪器的应用和天文学，后来，专注的听众越来越多，他们只好搬到林登霍市场的斯达普勒斯小教堂那里一个宽敞些的地方。胡德和此前的迪一样，强调数学教育对于联邦的利益，并试图将听众的注意力从数学玩具转移到"一些有用或适合英联邦的商品"上来。史密斯出版了胡德的开场白，以飨那些没能到场听首场讲座的人。开场白的数学课程意味淡了些，更像数学教育的又一次呼吁。胡德的讲座到底成不成功呢？学者们对此有一些争论，偶尔也有证据表明实际上公众的参与情况并不理想。最后，伦敦城的数学讲座全部停办了，乔治·巴克在1615年时不禁扼腕叹息，"伊丽莎白女王统治时期，有人开讲座讲数学科学的主要内容……林登霍市场的小教堂有人读书，但现在中断了"。①

梅利斯和贝克使用罗伯特·雷科德的《技艺基础》这样的大家耳熟能详的文本，给最基本的算术和几何营造了数学教育的背景。胡德也发挥了自己作用，使迪的序言所传达的英联邦信息更广为人知。然而，有的数学作家也开始写新鲜的题目，来补充这些经过实践检验的英语数学经典著作。这些新出现的用英语写就的数学书，继续在数学素养的提升中发挥重要作用，因为对那些没时间或没钱走进学校的学生而言，这些书无异于他们的老师。就连教育家约翰·梅利斯也承认，他没参加剑桥中学算术讲座以前，就是通过仔细阅读罗伯特·雷

---

① Johnson, ed., "Thomas Hood's Inaugural Address," 103; George Buck, *The Third Universitie*, 981. 泰勒在《数学实践者》(*The Mathematical Practitioners*)中主张，数学讲座是教育伦敦民众的一种重要手段，持此观点的还有其他学者。范戈尔德的一个案例讲到，由于公众缺乏兴趣、不支持，数学讲座的参与情况不好，这个案例很有说服力，见 Feingold, *The Mathematicians' Apprenticeship*, 171-76.

科德的著作打下数学知识基础的[1]。许多伊丽莎白时代晚期的数学作家继承了前辈们的做法，将数学书写成对话形式的，先生通过提问方式教学生知识，给他们纠正错误，这样，阅读的过程就更像学习过程。

数学作家们想让城市消费者对自己的著作感兴趣，就不能像教育家一样，光指出算术和几何有众多用处。比林斯利和迪翻译的欧几里得著作出版之后，作家们开始打造数学著作的序言和内容，将数学描绘成一套省时的技巧，适用于解决复杂问题。1570 年至 1588 年取得突出成就的数学作家群体，包括威廉·伯恩、威廉·巴勒（William Borough）、托马斯·迪格斯和罗伯特·诺曼（Robert Norman），十分倚重于这一信息，并参与了测量仪器相关讨论，他们将测量仪器描述为一种帮助读者更快、更准确地解决问题的工具。尽管他们的背景和专业轨迹各不相同——伯恩是地方政治官员和作家，巴勒是一名航海家和海事官员，迪格斯是在剑桥大学受过教育的数学作家和工程师，诺曼是器械制造者，但他们都投入到了测量仪器使用的指导工作中。

威廉·伯恩曾是一名炮手，因而在实用数学方面实践经验更丰富。在出版了一些流行历书之后，他开始写航海事务方面的内容。伯恩不负托马斯·巴克敏斯特的期望，成为了伊丽莎白时代最多产的数学作家，出版了 7 本著作，印刷了 14 版。尽管他的多产创了出版记录，但有些书的读者群定位很窄。伯恩结识了女王的要臣威廉·塞西尔，两人讨论“轮船模型的测量”问题。伯恩受他们对话的鼓励和启发，写下了一本（现已失传）“对海员和造船木工都有益处和帮助”静力学著作。伯恩还写了光学镜片和水的浮力方面的论文，还有一个关于

---

① Mellis, “To the Right worshipfull,” sig. Aiir.

海军防御工事的短篇作品，这些内容都以手稿形式留存①。在他已出版的著作中，流传最广的是《管制大海》（*A Regiment for the Sea*，1574），这本书在伊丽莎白时代6次重印。这本书是伯恩为回应马丁·科尔泰斯（Martín Cortés）为西班牙水手写的论著《航船技艺》（*The Arte of Navigation*，1561）而作，他的目标是写一本对航海更具实用指导价值的书，而不是光为水手服务的。理查德·伊甸（Richard Eden）已经将科尔泰斯的著作译成了英语，但伯恩仍觉得有必要由英国人为英国人写一本这方面的书。伯恩在数学领域出版的其他著作还包括一本地理方面的书《旅行者宝典》（*A Booke Called the Treasure for Traveilers*，1578），一本工程思想方面的书《设计发明》（*Inventions or Devises*，1578），另外还有一本给炮手的手册《大炮射击技艺》（*The Arte of Shooting in Great Ordnaunce*，1587）。

在所有这些出版的和未出版的著作中，伯恩根据自己的理解，将器械、航海学和弹道学领域的实用和动手经验与其背后潜在数学原理结合起来。尽管伯恩声称自己是一个"知识和学问都很匮乏"的"没学问而且简单"的人，但他显然读过约翰·迪和莱昂纳多·迪格斯的著作②。他的天赋在于，他能够将理论和实际应用结合起来，他的著作通俗易懂，工匠、水手和炮手都能看。有传闻说数以百计的人都怀揣着伯恩的著作出海，虽说这一说法有些让人怀疑，但是，他作品的频繁出版说明了航海事业和伦敦的学校对此是有需求的。

仔细品味伯恩《旅行者宝典》的献辞及序言，我们可以看出作者如何将数学的理论、实用和器械方面融为一体，并将其介绍给目标读者。

---

① British Library MS Lansdowne 121/13 (undated); British Library MS Lansdowne 29/20(2 March 1579)，和静力学著作一样，关于水的著作也丢失了，但在《管制大海》和《旅行者宝典》中可能会有相关方面的内容，后一本书中有一个章节写静力学。

② British Library MS Lansdowne 121/13; Bourne, *Inventions or devises*, sig. §3; Bourne,

伯恩将书献给女王的军械大师威廉·温特(William Winter)爵士，这是一位受过良好教育的伦敦人，乐于追求各种技术和包括冶金学和机械学在内的大众科学。伯恩在献辞部分勾勒出了这部著作的内容和范围，强调了知识的可信性：著作分为五册，第一册讲几何学视角，第二册讲宇宙结构学，第三册讲一般几何，第四册讲静力学，第五册讲自然哲学。在致普通读者的序言中——伯恩希望普通读者是工匠、水手和炮手这样的人——他对这本书的内容不同特点进行了描述。“第一册书对象限秤、星盘有专门论断”，伯恩写道，还讲了直角器等仪器的使用，“用它们可以画出任何一个国家的地图。”伯恩在第二册书中承诺，会告诉大家“已知任一处所的经度和纬度”，就可以计算出该处所距自己位置的距离，并指出其方向。第三册书致力于“物体表面积和固体物体测量，以及如何增大或缩小……不论……是任何一条船的吨位或者任一个桶的大小。”第四册书教读者估测海上漂浮船只重量的方法，而第五册书解释大海中突然出现的、对航海人和商人造成危害的岩石和沙堤的成因①。

伯恩著作中的献辞和序言分别写给两类不同读者：献辞面向的是温特那样受过高等教育的人，这些人已经熟悉数学思想；序言是写给更广泛的读者的，这些读者被数学解决问题的潜力激发了兴趣，痴迷于减轻计算负担的测量仪器和其他装置。本质上，建立在对测量仪器熟悉和理解之上的一套技能已经取代了对数学理论更深层次的掌握。这种技能的养成靠的不是对罗伯特·雷科德著作的研读，而是靠“精确的试验和完美的实验”，因而，人们不再强调数学书本中的阅读和计算行为，转而强调实际行动和操作。“虽然有那些(数学)科学领域中的有识之士……在他们著作的研究中，”罗伯特·雷科德写道，

---

① Bourne, *A booke called the treasure for traveilers*, sigs. ＊iiv, ＊iiiv.

“这片土地上也有各种各样的机械师，他们在职业生涯中得心应手地使用这些艺术，用来提升效率，简化程序”①

在伦敦城，教育家和作家用英语推动公众数学素养提升时，开始强调掌握数学理论的实用性。约翰·迪给欧几里得《几何原本》写的序言中，对数学相关应用进行了重要的综述，但他在说明这样的数学技巧如何重要、为什么重要方面，不像其后来者那样有说服力。伯恩、巴勒、托马斯·迪格斯和诺曼等人更关注数学如何给不可预见或者不同寻常的问题提供快捷、准确的解决方法，向读者强调数学的实用和实惠。他们还让伦敦人更坚决地把注意力转向测量仪器，引导他们懂得欣赏和感谢那些会使用和制作器械的“机械技师”。

## 代达罗斯的展示：器械使用和数学素养

长久以来，伊丽莎白时代的人们对那些有可能用来解决，或者说至少能缓解日常生活中遇到的问题的器械、发动机和机器都感兴趣，同时，对能让观者惊讶、愉悦的机械物件也感兴趣，例如迪的甲壳虫。1588 年秋，就在贝克印制他那些文章的前几年，伦敦人得到一个大饱眼福的好机会，他们结伴穿过同业公会大厅，参观外国移民汉瑞克·约翰森(Henrick Johnson)设计的永动机。在女王的管家托马斯·赫尼奇(Thomas Heneage)的要求下，伦敦城的官员同意让主要的政府大楼对公众开放一整天，这个人说服市参议员让约翰森把自己的机器放进市民事务中心，这样，“这座城市的居民和其他想看到类似东西的人”就可以见证这次展示活动。那时候，伦敦居民沉浸于夏天刚刚打败西班牙无敌舰队的胜利的喜悦之中，他们实在是太想走出去看一看

① Norman, *The newe attractive*, sigs. Aiiiv, Biv.

城中式样最新、威力超凡的仪器和机械①。

约翰森的机器从城市中心运走后，伦敦人也有大把的机会参观精巧的仪器和机械装置。伊丽莎白时代，伦敦的尽西头——城墙内的区域，包括圣保罗附近的出版社、黑衣修士桥的古老的教会图书馆，以及弗利特街和斯特兰德沿线的郊区教区———都因那一带的器械商店而闻名。从黑衣修士桥往北朝天主教选区走，然后向西拐，穿过鲁德门走到弗利特街大街和斯特兰德大街交汇处，再继续走到查林十字街附近的圣马丁教区，就可以从法国、弗莱芒和英国的制造者那里买到钟表、机械装置和测量仪器。城市里处处可见其他新兴的器械社区。在圣博托尔夫·阿尔德盖特教区，可以从托马斯·赫恩（Thomas Hearne，活跃于 1592）和伊斯雷尔·弗朗西斯（Isreal Francis）（活跃于 1597 年）那里买到指南针和钟表。还有，在圣塞普尔切瑞教堂的霍西尔巷的一处设施外面，约翰·里德（John Read，活跃于1582—1610）和克里斯托弗·潘恩（Christopher Pane，活跃于 1584—1612）在那儿卖测量仪器。

伊丽莎白时代，伦敦是全英国的器械使用中心②。外国人涌入伦敦，詹姆斯·科尔和鲁斯伍林来了，雕刻工人、钟表制造商以及其他身怀技艺的金属加工工人也来了。移民和英国工人给富商和贵族制造精美、昂贵的器械，还给伦敦教区装上了钟表和日晷。在他们的店铺里，伊丽莎白时代的人们可以看到让代达罗斯都为之骄傲的技艺展示。购买者可以看那叫作《汇编》（*Compendia*）的小小口袋日历是何

---

① CLRO，Rep. 15，f. 598v.

② Turner，*Elizabethan Instrument Makers*，3. 在接下来几页内容中，我对器械制造者的日期描述会和其他学者著作中的说法有所不同，因为这些信息并非来自手工艺的现存实例，而是来自社会历史源头。除了特纳，关于仪器制造者的经典参考著作还包括 Hind，*Engraving in England*；Loomes，*The Early Clockmakers*；Clifton，*Dictionary of British Scientific Instrument Makers*.

其复杂，能把日期和时间都刻在黄铜和电子整理器上。甚至像汉弗来·科尔（Humfrey Cole）这样重要的器械制造商也做这些流行小物件。英国人再也不用飘洋过海到国外去买稀有物件了，比如，每隔一刻钟奏响不同旋律的音乐时钟。尼古拉斯·瓦兰（Nicholas Vallin，活跃于1577—1603），一位来自弗兰德斯的里尔的移民，就可以在他伦敦城的工作室中制作一个这样的物件①。并不是所有的器械都很昂贵：像星盘、象限仪及其他测量、筹划天地万物的仪器选择范围就很大，既有精良金属制成的，也有给用廉价木料制成的，主要是一般的熟练工匠使用。

追溯伦敦器械素养发展脉络的学者们面临着一个问题，他们对伊丽莎白时代的器械及其制造者知之甚少。学者们仔细研读出版著作中的注释和现有的参考文献，发现能与流传下来的、经常是无标识的器械联系起来的人没有几个，这样的话，就很难让伊丽莎白时代的器械制造者的生活和工作描述得具体化而有血有肉了。最有名的器械制造者，如托马斯·热米纽斯、汉弗来·科尔、查尔斯·惠特韦尔（Charles Whitwell）、奥古斯汀·赖瑟（Augustine Ryther）和詹姆斯·凯文（James Kynvin）都在自己的作品上署名，因而得到关注。而且，富有的赞助者会把他们制作的器械当作珍贵古董加以收藏，而不像那些必不可少的工艺工具一样都拿去使用。这些物件保存下来的几率要高于勘探者们日常使用的器械。1631 年钟表匠行会（Clockmaker's Company）成立以前，器械制造者们没有行会组织，因而情况更加扑朔迷离。结果，只有少部分通过学徒来追踪工作室师傅谱系的工作取得

---

① 科尔的一个《汇编》藏于伦敦的国家海洋博物馆格林威治藏品部，1569 年签收。关于科尔著作的完整目录以及自传细节，参见 Ackermann, *Humphrey Cole*. 瓦兰的音乐钟表藏于大英博物馆 Ilbert 藏品部。关于瓦兰的更多信息，参见 Drover and Lloyd, Nicholas Vallin. 登录 http://www.youtube.com/watch?v=EcmyZjuRsrw 可以观看并收听瓦兰手工艺品的样例。

了成效①。尽管困难重重，但还有可能画出热米纽斯、科尔、惠特威尔、赖瑟和凯文以及其他一些伦敦器械制造者的肖像来，这也反映出他们在自己所处的时代是非常出色的。

在伊丽莎白时代的伦敦，器械制造者与某一地，尤其是他们居住的社区或工作过的教区教堂，有着非常紧密的联系。虽然那些如今装饰博物馆展架的小型仪器确在那个时期的工匠、顾客以及宫廷赞助人手里流通过，但很显然，这些珍贵物品的制造者聚集在一个个社区之中。这些社区遍布整个城市，并有自己可辨识的特征。一些社区专作某方面的特定的仪器。东部的圣博托尔夫·阿尔德盖特郊区教区专做指南针，购买者多是其他区域的居民，或是船员和出泰晤士河东港口做长途海运的人。在圣玛格丽特·威斯敏斯特，靠近威斯敏斯特汉普顿大院和里士满皇家居住区的一带，器械制造者们专攻大型钟表制作和维修。在主要的器械制造区——包括圣安妮黑衣修士桥、圣保罗、开放圣克莱门特、西部的圣邓斯坦、田野圣马丁以及圣马丁莱格兰德，我们找到了雕刻师、器械制造师和钟表师，他们为消费者生产出各式的有技术含量的器械。临近圣巴塞洛缪医院和皇家交易所周边的大街一带，在很多小型社区里也可以找到这种业务范围的器械工作室。

这些制造器械的社区有些由移民来的技工、手艺人主导，有些则由英国人主导。例如，在伊丽莎白统治时期，圣保罗天主教堂南边

---

① Atkins and Overall, *Some Account of the Worshipful Company of Clockmakers*，以及White, *The Clockmakers of Londn* 对钟表匠行会的历史进行了勾勒。乔伊斯·布朗(Joyce Brown)发现杂货商行会是很多早期钟表匠的家和归宿；参见她的著作《测量仪器制造者》(*Mathematical Instrument Makers*)，其中包含了早期制造商的一些文献。M.A. Crawforth 在布朗的分析基础上进一步拓展，考察了伦敦的其他行会，发现了铸铁工行会(Broderers Company)和细木工行会(Joiner Company)仪器制造大师和学徒的宗谱关系，参见"Instrument Makers in the London Guilds," 319 - 77.

的圣安妮黑衣修士桥教堂周边的社区，住着至少12位移民来的器械制造者：托马斯·热米纽斯、约翰·玛丽（John Mary，活跃于1544—1566）、迈克尔·诺威（Michael Noway，活跃于1568—1616），弗朗西斯·罗依安（Francis Roian，活跃于1572—1616），托马斯·蒂博（Thomas Tiball，活跃于1573—1598），劳伦斯·多恩特内（Laurence Dauntenay，活跃于1570），弗朗西斯·诺威（Francis Noway，活跃于1576—1593），尼古拉斯·瓦兰、迈克尔·斯卡拉（Michael Scara，活跃于1582），安东尼·瓦兰（Anthony Vallin，活跃于1585—1593年），约翰·瓦兰（John Vallin，活跃于1590—1603）和彼得·德·欣德（Peter De Hind，活跃于1594—1608）。这些手艺人来自法国或荷兰，并且，很多人（如瓦兰一家）把自己的族人或仆人都带来了。黑衣修士桥一带的器械制造者们设计精巧、别致的钟表，制作测量仪器和商品秤，而且为了增加收入，他们还给圣保罗教堂附近的印刷商雕刻整页插图。圣安妮黑衣修士桥教堂一带工作室的产品有很多都留存于世，表明了这些外国工匠身怀独特、精湛的技艺[①]。

另一方面，西部的圣邓斯坦教区由英国的器械制造者主导。该教区的记载把理查德·布伦特（Richard Blunte，活跃于1580—1596）、约翰·莫戴（John Modye，活跃于1587—1603）、托马斯·布罗姆

---

① 历史文献中，接触到的手工艺人只有热米纽斯和瓦兰家族，关于个人传记的细节及其手工艺品的样例，参见 Turner, *Elizabethan Instrument Makers*, 12 - 20, Drover and Lloyd, Nicholas Vallin，散见全文各处。有关其他移民来的器械制造者的信息散见于伦敦的各种资料中，包括没有页码的圣安妮黑衣修士桥教区登记，GHMS 4510/1. 登记册以外，关于玛丽，参见，AR 1:192, 298；关于迈克尔·诺威，参见 AR 2: 34, 212, 276, 318, 410，以及尼古拉斯·瓦兰的遗嘱，ADCL 5/58；关于弗朗西斯·诺威，参见 GHMS 4508, AR 2: 179, 253, 410；关于罗伊恩(Roian)，参见 COMCL 16/251, AR 2: 357, AR 3: 50；关于蒂博，参见 AR 2: 357, AR3: 5；关于多恩特内，参见 AR 2: 180 - 181, AR3: 397. 迈克尔·诺威的表保存于钟表匠行会的收藏品中。

（Thomas Brome，卒于1598）、罗伯特·葛林金（Robert Grinkin，活跃于1600—1626）和詹姆斯·伊尔斯贝里尔（James Ilsberye，活跃于1601）都描述为器械制造者。据了解，这个教区只有两名器械制造者是法国人，钟表匠彼得·德拉马尔（Peter Dellamare，活跃于1523—1567）和器械制造师艾德里安·高恩特（Adrian Gawnt，活跃于1567—1598年）。阿尔德盖特的圣鲍托尔夫教区记载中提到的5位知名的器械制造者都是英国人，他们是器械制造师理查德·史蒂文斯（Richard Stevens，活跃于1569）和威廉·托马斯（William Thomas，活跃于1589—1616），指南针制造师托马斯·赫恩（Thomas Hearne）和约翰·怀特（John White，活跃于1602—1603），还有钟表匠伊斯雷尔·弗朗西斯（Israel Francis）[①]。这些英国器械制造者隶属于铁匠行会（Blacksmiths' Company）、金匠行会（Goldsmiths' Company）或杂货商行会（Grocers' Company），这是很司空见惯的。例如，器械制造者罗伯特·葛林金专做手表，他是铁匠行会的成员，后来成了那里的师傅。很多为女王和宫廷效力的最杰出的器械制造师都属于金匠行会，这其中就有汉弗来·科尔和巴塞罗缪·纽塞姆（Bartholomew Newsam，活跃于1568—1593）。当时的一些其他的重要器械制造者，例如克里斯托弗·帕内（Christopher Pane，活跃于1584—1612）、奥古斯汀·赖瑟（1550—1593）和他的徒弟查尔斯·惠特威尔（活跃于1582—

① 正如移民而来的钟表匠们，很多些个体都需要通过社会历史记录来追踪，而参考学徒文献或者参考现在的手工艺品样品是行不通的。关于布伦特，参见 GHMS 10342 and GHMS 6419，f. 112v；关于莫戴，参见 GHMS 10342 and ADCL 4/201v；关于布罗姆，参见 GHMS 10342；关于伊尔斯贝里尔，GHMS 10342；for 高恩特，参见 C66/1032，no. 298 和 COMCL 19/65；关于史蒂文斯，参见 ADCL 3/225；关于托马斯，参见 GHMS 9220 和 GHMS 9221；关于赫恩，参见 the matrimonial enforcement case in the Consistory Court，DL/C/214，ff. 164 - 65，180 - 88，还有 GHMS 9221；关于弗郎西斯，参见 GHMS 9223，f. 30v；关于怀特，参见 GHMS 9223，f. 58v，和 ADCL4/226.

1611)，还有惠特威尔的徒弟伊莱亚斯·艾伦(Elias Allen，1558—1653)都是杂货商行会的成员[①]。

这个器械制造者群体已经足够庞大，给居民和伦敦城的参观者留下了深刻的印象。走在黑衣修士桥教区，或者在圣邓斯坦沿佛莱特大街漫步，穿行于店铺之间，只见店铺里设计独特、工艺复杂的装置和工艺品琳琅满目，令人大饱眼福。不过，器械制造者也会在大型项目上展示自己的精巧装置，尤其是修建或维修教堂大钟的时候。历史学家们早就强调了诸如雕刻这类附属性行业在器械制造者生活中起到的作用，他们在给有限的客户制作昂贵的器械之余，也需要尽力维持生计。例如，弗莱芒雕刻师、器械制造者托马斯·热米纽斯给伊丽莎白女王制作器械，给出版社雕刻木刻解剖图，他还行医，当印刷工。奥古斯丁·赖瑟，活跃于伊丽莎白统治后期的一位英国器械制造者，给航海论著刻地图，还给罗伯特·达德利做器械。还有，查尔斯·惠特威尔给威廉·巴罗(William Barlow)的《航海人补给》(*Navigator's Supply*，1597)刻整页插图，同时还根据托马斯·胡德的数学讲座提出的构思制作仪器[②]。

伦敦的教堂还给像亨利八世的钟表师尼古拉斯·于塞尔(Nicholas Urseau，活跃于1532—1575)这样业务规模更大的器械制造者提供了额外收益。有实力支付昂贵的钟表建造和常规保养费用的教区，可以为最邻近街坊生活质量的提升做出重要贡献。教区大钟

---

① Loomes，*The Early Clockmakers*，269. 葛林金的手工艺品样例存于大英博物馆、菲特威廉博物馆、维多利亚和阿尔伯特博物馆；关于汉弗来·科尔，参见Turner，*Elizabethan Instrument Makers*，20－25；Brown，“Mathematical Instrument Makers，”散见全文各处。

② 关于热米纽斯，参见Turner，Elizabethan Instrument Makers，12－20；关于赖瑟及其为达德利制作的作品，参见Turner，Elizabethan Instrument Makers，27－29；f关于怀特韦尔，参见Turner，Elizabethan Instrument Makers，29－31.

的指针标记了晴雨时间，如果能在整点或刻钟时间敲响，就可以召集教区居民做礼拜，就像响彻整个伦敦城的更为普通的铃声一样。伦敦的教区里的钟表似乎离不开维修和保养，往往成为教区经济收入的黑洞。据圣约翰沃尔布鲁克教区办事员的记载，教区钟表相关的年度花费都比得上教区健康服务的花费了，这笔稳定的支出里包括了电线、绳子、轮子、订书钉和铁大头针。即便最耐用的钟表也需要经常给齿轮上润滑油，而且需要定期更换失去弹性的弹簧。正如1596—1597年间圣安东林教区的巴奇·罗(Budge Row)发现的那样，钟表师每季度一次的到访犹如打开了潘多拉的盒子。钟表需要一个新机械装置时，意味着也要换新电线，钟表门换新挂锁，重新上油，而且还需要一个木匠将机械装置安全置于钟表内。圣博托尔夫主教门区是伦敦城较贫困的教区之一，那里聚居着工人，1580—1581年间，该教区需要一个新钟表，为此支付了22英镑还多。这项工程需要建一座塔安放钟表，还需要铸造一座钟、买新绳子、给工人提供饮食，此外还得在塔上开一扇玻璃窗，以便钟表出现故障时好让光线投射到机械装置上①。

为了满足教区维修和保养钟表的需求，许多创业型钟表师都涉足了伦敦的钟表业，其中就包括尼古拉斯·于塞尔、约翰·德·马林(John de Mullin，活跃于1539—1576)，布鲁斯·奥斯汀(Bruce Awsten，活跃于1547—1572)和约翰·哈维(John Harvey，活跃于1594—1599)。业务规模较大的钟表师中，最有事业心的要数彼得·梅德卡夫(Peter Medcalfe，活跃于1577—1587)，他经常从自己南华克区圣奥拉夫的家出发，跨过河到对岸去给教区建造和维修钟表。几

① GHMS 577/1, ff.3r, 10v, 12v, 15r, 16v, and 20v; GHMS 1046/1, ff.59v-60r; GHMS 4524/1, ff.42v-43v.

年间，他给圣吉里斯克里普里斯盖特、圣劳伦斯犹太教区、圣玛格丽特罗斯百利和圣彼得康希尔教区修建了新钟表[1]。为这些新工艺制订的合同冗长而具体，和文艺复兴时期学生们所熟悉的委托艺术创作一样。圣玛格丽特罗斯百利教区委员会只给梅德卡夫 7 周时间，让他"立起一座完美的钟表，需制作精良、锻铸结实、钟面正朝街、所有零部件齐备。"圣劳伦斯犹太教区要求为新计时器"着色、镀金"。梅德卡夫还从圣博托尔夫阿尔德盖特、圣安德鲁哈伯德、圣安东林巴吉罗教区拿到维修原来所制造钟表的薪俸[2]。他曾以 4 英镑的折扣价卖给圣彼得考恩西尔教区一座新钟表，条件是他可以保留旧表的一部分；向圣玛格丽特罗斯百利教区开出 9 英镑的高价，卖了一座新钟表；他还负责照看圣安德鲁哈伯德教堂的快要散架的钟表，在具体维修费用之外，每年加收 4 先令的管理费[3]。

按照圣玛格丽特罗斯百利教区和梅德卡夫之间签订的合同约定，这些价值不菲的仪表要面向教区居民和过往行人进行展示，让他们看得见。1588—1589 年间，圣博托尔夫阿尔德盖特教区发现钟表需要维修时，教区委员会决定将钟面"朝向街道，这样人们就能够比以前看得更清楚。钟表师依照要求，要将钟面置放在"教堂北边并伸进街道至

---

① British Library Add. GHMS 12222，63 (St. Giles Cripplegate)；GHMS 2593/1，f. 9r (St. Lawrence Jewry)，GHMS 4352/1，f. 30r (St. Margaret Lothbury)，GHMS 4165/1，f. 2r (St. Peter Cornhill).

② GHMS 9235/2，pt. 1，f. 11v (St. Botolph Aldgate)，GHMS 1279/2，f. 132r (St. Andrew Hubbard)，GHMS 1046/1 (St. Antholin Budge Row)，f. 14v.

③ 在伊丽莎白时代的伦敦，签订 4 先令费用的年度维修合同是例行程序，这是从亨利八世时期的 3 先令 4 便士涨起来的，1540 年左右，布鲁斯·奥斯汀从圣安德鲁哈伯德教堂收到钱的就是这个数目，参见 GHMS 1279/2，f. 72v. 近沃德罗布圣安德鲁(St. Andrew by the Wardrobe)教区每年都向其钟表匠支付那个数目的服务费；GHMS 2088，f. 8r. 近沃德罗布圣安德鲁是全伦敦最贫穷的教堂之一，但还是在两年多内设法筹集 9 英镑买了一座新钟表。随后几十年间，这座钟表得到精心维护；GHMS 2088，ff. 8v，11r.

少5英寸，或高出墙面6英寸”，这很像保罗特里教区的钟表。[①] 有着夺目装饰的钟表也更令人中意；圣玛丽乌尔诺斯教区在万不得已一定要修理报时钟时，花钱请了漆染行会（Painter-Stainers' Company）的员工漆了钟面并镀了金，而且还把“两个球和上面的叶片也镀了金。”[②]

在伊丽莎白时代的伦敦，虽说教区钟表的曝光度很高，有时候堪称器械使用盛景的范例，但是，在数学理论和实践与解决问题效率之间充分建立起联系，还是通过小型器械实现的。虽说更进一步的精确性和便利性源于器械的正确使用，但基于器械得出结论的可靠性却取决于器械制造的质量，质量越好，结论越是可靠。1572年，托马斯·史密斯爵士在很无奈的情况下把一箱子器械送到法国，包括指南针、四方形和尺子，然而，十数年里，出了伦敦他再也买不到同等质量的东西了。即便是器械可靠，学生们还要精通使用方法，了解影响精确性的诸多因素。唯有如此，英国人才能评估器械制造的卓越品质，才能纠正他人的错误，设计出新东西。例如，托马斯·史密斯收到国外来的器械时，向朋友弗朗西斯·沃尔辛厄姆（Francis Walsingham）坦白他自己还“没得空儿把它们全部搞懂”，但是他希望很快就能了解“它们的性能和用途。”[③]

随着大型器械和小型器械的同步发展，16世纪晚期，伦敦以器械之城的形象崛起，汉弗来这样有经验的数学作家和教育家向学生承

---

① GHMS 1454, roll 91. 钟表是由约翰·威廉森（John Williamson）（活跃于1580—1592/1593）制造的，他还修理了圣劳伦斯犹太教区（St. Lawrence Jewry）的钟表，（GHMS 2953/1, f. 64r）. 他可能是木工行会（Carpenters' Company）的成员；参见GHMS 2953/1, f. 64v. 保罗特里教区的钟表可能和圣米尔德里德（St. Mildred）教堂顶那艘精致的船有关联，该船被当作风向标，但也可能是那个引人注目的计时器的组成部分；参见Prockter and Taylor, *The A to Z of Elizabethan London*, 51. 斯托在《伦敦调查》中对教堂的描述里没有提及钟表和风向标。

② GHMS 1002/1A, f. 246r.

③ British Library MS Cotton Vespasian F. VI, f. 270r (29 January 1572/1573), Sir Thomas Smith to Francis Walsingham.

诺，会训练他们使用器械。[①] 对伦敦人来说，了解器械的使用方法是非常有吸引力的——不管它们是用金子、黄铜、木头还是纸做成的。使用器械就好比使用计算机，即便消费者不完全理解设计和工作原理也不碍事，也能提高解决问题的速度和效率，而这一点在数学作家中是相当流行的主题。"黑匣子"的原型可能就是伊丽莎白统治晚期伦敦城的数学器械。"黑匣子"是20世纪40年代创造出来的术语，讲的是二战时期发挥了重要作用的一些设备，飞行员即便不完全理解这些设备的构造和运行原理，使用满意度也很高。再举个例子。我们可以想象那个时代从日晷到机械钟表这个演变过程。最初，人们为了追踪太阳在天上的运动而观察其投射在钟面上阴影，后来，这一做法被观察钟表指针穿过钟面的做法取代了，而后者与太阳的路径并无明显关联。

然而，器械日渐增长的作用和能量给伦敦城制造了许多不安因素，鉴于与数学知识和素养的之间联系，陪审团越来越不合时宜了，被果断淘汰。为了吸引学生和顾客，博学的数学作家和教师在讲劝诫故事时，把自己和那些处于竞争中的器械制造者区分开来。在故事中，会使用器械但不完全掌握数学理论的工匠或技工成了平凡的人物形象[②]。"我认识的潜水员确实有人有仪器，但根本不用，"威廉·伯恩抱怨说，"因为……如果一个人不考虑什么东西对他有利或无利，他……容易出错"。有器械但对潜在原理和用法缺乏理解的人只是徒有虚名，威廉·巴勒写道。"我希望所有想在职业生涯中追求卓越的水手和旅行家，首先要学习算术和几何知识"，他鼓励道，"算术和几何是一切科学和

---

① 贝克和其他教育家、作家决定迎合读者和观众，可以看作是数学和仪器的公众文化发展的证据。以此类推，他们在伦敦作出的努力也是后来戈林斯基(Golinski)在《作为公众文化的科学》(*Science as Public Culture*)中描述的公众化学文化发展的证据。

② Johnston, "Mathematical Practitioners," especially 324 - 327. 关于同后来开展的机器讲座之间的比较，参见 Morton, "Concepts of Power," 63 - 78.

特定技艺的根基，这方面有用英语写成的大量的[著作]，帮助勤勉而有意志的人达到完美境界”。[①] 巴勒和伯恩这些人认为，具备数学素养应先于器械素养，但是，器械素养在教室内外流行开来了，使得这一过程很难实现——尤其是在伦敦这样一个可以轻而易举就用到器械的地方。

伦敦有些人由衷地赞成伯恩和巴勒对传统数学教育价值的判断，也有一些人比较关注加布里埃尔·哈维观察到的“学者们有书本，实践者有学问”。哈维是伊丽莎白时代的一个数学作家，他这个人并不受欢迎。多产的作家哈维在他的很多书中，从各个方面说明了数学素养和器械素养如何变得难分彼此。1590年左右，他在卢卡·高里克(Luca Gaurico)的富人名人性格的占星学指南《占星术论》(*Tractatus Astrologicus*, 1552)一书中，列入了一个数学实践者的长名单。[②] 值得注意的是，哈维的名单列的不是数学领域的理论巨匠，而是地位不高的本国人物——其中很多人在器械动手方面有值得称道的经验。首先，哈维提供了5位“熟练勘测员”的名字，他们也是优秀的几何学家：理查德·贝尼斯(Richard Benese)、托马斯·迪格斯(Thomas Digges)、约翰·布拉格雷夫、西普利安·卢卡和瓦伦丁·利(Valentine Leigh)。哈维将迪格斯、布拉格雷夫和卢卡视为伦敦数学实践者和多种技艺机械师中“最伟大、获赞誉最多”的人物。他

① Bourne, *The art of shooting*, sig. Aiiiv; Borough, *Discourse on the variation of the cumpas*, sig. *iiiv.

② Stern, Gabriel Harvey, 167 引用了哈维。哈维在书页边缘上做的笔记得到广泛关注。尤其可参见 Stern, *Gabriel Harvey*. 安东尼·格拉夫顿(Anthony Grafton)提供了一个有说服力的情况，说明这些此前标注年份为1580年的旁注更有可能是在1590年写成的，参见 Grafton, “Geniture Collections, Origins, and Use of a Genre,” note 16. 哈维在 Gaurico 中所作的注释对一些学者的著作来说十分重要，包括 Taylor, *The Mathematical Practitioners*; Johnston, “Making Mathematical Practice”; 以及 Popper, “The English Polydaedali.”

对五人作品的特征描述与后来他们在科学史中的声望有时并不相符。例如，在哈维的世界里，迪格斯不是哥白尼学说支持者，而是一个勘探员和几何学者，同样，主要的器械主义者约翰·布拉格雷夫也是这个情况。褒扬了这些人之后，哈维才将注意力转向三位数学理论家——约翰·迪、托马斯·哈里奥特（Thomas Hariot）和爱德华·赖特（Edward Wright）——敬佩他们在几何、天文学、透视、地理、航海以及所有精良的数学操作中持有的"精明的看法，深刻的结论和精细的实验设计"。哈维认为，亨利·比林斯利是最好的算术学和几何学作家，威廉·巴勒在航海数学方面学问最大。哈维甚至还挑选出一些有前途、刚刚崭露头角的后起之秀。这其中包括占星家克里斯托弗·海登（Christopher Heydon）、数学作家托马斯·布伦德维利（Thomas Blundeville）、教师兼器械专家托马斯·胡德和磁学先驱罗伯特·诺曼（Robert Norman），还有剑桥大学毕业的约翰·弗莱彻（John Fletcher），此人也是哈维的朋友。在另外一卷中，哈维还记录了自己对器械制造者詹姆斯·凯文（James Kynvin）作品的钟爱，此人是约翰·布拉格雷夫推荐的，说他是"很好的一位工匠，我的好朋友"。①

哈维没有分清楚教师、勘探员、几何学家和器械制造者以及作家、航海家，令人费解，但这也暗示了1590年之前，伦敦人很难将对数学的理论性理解同器械实践经验区分开来。一定程度上，这种趋同可以在哈维那份名单上4个人的工作中找到解释：托马斯·胡德、约翰·布拉格雷夫（卒于1611）、西普利安·卢卡和爱德华·赖特（Edward

① Blagrave, *The mathematical jewel*, title page; Cyprian Lucar, *A treatise named Lucarsolace*, sig. Aiiv. Stern, *Gabriel Harvey*, 168,202 都引用了哈维。哈维的著作 Gaurico 的副本 现为 Bodleian Library 4° Rawl. 61. 在斯特恩著作中，Robert Norman 被错误地誊写为"Robert Norton."关于凯文的注解出现在哈维的布拉格雷夫《数学珍宝》副本中，现为 British Library C. 60. 0. 7.

Wright，卒于1615）。他们携手推动了伊丽莎白时代数学素养和器械素养的同义化。他们中，一位是制造器械的老师，一位是喜欢著述立说的器械制造者，一位是爱好陆地勘测的律师，还有一位是当了教师的海军军人。大家虽然背景不同，但都在数学理论和实践方面做出了贡献。他们都加入了不断壮大的数学作家和教育家社团，这些人与出版商和器械制造者合作，出版新书，发明设计新器械，并打造数学思想交流的新论坛。

伊丽莎白时代，数学作家和器械制造者之间开展合作，历史学家对此已经有所关注；但是，对他们开展的许多工作以及他们对器械使用动手培训价值的强调，历史学家没有给予足够的教育学意义上的关注。有些老师认为，器械的动手操作和用途可以调动学习兴趣，它可以使数学课程成为健忘学生的手杖，让学生对不情愿学习的困难科目更热心。约翰·布拉格雷夫承诺，他的器械可以替代许多其他装置，称得上是"数学珍宝"，会以其不可思议的快捷、清晰、便利和满意度，引导读者走上一条"直通（从第一步到最后一步）天文学、宇宙结构学、地理学、地形学（和）航海学等所有技艺殿堂的道路"。其他作家认为，经常使用器械有助于简化高难度的概念，便于人们理解。"但是，如果此方面所有东西看起来都难学"，西普利安·卢卡对读者说，"记住，运用方能精通"。①

比林斯利和迪所译的《几何原本》也包含数学教育中器械及物体的实物操作内容，书中有许多供读者制作的立体装置，是帮助他们将书本中的内容转化为三维的纸质模型（图3.3和图3.4）。伊丽莎白时代的很多数学书里都有可供组装的模型。托马斯·胡德对这些教育

---

① Blagrave, *The mathematical jewel*, title page; Cyprian Lucar, *A treatise named Lucarsolace*, sig. Aiiv.

学实例给予了认真关注。1597年，他根据4张图解，用牛皮纸制作了一个仪器，从理论和实践层面阐明了占星学。胡德通过操作以牛皮纸为底座、钉在一起的旋转齿轮及叶片，同时演示出了行星、黄道十二宫以及它们所掌控的人体部位之间的关系(图3.5)。胡德的仪器已经被制成教具，帮助学生快速计算出子午线、十二星座和恒星、星座之间的关系[①]。胡德的仪器很像现代的幻灯片或者架在高处的投影幻灯片，它是一个教育学意义上的演示，意在通过鼓励学生实际操作仪器来提升教育的效率和有效性。

教人们使用器械(以及背后的数学原理)的出版物越来越技术化，很多书都通过序言来明确定位读者对象。西普利安·卢卡想要自己的书“惠及勘探员、土地丈量员、地主、租户、土地和木材买卖者、旅行者、枪手、参战者、建筑工人和海员。”在《论卢卡附录》(*A treatise named Lucar Appendix*, 1588)中，他讲道，枪手应该“熟知算术和几何，这样他们才能够“测量高度、深度、宽度和长度，并且……画出任何一块地球表面的地图。”约翰·布拉格雷夫的《数学珍宝》(1585)讲给“绅士和其他渴望学习抽象推理知识并开展个体业务的人”，还有“航海家和旅行家”。托马斯·胡德的《两种测量仪器的使用方法：克罗斯水准尺和雅各布斯水准尺》(The use of the two mathematical instrumentes, the crosse staffe, and the Jacobes staffe, 1596)是要帮助“船员和所有人，例如要处理天文方面事务的人”，帮助“勘探员测

---

① 胡德占星图表中的四张，每张约为42厘米见方，安装在旧模板上，目前在British Library Add. MS 71494, 71495.此前由专利局收藏，在增加到大英图书馆藏之前转给了科学博物馆。史蒂芬·约翰森(Stephen Johnston)，在一篇未公开发表的会议论文中讨论了这个“纸仪器”及其对“托马斯·胡德占星学仪器”的影响(1998年7月)，http://www.mhs.ox.ac.uk/staff/saj/hood-astrology/。有关数学和仪器之间的联系参见Dunn, “The True Place of Astrology,” 151－163.

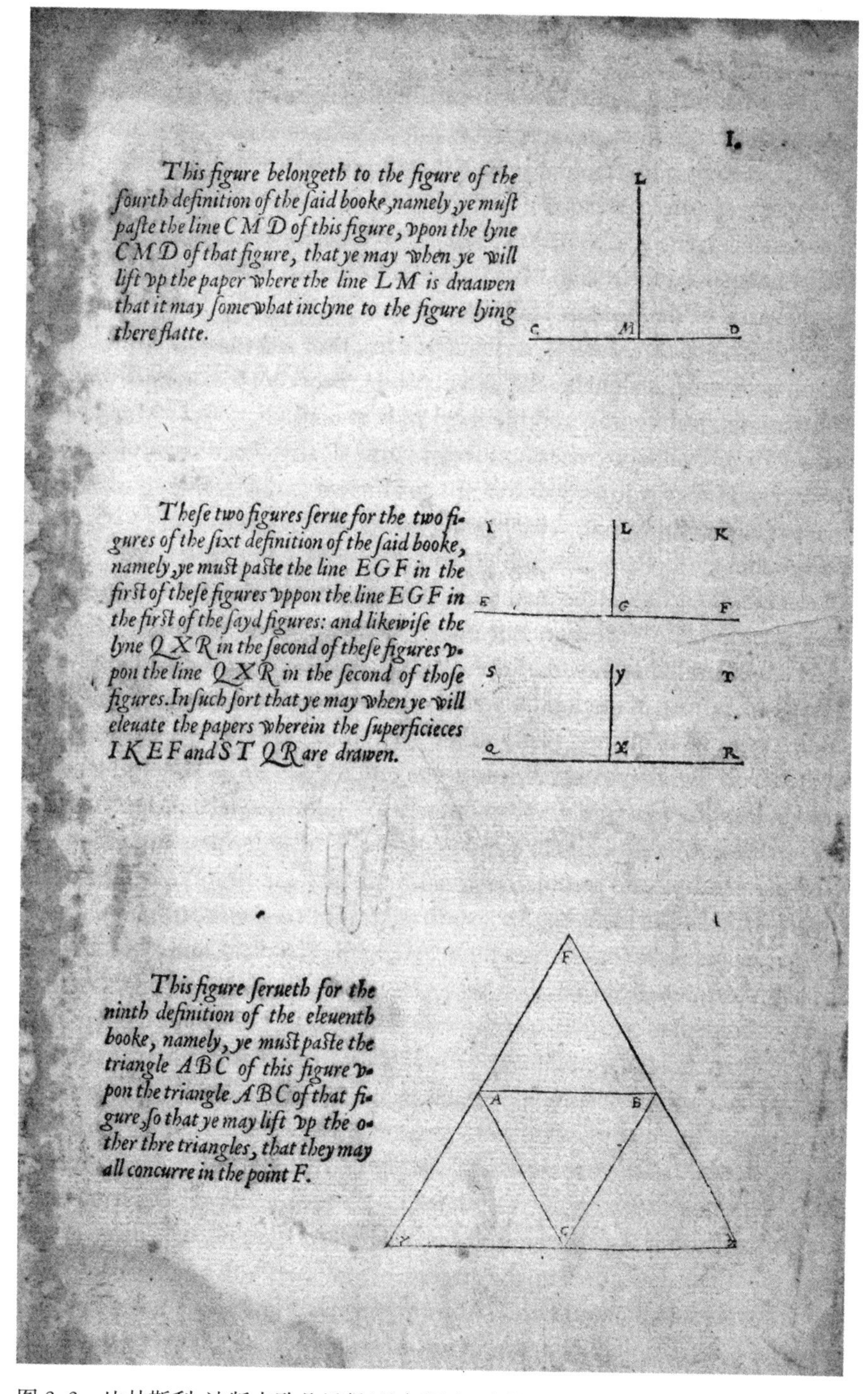

I.

*This figure belongeth to the figure of the fourth definition of the ſaid booke, namely, ye muſt paſte the line C M D of this figure, vpon the lyne C M D of that figure, that ye may when ye will lift vp the paper where the line L M is draawen that it may ſomewhat inclyne to the figure lying there flatte.*

*Theſe two figures ſerue for the two figures of the ſixt definition of the ſaid booke, namely, ye muſt paſte the line E G F in the firſt of theſe figures vppon the line E G F in the firſt of the ſayd figures: and likewiſe the lyne Q X R in the ſecond of theſe figures vpon the line Q X R in the ſecond of thoſe figures. In ſuch ſort that ye may when ye will eleuate the papers wherein the ſuperficieces I K E F and S T Q R are drawen.*

*This figure ſerueth for the ninth definition of the eleuenth booke, namely, ye muſt paſte the triangle A B C of this figure vpon the triangle A B C of that figure, ſo that ye may lift vp the other thre triangles, that they may all concurre in the point F.*

图3.3 比林斯利-迪版本欧几里得《几何原本》中的一张几何图形，购买者在指导下可以将图形剪下来再粘贴到合适的章节中，从而做成一个"纸模型"。学习数学的学生用这种方法，可以开启将数学理论和动手实践相结合的过程（图片复制得到亨利·E.亨廷顿图书馆许可）

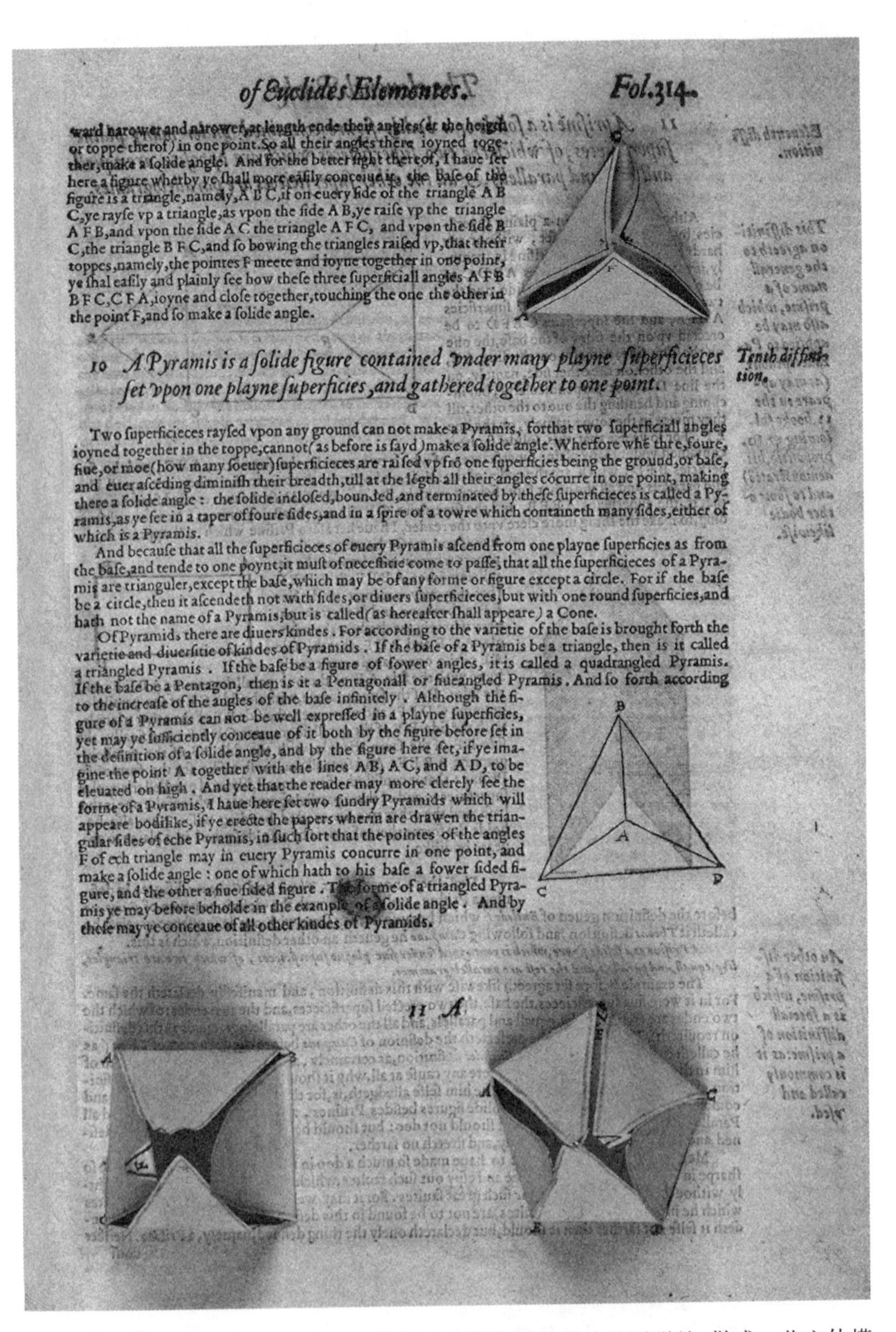

of Euclides Elementes. Fol.314.

ward narower and narower, at length ende their angles (at the heigth or toppe therof) in one point. So all their angles there ioyned together, make a ſolide angle. And for the better ſight thereof, I haue ſet here a figure wherby ye ſhall more eaſily conceiue it, the baſe of the figure is a triangle, namely, A B C, if on euery ſide of the triangle A B C, ye rayſe vp a triangle, as vpon the ſide A B, ye raiſe vp the triangle A F B, and vpon the ſide A C the triangle A F C, and vpon the ſide B C, the triangle B F C, and ſo bowing the triangles raiſed vp, that their toppes, namely, the pointes F meete and ioyne together in one point, ye ſhal eaſily and plainly ſee how theſe three ſuperficiall angles A F B B F C, C F A, ioyne and cloſe together, touching the one the other in the point F, and ſo make a ſolide angle.

10 *A Pyramis is a ſolide figure contained vnder many playne ſuperficieces ſet vpon one playne ſuperficies, and gathered together to one point.* — Tenth diffinition.

Two ſuperficieces rayſed vpon any ground can not make a Pyramis, forthat two ſuperficiall angles ioyned together in the toppe, cannot (as before is ſayd) make a ſolide angle. Wherfore whē thre, foure, fiue, or moe (how many ſoeuer) ſuperficieces are raiſed vp frō one ſuperficies being the ground, or baſe, and euer aſcēding diminiſh their breadth, till at the lēgth all their angles cōcurre in one point, making there a ſolide angle: the ſolide incloſed, bounded, and terminated by theſe ſuperficieces is called a Pyramis, as ye ſee in a taper of foure ſides, and in a ſpire of a towre which containeth many ſides, either of which is a Pyramis.

And becauſe that all the ſuperficieces of euery Pyramis aſcend from one playne ſuperficies as from the baſe, and tende to one poynt, it muſt of neceſſitie come to paſſe, that all the ſuperficieces of a Pyramis are trianguler, except the baſe, which may be of any forme or figure except a circle. For if the baſe be a circle, then it aſcendeth not with ſides, or diuers ſuperficieces, but with one round ſuperficies, and hath not the name of a Pyramis, but is called (as hereafter ſhall appeare) a Cone.

Of Pyramids there are diuers kindes. For according to the varietie of the baſe is brought forth the varietie and diuerſitie of kindes of Pyramids. If the baſe of a Pyramis be a triangle, then is it called a triangled Pyramis. If the baſe be a figure of fower angles, it is called a quadrangled Pyramis. If the baſe be a Pentagon, then is it a Pentagonall or fiueangled Pyramis. And ſo forth according to the increaſe of the angles of the baſe infinitely. Although the figure of a Pyramis can not be well expreſſed in a playne ſuperficies, yet may ye ſufficiently conceaue of it both by the figure before ſet in the definition of a ſolide angle, and by the figure here ſet, if ye imagine the point A together with the lines A B, A C, and A D, to be eleuated on high. And yet that the reader may more clerely ſee the forme of a Pyramis, I haue here ſet two ſundry Pyramids which will appeare bodilike, if ye erecte the papers wherin are drawen the triangular ſides of eche Pyramis, in ſuch ſort that the pointes of the angles F of ech triangle may in euery Pyramis concurre in one point, and make a ſolide angle: one of which hath to his baſe a fower ſided figure, and the other a fiue ſided figure. The forme of a triangled Pyramis ye may before beholde in the example of a ſolide angle. And by theſe may ye conceaue of all other kindes of Pyramids.



图 3.4 此处，图 3.3 中的图形已经被剪下来粘贴到了相关的图形处，做成一些立体模型，表达出几何固体的三维本质（图片复制得到亨利·E. 亨廷顿图书馆许可）

图 3.5　托马斯·胡德有可能在教室里把这个纸质模型当作可观察的教具。通过移动覆盖物的位置，学生能够掌握行星、十二宫标志和人体的关系（手稿附件 71495，图片复制得到大英图书馆许可）

量一切可测量事物的长度、高度、深度和宽度”。①

数学书针对各自对象的不同，指导读者一步一步操作器械解决问题，很快就变成器械使用手册了，这也不足为奇。对器械素养的强调反过来催生了技术写作，作家们开始用图解和图表替代文字叙述。西普利安·卢卡指导读者如何在发射武器前确定地面是否平整，靠的完全是一名手拿圆规、面前放着象限仪的枪手的图解（图 3.6）。然而，阐释更为精确技术的文字可读性有时候并不够强。考虑到图书的复杂性，伊丽莎白晚期作家在朴素、简单的解释说明中频繁地使用参考文献，经常让人感到费解。托马斯·胡德的书就代表了这种趋势，而且也给出一些线索，让我们了解到为什么会发展到这种情况。胡德的书通常是他讲座的印刷版本。例如，他的《天球仪的水平使用方法》（*Use of the celestial globe in plano*）就是一个名为《研读上一年》（*Read last year*）的讲座的印刷版本，如果通过口头演讲，再加上胡德自己设计的教学辅助品的帮助，书的内容会更加生动、简明、易懂②。

在这些技术意味越来越浓的书中，工具使用的势头压过了劳心劳力的算术计算和几何测量。通过利用器械的“黑匣子”式的算术和几何工作，作者们似乎能为读者提供更精确、更简便的问题解决方法。约翰·布拉格雷夫夸口，他的手杖和测量装置组合可以“精确地、娴熟地、不通过任何形式的算术计算”而测量高度和距离。布拉格雷夫承认，面对“危险、嘈杂的生意”，足以“使最有学问、最有技术的人脱颖而出。”他的新仪器不会让买方“在如此危险的时候为数字困扰。”③1592

---

① Lucar, *A treatise named Lucarsolace*, sig. Aiiv; Lucar, *A treatise named LucarAppendix*, 1; Blagrave, *The mathematical jewel*, title page; Hood, *The use of the two mathematical instrumentes*, title page.

② Tebeaux, *The Emergence of a Tradition*; Hood, *The use of the celestial globe*, 42r.

③ Blagrave, Baculum familliare, title page, 3, 17. 有关精确性，参见 Moran, “Princes, Machines and the Valuation of Precision.”

40　*LVCAR APPENDIX.*

TO perceiue whether or no a platfourme for great Ordinance, or any other peece of grounde lyeth in a perfect leuell, let vs ſuppoſe that L M is the platfoume or peece of grounde vppon which great Ordinance ſhall be planted, & that I am required to tell whether or no the ſaid platfourme is plaine and leuell. For this purpoſe I place my Quadrant or Semicircle vppon a ſtaffe, or ſome other vnmooueable thing, and doe mooue it vp or downe vntill the line and plummet vpon the ſame doth hang preciſely vppon the line of leuell, that is to ſay in the Quadrant vppon the line H L, and in the Semicircle vppon the line R S: and then looking through the ſightes or channell of the ſame Quadrant or Semicircle, I doe ſee N a marke which is leuell with mine eie, and fixed in a ſtaffe or ſuch a like thing perpendicularlie erected. After this I meaſure exactly the heigth of mine eye from the grounde, that is to ſay the length of the line O L, and likewiſe I meaſure the heigth of the ſaid marke N, that is to ſay the length of the line N M, and becauſe I finde by ſo doing that the ſaid line N M is equall to the line O L, and that the ſaid platforme or peece of grounde doth lie vppon the right ſide, and vppon the left ſide according as the line L M doth lie, I conclude that the ſayd grounde L M lyeth in a perfect leuel. For the line L M which lyeth a long vppon that peece of ground (by the 33 propoſition of the firſt booke of *Euclide*) is equidiſtant to the line O N which goeth by the plane of the Horizon, and conſequently the ſaid peece of ground or platfourme vppon which the ſaid line L M goeth is equidiſtant (by the foureteenth propoſition of the eleuenth booke of *Euclide*) to the plane of the Horizon. But if the line N M had been longer than the line O L, I woulde haue concluded that the ſame peece of ground is more lower at M than it is at L. And contrariwiſe if the line M N had been ſhorter than the line O L, I would haue concluded that the ſame ground is more higher at M than it is at L. And after this ſort I will proceede to the right ſide, and to the left ſide, and prooue whether or no the ſaid platfourme or peece of ground doth lie rounde about according as the ſaid line L M doth lie. And ſo by this ſuppoſed worke you may learne to trie whether or no a platforme, or any other peece of ground lieth in a perfect leuell.

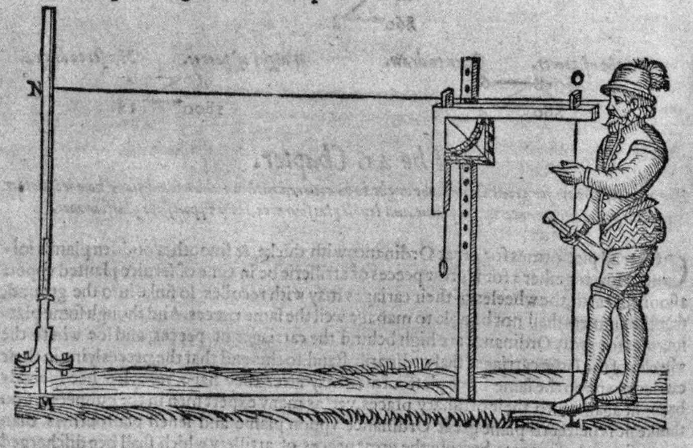


## *The 48 Chapter.*

*How Gabbions or Baskets of earth may be made vppon platfourmes in time of militarie ſeruice for the defence of Gunners: and how men vppon a platfourme or vppon the walles of a Cittie, Towne, or Fort, where no Gabbions or Baskets of earth are to ſhadow them in time of militarie ſeruice, may be ſhadowed with canuas, cables, ropes, wet ſtraw or hay, mattreſſes or ſhip ſailes.*

Prepare

图 3.6　西普利安・卢卡《论卢卡附录》(1588)中的插图，展示了实用数学书籍演变为技术手册的过程。此处的正文如不参考下面的图则很难理解。图中，一名射击者一手拿着圆规，面前放着象限仪，在射击武器之前确定地面是否平整(图片复制得到大英图书馆许可)

年，托马斯·胡德在更新威廉·伯恩长盛不衰的流行作品《管制大海》时，给读者提供了天体赤纬表，这样，从事航海事业的人就没有必要亲自做这项工作了。爱德华·赖特鼓励读他的《航海错误若干》（*Certaine Errors in Navigation*）的那些水手摒弃常见海图而采用星座图，后者能够“带你走进[航海中]更确定的真相”。①

伴随着数学著作推动仪器素养水平提升，很多学生走进了仪器商店，他们在令人眼花缭乱的展示商品中选择学习用具。数学作家们承担起了一项新责任，他们向读者传授在店里可以买到什么仪器。有些时候只是简单地给读者一些建议，告诉他们该买什么。西普利安·卢卡写道，一名射击者应该“有一把尺子和一对圆规来测量”他负责的枪支的“高度和长度”。不知该如何做选择的读者们，可以信赖多数文本中的器械图解以及包含在内的读者提示。卢卡告诫人们说，射击者的半圆仪应该“用硬质、平滑、充分干燥的木料制成”，他尤其赞成用柏树来制作，“因为柏木不会因日晒或湿度大而弯曲”。伦敦城中一些器械制造者技艺精湛、信誉良好，因而很受推崇。卢卡告诉读者，到一个奥霍洛斯巴金教区的塔街上约翰·雷诺开的店，或者是到霍西尔巷的约翰·里德和克里斯托弗·潘恩的店里买几何表格、框架、尺子、圆规、四方仪等几何仪器。约翰·布拉格雷夫给其最新仪器“星盘”写读者使用说明的时候说，根据“坐落于弗利特大街上的圣邓斯坦教堂对面的马斯特·马特的书店”里展示的设计，天体观测仪应该由金属制成。布拉格雷夫意识到，自己喜欢的这种材料有可能使星盘成为水手和航海家遥不可及的东西，而这些人正是他想吸引的潜在读者。因此，他将仪器的各部分都印制成纸质模板，可以安装在纸板或折叠起来，用

① Bourne, *A regiment for the sea*, unsig.; Wright, *Certaine errors*, sig. I3r.

以迎合低端口袋书的需求①。

经验丰富的人使用器械可以进一步提升精确性和准确性，但也会招致灾难性错误。有些错误是人为的，有些则是器械的设计和工艺造成的。托马斯·胡德在他关于一个叫做《雅各布斯水准尺》(Jacob's staff)的勘测仪器的书中，讲正确手持仪器的重要性，给读者留下了深刻印象。胡德说，即便那些"认为自己在使用过程中没有要小聪明的"勘测员，有时候也注意不到这看似简单却极为重要的细节。单靠肉眼睛测量某些有疑问的情况会出错误。西普利安·卢卡解释了射击者如何受到蒙骗，把远处实际上静止的军队或船只看成是在前进。然而，使用仪器就可以如实地测量到视野内的敌人在前进还是后退。影响仪器精确性的不光是制造工艺，还有出版错误。在《几何仪器的制作与比例规的使用》(*The Making and Use of the Geometricall Instrument*, *Called a Sector*)一书的结尾，托马斯·胡德为没能付印之前发现书中的多处错误致歉，他解释道，他发现"以他的经验来看，数学著作印刷不失真"比其他书"要更难"。早年间，胡德出版《天球仪的水平使用》时，亲自花时间雕刻星星，画星座，因为"我要确保它们的位置准确无误。"②

针对器械制作工艺低劣和使用不熟练问题，爱德华·赖特带头发起了当时最有力的一场抨击运动。1599年，他发起了反对《航海错误若干》多个版本的运动。基于他的经验以及他将"数学研究应用于航海"中所进行的观察，赖特选取了航海中广泛使用的助手——指南针、

---

① Lucar, *A treatise named Lucar Appendix*, 2,102,10; Blagrave, *Astrolabium uranicum*, sig. Cr。有关当时仪器制造者广告宣传的重要性，参见 Bryden, "Evidence from advertising."

② Hood, *The use of the two mathematical instrumentes*, sig. Ciiv; Lucar, *A treatisenamed Lucar Appendix*, 56; Hood, *The making and use of the geometricall instrument*，末页；Hood, *The use of the celestial globe*, sig. [A4]r.

海图、直角器和赤纬表。考虑到“船只的不稳定性[和]人类感官的缺陷及仪器的瑕疵，制图中出现错误也是在所难免的”，但是赖特还是尽他所能，他想给英国的航海家和水手提供可靠、可证实的信息。他一丝不苟地观察记录在当时确立了关于精确性的新标准，并且他还含蓄地鼓励人们重新计算使用过的器械的细节和此前开展观察的精确位置，重复他的观察结果，“这些观察……用的是威廉·巴勒的变化于测量仪器(在其有关指南针发生改变的书中发表过)”，赖特在亚速尔群岛的一个观察数据表中写道，“还用了一个半径约两腕尺的象限仪。”另一张表里包含了太阳子午线高度的观察，“在伦敦用的是半径 6 英寸的象限仪。”①早年间对于精确位置和观察工具的关注，使赖特成为可证实、可复制实验知识的先驱者。

赖特翻译了西蒙·史蒂文(Simon Stevin)的《港湾定位技巧》(1599)，在自己写的序言中，赖特描写了拿骚的康特·莫里斯(Count Maurice)怎样解决航海中遇到的与指南针变化联系的困难，他要求所有的船只都要随船携带可以搜寻到“指南针的磁针偏离正北”的仪器，这样，赖特将开展可靠观察的挑战延展至其他航海人身上。赖特在他的序言中提出，“不靠潜水员的对比试验肯定发现不了这样的知识，而且……通过潜水员的观察可为科学准备好一个更简单的方法(从一个特殊的上升升入宇宙之中(一步登天))。”其他作者也都纷纷努力将自己的读者转变成知识的创造者，而不是简单的消费者。约翰布拉格雷夫鼓励自己的读者删减他对如何使用自己独特的仪器——数学珍宝所做的解释说明，并且为了方便参考，让他的读者保存这件仪器。“对于我喜欢的很多书，我一直都沿用此法，”他解释说。西普利安·卢卡鼓励读者保存一本计算有关具体军械的口径、重量的书，以备个人使

① Wright, *Certaine errors*, sig. A2r, sig.[M4v], sig.[Gg2r].

用和专业提升之需[1]。

至伊丽莎白统治后期，伦敦人已经充分接受了数学器械，很多市民的数学素养达到了前几代人无法企及的水平。人们可以找到藏有英语数学图书的小图书馆，伦敦的工匠和技工可以让城市消费者用上测量仪器——不管是价值不菲的黄铜做的，还是安装在简易木板上的。在比林斯利、迪和众多追随他们脚步的数学教育家和用英语创作的数学作家的努力下，数学从一种有危险的个人嗜好转变为有益的、公众关心的事情。随着指南针的改进以及电报、显微镜技术的发展，伦敦这座城市和伦敦人对所有数学和机械物件的兴趣，深刻地影响了下一个世纪。但正是在伊丽莎白时代，伦敦的数学作家、教育家和器械造者将数学素养与提升解决问题效率的技巧、与器械使用联系起来，从而果断地抓取了城市人的想象力。在伦敦，数学理论、数学理论在人们实际关心的问题中的应用、旨在追求进一步精确性的器械使用这三者之间建立起了联系，将学生、学者、技工和学徒们引向交流与合作，并取得了丰硕的成果。

---

① Stevin，*The haven-finding Art*，sig. A3r；Wright in Stevin，*The haven-finding art*，sig. B3r；Blagrave，*The mathematical jewel*，sig. iiv；Lucar，*A treatise named Lucar Appendix*，23.

第4章

# 伊丽莎白时代伦敦的“大科学”

1577年那个寒冷的冬天，伊丽莎白最为倚重的大臣威廉·塞西尔与一位名叫作乔万·巴蒂斯塔·阿涅罗(Giovan Battista Agnello)的威尼斯商人兼炼金术士在伦敦进行了秘密会晤。这位炼金术士居住在伦敦最东端，圣·海伦比肖普斯盖特的繁华教区——那儿是移民聚居地。像那些早期冶金化学领域有特殊专长的人一样，阿涅罗已经树立起了炼金术声誉，在这一领域他将实验进程置于一个与转化和物质还原相关的象征性理论架构之中。一些炼金术士借助药物和设备全力投入基础金属的转化中，例如把铅转化为黄金；这既是金属原料的转化过程，也是给炼金术士带来美誉的过程，而人们认为后者更重要。许多炼金术士，其中包括阿涅罗，对物质和精神方面的追求均兴致盎然。身为一个颇具献身精神的实验者，阿涅罗于1566年出版了一本阐述炼金术的著作——《隐秘精神之天启》(*The Revelation of the Secret Spirit*, *Apocalypsis spiritus secreti*)。[1]

---

① SP Domestic 12/111/2 (15 January 1577)，在乔万·巴蒂斯塔·阿涅罗和(转下页)

阿涅罗会见塞西尔时探讨了由探险家马丁·弗罗比舍(Martin Frobisher)从美洲新大陆带回的一小块黑色岩石。起初,那块岩石被传送至当时参与航行的一位主要投资人手里——商人迈克尔·洛克(Michael Lok)那里,当迈克尔·洛克将黑岩做为一个刚探测来的舶来之宝送给妻子马杰里·洛克(Margery Lok)时,她生气地将黑岩扔进了壁炉。然而,她转瞬留意到了这个看似并无二异的岩石样本奇妙的特性,并提醒丈夫注意(注:这块黑岩并非像现代版本的月球岩石)——壁炉中,那块黑岩开始熊熊燃烧。随后,他们将其从火苗中取出,迅速以醋洗濯,惊异地发现它璨若黄金。由此,洛克开始四处咨询专家,譬如伦敦的金器商和冶金学家,诸如这块石头遇热后现出未能预知的反应特性等系列疑问。然而,那些专家均对此深表困惑,洛克遂去求助阿涅罗。目前尚不清楚阿涅罗在检验完那块岩石之后,是否要求与塞西尔会晤,或者,是否哪个精明的大臣(他的耳朵永远调频至"城市八卦新闻频道")已经从伦敦其他人那里听说了这种奇怪物质。一旦某个家庭主妇、某个商人、城市里的几个冶金学家和某个威尼斯的炼金术士听说洛克之石,此消息在伦敦的八卦圈必定不胫而走。直到1577年1月第2周,"伊丽莎白淘金热"有了一个强势的开篇,新闻"弗罗比舍的黄金"在这个城市的大街小巷流传,新的投机者和投资者纷纷将资金投注到刚成立,还未来得及注册的新大陆公司,以期待能得到十倍回报。可能会在新大陆获取巨额财富的消息在这个城市里口

(接上页)伯格利勋爵之间签署了会话声明。弗罗比舍的航海专家认为这些文档与阿涅罗并无关联,然而字迹却与阿涅罗的其他文件一致。1577年1月18日,洛克披露了他与阿涅罗随后开始的正式关系。关于阿涅罗的详情参见 Harkness, *John Dee's Conversations with Angels*, 204。自1547到1549年,"J. B. 阿涅利及其公司"被皇室授权进口黄金用于皇家铸币厂,参见 PRO E 101/3/9,阿涅罗的炼金术论文1567年在意大利首版,被 R[obert]N[apier]译成英文:*A revelation of the Secret Spirit*,卓别林还在 *Subject Matter* 中的48、50、57页提到了阿涅罗,关于那一时期炼金术情况的介绍可参阅 Moran, *Distilling Knowledge*。

耳相传，恰如玛格丽·洛克烟囱里冒出的那一缕烟。弗罗比舍初次并不成功的尝试却开拓了一条经由西北航行进入大西洋再到中国的相对顺畅的贸易路径，与之相关的股份也由此暴涨，以至皇室必定卷入。

威廉·塞西尔频繁涉足那些与自然或者科技发展的有趣报告一致的潜力投资项目，其间涉及人力、财力及物力——他低调搜集信息，甄别有争议的建议，谨慎地将未知引向确定目标，从而使皇室与个人投资者两相受益。对这份工作而言，塞西尔不失为理想人选：他受过良好的教育，并对自然界有着良久的兴趣。1572 年，仙后座出现一颗新星，塞西尔向数学家兼天文学家托马斯·迪格斯（Thomas Digges）询问此星象的意义；塞西尔有个精心培育的花园，那里种植着从世界各地采集来的珍稀植物；而且，像他这个阶层的许多人一样，对自己和家人得到的医疗保健有浓厚的兴趣。①

塞西尔在英国科学史上留下了不可磨灭的印记，他倾注的领域被称为伊丽莎白时代的“大科学”，这是一个肇始于 20 世纪早期，颇具当代气息的词语，用以描述政府、工业在科学技术领域的赞助所引致的庞杂预算：越来越多的员工，越来越大的机器和日渐增多的实验室②。伊丽莎白一世与塞西尔，如第一次世界大战后许多工业国家的领导人一样，对通过科技投资以蓄积英格兰在金融、军事以及地缘政治方面的财富态度热忱③。伊丽莎白是一个既得利益者，她将科技推动的力量描述为“所有

① 一本经典的塞西尔传记是《枢密塞西尔》（*Mr. Secretary Cecil*），或者阅读伯格利勋爵对于塞西尔在医药方面的描述，可见哈克尼斯《认识你自己》（Harkness，“Nosce teipsum，” Passim）.

② 介绍和案例研究见盖利散与海威利合著的《大科学》（Galison and Hevly，*Big Science*，对大科学的“权威”定义是有争议的，参见 Hevly，“Reflections on Big Science and Big History.”）。如本节所言，我在这里使用的很多概念框架来自于这部开创性的论文集。它们强调大科学研究的范畴不仅仅是简单的区分，科学工作内涵的演变还需要考虑新的内部及外部环境。

③ 为了将这些概念性的词语植入合适语境，以及考察这些术语在被注释前出现的情况，请参考 Skinner，“Language and Social Change，” 以及 Long，*Openness*，（转下页）

优良的科学智慧及学术发明，能够使我们的国家受益，服务于国防事业。”伊丽莎白时代的人对自然力的开发采用的工具和技术不同于大学实验室、原子弹及粒子加速器，诸如此类名词对20世纪大科学时代的学生而言再熟悉不过，皇室的兴趣在于开发矿山、冶金、航海和军事技术，这些领域均需不菲的财政支出，其中涉及保密和国防问题，以及资金、人力和机器投入的可计量的风险。例如最后约25 000英镑的费用花在了弗罗比舍航行和洛克的黑色纽芬兰矿块的检测上，对现代早期来说，这是巨大的一笔投入。英格兰和新大陆有数百名雇佣工人在这一项目中发挥其技术所长。[②]

对比现代大科学与伊丽莎白时代的偏好，会发现两者在采矿、冶金、航海和技术方面均呈现了有趣的相似之处。不过，伊丽莎白时代的大科学在某些重要的领域呈现出不同的规划，涉及技术领域和军事领域的大项目以及大量劳工的雇佣：工种从最卑微的助手和非技术性劳工到受过大学教育的阶层，包括绅士们和贵族投资者。事实上，为项目提供了大部分私人资金的并非皇族，而是这些工人和投资者[③]。项目参加者目的不在于开放地去获得自然知识，而是从他们的自然开发中掘取利润。有证据表明，塞西尔，甚至女王已经意识到个人项目已成为大盘子里的一个版块，作为集体大版块里的技术人员和投资者倾向于直接对接工作，而不是各自在空中楼阁里画大饼。

伦敦成为众多企业机构的中心之一。在这里，伊丽莎白时代的大科学项目经历了从设计者和投资者之手，经塞西尔后被呈送到女王书桌的

---

（接上页）*Secrecy*, *Authorship*。同时，我认识到将大科学一词作为类比时，会生出很多错综复杂的情况，我认为即使没有实际付诸使用，概念也已先行存在了。我对此的使用与隆(long)颇为相近，尽管有点不合时宜。就像他在著作《知识产权》（*Intellectual Property*）一书描述中世纪手工艺传统中作者与手工制艺关系时的用法，参见 *Long*, *Openness*, Secrecy, Authorship, 5.

② Carr, Select Charters, 21; McDermott, “The Company of Cathay,” 173.

③ 有一些显见的例外，最重要的莫过于重建多佛港口的补贴计划。参见 Ash, *Power*, *Knowledge*, *and Expertise*, 55–86.

过程。伦敦市民对伊丽莎白政府各抒其见：通过更好的提炼和化验方法恢复英磅的价值，发展诸如盐等重要的食品工业来解决贸易失衡问题，而不只是依赖进口，再到雄心勃勃的航行探索……。造船厂、熔炉、铸造厂、玻璃工厂和瓦厂布满这座城市，伦敦成为工人们辩论新思想、发展新技术、解决新问题之地。富裕的公民已准备好充裕的资本投资这些项目。而且，城市附近赫然林立着的皇家宫殿——格林威治，里士满，威斯敏斯特和汉普顿——给了设计者和投机者更容易接近贵族赞助人和官僚机构的契机，方便及时解决问题，从而为企业提供额外支持。1560年到1580年间，伦敦在大规模的开发和项目管理方面扮演着重要的角色。然而，随着赌注越来越高及皇室攀升的胃口与投资，伊丽莎白时代的大科学在针对未实现的计划与恶性垄断的抗议浪潮中步入终结。

在此，我们不妨仔细审视一下伦敦在伊丽莎白大科学时期的作用，也可稍花点儿心思留意这样一种途径，即伦敦这座城市拥有发达的科学技术，助力其发展成为清算中心与会议集中地。伦敦的项目负责人和投资者一旦发现某条勘探自然的路子，会通过威廉·塞西尔去获得女王的专利特许证。这表明塞西尔作为女王的首席客户和首席赞助代理的权重。不过，专利特许证的获得更多仰赖于完美灵活的营销策略和恰如其分的沟通。伊丽莎白时期许多人的兴趣集中于勘探、新产业和国防，但对于塞西尔来说，最感兴趣的项目莫过于高风险炼金术和冶金业，当然，这对于我们来说太深奥了。但依然挡不住这样一种现实，在伊丽莎白时代的项目中，这些现象广为存在，这为赞助商和投资者如何解决有争议性的问题带来了曙光（当投资人与技术人员观点迥异时，投资人与赞助商拥有最终的发言权），这还帮助了伦敦技术人员更好地反映置身其间的各色城市文化。[①]。

① 这些问题被盖利散（Galison）在《大科学的多副面孔》（"The Many Faces of Big Science"）中采用："在新的科学结果到来时如何协调从而达到和谐？当赞助人和科学家想法不同，是谁控制着研究方向？如何建立一个能够反映更广泛文化的研究团队？"

## 威廉·塞西尔和伊丽莎白时代的大科学

威廉·塞西尔是伊丽莎白一世（1520—1598）时期最值得称道和孜孜不倦的公务员。为政 40 年，他先为国务卿，后当财政大臣。他推行新政并且引导女王及她的议院考虑英格兰发展的新方式及其在世界上的地位。塞西尔颇具探索的智慧和勤学好问的品性，绝不满足于空空坐定接纳他人的智慧和说辞。他是一个热衷于新奇产品的消费者，各色情报和财政帐目每日被呈上他的办公桌，这还需要他对技术问题和项目保持敏感性。某位热心的发明家会问：女王是否愿意斥资发展某种新型的谷物磨粉机？如何能保证让装甲等武器兼具防御和攻击的性能？曾有一位朋友给塞西尔邮寄他的攻城槌模型，并写到：“我理解你乐于见到这样罕见的发明并以此为荣耀之事”。[①] 诸如此类的海量报文涌入塞西尔的办公室，从航行到探索更遥远的世界，要求垄断进口药物，奇异的纲要草案及声称有用的机器，以及无尽的新产品的投资和方法的革新，再到改进基础金属，提炼盐，制造火药，勘探英国的矿源等等五花八门。

尽管关于项目的建议五花八门，塞西尔更倾向于支持海上航行勘探，通过采矿和炼金术进行矿产资源的开采等项目，为英格兰的国防发展提供强大有力的武器。他还致力引进诸如玻璃制造和盐制造等工艺以及发明的新机器、新工具，这些大型的伊丽莎白时期的项目需要执行团队有足够的资金后盾。有趣的是，这些项目与当代太空探索、用粒子加速器来研究物质属性以及发展新式武器，对材料和工业的研究很相似。当我们认识到塞西尔致力于将基础金属转化为铜的炼金尝试，将明矾的开采用于织物染色以及在军需品制造方面的努力

① British Library MS Lansdowne 101/16(1 June 1595).

是在试图寻找一贯方案去解决相互关联的经济和政治危机时，他充满悖谬冒险精神的尝试也变得唾手可解了。伊丽莎白于1558年登基，当时面临破产，重大的国内贫困危机，进口和出口之间的失衡和来自其他国家的威胁。由此，这样一个未婚女王成为国际地缘政治间垂涎的目标。对伊丽莎白而言，发展项目提供了解决这些问题的途径，勘探自然资源，创造就业机会，调整国家的贸易不平衡以及推进国防事业的发展。

塞西尔发现伊丽莎白大科学计划需要一套自然知识和新方法来推进，这基于项目的不同规模和不同质量。有一个鲜明的对比：中世纪自然哲学家的理想工作是在他的书房里阅读文献或屈膝蹲在炼金术的容器旁边；泰晤士河旁则是拥挤的世界，那里有商人、飞行员、仪器制造商和木匠，有新制造的航船，要扬帆去探索海洋。尽管自然哲学家完全孤立于象牙塔中的情况在现代早期英国鲜见，但大多数智力相关的工作常常是在某个半私人化的空间里完成的，这些项目在风格和规模上与中世纪与17世纪早期尝试操纵自然的努力相比明显不同：[①]劳动力需要开发某个铜矿，计量来自新大陆的矿石吨数，或者在伦敦建立一个新的自来水厂，这都需要大量的专家，工匠和管理员。团队合作和层次管理的问题使得伊丽莎白时代多数项目举步为艰[②]。

尽管问题很多，伊丽莎白一世仍大力支持大型项目，包括她在政期间的发明家和投资者——尽管她并未多慷慨地表达对自然世界的兴趣。例如，女王拒绝给数学家和占星学家约翰·迪发放养老金，但

---

① Shapin, "The House of Experiment," passim; Sherman, John Dee, passim; Harkness, "Managing an Experimental Household," passim.

② Galison, "The Many Faces of Big Science," 1. 近代大科学要求数以百计的实验者进行合作，包括科学家、实验室管理者和技术员。作为一种工作模式，近代大科学和19世纪占主导地位的科学实验模型明显不同，医生和化学家常常在更小的实验室里和只有2—3个助理的小团队工作。参见Nye, *Before Big Science*. 关于伊丽莎白时代的大科学，我也得出一个类似的观点，塞西尔的项目模式与中世纪的技术项目模式在一定程度上不尽相同。

她给他谋了个虚衔：宫廷哲学家和数学家，虽然没有发放这笔养老金，但她会给迪伊和他的妻子发放一些散钱，并在准许他参与教会生活的问题上一直是一再拖延，直到有一天约翰·迪伊找到了一个伯乐，这个赞助人更有助于他的大学教育和理想抱负，于是迪伊就逃离了这个国家。[①]。不过，伊丽莎白对待约翰·迪伊的谨慎是带了有色眼镜的，16世纪下半叶，皇室对科学技术颇有兴趣，当然这并不是那么精确的。事实证明，伊丽莎白并非对自然知识和勘探不感兴趣，也并非不愿意拿钱和职位给那些声称具备特殊自然知识的人。她不过是反对给别人一个所谓"哲学家"的名头以及在宫廷上安插这个人做仆人。

伊丽莎白的赞助非常重要，这种支持在近代早期的自然哲学和技术实践方面已得到很好的研究[②]，当涉及自然知识的探索，通常会触及某种无法触及且有争议的利益群体。对自然的追求常产生纷繁错杂的利益之争，这时，伽利略在佛罗伦萨美第奇皇室的经验就会成为那个时期关于皇家资助的效仿对象，这就像发现了新行星，自然发现常难以在公开市场出售，转化成货币，但是伽利略和像他一样的人通常采用官方的精明办法，就会获得美第奇家族和神圣罗马帝国的皇帝鲁道夫的财政资助和职衔，但这个招数并非屡试屡中。伊丽莎白首选的是一种间接而中立的赞助形式，这种形式不会令她与那些潜在的客户

---

① 对于迪在伊丽莎白法院的赞助人问题，见 Sherman，*John Dee*（散见全文各处）

② 我用的一些词汇由这本书发展而来：Pumfrey and Dawbarn"Science and Patronage in England，1570－1625，"这篇文章探讨了英格兰法庭最值得称耀的功用，欧洲大陆的法庭经常喜欢炫耀。自从罗伯特·韦斯特曼（Robert Westman's）颇具影响力的文章指出近代早期科学发展中赞助者的重要性（"17世纪天文学家的角色"，"The Astronomer's Role in the Sixteenth Century"）之后，许多历史学家也探索了一些特别的案例研究。对比欧洲人与英国赞助人有价值的文章有：Biagioli，*Galileo，Courtier*；Evans，*Rudolf II and His World*；Findlen，*Possessing Nature*；Lux，*Patronage and royal Science*；Moran，"German Prince-Practitioners"；Eamon，"Court，Academy，and Printing House"；Shackelford，"Paracelsianism and Patronage"；Smith，*The Business of Alchemy*.

发生直接的接触。围绕她的是一个尤为紧致的小圈子，这个小圈子里是她格外信赖的心腹，譬如威廉·塞西尔，他们之间保持面对面的互动，塞西尔受雇于她，成为她与那些客户打交道的中介。为了换取支持和影响，也为了借此建立和女王的私交，圈子里的男人和女人被指派去处理数以百计的诉求。威廉·塞西尔就是女王最主要的客户，他们之中包括罗伯特·达德利（Robert Dudley）、莱斯特（Leicester）伯爵和布兰奇·帕瑞（Blanche Parry），这些人都是伊丽莎白最忠实的仆人。伊丽莎白采用的辅佐之风与欧洲大陆同时期的君主截然不同，她不愿意像美第奇家族与西班牙的菲利普二世那样拿出与申请者见面的时间，美第奇家族当年曾拿出时间聆听伽利略陈说自己的学说，西班牙的菲利普二世在与工程师、医学专家和其他对自然科学感兴趣的人通信时也发挥了直接作用，并且乐在其中。

紧紧环绕于伊丽莎白周围的群臣接受了她最直接的资助，她把最信任的客户位置给予了像塞西尔一样的人物，这些人作为她的左臂右膀，也作为经纪人为客户寻求皇家特权，譬如专利特许证，法院的职衔和其他职衔。伊丽莎白时代的英国还有一个"庞大的赞助链"，数百个中介缩联，并在女王和独立的个体之间延展，这些个体散见于矿山、雕刻、仪器等行当，他们航海探测航行，或将煤投入炭炉中试金。在这些复杂关系中，莎伦·凯特灵（Sharon Kettering）在现代法国早期的资助研究方面已有所发现，"一个人的赞助人是另一个人的客户，经纪人就这样桥接顾客"。[①] 在伊丽莎白时代的英国，只有一个纯粹的赞助

---

① Kettering, Patrons, Brokers, and Clients, 3 - 11. 凯特林（Kettering）将早期当代赞助者复杂化了，通常来看，赞助人与客户之间的关系直率明晰。Ash, *Power*, *Knowledge*, *and Expertise*，在二者之间附加了一个名为"专家中介"的条目，但仍坚持强调赞助人与客户两端。我并不认为伊丽莎白时代的英格兰在处理赞助人与客户两者之间关系时独辟蹊径，当时，法院记录与函件都处于严密的监督下，我对它们能够揭示其间的复杂链条深表怀疑，因为在早期当代法院和城市中，赞助人的分配已然扭曲。

人——女王——并且，只有那些最谦卑的工匠对此洞明，不去对他们的顾客吹嘘夸耀。

在伊丽莎白为数不多的直接接触的客户中，塞西尔是对女王怀有忠诚并以他的服务换取了行政职位和皇家的护佑，他的家人也广受荫泽。塞西尔表达忠诚和效劳的途径包括敦力发展技术项目，促进更广泛的自然研究。塞西尔的兴趣源自他所受的教育，还源自他为爱德华六世(Edward VI.)的朋友提供的服务，包括皇家人文学者和教育工作者——皇室家庭教师凯克(Cheke)和阿斯克姆(Ascham)。塞西尔认为教育和知识可提升个体素质且能使皇室受益。这些观念被他融注于“公益”理想和他与托马斯·史密斯(Thomas Smith)渐渐增进的友谊之中，托马斯·史密斯写过一本《论联邦》(*A Discourse of Commonueecl*)。史密斯在他的对话录中辩称：正如我们在最后一章所见，英格兰对学习和发明创造的消极态度加剧了该国的经济困境。但随后，在这场对话中，史密斯认为此种态度最要紧的是加剧了英联邦的经济症候：源自于货币贬值的通货膨胀。亨利八世和爱德华六世发行了越来越多的硬币，这些硬币是高百分比合金，这中间有一种试图令英格兰财政受益的尝试，但这种做法只会导致更高的价格，更高的政府成本以及进一步的贸易失衡。身为伊丽莎白的国务卿，塞西尔在这个不被期许的位置上被寄予厚望去解决这些复杂棘手的问题。他认为英国必须进口更多的金银(直到18世纪一直没有铜铸币)，在皇家铸币厂制造硬币，通过分析循环进而确定目前金银的总量[①]。塞西尔的熟稔和坚持，史密斯(Smith)的英联邦哲学，加上塞西尔需要解决这些紧迫的经济问题，促成了他对伊丽莎白项目的兴趣。

---

① 塞西尔在货币恢复方面的作用，参见 Read, Mr. Secretary, 194 - 197.

伊丽莎白登基后，塞西尔进一步了解了货币危机的程度，但问题似乎难以逾越。英国皇家铸币厂位于伦敦塔内，负载陈旧的生产技术和庞大的官僚机构。在涉及贵重金属含量方面，尚未就英磅发行固定标准，似乎没有人知道有多少贬值货币正在流通。铸币工人用传统的化验方法，熔炼并压制硬币，这种方法效率低下且不够精确。你不能指望负责这项工作的人员——铸币厂的管理者同时拥有冶金知识和管理才能。塞西尔同时启动了多种可能解决危机的方案：他清理铸币厂的房子，令新员工到位，任命新的负责官员，并执行新技术手段。1560年，铸币厂的经营业务秩序良好，以致女王能够召回处于流通中的银钱(silver money)，并以标准重量的银币(silver coins)来替换它。在女王执行通货回笼政策后，铸币厂工人的工作总量和类型也面临相应变化需要重组和使用新技艺[①]。

在伊丽莎白大科学项目中，塞西尔经历的铸币厂重组是他生涯历程中面临的无数问题中的典型事例。他首当其冲面临的是技术素养问题，在着手之前，塞西尔不得不先去确认具备知识和技术的工人，他走了一条昂贵的，高调重组的路子。在铸币厂重组项目中，塞西尔最大的挑战是如何找到熟练的工人，以及如何规范和管理他们。传统的工艺组织和行业协会，像戈德·史密斯(Goldsmiths)和艾尔芒格(Ironmongers)的公司，在对劳动者定位和监督工作方面能给予很大的协助。但行会的福祉也反向印证了一个诅咒，因为他们垄断了某些技术工作，并试图阻止像阿涅罗这样的外国人介入，以免侵犯他们的特权。在伊丽莎白统治时期，伦敦的行会与中世纪相比或许已经处于一个较弱的地位，但在监控和管理首都城市方面，仍然发挥了至关重

① Challis, *The Tudor Coinage*; Challis, *A New History of the Royal Mint*; Goldman, "Eloye Mestrelle"; Symonds, "The Mint of Queen Elizabeth."

要的作用。塞西尔不得不开动脑筋想办法，他要允许欧洲那些身怀技艺的外国人和能够提供创新的英国发明者(在英国不为人所知和未使用的技术)，允许他们能够实验新方法，开展项目，尽管这些项目对相关的行业工作的管理领地构成威胁，造成践踏。

没有什么比发现知识技术型人才更能让塞西尔兴奋的了，比如阿涅罗，他掌握着宝贵的知识技能和体系，而这恰好可以为皇家所利用。塞西尔，并不拘泥于他的背景和职位，他喜欢与工匠和手工业者直接接触。托马斯的两大信条在《论联邦》中的具体体现是："从许多首领那里汇集完善的建议"和"每个人都将在自己的领地能得到认可"。塞西尔咨询了他寻求的知识技能型人员中各个行当的能工巧匠。举几个例子，相传，一个皮匠工人教塞西尔如何将兽皮糅成棕色，以更好地了解这个行业及其内部问题[①]。戈德・史密斯和铸币厂的管理者威廉・汉弗来(William Humphrey)建议塞西尔考虑铸币标准和铜的分析试验[②]。詹森(Janssens)来自一个移民家庭，他陈述了国外制作陶器来盛放医药产品的益处。几位工程师概述了他们运用流经伦敦桥的拱水动力来驱动发动机和工厂的计划。塞西尔还有军械制造商的详细清单，他想尝试探究黄铜弹药相对胜过铜的地方。约翰・鲍威尔(John Powell)，一个被捕的伪币制造者，指出他的罪行本来可以避免——通过在货币适当的位置放置一些基本的防伪措施[③]。正如两次被定罪的埃洛伊・米斯特(Eloy Mistrell)所指出的一样，塞西尔所发

---

① Smith, *Discourse*, 3; Fuller, *Worthies*, 387, quoted in Thirsk, *Economic Policies and Projects*, 53, n.6.

② 参见 British Library MS Lansdowne 6/9(1563), MS Lansdowne 10/6(15 March 1566/1567), MS Lansdowne 10/18(10 April 1568).

③ 大英图书馆 MS Lansdowne 12/58(1570), MS Lansdowne 12/59(27 January 1569/1570), MS Lansdowne 18/61(1574), MS Lansdowne 101/14(11 May 1591), MS Lansdowne 683/10(1576), SP Domestic 12/8/13(1559), SP Domestic 12/46/64(3 May 1568).

现的伪币制造者反倒被当成了冶金权威，埃洛伊在皇家铸币厂谋得一个职位，获得许可使用他新发明的投币式冲压发动机制币，并在铜矿中进行关键的矿物标本分析。虽然伊丽莎白本人与潜在客户直接接触时很警惕，但塞西尔却津津乐道这一义务，并在监狱、行会和伦敦街头寻找专家。

为塞西尔提供技术信息的个人并非出于纯粹的利他主义动机，或由于他们出于对英联邦哲学的分享——他们经常声称这种做法。若他们的项目获得支持，并证实能够获得成功，像塞西尔一样的赞助商、投资者和技术人员就会坚持以盈利为目的，威廉·汉弗来（William Humfrey）想凭借自己的冶金知识赢得黄铜和铜导线制造以及打制铜器皿的垄断，从而迫使竞争对手退出市场。詹森家族需要建立一个位于伦敦附近泰晤士河岸的陶器厂来谋生——但身为外来移民，他们不能充分享用这个城市的自由，没有公会的权限不能行使任何贸易。类似这种务实而最终利己的考虑影响了大多数建议，如果没有市政和皇家的支持，没有人能去建立一个伦敦桥水车。军械制造商和枪械创立者有望被允许启动自己的行会，约翰·鲍威尔和埃洛伊·米斯特将被释放。塞西尔与女王如此亲近，他高座于枢密院的位置，掌控着国务卿办公室，他又显然是一个与你计划里的某个闪念相伴随的人，倘若你需要成为这儿的居民，获得规划许可，获得出狱的通过，或获取令人垂涎的专利证书。

信件专利相当于法律文书，是由女王授予的既保护护照又确保皇族特权的文书。我们可以看到当代专利的遥远祖先传递着知识产权意识，伊丽莎白时期的英国专利证书可以进行任意数量的交易，包括土地转让，涉及皇室财产，外国公民的定居以及为高校和贸易行会建立企业机构[1]。英格兰修订并通过了许多欧洲国家在近现代时期使用的专利制度，其间大量地引用威尼斯范例。由于史密斯在《论联邦》通过律师之口写到，威尼斯找到了一个有吸引力的办法去奖励创新，通过授予有限的垄断给公民和移民，以鼓励项目的开发。塞西尔发现大陆专利制度体系被用于吸纳劳动力移民工人——这也是英国吸纳大数量移民工人时期，即 16 世纪 60 年代后期和 70 年代早期[2]。

大多数提案的发明者和投资者的目标是获得专利证书所授予的某项发明、工艺或产品的限制性垄断。在某种貌似宽松的环境下，成功申请专利证书形成了一套一以贯之的标准，这是对原创的尊重。对原创权的申诉，与发展新技术或拓展贸易路径相伴随的高额花费以及假冒伪劣和欺诈行为的层出不穷都给英联邦带来了风险。塞西尔就像早期国家科学基金会主任一样，审核这些申请及呼吁，评估它们的长处与短板[3]。伊丽莎白和塞西尔在统治期间一直对大型项目持有兴趣，项目申请的全盛时期可以追溯到 1560 至 1580 年，女王的关注有助于使这一连串的活动形成品牌和产业集群。她通常奖掖发明家的新技术 21 年特权，因而，早期的设计者几十年来被束缚在一个行业就不足为奇了，例如硝石的生产或用于矿山的排水机的建设。大型科技项目的利益大幅下降还有其他原因。首先，也是最明显的，许多项目

---

① 对英格兰系统的讨论包括 Hulme, “The History of the Patent System”; Hulme, “The History of the Patent System ... A Sequel”; Price, *The English Patents of Monopoly*; Gough, *The Rise of the Entrepreneur*; Thirsk, *Economic Policy and Projects*. 我注意到这里很少有关于近代专利制度的研究(Hulme and Price)，或者日用消费品的研究(Thirsk)，不像对伊丽莎白时代大科学的研究那样多。例如：Thirsk 在研究中遗漏了“patents for engines that would dredge, drain, grind, raise water, pipe a water-supply, and refine pit coal ... since they did not directly result in the production of consumer goods.” Thirsk, Economic Policy, 57, n.20.

② Thirsk, *Economic Policy*, 53; Yungblut, *Strangers here among Us*, 95 – 113.

③ 在塞西尔处理更广泛的经济议题时，希尔(Heal)和赫尔斯(Homes)证明了相同的彻底性和评价的倾向性;“The Economic Patronage of William Cecil,” 208,220.

未能履行伊丽莎白统治初期做出的乐观承诺，每个新发明都似乎倾向能使英格兰变成欧洲无可争议的资金和技术领导者。其次，当他们的资金被耗尽随后被补充时，私人项目资助者倾向于在起伏不定的浪潮里观望投机。

在虑及女王的专利证申请时，塞西尔将三位首席的建议考虑了进来：实用、经济、新颖。在这三者当中，对于女王和赞助经纪人来说，最重要的口号是实用①。因为英国女王对技术爱好者的炫耀性展示不感兴趣，尽管一部分技术爱好者是她在欧洲大陆的对手。她希望新的产业带来更好的防御机制、强硬的货币政策以及更多的土地。当美第奇享受寻找新的天体譬如伽利略"美第奇星"时，塞西尔和女王则致力寻求更实用的自然知识，他们宁愿选择从事可预见结果的项目，就像由另一个被判伪造罪的埃德蒙·珍特(Edmund Jentill)提出的建议一样，他呈给了塞西尔几个有用的设备：一个能从某一固定点去丈量任何东西的长度、高度和宽度的设备；一个新轧机的设计草案；以及能够准确测量几何图形和螺旋线的"欧氏罗盘"，这对一个州或联邦大有益处。珍特愿意放弃带来实利的专利，他认为先得把他从监狱释放出来。他解释说他冒险干出伪造的勾当，起源不是因为向往"任何恶毒淫荡的生活"，而是源于他对于家人和自然及机械知识的热情。珍特提到他在购买书籍，支付债务，试验数学结论及为国家提供长久耐用的商品等诸多不菲花费②。

除了以专利的实用性来确保预估的财政投入，塞西尔还增大了设计师获取专利证书的可能性。英格兰拥有的自然资源并不丰富，并且

① Harkness, "Strange Ideas and English Knowledge," 28, 30; Pumfrey and Dawbarn, "Science and Patronage," especially 139 - 143.

② British Library MS Lansdowne 77/59(1 October 1594). 詹丘(Jentill)可能是一个高贵的意大利移民家庭的成员，这个家庭包括法官和法律教授阿尔巴里克·真蒂利(Alberico Gentili)，但我没有直接证据确定两者之间的关联。

已有的木材、锡、煤、铅等资源也正在迅速枯竭。以两个铁熔炉的租赁为例,当时专利授给富尔克·格雷维尔(Fulke Greville),洛德·布鲁克(Lord Brooke)时,原因是他们降低了木材的消耗量。在保障皇室在大型项目利益的同时,塞西尔还会密切留意财政红线,经由国务卿到主司库,一旦专利证书被签发,项目预算便会急剧上涨,因此,塞西尔对支出和自然资源的使用采取了更高的限制红线。塞西尔和女王愿意支持像德国战士杰拉德·亨瑞克(Gerard Honrick)一样的发明家,此人在并没有得到皇室财力支持的情况下仍致力于生产能从被淹的矿井里汲水的水泵,亨瑞克承诺倘若伊丽莎白能给他 30 年的垄断期,他愿意以"以一己之财力","在操作中使用相同的引擎工具"来推进这一项目。在当代"大科学"进程中,尽管这些努力一直未能有一个完美的结果,预算限制也经常发生,他们仍会促成伊丽莎白的技术人员和投资者之间的合作和问题的解决,这两类人员都愿意维持项目的可行性与流畅度。[①]。

除了实用和经济,新颖也是专利申请成功案例中经常被提及的,但它不足以呈现塞西尔新式的或是改良的小发明。设计者必须详尽地讲解他的发明如何不同于现已投入使用的相似发明,以及它的发展将如何冲击类似物品的现有垄断。专利拥有者称贸易和手艺在欧洲中世纪普遍存在,而新颖性的要求体现在伊丽莎白时期的专利申请书中,表明了现代社会早期的城市精神遗产[②]。为了赢得项目资助,势必

---

① CPR 31 Elizabeth, C 66/1333(8 February 1588/1589); SP Domestic 12/125/50 (July 1578); Everitt, "Background to History."

② 对于专有知识和科学之间的复杂关系,可参见隆的成果,特别是 *Openness, Secrecy, Authorship*。他追溯了在古代和中世纪早期技术知识文化如何变得更加开放,给出了 13 世纪在城市生活竞争的良策。他的方法和 Eamon, *Science and the Secrets of Nature* 不同,后者认为中世纪是一个神秘的年代,和近代早期文化形成鲜明对比。

会发生竞争。但争论必须被谨慎对待，并要完全了解这个争论。当时，约翰·梅德利(John Medley)提出了水泵专利证书的申请，水泵是他发明用于被淹矿井汲水的，由于引擎相似，他与杰拉德·亨瑞克展开了竞争。梅德利声称他的设备"在此之前没有被应用到这一领域……"，另外还确保"比之前任何用于这一领域的设备都要好……"。[①] 虽然如此，在同一个月份，因两者引擎各有出新，伊丽莎白同时授予了这两个人专利。她惯于让结果说话，并对此保持警惕，避免自己卷入竞争对手之间的优先权纠纷。

塞西尔对申请的效用、成本和新奇性进行权衡之后，开始精敏而务实地与有前景的发明家讨价还价，那些发明家想通过他来获得女王的支持。这种交易远离了那种不言而喻的、仪式性、非契约的由尊贵的皇室来资助的模式。皇室对多数项目的终期目标是针对技术发明分批次拨款，实现材料、工具红利顺畅地惠泽公众，伊丽莎白希望有法律约束力来确保目标实现。塞西尔签署之前仔细阅读了专利许可证的措辞，并经常进行修订，使其更有利于皇室[②]。塞西尔发现当牵涉降低项目的间接费用或启动经费的时候，精明的伦敦商人尤能发挥作用，随着德国人被召来在英国皇家矿业工作，以莱昂内尔·达克特(Lionel Duckett)为首的商人委员会便放言："15 年以来(甚至更多年以来)，我们做了一笔绝妙的交易……"。伊丽莎白授予大型项目的专利证书包括这样的经典条款：给予引擎或系统以特权，限制申请与实现之间的时间长度，针对新技术的使用索价，尤为熟悉发明的英国人的比例。当伊丽莎白准备授予她的拥趸以荣誉的时候，以上皆成为要

---

① SP Domestic 12/125/48 (July 1578).

② 参见 Cecil's annotations on Leonard Engelbreght of Aachen's proposal for making saltpeter, British Library MS Lansdowne 24/54(1577)，关于赞助者关系结构的文献概述参见 Eisenstadt and Roniger,"Patron-Client Relations," especially 49 - 50.

考虑的因素。

伊丽莎白时期，提出申请的人数远远超过了被授予专利证书的人数，并且，大量的专利证书草案从未正式发布。从开始到结束的过程对任何心切的发明者无不是个考验——文件必须成功通过几个办事处，并能赢得枢密院的批准。托马斯·史密斯(Thomas Smith)爵士与塞西尔和莱斯特伯爵均收到了将基础金属转化为铜和水银的专利证书。程序的流转要确保女王在一天结束的掌灯时分在文档上签名，并要加快他们通过审批的后续阶段。如果通过像塞西尔一样的伊丽莎白直接委托人的引荐，或是通过将投资方公司将来自伦敦和法庭的合作设计者聚结在一起的方式，往往能提升申请速度。这样，伊丽莎白时期的项目常以多种方式被组织到一起：可以是独立发起的计划；也可以是个体合作的方式。通常，公司接受专利证书，也伴随着在监管公司方面有相应的权利和责任。在早期的公司管理上，投资方通过购买股份的方式换得在公司决策时的发声权及享受公司分红。通常，专利证书相关部门的工作者常布设自己的权利和执行监管企业的责任；在早期的监管公司，投资者在交易时所购买的股票决定了他们在公司决策层的发言权和利润分红权[①]。

贵族乔治·科巴姆(George Cobham)获授专利证书的例子说明了实用、经济、新颖的理念如何被付诸行动并成功获得专利证书的。在他的专利证书中，科巴姆被誉其探究一种去加深河道，渠道和港口的装置——由于交通量的增大、土建工程和排污越来越多，导致利河淤塞。这种装置一度引领通航，成为极有利于皇室和市政的设备，伊丽莎白时期无人意识到这些自然而然的过程引致的灾难性后果，之前

---

① British Library MS Harley 6991/56(28 January 1574/1575)；Rabb，Enterprise and Empire，28－39.

仅是英吉利海峡一味看向曾经繁华的城市布鲁日来谋求发展，而无视其港口已不能令船舶停泊，以至降低了它做为国际贸易和金融中心的领先地位。科巴姆向女王承诺，他的发明会使“淘洗”河床和港口提升工程效率，能使她的想法高效低成本地实现。然而，他在这点上的保证并不足以打动伊丽莎白，伊丽莎白明确要求科巴姆 3 个月内完成装置构建，并能以合理的规划来说服她，使她觉得计划可行。只要他完成了这个任务，女王将授予他 10 年特权。在专利发明被推行期间，伊丽莎白不会禁止她的市民继续使用传统方法来拓宽和加深河流和港口。但女王希望科巴姆专利的推行将给予其他人勇气，即学习和寻求良好装置和设备的勇气①。

科巴姆从专利证书中获得了巨大的收益，由于国外移民在城市会受到贸易限制，在这种情况下，获取专利证书就成为绝对必要的一个环节。伊丽莎白一世关于大规模技术项目的专利特许证就是颁发给外地人的，乌得勒支(Utrecht)的威廉・伯杰(William Berger)发明了一种新型玉米研磨机。在认可这一高成本的、长期研究所获得的产品上，伊丽莎白确保伯杰拥有 7 年的使用权。对于幸运的外国人来说，独创性发明能打通定居之路，获得英格兰伊丽莎白时代“居留外国人”的身份。德国弩制造商赫尔曼・冯・布鲁克斯(Herman von Bronkers)在足以代表他技能的“战争机器”报告抵达女王手中之后获得了居民身份②。费代里科・杰尼贝利(Federico Genibelli)启动了一些大规模的项目，这些项目曾在 1591 年惠泽项目相关领域，其中包括增加伦敦供水和降低火灾风险的筹划。伊丽莎白女王对于外籍项目从业者的支持力度是显而易见的，从她责令市政官员制止戴尔斯

---

① CPR 4 Elizabeth, C 66/985(26 May 1562). Letters patent quoted from Carr, *Select Charters*, lviii.

② CPR 2 Elizabeth, C 66/960(3 October 1560).

(Ders)和布鲁斯(Brewers)对伦敦正在实施工程的干涉可以看出,这一工程由伊丽莎白的移民专利证书持有者特伦特(Trent)家庭的艾库伯·阿康西曼(Iacopo Aconcio)主持,行会坚称阿康西曼冒犯了他们企业的权力和特权,但女王的权威不能违背,因此,阿康西曼仍然发挥着他的作用。

只有像阿康西曼这样最勇敢自信的发明者才会对个人专利证书孜孜以求,大部分项目从业者认为专利证书无论是在金融还是政策方面都提供了安全保障,出于成立公司的需求而申请专利证书的情况因而更为常见。最终,签署的申请与专利证书造成了企业的实用主义,它产生于我们在前面章节里一直在瞩目中发展成长的伦敦城。随着对自治的坚持和对古老特权和自由的审慎呵护,城市不仅是发展大型项目的重要中心,还是项目如何管理、融资和经营的典范。伦敦勃兴自治,共担风险以及合作和竞争在英国原住民与移民之间存在。这不仅是伊丽莎白时期伦敦的标志,也是伊丽莎白时期大科学的标志。

自治是一种至关重要的企业特权,这深为伦敦人熟谙,他们可能成为这个城市中任何一个行会的成员。伊丽莎白授予项目企业集团的专利证书凸显了与自我管辖相似的权利:虽有皇室作为后盾执行监督,但企业仍会自行举行会议,选举官员,构建起一套行之有效的行为规则,以解决内部纠纷,而不是通过英国法院。这些特权与伦敦中世纪行会的权利遥相呼应,当玛丽女王授予这批商人专利特许证并组建“俄国公司”探索到俄罗斯贸易路线的时候,这群商人被清晰地指示在伦敦或者另一个“之前我们提到的曾经聚过会的,口碑较好的城市”会面。大型项目的专利许可证通常还会涉及到普通公司中兄弟般的成员以及勾勒出专利证书持有者的特权如何传给他们的子女和“学徒”,譬如,商人冒险者(Merchant Adventurer)尤其强调他们和伦敦古老的制服行会——譬如丝绸行会的关系。

对企业的调控起源于伊丽莎白早期一些证书的申请，它做为一种手段扩展了股东间的利益和风险。对固定资金而言，个人投资者可以通过购买的方式进入公司，如商人冒险家一样，换取管理决策的发声权，并分取利润之羹。公司的专利证书有效地保护了组织免受无休止的诉讼，而这样的诉讼之频之盛，常使项目中的个体步入破产的边缘。[①] 就高权在握的塞西尔而言，他身为女王的直接对接人，高坐于枢密院之巅，经常会接到控股公司的福利股份，这是借以换取特权的免费午餐，便于达成专利证书的申请交接。莱斯特市（Leicester）的罗伯特·达德利（Robert Dudley）伯爵、亨廷顿的亨利·黑斯廷（Henry Hastings）伯爵、布鲁克（Brooke）的乔治·科巴姆（George Cobham）勋爵以及蒙乔伊（Mountyoy）的詹姆斯·布朗特（James Blount）勋爵。这些人率领身为企业成员的贵族阶层筹建支持和管理大型项目。而且，他们不仅个人接受惠泽，城市形象也跟着名声大噪，伦敦商人和城市官员假以资金支持，并以长远的重要项目作为盾徽换取女王会议桌的参席砝码。托马斯·图兰德（Thomas Thurland）和丹尼尔·霍赫施泰特（Daniel Hochstetter）家族为了繁荣铜矿开采，提供了免费股份赠与女王的理事会成员——莱斯特伯爵、彭布罗克（Pembroke）伯爵和（最关键的）威廉·塞西尔。同时，他们还为城市大型项目最活跃的投机者阿尔德曼·莱昂内尔·达克特（Alderman Lionell Duckett）提供股份。

这类蓝图远大的项目常仰仗于英国本土知识和移民独创性的巧妙融合，企业专利证书为市民和外地人提供了一种为共同事业联袂协作的方式，尤其是当正在酝酿中的发明或项目可能会无视行会特权的时候。伊丽莎白授予了伦敦人理查德·普拉特（Richard Pratt）和荷

---

① 同上.，xvii－xviii.

兰乌得勒支（Utrecht）的斯蒂芬·范·赫里克（Stephen Van Herwicke）专利证书，因为他们发明了新型的，更有效力的熔炉，这将投诸实践应用，还将教会英国人制造熔炉的科学知识，从而产生更多关联商品和利润。在更大的规模上，皇家矿物公司与矿物和电池公司是合作企业，这类企业常由英国人和德国人合作。皇家矿业的专利许可证，最初由英国人托马斯·图兰德（Thomas Thurland）和德国人塞巴斯蒂安·斯拜戴尔（Sebastian Spydell）于1564年获得，后又传入另一位德国人丹尼尔·霍赫施泰特之手（Daniel Hochstetter）。1568年，伊丽莎白指出，在霍赫施泰特的技术引领下，图兰德一直在努力地寻找、攻克矿井并进行矿石实验，此举对英格兰颇有裨益。然而，并非所有介于移民和本地市民之间的合作都能达成。例如，1558年12月，乔治·科巴姆的排水专利开始与意大利工程师托马索·查拿大（Tommaso Chanata）及公司的其他人合作，获准开发和使用清理河道的工具：可以带走所有出自河湾、港口等地的淤沙及软泥。随后，他们得到了几周接近伊丽莎白的机会。但几年后专利证书签发时，也就是1562年的春天，上面仅有乔治·科巴姆之名——并未提及查拿大。

即便企业专利证书被签发给英格兰人和外地项目从业者，某种显见的不安之感仍时常弥漫于公文之间，使得公司与皇室之间的关系蒙上了某种色彩。努力令舶来知识完全本土化的过程，就如同约翰·杰拉德（John Gerard）家花园的植物本土化那样，大部分持有专利许可证的外国人被要求去教授英国人如何使用这些技术或制造工具，安东尼·贝克库（Anthony Becku）和让·卡雷（Jehan Carré）充分发挥了专利证书这一功能，如果他们教授英国公民“玻璃制造的科学……或是类似的知识……”，可以供英国人实践并在英国留存和承续，他们就可以因此获准许可证期限21年，享有在英国建成玻璃工厂的权限，当然，附加的“防护措施”是为了保障英联邦的利益。当杰拉德·赫里克(Gerard Honrick)承诺给伊丽莎白的臣民展现他独有的制作硝石的方法时，他被要求将这一方法形之成文，避免在他的学生中造成混淆。这在他的投资者间引发了关切，在优先问题上，也与竞争对手引发了竞争。除了这些措施，伊丽莎白时期许多管理大科学项目的人还坚信他们的移民工人会坚守秘密。在凯西克(Keswick)铜矿中，皇家矿业的英国股东和他们雇佣的德国矿物专家之间的关系在激烈的氛围中分崩离析，这源自相互的猜疑[①]。

威廉·塞西尔往往能够安抚受伤的个体，还能减少参与者和投资者的后顾之忧。这些宝贵的贡献通过他那套方略推进，事实上，他以项目产生的直接利益来审查项目启动者和主张的可行性，并且，他还为每位相关者拟定权利和义务。随着申请数量的增长，他被淹没于文件的海洋里。诚然，塞西尔必须找到更有效的方法来搜罗信息，发现更有效的手段来管理项目。没有行业协会的监督也没有政府部门的参与，塞西尔不得不建立自己的一套系统来跟踪和评估复杂的项目，以便跟上进展。对于发明那只空空妙手和众多大型项目巨额成本的耽虑无疑给塞西尔施加了莫大负担，塞西尔迫切要求申请者将他们的方法和利润预测对皇室和私人投资者公开。塞西尔与阿涅罗关于弗罗比舍矿石的私密会晤是为了代女王、女王的顾问以及洛克的投资者厘清黑色岩石的奇特奥秘。其他人则笃信于视觉证据，其时，市政与荷兰工程师彼特·莫里斯(Peter Morice)签署了协定，通过使用他的专利水泵为伦敦供水，压力由水流通过伦敦桥的桥拱时产生。工程师通过产生的射流审慎地展示了计划之合理，水流强劲到在泰晤士河面上形成弧拱，甚至冲击到市中心

---

① CPR 9 Elizabeth, C 66/1040(8 September 1567). Patent quoted in Carr, *Select Charters*, lviii. SP Domestic, 12/16/30 (13 March 1561); Ash, *Power, Knowledge, and Expertise*, 19-54.

圣马格纳斯·马特(St. Magnus Martyr)教堂的尖顶[1]。一切实用、经济和新颖的实践由投资者和启动者共同创制——闭门造车也好,技术实力的炫耀性呈现也罢——均需付诸验证。塞西尔面对的难题是谁来监督申请者以及如何对某个领域的建议进行评估。

塞西尔发展了一个调查员网络以便去收集大型项目的信息。这些人——他们被历史学家称为"流动报告人"——负责搜集情报。辅以图纸、模型和描述的报告被直呈给塞西尔,协助他判断每个建议的优点和不足[2]。他的许多情报员在城市里已经建立了技术人员和商人的网络。塞西尔的情报员网络通常是一个技术人员能力"可信报告"的来源,或是将某项发明变为物质现实的勤奋工作的可信赖信息的来源。这些均在专利证书中有所提及[3]。塞西尔两个最活跃的情报员是阿米格尔·瓦德(Armagil Waad,约1510—1568)和威廉姆·赫尔勒(William Herle,卒于1588/1589)。这两个人混迹于间谍和技术员之间,由此建立起了深厚的情谊,这两个人与常混迹于造船厂与皇室交易所的间谍、技师和调查员建立起了良好的关系,这使得他们能够了解伊丽莎白大科学项目设计者及项目的最新讯息。在塞西尔当政的最初十年里,瓦德为他积极效力,身为约克郡原住民及牛津大学毕业生,他会说法语和西班牙语,这使他游刃自如地与原住民和移民项目设计者会面。由于瓦德过去曾参加了1536年霍尔(Hoare)船长带领下从布雷顿角(Cape Breton)到北美企鹅岛(Penguin Island)的远航,所以他积累了丰富的一手风险经验和项目盈利的经验。瓦德曾有风

---

① 关于莫里斯(Morice),参见 *Analytical Index to the Series of Records Known as the Remembrancia*, 550,551,553. 1581年,他获得了伦敦桥第一个拱500年的租约,其后又获得了其他4个拱的租约。见 Carr, *Select Charters*. cxxiii。

② Thirsk, *Economic Policy*, 87.

③ 例如,矿产和电池的专利,引用自 Carr, *Select Charters*. 17,关于熔炉的专利也被颁发给 Pratt 和 Herwick,British Library MS Lansdowne 105/44 (undated).

险和工程回馈的一手经验，自从1536年，他在船长霍尔的带领下远航，从布雷顿角到北美的企鹅岛(Penguin Island)。他的妻子，艾丽斯·帕顿(Alice Patten)，帮他与伦敦的精英阶层建立了联系，无论是从个人还是经济方面，均增加了他之于塞西尔的价值，因为她可以依靠家族的势力帮塞西尔掌控伦敦迷宫般的行会政策。瓦德开始启动智能业务，先是远航至荷斯坦去签署商业合同，接着又到英国海岸侦察胡格诺教派，之后，他开始将重心放在伦敦和项目执行的地点。在为塞西尔工作期间，他曾监管过一位名叫科尔内留斯·德·拉努瓦(Cornelius de Lannoy)的波兰炼金术士的工作，还推荐了其他专利提议。瓦德自己得到了一个独特的硫制作方法的限制性垄断的专利证书，还有一个专利证书与改善生产亚麻仁油设备相关，这与塞西尔的另一位调查员威廉·赫尔勒合作完成。

瓦德去世后，借由接近身处伦敦及周边的准项目设计者的机会，赫尔勒险些加入天主教支持者组织，塞西尔将他从中抽离了出来。赫尔勒首先推荐给塞西尔的是支持一位瓦隆移民的申请，弗朗西斯·弗兰卡德(Frances Franckard)，因为他发明了提升盐生产利润的新方法。赫尔勒采纳了弗罗比舍对塞西尔的早期建议，报告追溯了他最早在1572年的活动，他还向塞西尔汇报了关于瓦伦丁·鲁斯伍林的手术技巧。

随着项目范围的扩增，塞西尔的调查员变得更加专业化。在铸币厂的检验官威廉·汉弗来(William Humfrey)成了塞西尔冶金项目信息的主要资源。托马斯·迪格斯负责监理多佛港重建项目，他是数学家莱昂纳多·迪格斯的儿子，他还承担着工程项目总顾问一职。发明家越来越发现塞西尔只承诺支持那些成功的可能性比较大的项目，这意味着他们必须为“全能”的调查者提供足够的证据。当埃默里·莫利纽克斯(Emery Molyneux)欲为他的军事发明申请专利时，为了免遭塞西尔助手的嗤之以鼻，他就先把设计呈给威廉·诺尔斯(William Knowles)爵士、亨利·尼维特(Henry Knyvett)爵士、约翰·斯坦厄普(John Stamhope)爵士以及托马斯·尼维特等赞助人过目。埃默里·莫利纽克斯向塞西尔保证：这些人能够为新的大炮和弹药提供专业评估。在意识到塞西尔不会相信他们的证词后，莫利纽克斯急忙补充了他会让“阁下愿意指派去做调查的其他人”对武器的效用和质量作最终评判[①]。

在获得专利证书之前，塞西尔的提案审核系统仰仗于一个由赞助人、投资者和发明家组成的延展调查员网络组织。每当设计者带着沥干沼泽地或将伦敦建成新型供水城市的项目设计接近塞西尔时，这种网络组织即发挥作用。多年以来，塞西尔阅读了大量的申请书也派出了大量的情报员，他非常清楚哪些人可靠，哪些人机敏；同时，也了解哪些人不那么可靠和非专业的人策划项目，或者(更有甚者)哪些人没有给项目配备必要的管理人员诸如工程师、技师、工匠，还对工匠被指派完成工作等情况了如指掌。塞西尔很大程度上仰赖于伦敦人来掌握这方面的知识。首先，他依赖于城市技工和行会成员获取大量技术问题的内幕信息；其次，他启用商人和城市精英协助合同谈判和协议，这将使皇室大受其益，并可为有巨额投资需求的项目投资；最后，他仰仗于伦敦高度发达的调查员网络，这些人专门搜罗发明家和项目情报。

威廉·塞西尔和伦敦城的丰富资源对大型项目的开发至关重要。如果没有伦敦，塞西尔会在认定、出资和管理项目方面耗费大量时间。当然，若是没有塞西尔的支持，项目本身也绝无繁荣可言。众所周知，

---

① British Library MS Lansdowne 101/17(4 March 1596, with additions dated 26 April 1596).关于多佛计划的更多信息，参见Ash, *Power*, *Knowledge*, *and Expertise*.

伊丽莎白的首席部长拥有打开皇室融资的大门的钥匙。不过，为了赢取他的信任，项目设计者须与英格兰有技术素养的人员、女王的商人及相关人员有足够的接触，才能够将一个二维的熔炉草案图变为看得见、摸得着的三维实物[①]。能找到那些有文化，懂技术，以及富有的人的最好地点就在伦敦。

## 伊丽莎白时代大科学的猜测：伦敦的项目和设计者

有很多因素在大型项目的发展中起关键作用。伦敦迅速成为英格兰商业和经济中心，这一进程尚未完结。在那个时期，你看到伦敦发生的“众多科学、艺术和贸易的杂糅”毋须惊讶，作为一个杂糅众长的“熔炉”，其必要成分必须关涉创新和经济发展[②]。似乎每一个富裕的公民（以及许多并非那么富裕的），要么有低投入、高产出的项目在手；要么欲投资此类项目。市政官员经常斥责那些在自己家中铸造熔炉，提纯糖以及制造玻璃的居民——事实证明技术漏洞较富裕的市参议员更令人头痛。冒险的投机行为导致了金融灾难，诸如人力和燃料资源之类的项目消费不断增加时，乐观的小型投资预测常常膨胀到令人瞠目结舌的数字，在这样的大都市中鲜有能成功的例子——对俄公司与俄罗斯的贸易尚有利可图，矿产和生产电池的工厂夜以继日地劳作运转，生产电线，为军械工程生产所需金属，生产家居用品等等，阿尔德盖特（Aldgate）和圣赛尔斯（Cripplegate）郊外的新型玻璃制造工厂也足以令发明家，投资者和他们的其他项目存活延续[③]。

因为城市大肆鼓吹技术型工人和富裕投资者结合，大规模的技术项目在伦敦得以蓬勃发展，带来了德国人、意大利人和英国皇室人员

---

① 相形之下，参见 Kettering, *Patrons*, *Brokers*, *and Clients*, 5.

② Lupton, *London and the countrey carbonadoed*, 1.

③ Fisher, *London and the English Economy*, 185 - 198.

的融合。在近代初期的技术活动中，伦敦是一个公认的节点[1]。新兴居民从欧洲任何一个角落走进城市，引进新技术或启动项目，一旦遇到有雄心的、急切地想在有意义的项目上投资的伦敦豪门，设计精巧的高效伦敦供水系统之类的项目就会启动。托马斯·赫尼奇是女王的副手，一旦离开宫廷这个颇受局限的世界，回到弥漫着企业气息的伦敦家里，他就会"频繁揣摩"一个名为帕里特的发明家。并且，这并非个例。因嗅到了利润之羹，大多数投资者对诸如帕里特等项目设计孜孜以求，因为几乎身居伦敦的每个人都在试图去赚取利润。尽管城市的街道并非由黄金铺就，随着亨利八世统治下的修道院解散，财富被重新分配到士绅和商人阶层的手中，国外布料市场的不稳定意味着伦敦的精英们须积极寻找新的投资机会[2]。伦敦商人拿出可观的金融股份加大海洋探索，将殖民地安置于新发现的土地上，协助皇室重建多佛港以及开发新技术[3]。

除了富裕的技术型人才，这个城市还有其他值得夸耀的资产，诸如环境资源——泰晤士河和现有的基础设施等均有助于大型项目的筹建。这些项目涉及大量的调查人员、技术人员、管理人员和穿梭于实验室、工厂车间、后院、城市的造船厂、伦敦塔、伊丽莎白的流动法庭和吉尔德霍尔(Gujldhau)市政厅的联络员。项目多集中于城市东部，那里是锭盘、船厂以及工厂的积聚地。基础设施建设对新产业和技术发展至关重要，对此，正如琼·瑟斯克(Joan Thirsk)的解释，区域"已

① 对于这点上的比较参见 Moran，"German Prince-Practitioners"；Rose，*The Italian Renaissance of Mathematics*；Middleton，*The Experimenters*；*Evans*，*Rudolf II and His World*. 关于伦敦，参见 Werner and Berlin，"Developing an Interdisciplinary Approach?"

② British Library MS Lansdowne 12/7(11 August 1569)；McDermott，"The Company of Cathay，" 147；Ramsay，*The City of London in International Politics*.

③ 这里可以和加州实业家做一个类比，他们为第二次世界大战前的劳伦斯计划粒子加速器研究提供资金；Seidel，"The Origins of the Lawrence Berkeley Laboratory."

经存在的聚集性设施项目给了企业一个良好的开端。”宛如三明治一般夹在利(Lea)河和泰晤士河之间的是伦敦最东端，自中世纪起一直是工业中心。该地区的厂房星罗棋布，每个厂房中都有技术型工匠，他们将伦敦构想性的蓝图变为有形的，可触摸的现实。最东端的地理位置为伊丽莎白女王时期的大科学项目提供了便利。航运、导航和染色行业均需要足够的供水。砖瓦的制造亦然，也需要足够的开放性空间，在冬季，那些未完成的产品需要露天放置[①]。枪支和军械工作、钟器的铸造以及玻璃生产等均使得大熔炉内产生高热量——这儿则有足量的水源来扑灭偶发的大火。

大多数伦敦东端现有的基础设施在支持英格兰振兴国防工业。这个城市的一部分是伦敦塔、炮兵花园(The Artjllery Garcler)以及一些商用和军用码头的所在区。炮兵花园和伦敦塔为国防技术和实用元素提供了一个可见的焦点，每个月，英国的主炮手会接到射击和比赛的命令，“士兵拉练和炮手射击……均在炮兵花园执行”。[②] 更远的下游，德普特福德(Deptford)船厂雇佣了大量工匠和水手，他们住在与伦敦塔相邻的行政区，圣博托尔夫阿尔盖特和圣凯瑟琳两个区域。国防工业对新颖性尤为珍视——新的武器、技术和技能总是供不应求——对外国人和本地人均敞开怀抱。大量在伦敦的冒险家、军人和发明家均对伊丽莎白项目的风险津津乐道。新土地的发现和新型战争工具的发明从未相距甚远，实际的或是颇具想象力的项目。伊丽莎白时期的项目设计师里具有军方背景的名单包括杰拉德·亨瑞克

---

① Thirsk, *Economic Policy*, 26; McDonnell, *Medieval London Suburbs*, 72 - 118.

② Accounts of the Ordnance Office, January 1580/1581 - December 1581, British Library MS Cotton Julius F. I, f. 112r. 关于炮兵花园参见 Walton, “The Bishopsgate Artillery Garden.”

(Gerard Honrick,活跃于 1555—1578),加文·史密斯(Gawin Smith,活跃于 1588—1590),拉尔夫·莱恩(Ralph Lane)爵士(卒于 1603),罗科·博内托(Rocco Bonetto,活跃于 1571—1587),和爱德华·赫威斯(Edward Helwiss,活跃于 1545—1612)[①]。这些人混迹士兵、水手、冶金家、指南针制造者和枪支制造者之中,有长期创业生涯。仪器制造商詹姆斯·凯文为这个城市贡献了很多仪器知识,他准备为国王詹姆斯奉献 40 多年的研究成果,即使他已经有"一只脚在坟墓中"。94 岁高龄的爱德华·赫威斯是布伦(Boulogne)亨利八世的麾下,还曾在爱德华六世时被囚禁在巴约纳(Bayonne),但他仍然兜售他的军事发明,为詹姆斯一世的儿子亨利王子效忠。17 世纪早期[②],这些有能力和经验的军人成为伊丽莎白时期许多大型项目的依赖。

如同加文和赫威斯,管控大型项目的伦敦人通常具备这样一种能力,他们本来有自己的身份,但能以迅雷不及掩耳的速度进行角色转换:从专家调查员到谦卑的请求方,从投资者到发明者,从投机者到小心谨慎的商人。新奇而颇具创造性的发明常常需要这种擅变性,因为设计者和投资者实际接触的超过他们所了解的、期待的以及禁止的事务。这为探索不同的职业和获取这个城市不同种类的技术知识提供了机会,还使得像拉尔夫·拉博德一类的人可以竭力枚举出"宜人、耐用以及稀有的发明",他通过长期钻研和实践还有了诸如此类的发

① 关于亨瑞克,见 Moens, *The Marriage*, *Baptismal*, *and Burial Records*, 33; British Library MS Lansdowne 4/47; SP 12/125/50. 关于史密斯,参见 British Library MS Harley 286/85, MS Sloane 3682, MS Add. 12,503, MS Cotton Titus B. 5. 262; GHMS 9234/1. 至于博内托,参见 AR 2: 222,252,404; GHMS 4508/1. 关于莱恩,参见 British Library MS Sloane 2192,2228, MS Lansdowne 24/30; GHMS 4399/1, 162; SP Domestic 12/200/56(30 April 1587). 关于赫威斯,参见 British Library MS Harley 7009, MS Lansdowne 101/13.

② British Library MS Royal 18. A. 21, f. 2v; MS Harley 7009, f. 104. Kynvin 关于伦敦塔一个炮位的信件参见 *CPR* 31 Elizabeth, C66/1330(22 October 1589).

现：香水制造、蒸馏药用水、生产油和硝石、烟花爆竹制作、新型弹药制作以及海上引擎的构建。①

然而，如拉博德之类的多面手并不能保证一贯成功，不过，拉尔夫·莱恩的经验烛照了正确以及错误的路径，这更可能取得伊丽莎白的支持。莱恩，如许多其他的设计师一样，是被军事化的男人。他一刻不停地紧跟着女王、国家秘书和其他可能的枢密院成员以及能想到的可能支持他项目的人员，他的项目包括集合与跟踪士兵的方法、新防御工事的设计以及挖取银矿的计划等等。不过，这些项目的步伐远远跟不上皇室的目标和期待，因此很少或几乎未被留意，尽管莱恩竭力展示这些项目如何为英格兰盈利。这便是企图严加控诉那些侵犯本土工人保护法案的外国人的宿命，例如，他的建议引发了一场针对土耳其人的军事远征，并没收契约债券，这引来其他人与其针锋相对：报以缄默或批评。②

就在他引起沃尔特·雷利(Walter Raleigh)注意，从维吉尼娅的新殖民地罗洛克安全地返回后，莱恩的建议才被郑重考虑。回来后，他提呈给塞西尔沿海防御计划的申请得以实施，但在英格兰只有31天的保护期。1587年4月，当莱恩将他的申请书寄给塞西尔时，塞西尔正为西班牙打算入侵英国而焦灼。最后这一申请被及时转呈，其表述迎合了塞西尔和伊丽莎白务实性偏好。为了强调他的主要观点——速度、经济及防御——莱恩给他的建议标题标注为“通过特殊的途径证明，显尔易见的能为海岸提供防御，一般会沿着国土所有海

---

① British Library MS Lansdowne 121/14 (undated)

② 参见SP 12/88/7(4 June 1572)，莱恩军事准备就绪的计划；SP Additional 21/79 (July 1572)，莱恩征召士兵的方法；SP 12/92/25 (August 1573)，莱恩没收债券的批评；British Library MS Lansdowne 19/80(15 January 1574/75)，莱恩关于土耳其的军事计划；British Library MS Lansdowne 39/27(9 July 1583)，莱恩检举外国人的计划.

岸线推进，31天内完成，动用女王最少的花费”。经过无懈可击（假如乐观的话）的数学计算，为了每英里防御性海岸线的筑就，莱恩需要从沿海区召集80名劳动者，每天，每一位劳动者预计将竖立一片1码长的壁垒，15英尺高（虽然莱恩怀疑“恶劣天气”和崎凸的地表将使工作进程放缓），建成一个“固若金汤的，任何军队都不可能攻占的海岸线”。虽然女王从来没有实现这个雄心勃勃的计划，去建成一个15英尺高的“英格兰长城”，她使莱恩大量的精力用于防守蒂尔伯里（Tilbury），分配他一个点名官的职衔，并在西班牙无敌舰队被成功击败后授予他皇家城堡监护人的身份。①

在莱恩的例子中，扭转伊丽莎白对其印象的是他证明了自身在防御方面的专长。莱恩已经证明，他可以做的不仅仅是写下建立防御系统没完没了的请愿书，他也可以在实际生活中构建实现它们，即使在像在罗洛克那样的困难条件下。尽管伦敦越来越重视数学和其他类型的理论知识，伊丽莎白和塞西尔仍然认为来之不易的经验知识不能被替代。他们明确同意约翰·惠勒（John Wheeler）的观点：经验是“一个人的学院生涯中最可靠的医生。”当约翰·蒙特（John Mount）开始在萨福克（Suffolk）制造盐的时候，他向主人威廉·塞西尔表达了歉意，当他意识到无法现身法庭与他见面时。“我必须亲自在这里进行盐锅的设置，因为工人对这并不熟练。”约翰·蒙特解释道。托马斯·戈尔丁（Thomas Golding）先生发明了若干发动机和磨粉机，他向女王介绍：他被认为拥有“近乎完美的从沼泽和低地汲水的知识和措施，这是他经过研究和长期的试验收集到的。”一些设计者，诸如比利时安特卫普本土的弗朗西斯·伯蒂（Francis Bertie），他不乐意看到是别人

---

① SP Domestic 12/200/56（30 April 1587）；SP Domestic 12/206/12（6 December 1587），SP 12/209/118（30 April 1588），SP 12/216/12（9 September 1588），SP 12/216/29（17 September 1588），SP 12/217/2（1 October 1588）.

而不是他来宣称拥有“近乎完美”的知识，并且，他不愿意对别人表示支持[①]。

塞西尔基于确凿的事实对伦敦的行政管理者和手工业从业者对伊丽莎白时期的大科学项目的贡献做出了更多的评判，这种评判并不是基于乐观的估计。在塞西尔的运算知识中，经验知识扮演的角色越来越重要，因为它基于可靠的结果。项目领域充满竞争，并且，伦敦充斥着一些声称不依靠投资者或皇室的人。伦敦项目设计者和管理员早就意识到，塞西尔期望他们既发布好消息也发布坏消息，尤其是不容易由投资者或其他专家观察到的报告结果或发现。由于对确定性的关注增大，出自伦敦管理员和工匠的报告变得愈加详尽和精确。例如，当亨利·波普报告在遥远的福斯顿(Fulstone)的硝石工作时，他对自己的耽搁表示歉意，他写到：他不能公布“确定性方法，直到始自上周的硝石蒸煮完成。”随着提炼结束，亨利重返伦敦，他满怀信心地宣称：“我们制成的硝石产生不出任何形式的盐。因为从遥远的海洋里来的硝石还有本地产的硝石都沾染着盐的成份，军火商经常不得不对之进行提炼……他们遇到了巨大阻碍，实际上他们无须这样做。

全面和经验化的知识对伦敦项目设计师的成功至关重要。但仅知道如何测定金属或如何使排水引擎更加完善并不一定保证你能够运行复杂的项目。有一定的教育背景和计算能力非常关键，以及绘制出准确图表的能力均对清晰地陈述缘由和教授不识字的工人如何执行他们的任务至关重要。例如，一个发明家和一名项目设计师将关于盐田的计划绘图派送至萨福克郡，“以展示我这里工人的意思”。[②] 但无论是数学还是技术素养亦或是军官或工匠的实践经验均不能提供一个凭借资金来

① Wheeler, *A Treatise of Commerce*, 363; SP Domestic 12/40/12(22 June 1566), 12/127/57 (December 1578), 12/36/44 (April 1565).

② 同上，12/40/12(22 June 1566).

实现技术梦想的项目设计师。如此，伦敦的精英变得尤为宝贵：投资和管理项目。在实体公司的行会成员和股东恰如商人冒险家一般，而且，伦敦精英和成功的商人对工艺知识颇为熟谙，还有广泛的个人网络，他们有能力回答技术性问题或评价项目设计师及其工作。浸没在这样一种珍视教育的氛围中，他们往往文理兼长，既文采飞扬，又有着良好的数学技能。伦敦的精英还有充裕的大型项目的投资激励，因此，就勘探、冶金试验、新产业的引入和国防工业来说有巨大的商业潜力。

伦敦精英中不乏有金融资源和对政府数据应对自如的工程师、技术人员、熟练的工匠和发明家等。因为这些精英中的相当一部分是担任要职的城市商人和官员，有助于确保项目继续下去，不至于被义愤的公民或怀有猜忌心的行会打乱。伦敦的市参议员在伊丽莎白时期的项目和融资方面发挥了重要作用。伊丽莎白时代的大科学类似现代的大科学，需要高度的协调和组织技能。城市官员习惯于管控庞大而复杂的城市公司，也适合监督项目，即使在康沃尔郡或弗吉尼亚的工作。矿物和电业组织建立起了炉甘石挖掘产业，用于武器制造并缩减英国大陆对金属丝及锤打金矿的进口依赖，这项工程牵涉很多伦敦人：威廉·加勒德(William Garrard)勋爵、罗兰·海沃德(Rowland Hayward)爵士、托马斯(Thomas)的"客户"史密斯(Smyth)、安东尼·甘米奇(Anthony Gammage)、理查德·马丁(Richard Martin)以及伦敦塔的守护者弗朗西斯·乔布森(Francis Jobson)。阿尔德·莱昂内尔·达克特(Aldermen Lionel Duckett)和威廉·邦德(William Bonde)均在中国公司有投资，尽管它从来没有正式注册，依然资助了弗罗比舍的航行[①]。

---

① Galison, "The Many Faces," 2; Carr, *Select Charters*, 18-19; McDermott, "The Company of Cathay," 150.加勒德和海沃德建立了第一个矿物和电池工厂学会，成员中还有一些贵族和官员。对公司的全面描述见 Donald, *Elizabethan Monopolies*.

这些伦敦人管理殖民地挖掘炉甘石项目的经验丰富，因而，牵涉到特定项目申请的时候，这些精英们在伦敦的重要地位就不言而喻。德国熔炉制造商塞马斯蒂安·布莱冈尼（Sebastian Bradgonne）在查林十字街和伦敦塔附近为两个英国啤酒厂建立起了新熔炉，新熔炉投入使用，熊熊燃烧却只消耗正常燃料的一小部分，这一消息迅速蔓延——贪杯的英国人以后就有啤酒喝了。伦敦市长和两市参议员得知发明的潜能受益于一帮参与皇家矿业的外国人：科尼利厄斯·德·沃斯（Cornelius de Vos）、商人泰勒（Taylor）和发明家理查德·普拉特。在市议员宣布布莱冈尼的熔炉停产前，他们召集来了这两家啤酒厂。"经验我们没有。"伦敦市长在呈给皇室官员的声明中谨慎地提及布莱冈尼的熔炉，"只有通过他们的报告。"[①]不过，这样的报道出自富有经验的伦敦官员时，塞西尔倾向于择取他们的表面含义。

莱昂内尔·达克特是参与布莱冈尼熔炉调查的市参议员之一，同时他还是伦敦大规模技术型项目最重要的投资者。做为纺织品公司的一员（像许多其他投资项目的伦敦人一样），达克特还是商人冒险家公司，西班牙公司和俄罗斯公司的一员，并在皇家矿业拥有股份。他在早期风险贸易中曾投资到非洲，包括弗罗比舍的航行，艾德里安·吉尔伯特（Adrian Gilbert）曾试图发现一个西北通道。达克特帮助托马斯·格雷沙姆建立起了皇家贸易，推进了北极捕鲸的渔业计划，还加入了凯西克铜矿开采项目。在这个令人生畏的企业投机列表上，他曾四度为纺织品公司的掌门人，在一个城市做了 4 年审计师，做过伦敦州长以及市政参事，还是伦敦 3 家医院的董事长（圣托马斯、伯利恒和布莱德维尔）。达克特被英国女王封为爵士，他的成功使女王感觉有负于他，在力排众议之后，他于 1573 年担任伦敦市长——民众印象

---

① SP Domestic 12/36/40（20 April 1565）.

深刻的却是他在限制宴会、饮酒以及城市贫民和年轻居民滋事方面的徒劳。

达克特在大型项目投资的一个意外收获是发现了许多富裕的商人和贸易商。1570年到1636年之间，有近四千名英国商人控制投资公司和相关项目投资，这些商人的一大部分来自伦敦。虽然迈克尔·洛克从未拥居高位，但他在弗罗比舍航行投资超过了2千磅——今天换算的话，投资的钱超过100万美元了。伊丽莎白时代很少有人——无论高贵与否——能承担如此规模的支出。约翰·惠勒(John Wheeler)，在他的著作《论商业》(Treatise of Commerce, 1601)中，表露了对当代狂热的风险投资的绝望。“我们能通过经验察觉”，他写到：在我们这个时代，许多人既开商店又从事零售业，为此，他们白手起家，并聚敛财富，逐步发展成为海外的批发商和零售商。然而，这些人在几年间就变穷了。惠勒对洛克做出几笔描述并非难事，洛克曾做出过一笔大型投资，后来失败了，以至他无以偿债。直到1615年弗罗比舍航海的时候，他仍处于被起诉期，起诉的原因是商人德雷帕为他的第三次航行提供了一笔价值200英镑的供给。从总数上来看，洛克伦敦的朋友、亲戚和同事几乎有一半投资在弗罗比舍的航行上，包括托马斯·格雷沙姆、威廉·伯德(William Burde)以及威廉·邦德(William Bonde)[①]。

伦敦人——无论是精英管理者、投资者或熟练的工匠及技工——会出于种种原因积极参与大型技术项目，其间牵涉个人利益、对英格兰的奉献以及想要解决政治、社会和经济问题的渴求。沃尔特·罗利同父异母的哥哥汉弗来·吉尔伯特(Humphrey Gilbert)简洁地表达

---

① Rabb, *Enterprise and Empire*, 4, 52 - 53；惠勒，贸易之治，373；McDermott, “Michael Lok,” 139；McDermott, “The Company of Cathay,” 151.

了许多人渴望参与的原因：

借由所得与财富，来繁荣家族，惠及亲属：

他们的关心是伟大的，他们的跋涉都不少，他们希望一切安好；

如果有任何人觊觎这种贸易：

看哪，在这里，关于共同致富的谋划，每个人均有所得。①

那个时期能延续的项目建议书对两样东西同样强调，一是可以为英联邦带来利润与福祉，二是可以受惠于投资者。这些动机在投资者、设计师、从业者之间有着一致性，这要归溯于英联邦哲学。

但事实证明英联邦的利益对参与大规模项目的伦敦人来说有利亦有弊，而且，女王和国家是难以融洽相处的商业合作伙伴。例如，相比本国开采的贵重金属或珠宝，女王更看重王权利益；矿业项目没有她的支持不能实施。对于因不具公民地位而不受伦敦或行会保护的外国人，想实施任何技术的项目，如受公民或工艺条例保护的金属或木材加工项目均需经皇室批准。如果女王不点头，武器开发和军事防御建设实施起来便极具政治敏感性。若没有王权介入和赞助，包括捐赠皇室船只和弹药储备，探索之旅想要成功，花费就会极其昂贵。尽管大规模项目很大程度上与伦敦的金融知识和经验相关，但大多数项目如果没有女王的理解和批准便不能进行策划。在如上情况下，伦敦在实施任何计划之前不得不转而向威廉·塞西尔获取专利特许证或皇室授权。

伊丽莎白的专利授予过程接受塞西尔的监督，这一点有缺点和局限。就像当代的物理学家一样，伊丽莎白时期的项目设计者为了追求

---

① Sir Humphrey Gilbert, in Peckham, *A True reporte*, page before f. 1, quoted in Rabb, *Enterprise and Empire*, 21.

专利证书，通常"发现自己越来越多地花费时间寻找一种方式来求得获取专利的理念——出于经济而不是科学。"每当女王面对皇室利益震怒，企业的自治和自我管理就很难维持。中国公司的例子说明了在此类大计划中与女王利益相关的承诺问题。伊丽莎白并不是弗罗比舍第一次航行的投资者，但玛格丽·洛克发现黄金后，女王便宣布了投资中国公司的意向。她因为拥有王权享有在其领土范围内发现的所有黄金的三分之一——多亏了弗罗比舍，现在又加上了新世界的分量。对于许多愿意将皇室纳入公司名册的投资者来说，获得伊丽莎白的批准是好事。然而，公司官员应怎样应对一个兼具君王身份的公司成员？詹姆斯·麦克德莫特(James McDermott)曾令人信服地指出，女王不能给公司向往的专利特许证，源于她想要保证投资的一千英镑不会迷失在公司管理不当的迷雾中。当皇室金库捐赠海军物资和设备时，完全将一个伦敦企业转化成了一个政府项目，当塞西尔介入计算可以在新世界开采矿石的产量，企业实际上已不再属于其伦敦投资者了[①]。

随着伊丽莎白在弗罗比舍的航行中所占利益增多，伦敦投资者数量下降。航行目标变成了攫获黄金，而不是发现一条通往中国的商业之路，之后，威廉·邦德和威廉·伯德都表示不支持第二次航行。在弗罗比舍的首次航行中，65%的投资者是伦敦人，而在第二次航行中，伦敦投资者所占比例降到了34%。伦敦商人担心女王的参与会导致项目在优先权和程序上进行重新排列，所以他们将眼光转向了其他更具商业性的项目。皇室投资者涌入，填补了中国公司的空缺，他们的投资份额从第一次航行的35%提升到了第二次航行的66%，其中包括像林肯伯爵

① Galison, Hevly, and Lowen, "Controlling the Monster," 46 – 77; McDermott, "The Company of Cathay," 157 – 58, 163.

(Lincoln)、弗朗西斯·诺里斯爵士(Francis Knollys)以及彭布罗克(Pembroke)和沃里克(Warwick)的伯爵夫人等首次投资者。当女王得知伦敦人摒弃了弗罗比舍项目，她试图强制商人进行更高层次的参与，但并未成功[1]。

第二次弗罗比舍航行以及随后对带回伦敦口岸的矿石进行鉴定并未使王室投资者得到期望的收益。1578年的第三次航行使局势更加糟糕。令人失望的结果使大量投资者退出——但那些仍忠于公司的伦敦人并未在其中。1580年，仍有2 500英镑未偿付，女王的审计员彻底翻查了账本以保证她至少得到适当补偿。审计员透露，最大的负债人是一些王室人物，如牛津伯爵(540英镑)，马丁·弗罗比舍(280英镑)，萨斯克斯(Sussec)伯爵及其夫人(205英镑)，以及彭布罗克(Pembroke)伯爵(180多英镑)。迈克尔·洛克虽在这项事业中投入巨大，但仅拖欠了27英镑10先令——这一数字远低于威廉·塞西尔拖欠的金额(65英镑)。1581年，80%未偿付的应付航行资金可以追溯到违约的皇室投资者[2]。

伊丽莎白大科学越发受制于王权公共利益和经专利特许成立的伦敦公司。伦敦公司热切吹嘘一些贵族成员的后果只是使情况愈发复杂，尽管像中国公司和皇家矿井之类组织的领导人与皇室有关联，他们仍想要保留他们的自治权。塞西尔如他职业生涯的许多历程一样，被推上了中间人这个不那么光彩的位置，试图缩小王权和公司之间的沟壑，同时又在持续思考中将王权置于首位。

## 新世界，古老的难题：矿物、冶金和炼金项目

塞西尔作为中间人的角色在矿业、冶金和炼金项目中最为明显，因

---

① McDermott, "The Company of Cathay," 160 - 165.
② Ibid., "The Company of Cathay," 171 - 172.

为这些项目消耗了他身为政府官员的大量时间。冶金潮疯狂席卷了16世纪60年代(皇家矿井和矿业及排炮公司成立)和1580年(弗罗比舍航行最终耗尽投资者的希望和热情)的英国社会各阶层,塞西尔也未能幸免。英国人并不是这次集体癔症的唯一受害者,大多数16世纪的欧洲人感觉自己与采矿、冶金和炼金不无关联①。定位地球深处的矿产资源,然后将原矿石加工成可辨识的银、金、锡和其他金属,由此产生的问题一直困扰着像塞西尔一样的管理者和政府官员。由于工人的专业知识和分离冶金转换及炼金转变的界线,在冶金业,腐败通常与欺骗相伴。格奥尔格·阿格里科拉(Georg Agricola)和凡诺西奥·比林古西奥(Vannoccio Biringuccio)及其他人所著的采矿专著和矿物手册能帮助投资者和政府官员理清混乱,但是因为探索新世界产生了新的可能性和问题,围绕冶金作业的旧疾愈发棘手。西班牙对美国银矿的控制使其他欧洲君主热心开发新的矿石源,同时加大开采已处于其控制中的矿产。

由于英国紧迫的货币危机,塞西尔对矿物和金属产生了强烈的兴趣。他开始详细了解英国是怎样开采或者说是未能开采——本土的矿产资源,并且推动授予几乎所有16世纪60年代和70年代涌现的矿产投资者专利特许证。但是塞西尔知道英国的矿产资源无法与萨克森(Saxony)或波托西(Potosi)的银矿抗衡。为了缩小英国与邻国之间的差距,塞西尔开始探索大规模炼金转变的可能,同时继续投资采矿工作和像弗罗比舍航行一样可以定位新矿源的探险。他的论证源于伦敦没有足够的金、银和铜来满足自身需求,但是可以利用英国盛产的铅和锡通过炼金术生产金属。

因为采矿和炼金均基于金属生长和有机转换,所以塞西尔可以实

① 欧洲对炼金和采矿的关注,参见 Moran, “German Prince-Practitioners,” 261; Goodman, “Philip II’s Patronage,” 55; Marín, *Felipe IIy la alquimia*; Smith, *The Business of Alchemy*.

现从采矿到冶金的大幅跳跃。人们相信地球温暖的内部为贵重金属孕育和基本金属的生长提供了理想的环境，炼金师加热化工容器为矿物转化提供了另一可能。塞西尔关于炼金转变可能解决英国的经济困境的想法在当时盛行理论的环境下并非牵强附会[1]。尽管炼金和采矿使我们用来定义技术、科学甚至是秘术的界线有所交叉，但他们共享一个理论框架和一套共同的实践，这些也许会使伊丽莎白一世时代的英国人对现代怪异的知识类别摇头。

塞西尔与乔万・巴蒂斯塔・阿涅罗有关弗罗比舍黄金富足的对话既不代表第一种情形，也不代表最后一种，他们在对话中探讨了矿物质。1568 年，塞西尔资助了皇家矿井公司成立。恰恰在同一时间，塞西尔利用他的调查员网络来监测科尼利厄斯・德・兰诺伊的炼金作业，兰诺伊是一个气质忧郁的人物，他有关点金石的专著以“艾尔尼塔诺斯”(Alnetanus)的名称出现在伊丽莎白一世时期许多炼金手稿中。兰诺伊安居于伦敦塔，他做出了承诺，却并未生产出他向塞西尔保证的能复兴英国国库萎靡的宝石。塞西尔并未被铜矿开采旷日持久的困难和兰诺伊的失败吓到，于 1571 年成立了新技艺团体。这一协会是由皇室成员组成的伦敦小型社团，皇室成员推动将基础金属转化为铜——这一任务显然比兰诺伊的尝试更为容易，而且承诺比开采矿产的效果更快。新技艺团体同样未能完成目标，但是这一挫折并没有阻止塞西尔再次投身到花费不菲的冶金投机中，这一次是由洛克和弗罗比舍提出的新世界探索和采矿[2]。

---

① 例如，*Smith*，*The Business of Alchemy*；*Clericuzio*，“*Agricola e Paracelso*”；*and Beretta*，“*Humanism and Chemistry*.”

② 对此，可以参考兰诺伊(Lannoy)献给伊丽莎白的作品，详见 British Library Sloane MS 1744，ff. 4r－8v；British Library MS Add. 35831，ff. 236－240.新技艺团体的历史参见 Dewar，*Sir Thomas Smith*，149－155. The patent is reprinted in Strype，*The Life of the Learned Sir Thomas Smith*，282－286.

塞西尔实施这些冶金项目时面临的最大挑战之一是英国人并不总是拥有提取和将矿产资源转化为可直接使王权受益的物质的技术——拥有大量从地球浅矿坑开采出的未加工的粗铜或银是一回事，挖掘更深的矿物标本或是可销售的铜壶、黄铜大炮或硬币又是另一回事。涌入伦敦的移民起到了一定作用，尤其是荷兰和弗兰德工程师，他们是从低洼地中取水的专家，可以接受从深矿井取水或利用水力把攻城槌打入铜的挑战。但是塞西尔仍需从遥远的萨克森引进专家来帮忙，他们在采矿、铸币和其他工业领域占据关键位置。历史对这些外国专家的记录使英国人黯然失色。英国人通过辅助外国专家工作，将国外先进技术同自己的工程和冶金技术相结合，开始在伊丽莎白大科学中担任领导角色。以下这些名字像一条银质细脉贯穿于塞西尔实施的项目：威廉・汉弗来、罗伯特・邓汉姆（Robert Denham）、汉弗来・科尔、乔治・尼达姆（George Needham）、“海关官员”托马斯・史密斯（Thomas “Customer” Smyth）、威廉・伯德、威廉・邦德、莱昂内尔・达科特、威廉・梅德莱（William Medley），以及威廉・温特爵士。其中一些人，如汉弗来、邓汉姆、科尔、尼达姆和梅德莱，在鉴定和测试样本中发挥了作用；其他一些人，如史密斯、伯德、邦德、达科特和温特，则是投资者和项目管理者。

伦敦是所有英国人共享的，尽管伦敦在这些企业的中心角色可能从地理学上看起来不太成立，但是考虑到矿山位于德文郡、康沃尔、多赛特等地区，只要硬币样品箱（装待公开检验和证明含有适量金银的硬币样品的箱子）和造币厂坐落在那里，并且金匠公司持续在设立货币标准中扮演中心角色，伦敦便会继续成为冶金和矿物项目的中心。伦敦官员和商人的不断涌现——尤其是史密斯、伯德、邦德、达科特和温特——保证了这些项目的官僚和行政中心会坚定地留在首都。

参与冶金项目的伦敦人在工人和塞西尔之间乐此不疲地担任着

中间商的角色，以免错误传达引致误解。此外，参与冶金项目的伦敦人经常在塞西尔、赫利和伍德接收到车间、实验室和矿井矛盾、混乱或令人担忧的消息时安抚他们。对于冶金师、炼金师和矿工，塞西尔和他的调查员会对属于不同社会阶层、说专家行话和遵循不同文化准则的工人表露强烈歧视[①]。尽管像温特和邦德一样的伦敦人极尽努力，错误传达仍不可避免，塞西尔热衷的炼金项目尤其如此。炼金术士签署了详细的合同去完成那种仅在隐喻和象征性的架构下的工作，故将自己置于了一种艰难的境地，他们承诺去完成的物质转化仅仅在压力下经由炭火烧烤并不能完成，塞西尔多数炼金项目由此走向了失败。

兰诺伊是这方面的例证。他于1565年冬天提出生产相当于100万英镑这一巨大数额的纯金，相当于在炼金乐观主义和财政诈骗之间走钢丝。为了换取获得粗金属的途径和造币厂的技术装备，兰诺伊承诺坦诚布公地工作，并向塞西尔传达工作结果[②]。伊丽莎白接受了他的建议，塞西尔开始实施，并且通过他的仆人瓦德来管理和监督工作进程的细节，于是瓦德开始收集兰诺伊生活和工作习惯的信息[③]。瓦德的第一批尚存的报告写于1565年3月。到第二年春天，兰诺伊并未生产出承诺的黄金，这使塞西尔颇为恼火。兰诺伊对英国实验室供应品的质量感到不满，比如炼金师嗅出化学酒精缺乏足够的力量来“维持其烈火的强度”，因此导致了长时间的延迟。到英国躲避财政困顿的瑞典塞西莉亚公主的来访诱激了兰诺伊，使他想要潜逃——瓦德

---

① Wood,“Custom, Identity, and Resistanle”。

② SP国事,12/36/12(7 February 1564/1565),12/36/13(9 February 1554/1565).

③ 瓦德就兰诺伊所做的报告参见SP 12/39/39 (7 March 1565/1566),12/32/3 (7 August 1565),Add. 13/23.2 (July 1566),12/40/28 (15 July 1566),12/40/32 (19 July 1566),

将这一计划告知了塞西尔[①]。塞西尔试图通过把兰诺伊困在塔里而将他扣押在英国。但在塔里，兰诺伊仍能畅通无阻地获得粗金属、检测工具和熔炉。1567年5月，塞西尔的耐心终于消失殆尽，他派瓦德到塔中将兰诺伊带到宫廷，让他去面对愤怒的投资者——女王[②]。

塞西尔和兰诺伊发生冲突时，他与两家新的冶金公司——皇家矿井以及矿业电池公司——的关系才刚刚开始。这两家公司1565年开始创建各自的独立身份，并且都在1568年特许成立。有了这些项目，塞西尔在炼金转化计划中增加了同样具有投机性的采矿和检测。皇家矿井根植于纺织品行会，这一行会还助力了“商人冒险家”的成立。两家公司的治理结构非常接近伦敦行会的管理结构：理事、副理事和助理负责工作与金融管理[③]。然而，这两家公司目标不同。皇家矿井的目标是在英国土地中掘取矿石——尤其是铜矿石。矿石和蓄电厂主要是将矿石加工成不同的形状——他们能想到的尽可能丰富的形状，技师们的休息地点也因此闻名遐迩。威廉·汉弗来是一个金匠和化验员，他定期向塞西尔汇报矿业电池公司的化验师和工人的活动[④]。汉弗来与一个名为克里斯托弗·舒茨(Christopher Schutz)的德国技

---

① SP Domestic, 12/36/12 (7 February 1564/1565), 12/36/13 (9 February 1564/1565). SP Domestic, 12/37/3A (12 August 1565), 12/39/39 (7 March 1565/1566). 关于塞西莉亚出访的更多信息参见 Bell and Seaton, *Queen Elizabeth and a Swedish Princess*. 兰诺伊的论述和写给伊丽莎白信件的复印件出现在当代炼金藏书中，譬如 Sloane 3654, ff. 4r-6v; 1744, ff. 4r-8v，兰诺伊不是第一个通过塞西尔接近伊丽莎白的人，先前的例子参见 Pritchard, “Thomas Charnock's Book.”

② 官方文件最后一次提到兰诺伊与给皇室的提呈有关, SP Domestic 12/42/70 (28 May 1567). 我一直未能揭开兰诺伊的命运。

③ Donald, *Elizabethan Copper*; Donald, *Elizabethan Monopolies*. 综述参见 Tylecote, *A History of Metallurgy*.

④ SP Domestic 12/36/49 (12 May 1565). 我并不认同唐纳德(Donald)的观点: “Although extensive correspondence exists between William Humfrey and Cecil it is found, on examination, to be without substance and not worth quoting.” Donald, *Elizabethan Monopolies*, vii. 其间联系确实很多，且包含大量伊丽莎白时期项目管理的信息。

师、富有的伦敦商人兼海关官员托马斯·史密斯(Thomas Smyth)以及另外一个铸币厂的有进取心的员工、金匠兼器械制造师汉弗来·科尔合作很愉快。

尽管塞西尔对兰诺伊的支持一无所获，皇家矿井和矿业电池公司的确补偿了他们的投资者，并且成功提取和加工了英国矿石。塞西尔确信冶金和炼金工程的潜能，而且与莱斯特伯爵结成了合作伙伴关系，共同在1571—1572年成立了新技艺团体。在《论公共福利》(A Discourse of the Commonweal)的作者托马斯·史密斯爵士和冶金投机者威廉·梅德利的带领下，塞西尔和莱斯特开始着手一个通过炼金术将铅转变成铜，把锑转化成汞的项目，汉弗来·吉尔伯特同父异母的兄弟沃尔特·雷利也加入了这个项目。女王痛快地批准了，并且称赞这个"值得一提的发明制造了军火和其他战争军需品以及类似用途的产品，将会给我们及后人带来巨大收益"。塞西尔和莱斯特十分繁忙，无暇在协会中扮演中心角色，所以史密斯自己组织工作，并向他的朋友们说明了项目失败之处。协会的专利特许证评论了他炼金和冶金的经历，包括他"在纷繁艺术书籍中的长期搜索，多次无果的尝试，以及在多方面花费时间和金钱。"史密斯深知从事金属和矿产行业会伴随产生许多问题，无论所做工作是基于采矿、鉴定还是炼金。此外，他对任何狂热者的主张都秉持合理怀疑。他远远地观望蒙特乔伊勋爵在普尔的采矿工作以金融危机结局告终。他向塞西尔写到：他们教会了他"不要相信那些人的言语和承诺，或是经验……或是叙述"。[①]

史密斯的怀疑主义有充足的依据。1572年他被任命为驻法国大使，在此之后，如果他不能一直紧盯着这个项目，协会的工作成果便会

① Carr, *Select Charters*, 21,20; British Library MS Harley 6991/62 (7 March 1574/1575).

付诸东流。这些责任迫使他将梅德莱工作的管理交接给吉尔伯特。吉尔伯特不像史密斯一样有与外国专家接触的经验，而且他相信冶金投机者冗长且牵强附会的承诺。史密斯向吉尔伯特指出梅德莱正用他的“梦想和鼓吹”牵着“他的鼻子”走[①]。因为吉尔伯特不愿或不能强迫梅德莱遵循正常的工作日程以及为他的失败承担一部分责任，所以史密斯转而央求塞西尔监督这个项目[②]。塞西尔和其他协会成员对这个项目进行了少量的投资，仍是一无所获。到1575年，新技艺团体完全名存实亡。

但是，塞西尔仍对炼金和冶金项目的潜在价值保持乐观态度。当他察觉到马丁·弗罗比舍的奇怪黑色岩石的潜在价值，他再一次迅速行动起来[③]。然而，塞西尔曾从像拉诺和梅德莱之类的人那里得知了一些信息，当谈到弗罗比舍的黄金，他需要确认转化矿石所需的工作速度、准确和信赖度。在向阿涅罗寻求意见之后，他鼓励迈克尔·洛克在一系列物质鉴定和监测中使用意大利语。1577年初，阿涅罗已经能在在其实验室里从石块中生产“非常少量的金粉”。[④] 尽管有这些令人满意的成果，但是一场围绕三个相关问题的争论爆发：矿石的价值、拥有鉴定技术的人员，以及使用的鉴定和提炼方法。

随着伦敦的流言簿开始关注弗罗比舍黄金的价值，争论的第一个热点便公诸于众。女王的军械总管威廉·温特爵士对矿石的价值十分感兴趣，以致于他在靠近塔丘的住所内进行了试验。温特的试验由

---

① 例如，SP 70/146/428 (8 February 1572/1573).

② SP 70/146/431 (8 February 1572/1573).

③ 有关弗罗比舍发现的叙述参见Collinson, *The Three Voyages of Martin Frobisher*; Best, *The Three Voyages of Martin Frobisher*; Hogarth, *Boreham, and Mitchell, Martin Frobisher's Northwest Venture*. 近期传记参见McDermott, *Martin Frobisher*. 洛克及其家族参见McDermott, “Michael Lok.” 对冶金工作的探讨详见Hogarth, “Mining and Metallurgy”; Allaire, “Methods of Assaying Ore.”

④ Collinson, *Three Voyages*, 92; SP Colonial 35.

他亲自挑选的名为乔纳斯·舒茨(Jonas Shutz)的撒克逊冶金师来实施。此外，由他的两个有冶金头脑的朋友约翰·巴克利爵士(Sir John Barkley)和威廉·摩根爵士(William Morgan)来提供帮助。测试让温特和他的朋友们相信矿石能令其富有。女王严厉且以多疑闻名的顾问弗朗西斯·沃尔辛厄姆害怕有诈，而且警觉到了越来越多像塞西尔一样有权势的宫廷人物和像温特一样富有的伦敦投资者参与其中，所以他力劝大家要谨慎，但他的保守意见并未减少投资。因此，沃尔辛厄姆认识到，如果他不能消除谣言，便会引发争执辩论，当将矿石样本送至"某些非常出色的人物"那里，这些人物均发现"里面没有任何东西，除了……一点银。"[①]沃尔辛厄姆的专家团包括朝臣兼诗人爱德华·戴尔爵士(Sir Edward Dyer)和一个法国炼金师杰弗来·莱·布鲁姆(Geoffrey Le Brum)(新教主义使得他似乎仅比意大利的阿涅罗可靠一点，至少沃尔辛厄姆是这样认为的)。

伦敦东部主教门(Bishopsgate)、克里普勒门(Cripplegate)和塔丘(Tower Hill)地区拥挤的街道居住着温特、洛克、阿涅罗、乐·布鲁姆和多数直接参与矿石价值辩论的人物。各种消息和误报非但没有衰退，反而在这样一个狭小的空间中迅速传播开来。曾是敌对阵营的人之间结成伙伴关系，致使冲突反而升级。第一批合作中有一个是在海军温特位于塔丘的房子中达成的，在那里，意大利炼金师阿涅罗和撒克逊冶金师舒茨开始一起工作，成绩斐然。尽管我们可能认为他们的合作关系奇怪而充满问题，而且把炼金转变技术和更为传统的鉴定和冶炼过程相结合后还是一样停滞不前，但是伊丽莎白时代的英国人显然看到了将两种方法结合起来的潜力。因为炼金术一直被认为是一种"混合"哲学，实际操作和理论思考参半，通过融入撒克逊冶金技术

---

① SP Domestic 112/25 (22 April 1577).

增强其可靠性的理念似乎是值得的。阿涅罗、舒茨和温特将炼金和冶金技术相结合，使伊丽莎白和她的枢密院相信了矿石的丰富性，提出了矿石"收费和熔化"计划，收到了加工所需的"建筑工人"的资金，并且声称下次航行将送"狡黠的人"去寻找额外的矿脉①。

尽管阿涅罗和舒茨的合作强调了盈利这一承诺，平复了伊丽莎白和其委员会的焦虑，但合作同样使围绕弗罗比舍黄金的争议扩大化。因为涉及炼金师和冶金师，哪套实践可以准确决定矿石价值的问题也随之产生。沃尔辛厄姆极其关注炼金方法，他仍怀疑阿涅罗和舒茨鼓舞人心的发现是否仅仅是"炼金师的策略"。试验矿石中几个消极的备忘录在悄然流传，之后在炼金和冶金之间达成了一个巧妙的妥协：阿涅罗在矿石放入炉子前处理矿石，并且指导那些可能简化熔化过程的化学行为；然后，舒茨将用他自己发明的炉子完成熔化和提炼黄金的过程②。传统上，原料处理要经过坩埚熔化，其中，金银与铅和其他原料相结合，并且在黏土锅或坩埚中熔化。这一步由阿涅罗这一化学专家来指导。之后，熔态金属冷却，直到凝固成金银和其他微量金属小球（大多数为铜和锌），这些金属将用锤从熔渣中分离出来③。然后，贵金属小球经历第二个过程——灰吹法，以便去除残留的铜、锌和铅。这一步由乔纳斯接管，他使小球在一个多空骨灰制成的敞口灰皿或杯中保持炽热的温度，并将灰皿暴露在空气中，直到所有残留的铅、铜和锌氧化，而且被吸入容器的多孔壁中，留出金珠银珠以便进一步提炼④。

---

① Mandosio，"La place de l'alchemie"；Halleux，"L'alchimiste et l'essayeur"；SP Domestic，122/62（February 1577/1578）；Collinson，*Three Voyages*，175.

② SP Domestic 122/62；Collinson，Three Voyages，175－176.

③ 其他金属可能包括铅、一氧化碳、木炭、硝石、氟石、硼砂、苏打、铁、硫化物和硫化铜，参见 Agricola，*De re metallica*，401.

④ Hogarth，Boreham，and Mitchell，*Martin Frobisher's Northwest Venture*，170－171.

阿涅罗被称为“化学”人，舒茨被称为“熔炉”人，本来，两人应该能够在温特的房子内一起工作。但是，因为邀请了第二个炼金师——名为乔治·沃尔夫(George Woolfe)的英国人——来帮助阿涅罗，导致妥协失败了，三个人在方法方面势不两立。1577年12月底，洛克写道，“这三位大师不能达成一致，每个人都妒忌另外两个人”，而且，害怕“被置于工作之外”，两人的合作变成了三个人的合作，洛克报道称这三人现在“讨厌显示他们的狡黠，或进行有效的讨论”。温特房内人员的异议很快不胫而走，传到女王的委员会那里，委员会的成立就是为了监督这项工作。矿石试验面临急刹车，而且，洛克担心“委员之间分裂已经……由于不信任而产生，或是我不能说出他们这些人之间有什么更为糟糕的事情”。①

分歧四起时，需要兼听明辨。女王的德国医师伯查德·克拉尼奇(Burchard Kranich)“鉴定并证明”弗罗比舍的黄金并不像阿涅罗和舒茨承诺投资者那样富足。阿涅罗和舒茨试图通过炼金“奉承”大自然放弃她的财富，而克拉尼奇提出了一种更有攻击性和控制性的方法，在这种途径下，“粗糙、野生和国外的”矿石将“被技巧娴熟的专家高效利用”。尽管这个医师曾是一个专业的矿工和冶金师，但是他在之前的伊丽莎白大科学项目康沃尔采银并未成功。弗罗比舍首先察觉到阿涅罗的炼金术和克拉尼奇的冶金术之间的差距带来的后果，所以迅速将其命运押在女王的医师身上，并且试图通过监视舒茨和阿涅罗来破坏温特房子内举行的竞争诉讼。在法庭上，枢密院像“伦敦金匠和黄金精炼者和许多指定的狡黠之人”，“搜集了有关矿石的多个证据，而且在里面并未找到一点黄金”。②

---

① SP Domestic, 118/36, 118/54; Collinson, *Three Voyages*, 192,194 - 195.

② SP Domestic, 118/43, 122/62; Collinson, *Three Voyages*, 194, 176; Donald, "Burchard Kranich," 308.

促使这个争论升级为危机的是一个在提炼矿石末期的问题，这个问题使阿涅罗与舒茨之间的合作产生了芥蒂，使得克拉尼奇成为了争议的核心。舒茨采用的是三步法：在坩埚中将熔融的金属添加物和矿石放在一起，放入“熔炉”中；再用灰吹法，即将合金中的贵金属如铜和锌在“精炼炉”中分离开，留下金和银[①]；最后将金和银分离开。三步法中的两步是有争议的。第一，在第一步熔化过程中应该在矿石中添加什么物质才能促进分解？当然，这是阿涅罗的问题，因为这和化学有关而不是和熔炉有关。第二，在最后一步的提炼过程，分离金和银的最佳方式是什么？阿涅罗、舒茨和他们的支持者有三种观点：通过置换沉淀的过程在熔炉中分离金和银；通过一些化学催化剂的作用，比如硝酸，分离它们；最后，利用一种新的，但有争议的化学方法即硫化物分离法。

舒茨利用传统的置换沉淀方法提炼矿石。在置换沉淀中，这些物质包裹在盐中，磨成块然后煅烧，直到银分离出来，形成氯化银。把物质从坩埚中拿出，进行粉碎和筛滤，就会留下金颗粒。关于为什么舒茨决定用置换沉淀的原因有很多，最有说服力的就是，因为阿涅罗是个“化学家”，他想将最后的过程紧紧地控制在他的熔炉中。这个决定导致了令人沮丧的后果，因为舒茨没能让熔炉达到足够的高温，使置换沉淀完全有效地进行。舒茨还想过建立一个有水力风箱的高炉，他还调查了放置该装置的可能地点，但这些计划都没有实施。舒茨深受烟尘吸入的苦恼，自己也精疲力竭，险些在尝试提升他传统熔炉温度的过程中累死。阿涅罗在伦敦中心开始小心尝试他自己的“风炉”，但是洛克悲哀地记录道，他们“都不是很成功”。[②]

---

① Agricola，*De re metallica*，401.

② 同上，456；SP Domestic，122/62.

在没有高效熔炉的情况下，唯一可以将金从矿石中提取出来的希望就是化学催化剂和添加剂了。阿涅罗没能提出一个正确的化学配方，于是弗罗比舍开始鼓励克拉尼奇去设计一个方案。克拉尼奇年纪大，体质弱，脾气差，但他是女王的内科医生，弗罗比舍猜想他很有可能成功。克拉尼奇决定用新的硫化物分离法，但当时这可能对那些赞助商来说太先进了。在硫化物分离法中，阿涅罗本应该在第一步的矿石中添加辉锑矿。在第三步中，可以将辉锑矿和银一起提出来，形成新的合金，从中可以容易地分离金。这种银锑合金历经几十年后，成为冶金界轰动的发明，巴兹尔·瓦伦丁（Basil Valentine）发明的"锑"彻底革新了17世纪的冶金实践[①]。在16世纪70年代后期，克拉尼奇使用锑的方法又有争议了，因为有人怀疑他在腌制矿石。

为了减少投资者对克拉尼奇新方法的抱怨，弗罗比舍鼓励他信任的舒茨放弃阿涅罗以便和女王的医生一起工作。在那个时候，有关矿石的争议演变成了间谍和欺诈的故事。从1577年12月到1578年的第一个月，这两个德国人开始通过相互谩骂的方式进行合作：舒茨指责克拉尼奇"没礼貌"，不知道"工作的复杂性"；克拉尼奇回应道，"如果舒茨能再灵活一点"，矿石就能出金子了[②]。他们的合作几周之后就结束了，因为这两个德国人都不愿意再和对方一起共事，只留下了两大阵营之间的一点"合作遗证"：英国的金匠罗伯特·邓汉姆（卒于1605年）。

在所有的争议和争辩"燃烧"过后，只有邓汉姆能回到他的有利位置。邓汉姆可能一直在监视舒茨和克拉尼奇，他直接将矿石实验汇报给塞西尔及其他伊丽莎白枢密院成员。似乎只有邓汉姆知道克拉尼奇不是在用银腌制矿石而是在矿石中加入锑。这种过程的无规律性

---

① Hogarth, Boreham, and Mitchell, *Martin Frobisher's Northwest Venture*, 170.

② SP Dom, 122/62, 122/61; Collinson, *Three Voyages*, 176－178, 181.

增加了造假的可能性，但是却引发了一种更简单、更有效的分离方式。邓汉姆执行了监视，委员会对实验室迅速恶化的情况做了调查，并且报告说“只有克拉尼奇知道在熔炉中加入了什么东西”。邓汉姆在女王派的代表到来之前就做了尝试，证明克拉尼奇的添加物是锑、银、铜和铅的一种混合物[①]。不过，女王的代表还是下结论说，克拉尼奇医生不能接管矿石项目，还是由舒茨和邓汉姆负责这个项目。这个德国冶金家和英国炼金师能够维持很好的工作关系，但是从弗罗比舍的金子中却没有得到任何益处。邓汉姆唯一成功的地方在于：1578年夏天弗罗比舍第三次航海时，他成为了首席实验家，后来他又继续在另一个伊丽莎白大科学项目—皇家矿业中成为了操作指挥。

在伊丽莎白统治后期，大型项目失去了对投资商和项目人的吸引，如创新、经济回报、军队等级等。因伊丽莎白大科学破产（或濒于破产）的名单“长而可怕”。就连塞西尔也越来越不愿意“让女王陛下恩准毫无收获的事情”。在16世纪90年代后期，他的一个继承者埃杰顿（Egerton）勋爵担任专利认证的主管官员，他对项目负责人的行为很愤慨，并被认为是“所有那些微不足道遮遮掩掩的垄断家们的大敌”。[②] 议会对复杂的专利认证、公司特权和行会限制越来越不满，因为它们阻碍了未来企业的发展，甚至促成了噩梦。当然，不是所有遭受谩骂的项目都在伊丽莎白大科学项目范围内，酒业垄断比其他矿业垄断对普通百姓来讲更麻烦。即使是这样，也还要做一些事情平息反对专利认证的公共情绪，以保证最赚钱的大型项目的可行性。

伊丽莎白知道先发制人做法的效用，1601年，在垄断者对她提出要求之前，就告诉那些愤慨的议员，她要亲自去查看专利体系和垄断

---

① SP Dom 122/62；Collinson，*Three Voyages*，179－180.
② British Library MS Lansdowne 12/7（11 August 1569）.

改革。之前颁布的专利认证没有兑现诺言，百姓们因此甚至不能制造通用商品，如醋和盐，于是反抗声音日益扩大，迫于此压力，女王决定采取行动。她在最后一次成功的政治演讲中宣称：“我从来就不是一个贪得无厌的剥削者，也不是一个紧握权利的女王，亦不是一个浪费者”，伊丽莎白的“辩词”使她躲过了很多有关伊丽莎白大科学项目失败和专利认证过程项目的指控，在专利认证过程中，本来应该将投资者花掉的大笔资金归还给他们。一向狡猾的伊丽莎白，将对她所有的滥用职权说成是“想要得到真实信息”，并向人民保证“她从来没有批准过，但是他们却拿着对公众有益的幌子骗她”。她总结道，“在专利的幌子下，给人民带来了抱怨，带来了压迫”，这是“高贵的国王”不能容忍的①。

伊丽莎白收回了那些给个人和团体的某些专利认证，因为她被“虚假的意见”引入歧途，但是保留了有关国防的一些专利②。伦敦人在伊丽莎白大科学项目危机后期举步维艰，在伊丽莎白的继承者——斯图亚特王朝王室微薄的支持下，最后突破完成了一些独创和发明。当年轻的威尔士王子，亨利·斯图亚特（Henry Stuart）开始对自然科学和科技发明感兴趣时，似乎伊丽莎白统治时期的平静时光又恢复了，但是他在1612年英年早逝，使这一幻想破灭。大部分人都将注意力转向了一些小项目，那些项目可以在个人实验室完成，目标没有那么宏伟了，但很实际，比如治疗瘟疫，改进航海员或水手的装置。新工业成了腐败与滥用职权的代名词，正如古代的炼金术一样，在富裕的联邦里都不是很受欢迎。伦敦投资者们只剩下对国防的一点点兴趣，还有越来越多的航海探险以便将殖民者带去新世界。

---

① Marcus, Mueller, and Rose, *Elizabeth I*, 341.

② Carr, *Select Charters*, lxv.

也许塞西尔对伊丽莎白大科学的潜在价值有宏观的审视，但是伦敦的技工和投资者们始终热衷的是私人利益而不是公众利益，尽管在申请专利认证时说得天花乱坠。谈到资源，伦敦可谓资源丰饶——精湛的技术，管理经验，还有庞大的财政储蓄。城市的敏感性促成了项目中的合作与竞争——英国人与外来者，市场力量和权力方之间的拉力。

第5章

# 克莱门特·德雷帕的狱中手记：阅读、写作和研究科学

1581年至1582年春日的某个周五之夜，在国王高压统治下进了南华克区皇家法庭监狱的托马斯·西福德(Thomas Seafold)做了一个梦。他梦到了故去已久的房客罗伯特·杰克勒(Robert Jeckeler)，梦中传授他如何炼制神奇滋补的丹药，这个产品的炼制过程需几个阶段去实践。收集人类的粪便并将粪便置于一个2加仑的玻璃容器中后，西福德在这个容器中加入3～4磅的水银，并把它们放在温火上煮几天。从各种混杂物中提出精华之前，留意混杂物的效力，期间产生了一种的液体，名为“恶臭之水”。杰克勒告诉西福德，玻璃杯下的火逐渐增加火力，会产生另外两种材料：“恶臭的硫磺”和一种有壳的固体粉末“氧化镁”。在用化学方法重组了这些费力分解的材料后，西福德也将在医药学方面获得自己的奖项，他发明的这款药物将被应用于更宽广的化学领域或者治疗疾病[①]。

---

① British Library MS Sloane 3686, ff.70v-71r.

我们了解西福德奇怪的化学梦,也是因为他把这个事情告诉了一个同伴犯人,一个由于欠了巨债被逮捕的中年商人——克莱门特·德雷帕(Clement Draper)。德雷帕那时刚开始他长达13余年的刑期,他在狱中给敌人还有联盟国写信来消磨时间,他告诉他们由于国家复杂和不平等的法律导致他入狱。这段被逮捕的时间里,德雷帕在他的笔记本上写满了倾注了极大热情,涉及三大领域的文字:医药学、采矿业还有最重要的化学[①]。当西福德告诉德雷帕他惟妙惟肖的梦境时,这个商人以一种细腻而形象的笔触记下每一个细节,为了他的后代更好地记录这个梦境,他将梦境和酒商威廉姆·赫德森(William Hudson)医治感冒和流感的治疗法联系在一起,这个酒商是在纽盖特监狱服刑的犯人,在临终之时在炼丹术方面取得了一定的成效。另外,荷兰的移民艾德里安·范·赛文库特(Adrian van Sevencote)描述了德雷帕将铜转化成银的成功尝试。德雷帕的笔恰如一个魔法棒,唤起了那些可怕的、缺席的朋友——故去已久的炼丹师,同伴犯人的噩梦也被付之纸笔。一旦这些梦被德雷帕写在纸上,他就能返回到梦境之中并获得灵感和信息,沉思考虑复杂的化学实验,而且能写下他对于医药学还有积累的其他治疗方法的反思。

当德雷帕坐下来,拿起一叠纸放入笔记本中,理理书页,削尖羽毛笔,将羽毛笔浸入到了一壶自制的墨水中——对于早期的现代科学,

---

① 我搜集了德雷帕15本笔记本手稿或部分笔记本手稿,大英图书馆的德雷帕笔记现为Sloane 95 (ff. 98r - 126v),317,320 (c. 1578 - 1580),1423,3657 (c. 1591 - 1596/1597),3686 (c. 1581),3687 (c. 1600),3688 (c. 1590 - 1594),3689,3690 (c. 1583 - 1593),3691,3692 (c. 1583),3707, and 3748 (c. 1597 - 1606). 德雷帕笔记本的片断如Bodleian Library Ashmole 1394,item 6 (c. 1591)一般幸存。另外一部分函件则被Henry E. Huntington的手稿收录,在亨廷顿图书馆德雷帕写给伊丽莎白女王冗长的信函之中,SP Domestic 12/243. 感激塞莱斯·钱伯兰带来了大英图书馆斯隆(Sloane)第95号手稿引起了我的注意,其中一些手稿经由罗伯特·凯兰(Robert Kellam)之手传阅,并被其加注;因此,德雷帕的许多笔记要归功于凯兰的编目和标注17世纪日期之功,内在凭证包括常见的自我指涉声明,确定皆由德雷帕所撰。

他正在做一项重要工作——记录自然知识。在早期，与组成一个蒸馏机器或者制成一个壶的模型相比，阅读自然读物和写作是一种有效练习。我们经常告诫自己关于现代早期欧洲科学发展的故事是建立在不断增长的实验文化上的。德雷帕的手记提供给我们这样一个机会去观察传统的人文主义者如何练习读书的途径，而笔记的书写也应当被认为是获得传统知识的练习活动。当把活着的和已故的，有经验的和原创作者，监狱外面的和监狱里面的人放在一起（在传统的感觉上），德雷帕可能不知道 14 世纪的那些炼丹师教给了他如此多的知识，对于他从各种途径搜集的由物理学家和化学家集纳而成那些方法和步骤，他也可能从来没有和那些科学实验者握过手。尽管如此，他还是觉得和这些人有亲切感，笃信他们在追求相同的事业。虽然德雷帕的监狱团体只是想象之隅，但这比实际的面对面的社会团体更重要，因为这些仅是建立在部分思想和想象上的笔记本给我们提供了一个了解他所处世界的机会[①]。

我们在伦敦随处看到的充满生机的智力世界和大都市的感知力也在莱姆街道上体现，或者是在王室交易处的场地中——如今，还扩展到了城市监狱黑暗的走廊上。1918 年，当一个名为吉弗雷·明舒尔(Geffray Minshull)的犯人在皇家法庭监狱中开始写作，他描写了墙内“小小的悲伤世界”，还勾画了关于无望的，不那么仁慈的文化肖像，这一文化肖像建立于无情的竞争和剥夺的基础之上（图 5.1）[②]。根据明舒尔对监狱残忍的描述，皇家法庭监狱看起来不像是学习自然科学的好地方。我在前几章将他在监狱中的生活和那些繁忙的四海为家的游者

---

① 关于社区，见 Anderson, *Imagined Communities*, especially Chapter 1. 关于其他的一些案例研究，见 Kassell, “How to Read Simon Forman’s Casebooks,”另见其 *Medicine and Magic in Elizabethan London*.

② Minshull, *Essayes and characters*, n.p.

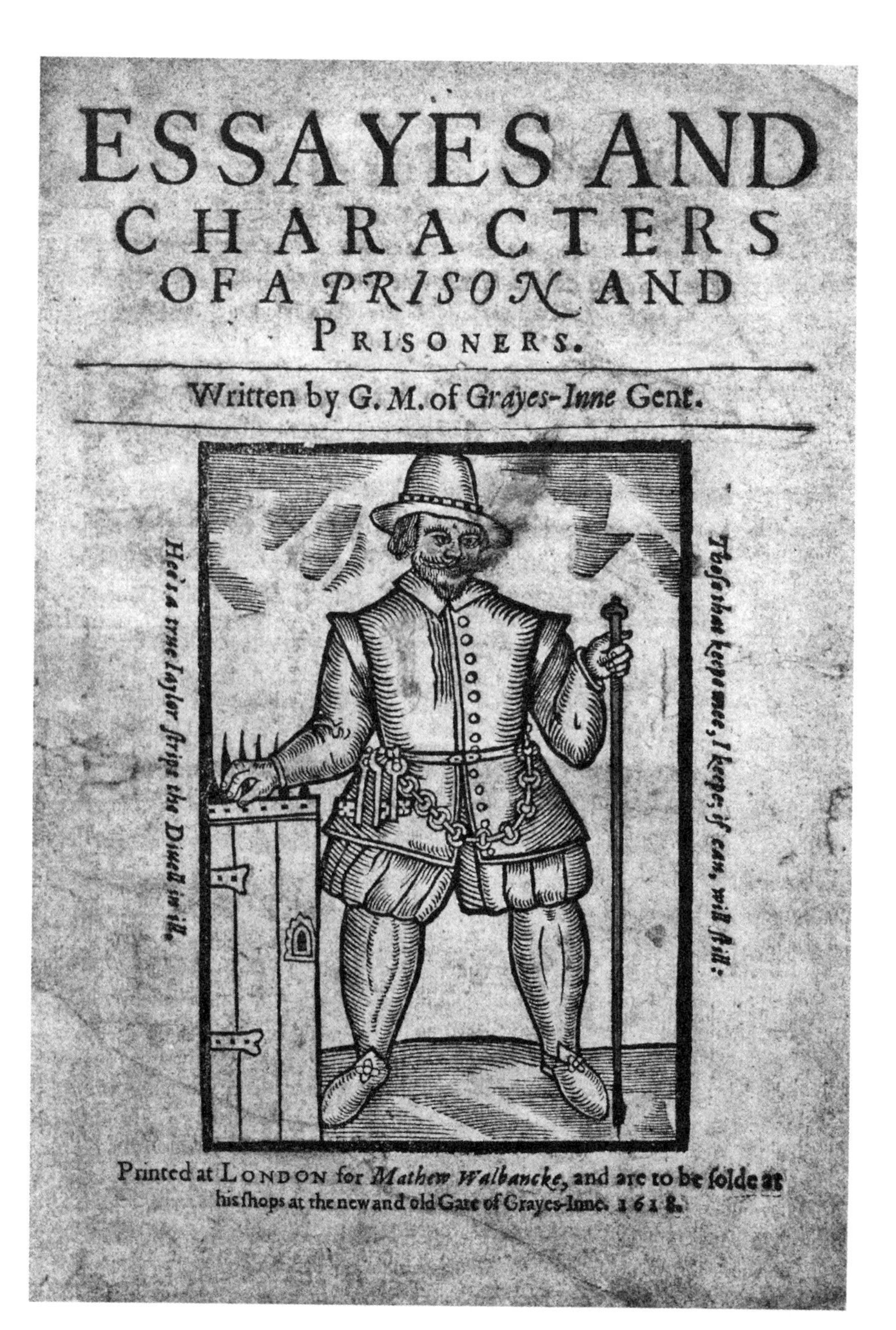

ESSAYES AND
CHARACTERS
OF A *PRISON* AND
PRISONERS.

Written by G. M. of *Grayes-Inne* Gent.

*Hee's a true Iaylor strips the Diuell in ill.*

*Those that keepe mee, I keepe; if can, will still:*

Printed at LONDON for *Mathew Walbancke*, and are to be solde at
his shops at the new and old Gate of Grayes-Inne. 1618.

图5.1　吉弗雷·明舒尔的《一个监狱和其囚犯们的随笔及章节》(Essays and Characters of a prison and prisoners Minshull，1618)中的皇家法庭监狱中狡猾的狱卒，说明了和伊丽莎白时期被囚禁的克莱门特·德雷帕一样的人所面临的危险和挑战(图片复制得到亨利·E.亨廷顿图书馆许可)

以及正常生活轨迹中的智者的对比。然而，通过进入德雷帕的监狱团队，我们会又一次看到各种丰富的经历和伊丽莎白时期的专业人才。尽管德雷帕面临着令人畏惧的困难和障碍，但他确实在试着建立一个活跃的智力团体来帮助他消磨监狱那段煎熬的日子。这个团体应该包括他读过和抄写过的书的作者，还有其他跟他分享自身经历的人以及把伦敦和世界信息带进监狱的探监者。

16世纪时，德雷帕并不是唯一一个甚至可以说不是皇家法庭监狱中第一个对自然科学感兴趣的犯人。在伦敦塔囚里，埃德蒙·内维尔（1555—1620）和沃尔特·雷利（1554—1618）是威尔士的物理学家和数学家[①]，雷利介绍并推广了等于号的使用，也写流行的数学课本。他也同样由于欠债被逮捕入狱并且死在皇家法庭监狱之中。物理学家威廉姆·布鲁恩在债权人的监狱中写下了《布鲁恩抵御疾病、悲伤和伤痛的手札》[②]（*Bullein's bulwarke of defence against all sickness, sorenes, and woundes*）。我们对这些男性犯人的监狱经历知之甚少。使得德雷帕与同龄人区分开来的是他在监狱里花费了几年甚至数十年的时间把他的活动经历留给我们。从他一系列留下来的手记中，我们能够看到，皇家法庭监狱是充分了解伊丽莎白时期自然知识生产、评价和传播的重要场所。

德雷帕能够越过监狱高墙从事科学工作，阅读、收集以及记录他对自然的观察可知。德雷帕试着将自己放置于一系列专家之中，以便咨询一些自然知识问题。并向智力团队展示他的新观点和有用的信

---

① 埃德蒙·内维尔的化学著作参见 British Library MS Harley 853，写于他涉嫌反对伊丽莎白而被关押在伦敦塔期间，关于雷利在伦敦塔的活动可以参考 Shirley"The Scientific Experiments of Sir Walter Ralegh." 雪莉（Shirley）关于雷利是否从事了一项精心实验的争议最近被学界平息，代表观点参见 Clucas，"Thomas Harriot and the Field of Knowledge."

② Johnston，"Recorde，Robert，" DNB；Wallis，"Bullein，William，" DNB.

息，这样也能转而提升他的兴趣。其中，一些日记记录德雷帕被囚禁的时期恰是伦敦科学实验的繁荣期。他将两种了解自然的方法并列放在一起——一个是通过原著，另一个是通过实验——这些方法不仅各自阐明观点，同样也阐明了它们之间相当大的互换性。尤其是当这种方法出现在早期的实验之中，不管是发生在监狱之中或者只是发生在德雷帕的笔记本的纸张上，都会记录下实验过程，这是德雷帕加工、询问和发展自然知识的方法之一。

为了理解德雷帕的智力生活，我们必须首先了解他的世界。本章再现了德雷帕及其团体的监狱生活，以及潜在的关于知识的探询，譬如哲学知识是如何开始的。德雷帕对于自然的学习源自于对信息搜罗的信念，这种来源较为可靠。只不过这些资源在得到准确的判断和恰当的运用前需要筛选、分类和消化吸收。一种记笔记的方法是收集早期圣经习语和现代的人的连珠妙语，这给德雷帕提供了一种切入信息的理想方法，我在本章第二部分将说明他的团队如何提供给我们一帧自然世界。最后，我认为德雷帕的阅读、写作及实验之间横亘着一条鸿沟，想探究他自然研究的执行结果，务必要在那个时代的框架之内。

## 德雷帕的“小联邦”：朋友、邻居及作者

1580年到1590年间，德雷帕在伦敦监狱开始了他的生活。他出生于英国莱斯特郡一个富有的地主家庭，其家族在莱斯特郡有从政的传统和历史。德雷帕是伊丽莎白一世时期上升的中产阶级大军中的一员，在这个时代他们既不贫穷也不富裕。当德雷帕还是个蹒跚学步的孩童时，他的父亲托马斯去世，留下一笔资金，希望维持三个孩子的生计[①]。对于德雷帕早期的生活我们知之甚少，除了知道他会读和写

① Will of Thomas Draper (27 February 1544/45), PCC Prob. 11/30/327.

拉丁文之外，无从得知他是在哪里受的教育。他的技能能够帮助他得到一个薪水较多的工作，由此进入一个专业公司，运用法律知识及商人特有的运气谋得一席之地。德雷帕的教育可能被他的奶奶艾格尼斯·安斯沃斯（Agnes Aynsworth）和他的叔叔威廉姆（William）以及克里斯托弗（Christopher）一直监管着——他们都有一个既定的希望，寄望于年轻的下一代能够有好的教育。然而，历史上没有德雷帕上过大学的记录，或者说上过伦敦和莱斯特郡的学校，想必德雷帕是在家请家教学习的吧。

当德雷帕逐渐长大成人，他父亲的亲戚帮助他开始经商，这样他就能自己养活自己了。德雷帕加入到父亲的一个兄弟赞助的五金公司里。姻亲关系让德雷帕能够在这个城市里进行贸易方面的锻炼，这样，他就能把他的关系牢牢粘附于家族的关系树上①。在德雷帕伦敦家族中的首领是克里斯托弗·德雷帕。克里斯托弗曾服务于各类公众机构，在当过多年州长及其他职位之后，于 1566 年当选为大主教市长。克里斯托弗先生是一个虔诚的信徒，他去世后，将一大笔钱捐给了穷苦的居民：犯人、病人以及五金公司的每一位成员，给公司的运行注入资金，这些钱还帮助人们修桥筑路，清除泰晤士河的污物。尽管克里斯托弗遍施钱财，但他的侄子克莱门特只收到了 40 先令的遗产和一套孝衣——这和克里斯托弗的仆人约恩·罗伯特得的遗产一样多。克里斯托弗先生的遗嘱上写道，他的大量财产分三份给他三个已婚女儿（其中一个女儿嫁给了第一个翻译欧几里得著作英译本的人，亨利·比林斯利）。其他在伦敦支持克莱门特的亲戚有克里斯罗威（Henry Clitherowe），德雷帕和他父亲的表弟亨利·克里斯罗威曾经一

---

① GHMS 16,981, f.39v (26 April 1564): “Item for the oath of Clement Draper of Mr. Alderman [Christopher] Draper.”

起合作从事海上的长途运输事业，他们运输亚麻、皮革硝石和火药，往返于伦敦和欧洲北部的城市吕贝克(Lübeck)和格旦斯克(Gdansk)之间①。

当詹姆斯·科尔(James Cole)和路易莎·德·拉贝尔(Louisa de L'Obel)结婚时发现，对于一个有雄心抱负的人而言，血缘关系对他的事业有着不可估量的潜在价值，而且这种有价值的婚姻能够很大程度上提升一个人的未来前景。德雷帕确定在这个城市中发展成为商人之后，就把自己的目光放在了成家方面，并且选择了加顿人。他的妻子——伊丽莎白帮助德雷帕和优越的贵族们建立关系，如威廉姆·韦斯特(William West)和德拉华(Delaware)勋爵，还帮他进入英国广泛的上层交际圈之中。加顿人是当地势荣的地主阶级，他们在第特郡和苏塞克郡均拥有财富，同样，他们与伦敦的五金公司也有关系，在钢铁领域投资很大，加顿人鼓励德雷帕进军采矿业，也培养了德雷帕在冶金矿业项目的兴趣。德雷帕像其他伊丽莎白大科学时期的大多投机者一样，发现这最终带给他的是财产上的毁灭。

德雷帕在冶金领域的投资成为了他在南华克区被逮捕入狱的主要原因，第一次灾难性的冒险是他将一些船借给了弗罗比舍的公司——这些船本来在伦敦和北海之间运输货物盈利，但是后来开始转为从纽芬兰到伦敦之间运输不能盈利的黑石。伊丽莎白大科学时期，德雷帕投入了大量资金，结果就像迈克尔·洛克一样被惊人的债务套牢。之后，在东郊圣斯坦行政区，他被人从居所驱逐。1580 年，德雷帕的叔叔克里斯特弗去世之时，德雷帕开始进行更广泛的投资，在另一个项目上尝试，看能否使他免受灭顶之灾——在多塞特开采明矾和绿矾。但是很不幸的是这些投资让德雷帕直接被两个贵族间的斗争裹

---

① Will of Christopher Draper (21 July 1580), PCC Prob. 11/63/248; British Library MS Sloane 320, ff. 1 - 32r. 德雷帕和克里斯罗威与另外一个伦敦人罗格·克拉克是伙伴关系。

挟。伯爵亨廷顿(Huntingdon)、查尔斯·布朗特(Charles Blount)及蒙乔伊(Mountijoy)勋爵都在为矿产权利奋争。亨廷顿和蒙乔伊处于可怕的财政危机之中。德雷帕在追求利益的道路上最终使他的公司成了亏损的企业。

德雷帕在1581年末1582年初被批准逮捕，恰逢布朗特和蒙乔伊在坎弗特(Canford)继承他在多塞特地区的遗产之时，这一系列事件的影响使他实际在1588年才被逮捕。因财产风险过多，蒙乔伊抵押了遗产，但是保留了在坎弗特的开矿权利，尤其是绿矾矿和白矾矿。这两种似水晶体的矿石被应用于衣物产品和其他行业，当时明矾进口昂贵[①]。蒙乔伊于1562年开始在矿井工作，4年之后，他收到了国王授予的专利信，女王允许他垄断明矾生产。25年过后，随着多数投机分子热情的驱使，蒙乔伊投资了他实际已无力去投资的意大利采矿专家和设备，借此建立了大型工作室。在"明矾嵴"、"达令嵴"、"港口之家"、"布朗克海"以及白浪岛建起矿产基地，蒙乔伊的矿井生产了丰富的绿矾——但是没有生产更为稀有昂贵的明矾。随着财政赤字不断扩大，蒙乔伊被迫把矿井租给他妻子的一个亲戚乔治·卡尔顿(George Carlton)和亨廷顿伯爵的一个亲戚——约翰·黑斯廷(John Hastiags)。

这个租约为亨廷顿伯爵提供了一个解决他们冶炼业项目危机的投机途径。1570年，伯爵已经从蒙乔伊的手中买了三分之二的坎弗特的遗产——但不是矿井。矿井没有从蒙乔伊的手中剥离出来，蒙乔伊不会放弃对明矾和绿矾矿井的权利。他宁愿租给他们以帮助那些投机买卖者，这造成德雷帕在两个强有力的贵族之间周旋，最终被逮捕。

---

① Bettey, "The Production of Alum and Copperas," 91. 关于争论见 Bettey, "A Fruitless Quest for Wealth." 关于签发逮捕德雷帕的命令，见 SP Domestic, Supplement 46/32, f.224.

1579 年，德雷帕、理查德·雷克德(Richard Leycolt)和约翰·曼斯菲尔德(John Mansfield)共同从蒙乔伊的手中租下了坎弗特的矿井，大约花了 8 千英镑。德雷帕的合伙人接管了苏瑞(Okeman)和明矾嵴(Alum Chine)的明矾矿井并且着手开采。所有人都被告知，这几个合伙人投了令人惊异的 8 千英镑付诸经营(大致相当于今天的 8 百万美元)，这笔钱的大部分来源于德雷帕公司的盈利以及他在这个城市中的巨额借款[①]。

在德雷帕多塞特郡的房东 1581 年的那个秋天撒手人寰之前，一切似乎都还能掌控。这个时期的多数商人和贵族都背负债务，经历了复杂的商业关系和债权人的大量欠款。当布朗特和蒙乔伊勋爵去世之后，他们的债务之庞大以至国王出资赔钱给债务人[②]。颇具事业心的亨廷顿伯爵有了机会在坎弗特的矿产上实施他的权利。查尔斯·布朗特和蒙乔伊勋爵坚持认为矿产在法律上是属于他们的[③]。租贷人譬如德雷帕处于这样一种不利的复杂环境中。派系之间的斗争升级，抢劫和攻击人身案发生频繁，道德每况愈下。1581 年，德雷帕已经不能偿还他的债务——不过亨廷顿伯爵有钱，在伯爵的保护下，虽然法官宣布逮捕德雷帕，但是德雷帕一直逍遥法外，直到圣诞节后才入狱。德雷帕在多塞特的工作室也被伯爵的代理人收回。

当德雷帕意识到他的同伴雷克德欺骗他时为时已晚。雷克德是为伯爵工作的，他使德雷帕掉入了在坎弗特矿产的投资泥淖——逐渐减少的钱财，小额利润以及工人们紧张的雇佣关系。尽管德雷帕被送进监狱，他仍未放弃矿上的租约。雷克德却因伯爵的救赎获得了自

---

① SP Domestic 12/177; Bettey, "A Fruitless Quest for Wealth," 6.

② 在《责任经济》(*The Economy of Obligation*)中，里穆尔格鲁(Muldrew)深刻地分析了债务文化和责任。

③ Cross, *The Puritan Earl*, 90 - 93.

由。1582年至1586年之间，德雷帕一直与政府官员保持联系，最终滋生敌对态度，他在每一封信上都会陈述伯爵的恶行和雷克德的狡诈行为。精明的伯爵开始担心一直在德雷帕身边的雷克德，因为雷克德使德雷帕垮台了，所以雷克德某种程度上不可靠。因此伯爵在一封信中对他的表弟弗朗西斯（他一直负责监督伯爵的事务）焦急地写道："我祈祷上帝让雷克德不再后退……我应该已经支付给他400英镑了，在最后的米迦勒节（Michaelmas）之时。"雷克德有一种能在伯爵耳旁倾覆整个计划的能力，并且，亨廷顿的钱财寄望于夺取德雷帕权利。伯爵只能通过法律对德雷帕施以迫害，加压使德雷帕放弃矿产，以便解决他的债务问题。至少对于亨廷顿而言，这个策略很成功。1583年，德雷帕被逮捕两年之后，德雷帕屈服于来自于岳父方施加的压力，将这个租约让渡给了伯爵。德雷帕认为他从矿产获得的一部分利润应当偿还给他的债务人，而且当他从监狱里获释以后，应当获得少数目的养老金用来供养他的妻子和孩子们。然而事实再次证明伯爵是靠不住的，德雷帕的债权人没有得到任何赔偿。德雷帕痛苦地对国王的财务主管弗朗西斯·沃尔辛厄姆抱怨这种不公，并且寄信给有社会声望的侍臣，像科瑞斯威夫特·哈顿（Christopher Hatton）先生和雷瑟斯特（Leicester）伯爵，但均无济于事。①

尽管德雷帕竭尽全力扭转局面，但他自己还是在皇家法庭监狱从1580年一直待到了1593年。这段时间，监狱里没有释放犯人的记录，因此他被囚禁的具体时间也不清楚，在监狱里的具体生活环境也同样不详，因为对伊丽莎白时期皇家法庭监狱了解甚少，所以很难将这个

---

① Henry E. Huntington Library MS Ha 5366(3 October 1583)；MS Ha 2363(28 June 1584)，克莱门特·德雷帕写给弗朗西斯·沃尔辛厄姆的信；MS Ha 2364(18 October 1586)，克莱门特·德雷帕写给托马斯·辛普森的信，这些信件意外达到可对伯爵财产冻结的效果，也表明伯爵当时对德雷帕已然构成严重威胁。

监狱和其他名气更大的监狱譬如伦敦臭名昭著的拘留所“纽盖特监狱”①明显加以区分。为了更好地了解德雷帕在皇家法庭监狱的经历以及这些经历如何将他与自然世界连接起来的，我们必须查询其他关于监狱生活的文章还有其他犯人的监狱生活以及德雷帕自己的手记。

伊丽莎白时期的伦敦对待犯人和监狱的问题较为“从容”，罪犯罪因各异，小到怨怼罪，大至叛国罪。并且，因法庭的特殊性，常会因事而生变。例如，当皇家法庭监狱为皇室关押着负债者时，伦敦的小监狱也关押着毋庸置疑的破产者。白狮监狱（The White Lion）遍布不服从权贵的人，他们拒绝奉行新教，仍执著追寻天主教信仰。英国的法庭里还有危险的重刑犯和卖国贼，伦敦塔的设立即是为了收押重刑政治犯和宗教犯②。皇家法庭监狱位于伦敦南华克区郊区的泰晤士河边的南河堤边上——那里附近聚集着各色人等，譬如剧作家、罪犯、妓女，还有监狱犯。萨里郡的监狱在亨利八世时期修筑了高墙。伦敦共计 18 个监狱，南华克区郡即有 5 个监狱，正如“水之诗人”（Water Poet）约翰·泰勒（John Taylor）所言：

有五个监狱在南华克啊！

---

① 多布（Dobb）调查了伊丽莎白时期和詹姆斯一世时期伦敦的监狱并记录在伦敦监狱（*London Prisons*）这篇文章中，拜恩（Byrne）的《伦敦的监狱和惩罚》（*Prisons and Punishments of London*）采取了一个相对长线的编年法，与之同时，沃森（Watson）的文章《伦敦康普特的监狱》（*The Compter Prisons of London*）关注于小债务人、罪犯、酒鬼和流浪者机构。布莱特彻（Blatcher）说明了德雷帕被捕之前皇家法庭监狱的情况，还阐述了那套复杂的程序，也正由于这套复杂的程序，一些人得以进入《皇家法庭监狱》（*The Court of the King's Bench*）一书。

② 清晰地区分犯罪与惩罚只是理想化的设想，在伊丽莎白时代，很难将犯了某种罪的犯人与其余的罪犯加以区分。以 Folger Shakespeare Library MS L. b. 202（11 March 1581/2）为例证，在皇家法庭监狱中关押着两位神职人员，一个被定罪为蔑视王权罪（宣扬教皇至上），另外一个则犯了叛国罪，后者则是十年关押期（7 March 1585/1586）。皇家法庭监狱还关押了几个不服从权威，拒不参加英国国教礼拜仪式的人，参见 Folger Shakespeare Library MS L. b. 239：*the Marshalsea*，*the Clink*，*and the White Lion*.

计算器正在算呢，

玛莎瑟监狱，皇家法庭监狱，还有白狮监狱……

第五个南华克区的监狱——科林科监狱，始建于中世纪，位于温彻斯特主教的管辖范围，直到伊丽莎白时期，这个监狱关押着犯了低级下流罪的罪犯，如卖淫罪和通奸罪，也有其他的一些犯罪分子被收押。皇家法庭监狱又扩建了几个楼区，白狮监狱也建造了一个伦敦正直公民眼里的巨大的监狱楼[①]。

德雷帕关押期间，皇家法庭监狱关押的主要罪犯是一些宗教异端分子、叛徒和由于其他监狱人满为患而不得已关押进来的普通犯人。但是，很快皇家法庭监狱关押的犯人数量也超出了它的最高限额，日益增长的犯人数量迫使监狱管理人员不得不将他们中的一部分关押在监狱的宿舍和监狱周边的小旅店这种"宽松的"监管区域中，这在当时被称为"管理区"[②]。当地居民常常为此怨声载道，以至于1580年春天，伦敦的市政官员不得不为此专门询问女王关于扩建监狱的事宜，以期皇家法庭监狱能够摆脱囚室不足的窘境，当时的文件写到："……犯人们都在监狱的外面……因为缺乏囚室。"在南华克监狱中，一些像德雷帕这样并非最危险的囚犯常常被安置在"管理区"中，而不是监狱的囚室。部分原因是他们的服刑被认为还不如临时拘留重要。他们被关押在"管理区"的目的仅仅是让他们保持有被司法管辖的感觉[③]。

---

① Taylor, Works, 292－293; Browner, "Wrong Side of the River."

② 舰队街监狱的"规则"是最有著名的，但是皇家法庭监狱也有这样的区域。见 Salgado, *The Elizabethan Underworld*, 175.

③ British Library MS Lansdowne 29/28 (17 March 1579/1580); Dobb, "London Prisons," 90.当时英格兰的监狱并没有刑事监禁所的功能，在近代早期英格兰缺乏刑事文化。也有许多犯罪被公开且严厉地处理。见 Devereaux and Griffiths, *Penal Practice and Culture*.

同时，某些监狱中的情况还反映了更多的伊丽莎白时代的文化。被关押在皇家法庭监狱中的囚犯们的生活依其财富和地位截然不同。伊丽莎白时代的监狱是一个收费的服务机构，狱警们负责管理这些预期从犯人那里得来的收入，他们的工作就像任何一个同时代的伦敦人每天所做的工作一样。依据各自的社会地位和财富，犯人被分别囚禁在不同的囚室。在最好的囚室中，犯人拥有更好的住宿条件、更美味的食物以及相对更大的自由。然而最贫穷的囚犯却连最基本的生活保障也没有，如伍德街的小监狱（Wood Street Counter），或者舰队街有着讽刺名称的“公平的巴塞洛缪”（Bartholomew Fair）监狱。可以看到，那个时代伦敦监狱中的囚犯所受到的待遇完全取决于以下三点：一是行贿的多少；二是付给监狱管理人员小费的多少；三是付给外面的物资提供者钱款多少（这些人通常提供一些葡萄酒和报刊书籍等阅读材料以赚取高昂的费用）。一旦钱用完了，犯人们便不得不依靠智慧生存，托马斯·米德尔顿（Thomas Middleton，1580—1627）在《咆哮的女孩》（*The roaring Girle*，1611）中写道：

> 计算器！
> 为什么？一所小巧的大学！……
> 用甜蜜的言语
> 在第一时间赢得了人类信赖，完成了人类的请求，
> 他可以不去旅行，安静地呆在一个地方
> 在干净的房间里，在肮脏的床单上；
> 然而，当没有薪水时，他还会继续工作
> 以精妙的逻辑，罕有的论辨，
> 使主人信赖他。

当明舒尔在17世纪较早期创作关于皇家法庭监狱的作品时，他同样详细书写了监狱中的生活。从对每一项服务都要收费的监狱管

理人员到那些从早到晚宿醉并对自己灵魂漠不关心的放荡囚犯，他给读者描绘出了一幅黑暗的监狱生活画卷。而这幅可怖的肖像又与监狱外繁荣的生活形成了鲜明对比，似乎这世界上所有的罪恶都隐藏在这些监狱建筑之中。在这里，贪婪作为一种隐喻用来描写监狱的复杂性。他使用了“微观世界”、“小联邦”、“城市”等词汇来描述，这些词语充满了监狱外的朋友们和邻居更有秩序、更有日常世界的遗留味道，但是它们显然已经被监狱中的实际生活所扭曲①。

尽管德雷帕在债务上有一些问题，但是他有办法聚集到能够使他在监狱中过上相对舒适生活的金钱。这些钱可以支持他从狱友和监狱管理者身上赢得足够的信任，以保证他在陷入暂时性的经济困难时仍能过上舒适的生活。与伊丽莎白时代监狱系统相关的真正威胁是它可以减轻像克莱门特·德雷帕这样的人刑期，只要他们能持续地为食物、衣服、灯光、取暖和为南华克(Southwark)自由活动的权利付款，当然，是在警卫某种程度的监视下。一个明显的例证是德雷帕可以购买到一项昂贵的特权——“外出”，此项特权可以允许他在白天时间从监狱外出(大约每个囚犯收取 4 先令)。也许正是因为德雷帕享受“外出”的特权，他的妻子伊丽莎白在这一时期怀孕了②。一个类似德雷帕的囚犯在他获得这样的自由时可能会有更多的责任，尤其是他在还清所有监狱管理者的债务之前。为了能被释放，德雷帕甚至会向监狱的执法官付费。

---

① Salgado, *Elizabethan Underworld*, 171 – 172; Middleton, The roaring Girle, III. iii, sig. G3v; Mynshull, *Essayes and characters*, n. p. 参见 Fennor, *The miseries of a jaile for a hairraising tale of the author's time in the Wood Street Compter*.

② 克莱门特与伊丽莎白的女儿伊丽莎白德雷帕在教区(All Hallow's the Less)受洗，具体时间是 1583 年 12 月 7 日。夫妻间的探访，甚至婚娶之事也会发生在那一时期的伦敦监狱，例如，埃德蒙·内维尔与简·史密斯于 1587 亦或是 1588 年的 1 月 7 日在伦敦塔结婚。Loomie, “Neville, Edmund,” *DNB*.

监狱中的管理者是如此贪婪，监狱生活又是如此缺乏趣味，德雷帕将自己在监狱的时间花费于同那些有着良好出身和良好教育的人们一起活动也就不足为奇了。在狱中，他开始了自己的阅读和写作计划，并且和那些有着良好教育的人一起讨论他的学术，甚至进行了相关的实验。由此，德雷帕构建了自己的伦敦关系网，包括那些给他写信的朋友，来皇家法庭监狱看望他的探访者以及一些作为礼物赠送或借阅的书。被准许进入德雷帕关系网的一个要求是对自然科学有着浓厚的兴趣，并且愿意和他分享发现和见解的人。德雷帕并不关心带给他经验与见解的人或物是死的还是活的、存在或不存在。关于自然科学的一些信息传播依靠口耳相传，例如贾尔斯·法纳比（Giles Farnaby）告诉了德雷帕如何在容器中精炼氯化铵的方法。[①] 另外一些被允许进入的人则借给他关于化学和医学类书籍。这些书的内容被他用手抄写，并添加进他收集的监狱里的参考资料，如同帕拉塞尔苏斯（Paracelsus）在德雷帕房间的空气中。有证据表明，监狱囚犯实际上可以获得数量巨大的印刷品，包括医学文献和一些记录了实验情况的书籍。在德雷帕组织的小团体中，一些人经常分享关于外面世界的发展情况。讨论从伦敦著名医生那里收集来的在法国和布拉格共享的医疗实践进展。

德雷帕在他监狱的学术交流圈里制定了许多规则。其中一个是为一些渴望从专家教师那里学习的学生服务。这获得了皇家法庭监狱中一些囚犯的支持，西福德非常乐意分享他智慧的灵光以及独特的技能和方法。监狱的囚犯威廉·乔治（William George）教授了德雷

① British Library MS Sloane 3686, f. 18r; 3687, f. 88r. 贾尔斯·法纳比（Giles Farnaby）可能是一名作曲家，在牛津大学受过教育，曾在乔伊纳（Joiners）的公司当学徒。参见 Marlow, "The Life and Music of Giles Farnaby"; Owen, "Giles and Richard Farnaby."

帕如何利用植物和厨房中可以找到的蜂蜜和色拉油等物品治疗难以治愈的创伤。一个名叫洛维斯(Lovis)的囚犯分享了他治愈梅毒的经验，这需要患者连续 14 天喝下由莱因河葡萄酒和新世界神奇的撒尔沙植物(sarsaparilla)精华以及大黄制成的药汁。此外，德雷帕能"从一个囚犯那里学会治疗剧烈的咳嗽"，用糖浆来治疗肺部的疾病，"他从一个莱斯特的医生那里得到了药方。①

从德雷帕的笔记本上可以看到有一些囚犯的名字频繁出现，由此可知他在监狱中的老师主要有约翰·布鲁克(John Brooke)、艾弗拉德·迪格比(Everard Digby)和汉弗来·埃文斯(Humphrey Evans)等人。布鲁克教给了他一些有用的实践经验，像如何在有强烈的令人不快的监狱重气味中使用白色的香盒来保证空气清新，如何清除锡制品的缺陷并让它看起来像银制品②。德雷帕化学工作方法的灵感则来源于布鲁克将三个铁锅组合以加速化学过程的做法。艾弗拉德·迪格比爵士是 17 世纪的著名实验主义者肯奈姆·迪格比(Kenelm Digby)的祖父，他教导了德雷帕处理新伤口的方法和用一种珍稀植物炼制的膏药接骨的医术。膏药的主药来自一种梯螺(scala celie)，德雷帕记载这种药"对很多疾病"有益，例如肾病和月经不调。迪格比还分享了他识别生长在哈特布罗(Hartbarrow)植物的经验，甚至指出一些植物的叶子尝起来很甜。(哈特布罗位于英格兰坎布里亚郡，距离德雷帕生活的南华克有很长一段距离)。德雷帕的老师中更靠近皇家法庭监狱的是汉弗来·埃文斯，一个木匠的女婿，住在吉普赛街附近的拉梅(Lame)小巷。他自称是托马斯·贝克(Thomas Barker)的学生，而托马斯·贝克被德雷帕看作是自然科学中的智慧圣者。埃文斯

---

① British Library MS Sloane 3690, f. 111v; 3692, f. 50r; 95, f. 103v.

② 同上. 95, f. 105v; 3688, f. 53v. 布鲁克可能是五金商店的一名职员，1581 年克莱门特的叔叔克里斯托弗·德雷帕将自己的遗产赠予了布鲁克. 见 PCC Prob. 11/63.

教给了德雷帕很多从他老师贝克的笔记中得来的知识和药方，例如一种以藏红花为主，用金叶包裹制作的清毒药丸[①]。

德雷帕的妻子伊丽莎白也是他的老师。伊丽莎白·德雷帕在制药方面是一个专家，不论是生物还是化学方面的制药她都很擅长。德雷帕记述了他妻子制作化学药品的方法，其中一种曾治愈了他们女儿的羊口疮。伊丽莎白从她邻居柏兰德(Bollande)那里得到了一个配制高效减肥饮料的药方，并将它给了她的丈夫。伊丽莎白时代的减肥饮料并不仅仅使人减轻体重，它同时还能调节人体的内分泌并促使身体始终保持良好的平衡。柏兰德的减肥饮料含有撒尔沙植物、功效很强的泻药、洋甘菊花、甘草和葡萄干，一天服用3次，9到12天为一个疗程。伊丽莎白从医生和天文学家理查德·福斯特那里学会了制作新的治疗痛风的药物，从一个朋友那里学会将蛋黄、玫瑰油和软木制成的粉末混合成治疗溃烂冻疮的药物，这些知识都被传授给了她在皇家法庭监狱的丈夫[②]。

在德雷帕的笔记中，我们发现这些老师的名字并非贯穿始终，而是在他们对德雷帕进行艰难的科学实验指导或者分享药物配方后消失了。德雷帕的朋友威廉·瓦尔登(William Walden)教给了他一种由草药和白葡萄酒配制成的排毒药物。这种药物可以保证在不伤害身体的情况下温和地清除体内毒素。在德雷帕学术生活中，不仅仅有他的朋友，甚至有他的对手和敌人。德雷帕回忆说，这些人中有曾经背叛过他的商业伙伴理查德·雷克德。他教导了德雷帕从铅和铜中提取水银的方法。德雷帕不仅在狱中谦虚好学，对自然科学充满了热情，在他被释放后的16世纪90年代，他仍然作为一个自然科学的学

① British Library MS Sloane 3689, f.1v; 3690, f.112r; 3688, ff.3r, 150v.我一直没能确定梯螺(scala cecie)的另一个参考文献。

② 同上.3692, f.61r; 3690, f.118r-v; 3688, f.150v.

生从所熟识的人那里探寻科学的奥秘。1607年初，他从约翰·迪一个曾经的实验助手查尔斯·斯莱德（Charles Sled）（当时他已是一名特工，服务于弗朗西斯·沃尔辛厄姆）那里学会了沉淀水银和黄金的方法①。

作为一个自然科学的学生，德雷帕对国外相关学术的发展情况和学术成果非常感兴趣，并时刻从更广阔的世界中收集情报。马歇尔（Marshall）先生带回了1579年法国有人完成了提取氯金酸钠的化学方法的消息，威廉·埃文斯（William Evans）则分享了他从法国获得的提取水银的方法。德雷帕记载了英国著名炼金术师爱德华·凯利相关工作情况，凯利曾是约翰·迪的占星师，他声称在盯着约翰·迪的哲人石时看到了天使，并由此建立了自己在神秘学和化学领域的独立声望。之后他在布拉格担任了神圣罗马帝国皇帝鲁道夫二世（Holy Roman Emperor Rudolf II）的宫廷炼金术师。德雷帕从凯利的一个仆人托马斯·沃伦（Thomas Warren）和简·康斯特布尔（Jane Constable）那里收到了很多关于凯利制造哲人石的细节。同时，他还获得了凯利的一些化学配方，例如利用水银和盐来获得品质很高的黄金和白银。关于布拉格的学术，德雷帕还有进一步的探询，如诺顿先生（Norten）为他解释了如何在化学器皿上应用石灰以维持实验时所需的高温②。

当然，在伊丽莎白时代的伦敦，普通人很难获取自己感兴趣事物的国外经验和进展，当时的英格兰人主要依靠外来移民获知信息。德雷帕认识一个叫做艾德里安·范·赛文库特（Adrian van Sevencote）的荷兰移民，他在监狱附近的南华克圣奥维教区拥有房产。赛文库特

① 同上.3748，f.8r；3690，f.112r－v；3688，f.65r；3748，ff.115r－116v.

② 同上.3690，f.80v；3748，ff.57v，11v－12r，97r－v；3687，f.68r.

告诉德雷帕，他“见过另一个移民”可以用铜和水银转化出白银。威尼斯玻璃制造者和医生贾科莫·维斯里尼(Giacomo Verzilini，1522—1606)的儿子弗朗西斯·卫瑟林(Francis Verseline)和德雷帕共享了关于治疗肾病和传染性性病的药方。荷兰移民约翰·范·希尔顿(John van Hilton)指导了他提纯氯化铵。尼古拉斯·切斯特(Nicholas Chester)详细介绍了经验丰富的荷兰医生约翰·司图斯菲尔德(John Stutsfelde)用硫磺处理拉丝润滑油的方法。最后一个不知名的荷兰人教他制作珍贵的酊剂，而这是制作哲人石的必备步骤[①]。

在德雷帕的移民教师中处于首要地位的是一个来自布拉格的犹太人化学家和冶金学家约乔基姆·甘斯(Joachim Gans)[②]。他在16世纪80年代早期来到英格兰，并在乔治·尼达姆的支持下成为皇家矿山的顾问，之后他在英格兰探索矿藏储备。甘斯的到来引起了沃尔特·雷利(Walter Raleigh)爵士的注意，最终他也加入了1585年雷利爵士的探险活动。他在1586年回到英格兰，那时他居住在伦敦黑衣修士桥附近的国外仪器制造商和冶金学家那里，并且可以自由地与金匠和杂货商的公司交易。他住的地方鱼龙混杂，有很多移民和工匠，但他并没有遇到任何麻烦。具有讽刺意味的是当他在1589年秋天到访西南部港

---

① 同上.3687，ff.44r，71v-72r；3657，f.26v；3689，f.2r.维斯里尼家族在1570年来到英格兰。维斯里尼制作的玻璃标本存放在菲茨威廉博物馆、维多利亚和阿尔伯特博物馆、大英博物馆以及圣弗朗西斯科的艺术博物馆里。他及妻子伊丽莎白葬礼上的铜管乐器可以在伦敦布罗姆利自治区的弗唐纳区教区教堂中见到。维斯里尼的玻璃工厂在老克鲁特彻德·弗瑞阿斯教堂。

② 关于甘斯的信息(一种变体拼法是Ganz，在伊丽莎白时代则是Gannes)参见Feuer，*Jews in the Origins of Modern Science*；Grassl，“Joachim Gans of Prague”；Quinn，*The Roanoke Voyages*，907；Abrahams，“Joachim Gaunse.” Passing reference is made to Gans in Chaplin，*Subject Matter*，20，68.这些文献中没有任何信息记录了甘斯和德雷帕的关系以及他们对化学方面的兴趣。更多的信息请阅读Roanoke assays is in Hume，“Roanoke Island，” 20，以及Hume，*The Virginia Adventure*，76-88.关于犹太人在英格兰这一时期的情况，参见Prior，“ASecond Jewish Community”；Katz，*Jews in the History of England*.

口城市布里斯托时，在大庭广众之下与当地教会在神学上展开了激烈的争吵。此后不久，甘斯在皇家法庭监狱成为了德雷帕的化学课老师[①]。

然而，想要洞察自然科学，德雷帕却很难从他的狱友处获得更多的信息，他监狱外的老师和朋友也无法提供更多帮助。他只能去搜集相关书籍，这些书的作者和所有者由此成为了他的好友。我们在前几章中已经了解到，当时的伦敦社会对自然知识的渴求是很强烈的，常举办各种小范围的研讨会，伦敦的医生和数学老师常常在拥挤的街道上交流。但是由于克莱门特·德雷帕被关在监狱中，他不得不通过一些创造性的手段参与到的这些热烈的交流和开放的辩论当中。尽管作为一个囚犯和其他自然科学的学生有着身份上的差异，但他仍然渴望与他们交流。科学史家往往将注意力放在现代早期的图书上，并以此为材料和例证来研究这些书的作者、读者和从业者，因为这些人都是满怀兴趣评估现代欧洲早期自然知识的人。从约翰·迪庞大的图书馆到伦敦城市中的普通书摊，科学史家和图书史家为我们提供了很多珍贵资料，也为当时的人们如何阅读、书写、交易图书描绘了鲜活的画卷[②]。这些图书无论是手写的还是打印的，民众使用的本地语言或是贵族和教士使用的拉丁文，经过时间考验的或者是新奇的观念都在

---

① Donald, *Elizabethan Copper*, 76; SP 12/152/88, 12/152/89 (March 1582); SP Domestic 12/226/40, 12/226/40. 1, 12/226/40. 2 (17 September 1589); British Library MS Sloane 3748, ff. 26v - 30v. 葛拉斯(Grassl)调查了监狱现存的记录，但是并没有在囚犯名单中找到甘斯的名字；Grassl, "Joachim Gans of Prague," 8. 他指出甘斯在被关押期间为弗朗西斯·沃尔辛厄姆翻译了艾克尔(Ecker)关于硝石的论文，这是一项关键的军事技术。甘斯对艾克尔论文的翻译见 Hatfield House MS Cecil Paper 276.5. 一封写于翻译期间给弗朗西斯·沃尔辛厄姆未署日期的信件被记载于 Grassl, "Joachim Gans of Prague," 14 - 15.

② 一些关于近代早期人物和他们的阅读习惯的重要研究：Oakeshott, "Sir Walter Ralegh's Library"; Stern, *Gabriel Harvey*; Anthony Grafton, "Kepler as Reader"; William Sherman, *John Dee*; Ann Blair, *The Theater of Nature*. 这本书被带到英格兰，请查阅 Blayney, *The Bookshops of Paul's Cross Churchyard*; Johns, *The Nature of the Book*.

自然知识的传播、不同学派的交流和各种新技术的扩散中扮演了至关重要的作用。这些图书一经出版经常被寻求各种新鲜事物和观点的读者收集，同时也经常作为礼物在朋友之间流转。这一过程通常被认为有两个要点，罗伯特·道尔顿（Robert Darnton）将其描述为一个“沟通回路”——这些书的流通过程会形成一个环形轨迹：从作者写作开始，经过出版商出版，印刷厂印刷，邮递员运送给书商，书商再卖给读者，到最终回到作者手中[①]。

与此同时，读者之中书籍的流通有一些小方式，就如同天文学家解释行星运动时会遵循本轮的小圆运行一样。一种常见的小方式是图书的拥有者参与到一些读者的交流座谈当中，并慷慨地允许朋友们复制一个副本。克莱门特·德雷帕由于被关入皇家法庭监狱，所以在他被关押的10年中他很难像普通人一样从伦敦的书店中获取书籍，因此他只能通过自己的朋友、探视者和其他犯人获得新的学术信息。“这本书有多样的信息来源，”德雷帕在一本关于炼金术的笔记中写道，“我从理查德·布罗姆海尔（Richard Bromhall）那里获得，还有一些乔治·李普来（George Ripley）研究成果的介绍。”布罗姆海尔还为德雷帕提供了实验方法支持：“一个意大利医生被德拉贝利斯（Delaberis）医生详尽地转述”。[②] 德雷帕从帕拉塞尔苏斯的书中获取了很多他感兴趣的东西，包括一些药膏的制作说明和化学配方[③]。此外，德雷帕还复制了一些“机密”，意大利作者伊莎贝拉·科特斯（Isabella Cortese）、詹巴蒂斯塔·德拉·波尔塔和莱昂纳尔多·菲奥

---

① Davis, “Beyond the Market”; Darnton, The Literary Underground, 182; Darnton, The Kiss of Lamourette, 111.

② British Library MS Sloane 95, ff. 98r - 126v; 3686, f. 94r.

③ See, for example, ibid., 3748, ff. 52r, 53v, 58r - v; 3657, f. 44v. For Padden's translation see ibid., 3748, ff. 62v - 63r. Draper recopies this recipe ibid. 3687, f. 55r.

拉万蒂（Leonardo Fioravanti）的成果都包含其中[①]。

德雷帕虽然被监禁，并承受了巨大的司法压力，但却成功地取得了自然科学研究的巨大成功。他从狱友、朋友和图书作者那里获得知识和经验，并成功地在他周围建立了一个学术研究的小圈子。这个小圈子里的成员为他自然科学的研究和学习提供了思路、知识和材料。德雷帕的经验表明，在伊丽莎白时代，知识的能量如此强大，以至于能够从监狱的“缝隙”中渗透进去。德雷帕通过各种方法挖掘了那个时代知识的“活力”，并使他即使在狱中也能够在化学、冶金、医药等领域进行充分的探索。

## 消化科学：德雷帕的监狱笔记本

朋友，家人以及作者群体为德雷帕提供了许多未被加工过的原始的科学工作的素材——包括书籍、配方、如金子般的实验性以及实操性的智慧。他需要更多地精力去将他获得的所有信息转化成为对这个复杂自然界更加清晰的认识。在德雷帕的关系网以及书和笔记本的包围下，德雷帕获得了对自然更新、更加客观的理解。他不仅收集实验成果，并且将成果收录进笔记本中。他通过仔细分门别类、对比以及评测，来获取对自然与化学过程更深刻的理解。因此，德雷帕的笔记本划定了“他的实验室”的界限，即他智慧的灵光遨游的界限。

德雷帕笔记本的功能类似于一种叫作“鹈鹕（Pelican）”的炼金蒸馏工具。鹈鹕蒸馏器是用于化学炼金过程的容器。这一过程是为了让物质在一个封闭的容器内进行无限循环。当物质在容器底部被加热的时候，容器的顶端会出现蒸发以及冷凝现象，液体滴液从边缘流下，进入中空的装置里，回到鹈鹕容器的底部。这种物质的循环再循

① 同上.，3657，f.27r－v；3748，f.77v.

环产生了一种新物质，这是个循序渐进的方式。同样的，德雷帕的笔记本就展现了这样一个从收集、复制、分类以及对比的过程，将他了解的知识装进了一个持续循环的过程。将德雷帕笔记本比作蒸馏装置并不是凭空比喻，这个比喻是一种形容德雷帕基于过程来分析自然世界方式的很有用的描述，并且也反映了他对化学的浓厚兴趣以及物质能够无限结合，分离以及重新结合的观点。

在伊丽莎白时代的英格兰，德雷帕是许多狂热的笔记作家中的一员。当时由于出版行业的兴盛，各种书籍被一本接一本的送到热切渴望它们的读者手中。信息和知识得到了广泛传播，也使整个社会进入了一种信息爆炸的阶段。随着大量的书籍被当时的社会公众所阅读，海量的信息也因此被吸收。由于信息量的增多，人们必须找到能够很好地处理这些信息的方法，以便更有效率地理解吸收它们。因此，当时的人们试图将各种混乱的手稿、医学和化学方面的书籍以及其他读者的笔记等组成一个对新知识的反映，从而更好地获取知识。记笔记的技巧通常在中学教授。这可以帮助学生克服过量信息带来的学习问题，更高级的学生也可以借助此项技能为进入大学做好准备。许多笔记本被按照年代顺序收入书籍和期刊。由于这些笔记本数量巨大，一些信息隐藏在其中某些难以寻找的位置。因此，索引和分类技能在这一时期得到了长足发展。直到最近，许多近代早期的笔记得到了重新关注与诠释，而这些笔记一度被学术界认为是不成熟的材料[①]。

---

① 司空见惯的书籍和杂录，参见 Marotti, *Manuscript*, *Print*, *and the English Renaissance Lyric*. 安·布莱尔(Ann Blair)进行了一个重要考察，关于如何应用自然哲学；《人本主义方法在自然哲学中》(*Humanist Methods in Natural Philosophy*)。时序型记录与常规记录常结合使用。常见的图书是流行的打印形式，见 Moss, *Printed Commonplace-Books*. 一个英格兰的例子是 Hugh Plat, *The Floures of Philosophie*. 集体实验的记录也被得以保存；例子见 Middleton, *The Experimenters*, 359-382. 配方或记录配方的书一直是最流行的笔记记录方式。见 Leong, "Medical Remedy Collections."

如果我们试图将这些存在于德雷帕和他同时代人手中的笔记当作各种技术来理解，而不仅仅是作为一个纸质的文本，那么它们的价值和含义将更加清晰地展现在我们面前。记笔记是一项非常个人化的收集、跟踪、分类检索相关学术知识的技能，并且这项技能的目的从来也不是形成一个内容限定的、完善的、有条理的单独文本内容。笔记的应用是为了给读者一个没有限定的、仍在发展的文本内容。它是对作者手稿和印刷图书的额外补充。因此，笔记并不意味着仅仅是提供更多信息，他还为探索者提供了更多机会。德雷帕的笔记将炼金术、医药、矿业和其他一些主题进行了某种混合评述，显示了他热情地接受了时代的新信息和新知识。他显然认为信息的数量要胜过其他，因此他的笔记中堆积了大量的文献、传闻、来自他人的报告、目击者的证词和物理实验的相关情况等内容。德雷帕从来没有认为他的笔记包含过量的信息将在事后给读者带来焦虑不安的循环结果，他似乎相信结果会更加有趣——如果结果得来不易——他们会针对问题从少量的来源中筛选出相应的信息。

德雷帕的笔记信息提醒我们，16世纪后期的英格兰在自然科学方面并非是一种保守状态，而是非常注重外来信息的吸取和实验。英格兰自然科学的发展逐渐变得更具实验性，基于传统的古典和中世纪权威文献了解自然的古老方法，例如亚里士多德和艾伯塔斯·麦格努斯（Albertus Magnus）的作品，开始让位于理论和实践相结合的新哲学。理论知识常常被认为是一贯高贵的文科研究的产出物，而实验的知识则被认为是庸俗的手工艺过程的副产品。理论知识（格物致知）被看作是特定的、系统的、逻辑上的产出，这些知识能让一个人得到关于这个世界和存在于世界上的一切事物的广义信仰。实践则是基于个体人类的过往经验，或者从实验和制造过程中获得的知识，它们可能在某些时候并不能形成一个可信的关于世界的抽象的理论观点[①]。

到了17世纪末，关于理论和实践在精神和实际生活中的古老区分已经逐渐被一种跨学科的新哲学所代替。这是一种经验主义科学，操纵和体验被关于自然理解的广义感觉连接。一个典型的问题是历史学家常常质询这些新的跨学科的方式是如何出现的，伊丽莎白时代的伦敦为我们提供了这个问题的一些答案。人们可以在这一时期的伦敦街头发现什么人在做关于科学的工作，他们的工作又是怎样作用从而构成了人类关于自然的经验。最后，这些人和他们的做法又构成了理解自然知识的新方法。今天我们已经可以看到这些外科医生、助产士、酿酒师、药剂师、园丁和其他技术人员，甚至包括另外一些伦敦人都开始在生活学习中兼顾实践与理论、动手与思考。这些当时卑微的城市专业人员对新学科的科学研究做了相当大的贡献，他们经常分享他们的实践经验，并且向其他自然科学的学生传授他们来之不易的工作技能。他们还常常在本地语言的科学出版物和公开课中讨论人们越来越感兴趣的自然运行和工作的原理。这是他们所做的种种努力，后来的关于可复现的理论和实践相互作用的科学实验被一一得出。

伦敦在对自然科学发展的态度上，制造、实践与思考占有同等的地位。制造行为通常包括为植物制作素描插图，蜡制的人体模型、配置药品和一些机械产品的生产。定义实践则更加困难，一些行为很清晰地展现了实践的意义，比如做一次化学实验，或者解剖一具尸体，以及用一些数学工具来测量两个天体之间的距离。但是另外一些则需要仔细地评估以确定是否能被认为是实践的一种，这些行为包括收集（图书或者自然界中的某种物品）、筛选、排序、阅读、思考和写作。我们可能通常认为阅读、思考和写作只是人类接受信息之后的被动反

---

① Dear, *Discipline and Experience*, 12–13; Smith, *The Body of the Artisan*, 17–20.

应，而不是主动去实践的结果。但是伊丽莎白时代的读者经常积极地使用他们所阅读的文本书籍。同时写作也是一种物理上的主动，例如：制作墨水、制作笔、装订纸张等等①。

我们注意到德雷帕一个笔记关于理想情况下连接阅读、写作和实践动态关系的描述。这个笔记记述了一位化学家的学习经历（也许是德雷帕自己），这位化学家将近30岁的时候开始"一点一点地"学习化学原理。并且对于原理的学习也被他的实验活动所影响，尤其是他通过操控化学物质而获得了首次化学实验的成功之后。"我见过并知道许多不同的神奇事情，"德雷帕写道，但是这些从实验中获取的知识，只会是化学家回到他前人的"书上的研究，我只是收集了成果和言论"。再次回到炼金术的实验，预防"幻想和想象"，因为"许多蠢人……虽然每天读我们的书，但还是可能一个字也不懂"。② 在炼金术方面，最好的实验会结合主观客观结合的实践方式。好的炼金术士并不会只依赖做实验或者阅读一些收集来的记载专门知识的书籍。

因此，德雷帕提供了一个非常出色的关于阅读、写作和实验支持的各项活动的案例研究。当他坐下来开始循环和消化，这些关于自然的知识被记录在了他众多笔记本中的一个，笔记里理论与实践相交织，这里似乎缺少一道红线区分他自己的实验和他阅读这些实验报告

① Martin, *The History and Power of Writing*; Spiller, *Science*, *Reading*, *and Renaissance Literature*; Preston, *Thomas Browne*; Patterson, *Reading Holinshed's Chronicles*; Woolf, *Reading History*; Sharpe, *Reading Revolutions*; Sherman, *John Dee*; Cunningham, "Virtual Witnessing."

② 这一笔记条目冠之以"Epistola," 也许是德雷帕尝试记录他炼金术主要文本的一部分，或者这可能只是德雷帕关于他人炼金术记录的副本；参见 British Library MS Sloane 3657, ff. 45r - 53r. 这一著作引用了一些已经印刷出版的炼金术文本，所以它必然晚于1450年，有些常见的转折词则证明它是一个英语版本。我一直没能确定该著作的作者，因而也不能确定地将这一著作归功于德雷帕，文本的延续同前述3657, ff. 34r - 37v, 开篇如下："Heare begynnethe the makinge of the great Elixer of ph [ilosoph] or's Stone."

而得来的知识。“我曾经见过水银如何通过铅从这些混合物中提取，”德雷帕在如何分离多种矿物质的详细说明后写到[①]。但在另一个笔记中，当他描述铅如何应用于化学实验时，很难区分这些描述哪些是他亲眼目睹，亲自执行的实验过程，哪些是他从其他实验者那里听到的经验。德雷帕还描写过关于炼金术的过程，“这项实验我自己永远也不会去证明，但我认为它是真实的，因为它看起来非常有可能。我清楚地看到了一个实验被按照这个方式去完成。”[②]可以看到这种做法对于证明问题是非常粗疏的，我们可以进一步考察它作为一种虚拟的见证——一个如何生动地描写实验工作的方法，它向其他读者提供了间接了解实验经历的途径。[③]

一个实质见证的典范可以在德雷帕笔记本中找到，约翰・内特尔顿（John Nettleton）记录了伊丽莎白・乔布森夫人（Elizabeth Jobson）（伦敦塔中尉的妻子）临终的疾病。1591 年 8 月，内特尔顿描述了伊丽莎白夫人 1569 年死于伦敦塔的情况。女王派她的御医去诊治伊丽莎白夫人，但医生们什么都做不了，伊丽莎白夫人也是王室宠臣罗伯特・达德利的姑妈。达德利和他的兄弟约翰也派了他们的医生去给自己的姑妈看病。“考虑到她的身份和条件，”德雷帕写道，所有的医生都认为“她不可能活 4 天以上了。”不愿意接受这个结果的女王再次派遣矿物专家和医生伯查德・克拉尼奇参加乔布森夫人的治疗，

---

① 同上.，3689，f.36r. 同上.，3688，f.109r.

② 同上.，3686，f.34r.

③ Shapin and Schaffer, *Leviathan and the Airpump*, 20 – 24, 60. 沙宾(Shapin) and 谢弗(Shaffer)修正并拓展了万・莱文在《确定性问题》(*The Problem of Certainty*)一书中并非亲历的观点，兴致勃勃地讨论了早期英格兰皇家学会的实验报告，参见“Totius in verba,” 145 – 161. 夏皮罗(Shapiro)在《可能性与确定性》(*Probability and Certainty*)一书中延续了这一观点. 坎宁安(Cunningham)指出虚拟的见证在德雷帕同辈人威廉姆・吉尔伯特(William Gilbert)的著作中得以证实，“Virtual Witnessing,” 209.

并且宣称"他将靠着神的恩典，延长她8天生命，至少会有一个完美的记忆（克拉尼奇明智地没有答应能治好她）"。克拉尼奇治疗乔布森夫人的方法是：当她依偎在温暖的火炉旁时用香猫的油涂抹在她身上。这个简单的治疗加上神的恩赐，德雷帕写道，启用克拉尼奇来治疗伊丽莎白夫人，使她的寿命延至9到10天，超越了医生们的说法，她阅读或写作或讲述她生命中一切可能做过的事情的记忆。最后，德雷帕记道："她死了，她的书在她手中，似乎还正在阅读。"[1]这是一个鲜活的事例，记载了一位女士被从死亡边缘拉回，并享受了几天阅读和谈话的日子。"谁是亲眼目击的见证者呢？"内特尔顿和德雷帕都有可能成为故事实质上的见证者，其详细的记录也使其他人几乎目睹了整个事件。

实验的见证工作，从个人经历角度来说成为了一个实验发展的重要部分，它鼓励了想法的交流，即使在当时相对封闭的监狱环境当中。对德雷帕来说，这样的交流开始于他清晰的愿望，即网罗到所有他能收集的人类关于自然的经验知识。他从身边的生活经历中和各种能找到的书籍等纸质材料中收集信息。当一个有益的经验出现在他身边时，他通常会将其记录到他的笔记本中，写在他已经记录的其他经验旁边。很长的文本段落、短小的化学方程式、他朋友们的证言和他自己的看法意见在他的笔记中随处可见。但什么是这件工作的终极目的呢？譬如哲人石的例子，德雷帕的目标仍然是难以琢磨的。有时他似乎专心于查证传闻的真假和实验的结果，但另外一些时候他似乎又侧重于寻找最好的或最可靠的化学和医药实验过程的发展。这两个兴趣实际上都是将前人的经验转化成实验成功的关键因素。但是，在大多数情况下，德雷帕专注于过程而不是结果：他只是喜欢去追寻

---

① British Library MS Sloane 3690, f.88r－v.

信息，并且保存许多有益的积极思考，例如许多关于自然的原理和解释其如何工作的实验。“我还在怀疑，”他在一个炼金实验过程后写道，同时他还声称自己希望留在那种状态中——“知道我能进一步获取实验知识。”[①]

德雷帕从正式和非正式的两个来源搜集信息以发展他的智慧模式。非正式的来源是他在监狱中关系网中的成员，尤其是那些和他分享知识并给予口头指导的人，就像我们在前一节看到的那些人。他的正式来源是各种各样的中世纪和近代早期化学、医药和冶金工程的相关图书。帕拉塞尔苏斯是德雷帕最喜欢的作者之一，他从德国的化学家和医生那里获取了很多信息和知识，包括如何执行化学过程的说明、准备锑酊剂的方法和制作药用香膏的配方。朋友和狱友都知道德雷帕总是寻找新的阅读材料，并且他的笔记本上总是写满了各种引用材料，包括一本有“很多配方”的书和“乔治·李普来(George Ripley)研究的翻译”以及《哲学家的玫瑰园》(*Rosary of the Philosophers*)。在皇家法庭监狱，他接触了很多手稿和印刷作品，这些都是别人作为礼物送给他或者借给他的。简·康斯特布尔借给了他一本记录如何用化学方法制造锑金属的书(部分由代码写成)，这本书还记载了一些如何去除鸡眼、收集仲夏露珠、铸一口钟等五花八门的内容[②]。

出于复古主义、人文主义和其他诸多主义，德雷帕通过他的手深情地描述了这些书籍的起源和情况，特别是一些古老的卷宗。他转录了一本15世纪的炼金术丛书，并称他记录的是“一本乔治·马罗(George Marrow)写在羊皮纸上的古老书卷的真实副本，最初由约克

① 同上.,3657, f.37r.

② 同上.,3748, ff.52r, 53v, 58r－v, f.62v－63r.;95, ff.98r－126v; 3688, f.24v－34v.德雷帕抄写了锑酊剂的配方，同上.,3687, f.55r.

郡的诺斯陶修道院(Nostall Abbey)的僧侣在1437年记录，现在……复制于1600年7月1日。"1600年的夏天德雷帕转录了很多15世纪的文献，包括罗杰·迈瑞福特(Roger Merrifoot)的成果和"一个彼得·佩里爵士(Sir Peter Perry)的旧手稿……他生活在1486年前后。"他从"一本由于特殊事情写给朋友的古书"上复制了一个制作假珍珠的方法，并且得到了一个"出自一本旧书"的希波克拉斯酒的配方。一个古老的化学反应过程被索尔兹伯里的理查德记录在"一本马歇尔先生的旧书里，"德雷帕很好奇这些他所寻求的文献是如何通过一个长长的链条转交到他手里的。有时，这些文献的谱系非常长也很复杂，一个案例是德雷帕所抄写的副本"炼金术的秘密，贾斯彻的儿子盖利德所著。"德雷帕指出这项工作"从希伯来语翻译成阿拉伯语，然后再从阿拉伯语翻译成拉丁语，最后从拉丁语翻译成英语。"①

德雷帕倾情献身于自己的笔记，他非常了解转录过程中的问题和困难。这对读者来说是习见的——在狱中或者在外面——通过请求朋友复制全部或者一部分文献以及赠送书籍，他图书馆的藏书持续"增长"。因此，德雷帕的转录笔记中收藏了大量其他实验者收集的原始手稿，包括关于实验的"约翰逊的书"(其中包含了油墨的配方、软化钢铁的方法、治疗耳聋的药物、光学的错觉原理，即用一些特制的蜡烛使稻草人看上去像蛇一样扭动和一些魔法技能)及威廉·赫顿(William Hutton)的笔记本(内容包括医药公式、发展畜牧业的说明和寻找黄金矿脉的小技巧)。有时候，德雷帕倾向于将各种不同来源的关于同一个主题的信息片段集合在一起，而不是完全转录所有的文献内容，但他也会一丝不苟地指出关于炼金术信息的抄本内容来自于

---

① 同上.,3687, ff. 1r, 23v-39v; 3686, f. 40v; 3690, f. 26v; 3688, f. 107v-108r; 3748, f. 82r.

李普莱和哈默斯·特里斯梅季塔斯(Hermes Trismegistus)著作的众多副本[①]。有时德雷帕也会抄写一些有问题的文献，这是由于这些文献本身的问题，"这个副本的一页已经被撕毁"可以解释为何文献是有缺失的[②]。

德雷帕非常热切地搜寻国外相关经验，并记入自己的笔记本中，这显示了他具有非常出色的语言能力。翻译工作，就像广泛的阅读和写作科学的文章，是近代早期科学实践的重要组成部分，德雷帕很喜欢早期学者用英语写作的文献。他复制了一篇英文版的《哲学家的玫瑰花园》："编译努力制作……在1550年。"同时，他也很愿意通过自己的手为英格兰翻译欧洲大陆语言的文献。大陆上的语言，包括拉丁语对他来说几乎毫无障碍，唯一的例外是意大利语。德拉贝利斯医生不得不为他将意大利医生的研究成果翻译成英文，以便他能够准确地将成果记录在笔记本中。但德雷帕很容易从"荷兰语的版本中"摘编节选一些约翰·伊萨克·霍拉杜斯(Johan Isaac Hollandus)的炼金术成果，从法语版获得一些药方，并且记录其他一些"从西班牙语的版本中尝试获得"成功的化学反应过程。德雷帕将休·布兰特的实验畅销书《艺术与自然的珍宝宫》(*The Jewell House of Art and Nature*, 1594)从拉丁文翻译成英文，并解释了如何使鸡蛋硬化成石头，如何用化学方法从蔬菜、植物和草药中提取"生命"和精神。甚至德雷帕可以从他心怀鬼胎的前商业伙伴理查德·雷克德那里获得"各式各样的苏格兰语文献"，并由此翻译了解了众多符咒和丹方[③]。

德雷帕经常仔细阅读他的抄写的副本，消化掉他收集来的信息，

---

① 同上.,3686, ff.105v-106r, ff.107v-110v; 3690, ff.112v-115v; 320, f.117v.这个抄写习惯是普遍的;Love, *Scribal Publication*.

② British Library MS Sloane 3688, f.44v.

③ 同上.,3691, ff.68v-79r; 3686, f.94r; 3688, ff.92r, 96r, 101r-102r; 3692, f.35r-49v, f.35r.参见 Plat, *The jewell house*, 1: 47,2: 29.

并制作关于这些作者观点的集中与发散的常规笔记。他收集了很多医药制剂和化学工艺的实例，并以此来辨别哪些是最可靠和最有效的。在写完一个关于哲人石的配方之后，德雷帕提醒自己将这个配方和“伟大的玫瑰园的图书”进行比较，这里“汇集了李普来诗句中的《十二扇大门》，使之产生……一种感觉。”德雷帕经常反复检查他的消息来源，以确保他的阅读和抄写是准确无误的。但是，他也会在炼金转化的最后一步碰到两种不同方法，这被称为伟大的红色工作，德雷帕注意到，“尽管我认为这是一种正确的描述，但我必须将多样性呈现出来，在这个和之前写的东西之间，我不能找到它们写入的位置。”然而，这些措施并不能让他完美地理解一个文献，一些文献也会使他困惑。在抄写完关于哲人石的匿名论文后，德雷帕报告说，在广泛阅读古典炼金术文献后他只懂了其中的一部分。因为化学论文的某些方面晦涩难懂，所以他制定了进一步的研读计划：他要把自己抄写的文本与两种古代文本进行对比，一个是用玻璃制成的带有图案的“哲人石”卷轴（当代人对配有精美插图的炼金术著作“李普来卷轴”所做的一份罕见的描述），另一个是帕拉塞尔苏斯著作中对微火的操作和疗效，以及“整个工作进程……”的描述，正如我在其他著作中提到过的那样。①

德雷帕用于文献比较的高标准也经常体现在比较实验过程方面。在一个描述荷兰医生斯图斯菲尔德的硫制拉丝润滑油药方的条目中，德雷帕指出乔基姆·甘斯已经从一些更典型的方法发展出了派生程序，将液态的硫和松节油混合放在一个小锅里，直到油的颜色变黄。在用了相当篇幅描述炼金术转化过程之后，德雷帕强调了去比较他所收集的配方和其他配方，特别是涉及到粉末状的铜的配方，“我看到了

① British Library MS Sloane 3691, f. 95v; 3688, f. 109r-v; 3686, f. 85r-v. 关于“李普来卷轴”和亨廷顿图书馆的复制的例子，见 Dobbs, *Alchemical Death and Resurrection*, 16-24.

别人完成它，我自己也亲自做……在水中使它沸腾。"这些在现实的和虚拟的实验之间的界线，以及虚拟和目击之间的界线再一次变得模糊不清，德雷帕只好冒险深入研究他的工作。在记录了一个在西班牙完成的炼金术之后，德雷帕指出一个关于炼金术配方更好的版本可能在"戈登威尔(Goldwell)的书中"被找到。在抄写了不燃石油的配方之后，德雷帕指出，在另一本书中还有很多关于硫燃烧的申请[①]。

德雷帕认为，比较是获得更可靠和更有效自然知识的一种方法，但绝对不是唯一的方法。他青睐那些可以阐明其发现，并帮助那些有朝一日能看到他笔记的人，因此我在此对他们进行了简要评估。随着德雷帕追求更加复杂的自然科学，他觉得一幅图可能需要上千文字来解释，因此，他在笔记中添加图表和彩色插图(图5.2)来对人的微观世界与宇宙宏观世界的联系进行补充解释。另外，他用插图对炼金术的详尽计划进行进一步解释，还在其笔记的适当位置添加熔炉图表。这些都帮助德雷帕的实验性实践尽可能准确[②]。

从德雷帕的笔记内容不难看出，他的兴趣远不止搜集信息，他更致力于筛选、排序评估和理解消化这些信息。每次当他在笔记本中记录下他的学生们关于大自然的实验数据时，德雷帕总是充满激情。对于科学实验，德雷帕一向十分积极，他是伊丽莎白时代的伦敦活跃的科学家。德雷帕还致力于实践方面越来越被认可的现代商业，他用这些来测试证明相应的自然知识，用成果来反哺那些重要的商业活动。

## "实践而非妄断"：德雷帕的实验

亨利·泰勒(Henry Tyler)，与德雷帕仅一墙之隔的在押犯人，在

---

① British Library MS Sloane 3867, f.71v; 3686, f.82r; 3688, ff.102r, 104r.

② 同上., 3686, ff.91v-92r; 3688, ff.95r, 137v-139r, 141v-142r, 143v-144r.

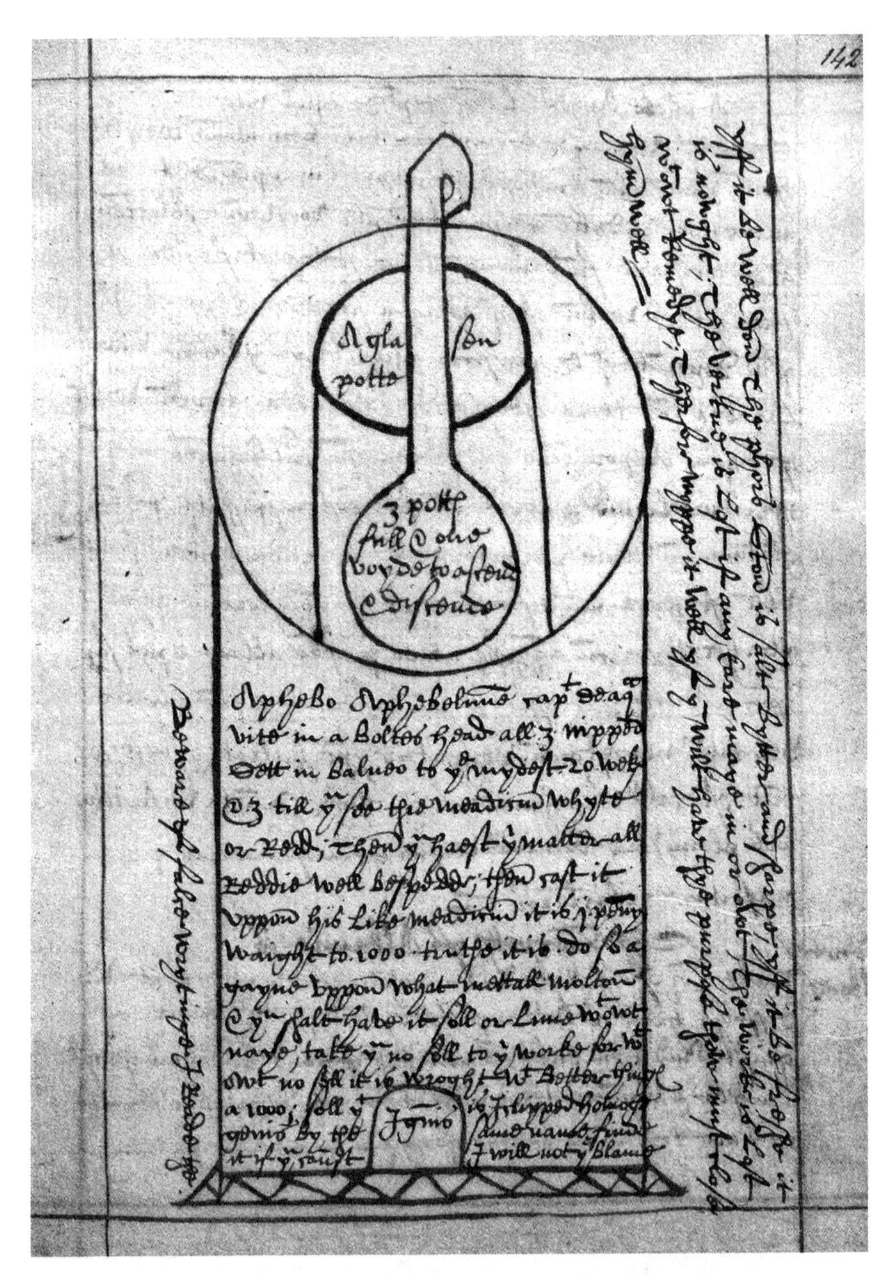


图 5.2　这幅图是克莱门特·德雷帕在监狱期间的作品之一，该图展示了一个炼金的蒸馏容器和化学熔炉。德雷帕在作品的左框标注道：“谨防盗版，翻版必究”。他经常在笔记上勾勒仪器轮廓，以确保他对这一化学反应过程的记录尽可能精确。(Sloane MS 3688，图片复制得到大英图书馆许可)

1590年去世之前精心设计了一套制作点金石的周密理论。然而他的这一创新不知怎地传到了英国高等法院，德雷帕在那收集到了实验数据并将之记录在他的笔记本上。附带着三幅装置图纸、一个问题和一张表格，以清楚地描述实验过程中某些元素的变化，泰勒的工作不是能够轻易承担并快速完成的。工作的计划包括将锡经过一系列馏化和升华最终达到固化发酵的12步转化过程。德雷帕描述泰勒这12步制作步骤与乔治·李普莱关于点金石制作大纲的经典描述有相似之处。但是德雷帕坚称，亨利·泰勒既不会读也不会写，这就意味着这种相似仅是巧合，他还证实该人已经由拥有点金石的人教会了制作过程。德雷帕通过授予已故纽盖特监狱炼金术士最高荣誉来总结他的看法：泰勒已经践行了他在炼金方面的知识，"实践而非妄断"。①

很清晰的是，德雷帕不仅看到了包括阅读、写作、思考、实验的一系列科学活动的重要性，他更强调躬亲实践的自然知识。作为一名《自然之书》(Book of Nature)的读者，德雷帕知道不是所有有用的信息都能从文本中找到。然而，同时他也清晰意识到如果想呈现更多的一次性个人事件，那么实践练习的过程需被记录在册。如果想呈现更多的一次性个人事件，可以运用以下两种方式：其中一个就是通过把别人的注解抄写到他的笔记中，以这样的方式亲历别人的研究。有两件事在他成为一名信仰疗法术士的过程中扮演了重要角色，比如目击并转录一份亲身实践的经历。他经常试图重复这些工作以便跟进那些活动，而他重复的那些工作常常是实验的闪光点。比如在一项条目中他做了这样一个注解，"我亲身经历并亲眼目睹了这样一个美妙而神奇的实验过程"。②

---

① 同上.，3688，f.8r.
② 同上.，3692，f.25v.

德雷帕和他的狱友们在狱中做蒸馏实验以及化学实验的理论可能太夸张了，但他的笔记却提供了证据使这一理论能站住脚。“我曾经亲眼目睹了从这些混合物中提炼出汞”，德雷帕在一个化学实验说明中这样详尽描述道。在尼古拉·里卡德(Nicholas Ryckarde)的帮助下，德雷帕在实验中蒸馏醋的作用下把石油炼成铁，并且在这一过程中保持让水星停留在玻璃瓶的顶部，这两项活动都是他在狱中所为。16 世纪 90 年代末获释后，德雷帕继续从事实验工作，仍然致力于炼金术实践。1597 年 5 月上旬，在他的住所里，德雷帕为炼出点金石做了详尽的准备工作。他在笔记中这样提到，“夹在……石灰和玻璃中间”，这些材料都是用我克莱门特·德雷帕自己的双手①。

德雷帕和他的狱友可能一直在做实验，并且一直坚持记录。这大概能从他关于如何强化、修复破损的罐子以及玻璃器皿的日常记录中可以推断出。加热粘土和玻璃器皿，在木炭上加热玻璃容器等不光危险还耗资巨大，因为木炭本身材质脆弱并且不能长期保持较高温度。对于德雷帕这样的在押犯人来说，由于活动范围有限并且(在某些情况下)比较拮据，想要找到合适的替代品并非易事。因此德雷帕搜集了利夫先生用于罐子和玻璃瓶子的碎片，这些将会使破碎的部分比其他部分更结实。”他还标注出来了加固剂的配方——陈羊奶酪、根、沥青、煮过的马蹄还有松节油。这些将会使破了的蒸馏瓶在性能上和新的一样。詹宁斯先生和他的岳父波克尔先生送给德雷帕由 5 种成分组成的修补坏容器的独门配方②。通过组合多个技术，德雷帕可以测试出不同方法的优点，最后确定了一种最好的最有效的修补已损坏容器的方法。

---

① 同上.,3689, f.36r; 3688, f.53v; 3748, f.2r.

② 同上.3686, ff.90v, f.91v; 3657, f.44r.

尽管这些条目能够显示出德雷帕花费了大量时间做实验，但很难严格区分出他的阅读、写作、讨论以及实验。德雷帕将正在进行的最困难的化学实验与寻找点金石的犹太人冶金家、炼金术士也是德雷帕的狱友甘斯的研究结合在一起。我们不难发现德雷帕（曾大量投资于矿业和冶金）和甘斯（矿物专家罗利挑选的与其一起进行罗诺克航行的人）在这一话题上有共同的兴趣。点金石一直是从事自然科学的学生力图寻找的对象，上至国王下至平民每个人都在漫长而又耗资巨大的炼金过程中小试身手。通过一系列的化学反应，使金、银或者汞最终达到完美的冶金状态。一旦得到点金石，神奇的石头将会把它接触的一切点石成金——从人的身体到钱包，都会变成美妙的金子。不只是伊丽莎白认识到了炼金术对政治以及国防军事的价值，在甘斯的家乡，鲁道夫二世雇佣了大量炼金术士，包括会英语的外籍人士约翰·迪和爱德华·凯利从事锻造点金石的工作。

相比之下，德雷帕的炼金工作规模要小得多，他在紧张的实验同时还进行了大量讨论和细致阅读。德雷帕和甘斯之间的对话主要在如何详尽描述最终产生白色石头（可能能把基础金属变成银）和点金石（能把各种基础金属变成金）的这一化学反应的特定阶段。从德雷帕的笔记中不难看出，他们两人都专注于炼金术的最后阶段，在这一阶段，经历了许多化学反应之后的物质变成白色，最终变成红色。虽然许多炼金术士使用比喻——白皇后、鹈鹕和红国王来描述化学反应过程中的不同阶段和最终产生的物质，德雷帕却坚持少用寓言性的名字：“白色的工作”、“红酊”和“伟大的红色工作”。

德雷帕从甘斯那里搜集到的详细信息主要是描述性的，他关注炼金物质经历转化时的外观变化。当概述甘斯生产红酊的理论时，德雷帕描述到他开始于混合炼金的主要材料硝酸或镪水，并将其加热到硝酸钡消耗殆尽。在这种情况下，需将材料静置两天，直到热量全部散发最终达到像普通的盐融于水中一样。但是后来一度出现了这样一条线索，德雷帕从液体中提炼盐类物质，然后将其放入坩埚中，再将坩埚置于燃煤上进行加热，直至其变为通红色。当它冷却之后，一个不同的可视线索将会成为新的有力证据。它的外表看起来非常像一种特别的黄色粉末。德雷帕经常借助一种比较的语言来使甘斯的转化定性评估更清晰地复现。通过与甘斯这样的对话和描写性写作，德雷帕使自己在叙述实验时更加细致客观公正。德雷帕以这样严谨的语言解释“为获得像粉笔或雪一样美丽的白色粉末”，他是怎样检验他的容器，又是怎样将金属敲击到“像四便士的硬币一样薄”。[1]

这些在实验过程中所经历的步骤使德雷帕将自己训练得更具洞悉力。许多变化尤其是加热过程中材料颜色的变化是无法来量化表达的。然而，一个熟练的实践者需要知道何时把容器从火上移开，当需要添加新物质材料时会有怎样的变化，当点金石难以拿捏的标准已经达到，或者当检查负载火药并衡量判断其细度时，实验者的观察就会像商人的眼睛一样缜密。德雷帕发现很难掌握这些主观的定性的技能，这些东西甘斯在他的学生掌握实验的程序要领前都需要重复多次[2]。然而，有时甘斯的实验描述使德雷帕在寻求更加恰当的描述时变得更加迷糊。这些都促使德雷帕求助于能使某些使技术细节更加清晰的插图。这一图解技术在解释说明他的实验步骤以及复杂的装备使用时非常有用。当甘斯分享一个帮助德雷帕把金和银从铜中分离出来的熔炉设计时，德雷帕把这灵感结合到怎样堆积铁篦子和铜锭，怎样把砖头堆积到一英尺高[3]。

---

① British Library MS Sloane 3686, f.29r; 3687, f.66r－v.

② 参见用硝酸制造白宝石的例子，在这一例证中，德雷帕指出甘斯两度给出了他这一程序，同上.,3478, f.18v.

③ 同上.,3748, f.15r－v

德雷帕越来越相信自己拥有识别化学反应的主观标记的能力，于是他开始设计自己的实验过程，并对它们做出修改。比如，阿兰·萨顿(Alan Sutton)利用煮炉和曲颈瓶，针对汞气的氧化还原反应设计了一个实验，实验过程复杂而又冗长，德雷帕对此十分着迷。但在实验末尾，德雷帕提出了自己的设想：通过添加更多材料的方式对这个已被精心设计的实验进行改进，他还提出了更多的试验步骤，比如升华、重复和加固。他对实验或配方是否可靠也越来越谨慎。德雷帕断定"一个朋友给我的矿物丸"应该记在他的笔记中，因为那是经过测试，而且是"经过很多人证实并承认的优秀实验过程"。可靠程度的最终标志是进行自我实验，德雷帕毫不犹豫地投身于对自然知识的不懈追求中。一次，在发明瘟疫的治疗方法后，他在笔记中十分满意地写道："这个药方是我被关入牢中用自己来实验证明的，经由每一个克莱门特·德雷帕"。[①]

德雷帕在监狱的笔记让我们知道实践如何推动了伊丽莎白时期伦敦城的科学进展，并且解释了个人经验如何转化为可以复制的，证实的实验。与化学物质打交道，在实验室参与亲身动手的实验过程都是其中的原因，但是阅读、记录、写作的过程也是极其重要的。德雷帕的笔记证明了对那些从书本及个人经验中得到的知识信息进行处理的难度。在他的笔记中，15世纪的炼金术背景，自己亲手操作过的那些实验过程，甘斯伟大的炼金术中所能得到的启示……他可以在它们之间随意穿行。但所有这些信息——无论是来自书本，还是来自个人——都必须正确地标明出处，认真审查它们的分歧和共同点，对它们的可靠程度也要仔细检查。

德雷帕记录了很多笔记——从阅读他人书籍，各种实验操作(幻

① Ibid., 3688, ff.4v-5r; 3686, f.91r-v; 3690, f.105v.

想的或实际的）及狱中谈话，从中展现了他对收集实践经验和实验的极大兴趣。那么对于这一点我们应作何理解呢？德雷帕在监狱中的笔记告诉我们，如果将读书写作与实践分离，是不可能真正了解现代早期科学的。德雷帕通过从不同资源和角度捕捉和阐述有关自然世界的观点来从事科学实践[①]。因为收集、阅读和写作都是德雷帕实践的重要形式，这些都不能与亲身实践或见识相分离。在德雷帕监狱笔记中，亲身实验、书面的实验记录和阅读实验原理之间的界线很模糊，这不是因为他不够专注，而是因为我们不知道科学的阅读和写作也是重要的智力活动。

然而，德雷帕学习自然的方式也有局限性。当他开始收集实验和实践经验时，德雷帕脑中并没有呈现出清晰的目的或结果。他是通过深入的对话和整理来保证思路的畅通和深入的，并以此来消化那些实验，他也参与过科学工作的很多活动，尽管如此，这种方式并没有一个最终目的，只是他对自己的一种启发。就像那个鹈鹕形的炼金术容器，德雷帕的笔记不是一定要产生某种结果，而是要保持对自然研究的不懈学习。他这种传播吸收实验知识的方法注定只能服务于他自己和他所在的小圈子的利益。因此，有时候我们很难对德雷帕所有的努力表示感激。

德雷帕的方法也许有点任性，甚至没有价值，弗朗西斯·培根在嘲笑那些炼金术士无止尽地进行化学实验时，也是如此评价的。培根想让所有的自然科学都能富有成效，并制定了宏伟的计划要实现这一目标。伦敦其他的实验者们也在寻找实验过程中富有成效的结果，在

---

① 就这一点而言，德雷帕与中世纪很多人的文章有相通之处；Stock，*Listening for the Text*；Clanchy，*From Memory to Written Record*. 夏普（Sharpe）指出中世纪学者解释群体的概念更多是一种传统概念而不是社会概念，这不仅仅限于手稿文化；*Reading Revolutions*，60.

伦敦的大街小巷到处都是各种各样的实验。因为是犯人，德雷帕无法接触到很多资源。而另一个伦敦人——普拉特——采用了德雷帕记笔记的方法，与众不同的是，他将吸收自然知识的技术和他人分享，从而收获到了实验过程领域真正的珍宝——可靠、准确、可以复制。

第6章

# 从珍宝宫到所罗门宫

## 休·普拉特、弗朗西斯·培根和科学革命的社会基础

我们这次考察始于伊丽莎白时期伦敦城内的一家繁忙的印刷店，结束于西郊边缘的律师学院，那是一大群方形建筑中的一小部分方形院。尚未获得土地和头衔的贵族子弟会把此地作为他们在法律学校的宿舍。在近代早期，这些年轻人因其明智的建议或是臭名昭著的诉讼而闻名。虽然他们中有一些人会努力阅读法律相关书籍，但大多数人（如果当时的统计资料所提供的信息可以相信的话），会把时间花在闲聊、阅读、写诗、欣赏戏剧和醉酒上[1]。

他们中有些人会自然而然地把研究融入自己繁忙的生活，包括两位中年律师：休·普拉特（1552—1608）和弗朗西斯·培根（约1561—1626）。普拉特毕业于剑桥大学，是一个伦敦啤酒商的儿子，他在市中

① 请参见Prest, The Inns of Court，和Raffield, Images and Cultures of Law.

心和郊区都有房子①。鉴于他的财富，普拉特只需要涉足法律实践就足够了，但他在律师学院里几乎是一个懒汉。他花了很多时间在城市的街道上思索实用智慧，并与已经出版的最可靠的书籍比较，记录到自己的笔记本上装进口袋②。弗朗西斯·培根也毕业于剑桥大学，是一位法官的儿子，住在普拉特对面街的格雷旅店。培根缺乏普拉特的财富但他获益于父亲在法律界的传奇地位和自己孜孜不倦的努力，并已经获得了相应的财富和地位。他投入大量精力进行法律技巧练习，并竭力谋求女王的赞助和政府职位。这些努力使其失去了像普拉特一样亲身实践研究的时间，但是培根进行了广泛的阅读和思考，不仅是兴趣使然，也是伊丽莎白大科学时代皇室的兴趣使然。

1594年，普拉特和培根两人根据各自对自然的理解写了一本书。如同他们的个人经历一般，这两个文本有很大不同。普拉特根据其亲身经历完成的著作《艺术与自然的珍宝宫》(1594)为读者提供了杂驳的自然知识。尽管他把自己作品出版时的状态描述成“一个在哲学学校的新手”，把自己的大部分精力用于对付“伦敦特有的一系列限制”，但普拉特显然精通古典和当代自然理念。通过阅读此书，读者可以学

---

① 传记信息在悉尼·李(Sydney Lee)的文章有描绘，参见DNB中李的作品和手稿，以及Mullett, “Hugh Plat”。其余参见Thirsk, *Economic Policy and Projects*, 99，和Martin, *Francis Bacon*, 56.

② 普拉特擅长当面记录信息，我将23本笔记或笔记本的一部分归于他之手：British Library MSS Sloane 2170, 2171,2172, 2175 (ff.71v-86r),2176, 2177 (Plat family papers),2189, 2194, 2195, 2197, 2203, 2209, 2210, 2212, 2216, 2223, 2244, 2245, 2246,2247,2249,2272,3574.虽然DNB将British Library Ms Slone 3690归为普拉特之手，但他实际出自德雷帕。鉴于他高产的手记与相对小份额的出版物，埃蒙(Eamonit)尚不清楚普拉特是否需要在神秘学研究学者中居于核心引领地位，代之而起的是，我看到普拉特桥接了神秘之书的传统与17世纪的诸多人物，埃蒙将之描述为培根的通讯员，Eamon, *Science and the Secrets of Nature*, 311-314 (which discuss Plat),322-332 (on Baconian intelligencers).埃蒙在分析中将普拉特置于一个中间点，将他视为走向科学技术的代表，并认为他“有点过于实验主义，像个典型的匠人”，对于我的分析，更重要的事实是，他并非一个贵族，而是一个处于上升期的城市精英。

习如何防止食物腐坏，建立桥梁，雕刻和冶炼金属，提取调制药水，甚至提炼牙膏。普拉特将这些珠宝般珍贵的经验知识告诉“乡村人”以期让他们更好地克服生活中的困难，并激发“心灵手巧的市民”，促使他们“激发自己敏锐的智慧以对自然进行更加深层次的思考。”普拉特通过朋友、邻居和熟人在城市中收集信息，也通过出版的书籍和草稿收集信息。但是，书中所保存的每一个实验和配方，普拉特都承诺“有来自实践的可靠理由”。因此，比起其他学者的“仅从其私人研究中所提炼的想象内容”[①]而言，本书的内容也更加可靠。通过将专注实践作为自然调查的基石，普拉特明确地表达了同时代人的共识：真理与有用的自然认知必定源自于某种形式的实践。

弗朗西斯·培根《葛莱历史》的创作过程非常艰难。每年律师和学生们会举办化妆舞会庆祝圣诞季并邀请杰出的法律界人士出席。培根撰写了一套娱乐指南，其中一项娱乐活动是邀请 6 个人进行公开辩论演讲，这 6 位演讲者中有一位哲学家、一个勇士和一个运动员，每个人都在捍卫自己独特的生活方式。哲学家在介绍其通往人生的成功道路时，劝告听众去利用图书馆、花园、实验室和好奇心去学习研究自然，探索自然的奇迹以及它潜在的实用性。究竟是什么人在这些新建筑中付诸了他们的想象力？培根并没有指出应由谁负责具体工作：写账户的工作、耕作、安排古玩、利用化学器皿混合物质……。化妆舞会，听起来有些琐屑，他们的发言也并没有令热情的观众买帐。表演结束后，培根将他探索研究自然的想法进行了总结。在 1623 年和 1624 年之间，他重新使用了这些总结的想法，并写作了一部乌托邦式的冒险故事《新大西洋岛》（*The New Atlantis*，1627），[②]该书于他逝世

---

① Plat, *The jewell house*, sig. B2v.

② Raffield, *Images and Cultures of Law*; Bacon, *Gesta Grayorum*.

后出版。

在《新大西洋岛》的结尾，培根描述了一个特别机构，将之称为所罗门宫，根据文中描述，这是“一个模型或大学制定的自然之解，以及伟大的、奇妙的造福人类的工程”。在所罗门宫中，《葛莱历史》的“小型离合器”科学空间——图书馆、花园、橱柜和实验室——被扩展成一个复杂庞大的培根的律师学院。以特殊装备的洞穴来模拟自然矿山和适应制冷实验，并建立观察塔用以研究天空。医院和蒸馏装置的建立则用于研究有用的药物治疗。果园和花园为植物种植研究提供了充足的机会，包括嫁接、葡萄栽培和农业研究。声音屋、香水作坊、烘培作坊、酿酒作坊和引擎作坊共同排放出刺耳的声音和令人打喷嚏的味道，这些都是追求自然知识的过程。[1] 半个世纪之后，所罗门宫成了英国皇家学会——现代早期科学学会之一，无疑也是其中最有影响力的（尽管学会的工作远不如培根勾勒出的蓝图那么雄心勃勃、令人兴奋）模范。早期社会人员指出：“作为提前型设计充满了希望与浪漫；而预言告知《新大西洋岛》中的所罗门宫是英国皇家学会计划的一环”。[2]

但是，所罗门宫也并非想象的那么浪漫。相反，在伊丽莎白时代的伦敦，它是科学真实世界的代表。这个城市的街道上有几个图书馆：詹姆斯·加勒特的神奇郁金香花园、詹姆斯·科尔的珍品陈列室、和乔万·巴蒂斯塔·阿涅罗精心制作的化学实验室。在圣·巴塞洛缪的医院，克洛斯和贝克与其他的医生和护士一起工作。这所医院因为其在医药学领域的尖端地位而闻名于整个欧洲。约翰·赫斯特在圣保罗码头的商店总是散逸出各种各样的芳香味道，因为那里总是

---

① Bacon, *The New Atlantis*, in Critical Edition, 457 - 489.

② Glanvill, *Scepsis Scientifica*，转引自 Vickers, *Notes to The New Atlantis*, 789.

为客户制作各种新的强力化学药品和草药混合物。伦敦的手工车间总能生产出精美的钟表和测量仪器，以及高品质的永动机和大型工程设备。伦敦已经准备好了进行自然研究，像休·普拉特这样的人不需要培根的激励就会拜访这座城市的市民和生活在那里的许多专家，这些专家了解如何治理自然世界的力量并把它们用在服务英格兰人民的事业之上。

但是，在伊丽莎白时代晚期和王朝复辟时期之间，伦敦致力于研究自然的兴趣在一些地方被进一步掩盖。在《葛莱历史》和稍后的《新大西洋岛》中，培根清晰明确的消息起到了至关重要和减少这种兴趣的作用，以至于伊丽莎白时代的伦敦几乎没有明显的杂音。他呼吁社会和政治精英加入进来，并构建有效的科学组织机构，但这个呼吁产生了长期错误的印象：他是一个有远见的，阐明全新研究自然方法的人。我们已经在前面的章节展示了，培根并没有要求得到新的东西，他实际需要的东西与此不同：并非从这座城市喧闹不羁的街道上获得科学知识和经验，而是在有序的学院环境中获取科学知识。更重要的是，培根并不希望自然研究完全掌控于科尔、加勒特、鲁斯伍林、克洛斯之手，在德雷帕的世界中，极少出现园丁、钟表匠、设计师、炼金术师和女人。培根在《葛莱历史》中主张自然知识应该掌握在特定的、受过良好教育且出身名门的绅士之手，他认为这些人是自然知识最好的保管者和裁决人。

在这个章节中，我们将比较休·普拉特和培根的研究理念，普拉特认为所有对自然的探究都应根植于正在进行的研究和已经获得的经验；培根则认为任何自然调查都需要有组织地进行，置于严密的监管和良好的管理系统之下。从这个比较的结果，可以清晰地看到普拉特是伊丽莎白时代伦敦的科学实践研究的优秀代表。普拉特将作为引导者和我们一起在伦敦进行最后一次关于科学的旅行，并且会见那些可以帮助我们构建最好的实验、实践的智慧和有用信息的珍宝宫的人们。普拉特接近他的合作者并探索他们给他的知识、方法。其实，他对研究的预想都向我们提供了一个重要的科学研究道路，今天我们称之为科学方法。他对于自然真理的坚定信仰根植于可验证的、可复制的实验，并且可以与广大公众共享，这将有助于我们理解伦敦在现代科学发展中起到的至关重要的作用。

虽然普拉特与培根相比在对自然知识梳理的归纳性方法上更具代表性，但这些知识至今仍被称作“培根主义科学”。普拉特作为一个对科学革命有着重大贡献的科学家已经在很大程度上被人们遗忘，尤其是那些他曾经生活、工作和广罗信息的伦敦街道。培根主义科学逐渐取代了伦敦科学，并且被 17 世纪后期的英国皇家学会的绅士们作为科学领域的一种模型采用，它掩盖了密集重叠的社会关系对伦敦科学的影响，彰显了所罗门宫的人工秩序。总之，我们将会考虑培根为什么认为伦敦活跃兴盛的科学实验需要被恢复和改进，以及他为什么会用自然哲学家的形象代替城市实验者的形象。

## 休・普拉特的伦敦

在 1590 年的 4 月和 5 月，一个可能叫英格利希先生(Mr. English)的德国画家与普拉特在伦敦的某个地方见了一面。英格利希先生向普拉特提供了一系列有用的信息——但不是非常有用——他给了普拉特一个从衣服和旧油画中去除顽固斑点的药水，并且解释了如何修整那些涂漆艺术作品漆黑浑浊的外表。英格利希还给了普拉特治疗疝气和痛风的药方，以及治疗长期在化学实验室和炼铁工厂等重金属超标环境下工作患上衰弱性麻痹症的疗方。他教给了普拉特一些小把戏，比如如何将可怕的幻影投入小尿壶、如何让一个人反感一些

图 6.1 休·普拉特或者其他顾问的画像并未留存，而在描绘伊丽莎白时代科学形象时通常使用培根的画像(图片复制得到亨利·E.亨廷顿图书馆许可)

葡萄酒的味道以及如何从腐烂的物质中变出蝎子。英格利希还和普拉特分享了对常见问题有显著实用性的解决方法，比如如何快速灭火，如何在不蒸馏的情况下把盐水变成淡水，以及如何使像豆子这样的食用作物可以每天长一个手指节的长度。普拉特非常满意地获取了英格利希手中的信息，于是他离开了英格利希，但他好奇心却并未就此减弱，他仍然对自然世界如何被管理和理解的问题充满了求知欲。于是他去见了他的嫂子戈尔太太(Gore)，戈尔太太教给他一个照料鸽舍的小技巧①。

伦敦的街道、房屋和作坊里有许多像英格希什先生和戈尔太太那样忙于调查自然世界或者操纵古怪仪器的人们。当普拉特在城市漫步时，他丝毫不为自己仅仅是观看这些人工作的旁观者，或者偶尔上去询问他们有什么歉疚。普拉特自己就是伦敦人，因此他十分了解这个城市是如何运行的，知道这座城市的社会关系如何被营造、培育和沟通的。他非常善于与人结交，并赢取了信赖。他还愿意与那些有特殊自然知识的人制订商业协议。无论地位高低、贫穷富有，伦敦居民都回应了普拉特的提议，为他提供了无尽的信息和智力支持。一个爱尔兰制盐人教会他如何培育可以被轻易敲开的薄皮核桃，以及如何清理烟囱。女王的外科医生向他展示了如何使用酒精，女王的内科医生还演示了如何制作一种巧妙的新蒸馏装置。普拉特还拜阿瑟·布莱克摩尔(Arthur Blackemore)为师，向他学习如何保存洋苏木强度的方法。一个著名的传教士史蒂芬·贝特曼(Stephen Bateman)教了他

① British Library MS Sloane 2210, ff. 113r－v, 106r－v, 107v－108r, 111v, 116r.普拉特的顾问网络可以和一个世纪后的罗伯特·虎克(Robert Hooke)建立的顾问网相提并论。
Iliffe, "Material Doubts."普拉特和虎克之间的比较并未止于此，虎克与普拉特一样有无尽的热情，据Iliffe推测，"prevented him from concentrating on the kinds of projects which would have elevated him above ordinary mortals," 286.

用鸢尾花制作绿色的油墨和切割玻璃的方法。布里斯托的主教向他介绍了用水稀释水银的方法。普拉特的甜瓜供应商向他诠释了锑的秘密。一个外国移民中的医生分享了他们关于精炼五月的露水和制造人工珊瑚的方法。一个由埃奇库姆夫妇组成的夫妻团队指导了普拉特掌握软化铜的方法，并且教给了他避免金属生锈的药剂配方[①]。

如布鲁盖尔(Brueghel)绘画表现的那般生动，普拉特的伦敦是一个繁华忙碌的世界。这个世界到处是炼金术士和药剂师、甜瓜商和数学家、水果商和医生，普拉特在其中与他们交流得如鱼得水。虽然他取得了剑桥大学的学位，但他并没有花时间在图书馆里埋首苦读，也没有流连各种讲座，这座城市的灵魂与特点已经深入他的骨髓，伦敦拥挤的街道才是他学术研究的基地。"我将拒绝参加没有最好学者参与的会议，"普拉特写道，然而他却会与煮皂工、助产师、蜡烛制造商和木匠谈论他们的实际经验。普拉特相信自然知识并不是属于特权阶级的少数人的知识，它更像是一个神圣的礼物属于"部分年龄、职业的人或全体人类"。[②] 因此，普拉特高度评价了伊丽莎白时代科学兴国的景况，这些评价基于这一时期伦敦人在自然研究多样且独特的贡献。

普拉特和他的信息提供者共同为伊丽莎白时代的科学贡献了如此之多的实践经验，这些就像一个钟摆，将自然科学研究从庞大的研究基础理论的中世纪推向了更广泛的经验和实证研究。普拉特写道，经验"毋庸置疑地是所有真理和确定知识的母亲。"虽然他知道大多数医生和园丁都无法应对亚里士多德的宇宙理论和盖仑(Galenic，古希

---

① British Library MS Sloane 2210, ff. 139v, 118v, 66v, 71r, 166v, 52v; 2216, ff. 18r, 142r, 37r, 151r; 2172, f. 12r; 2245, ff. 30v-31r; 2189, f. 29v.

② Plat, *The jewell house*, sig. B2v. 这种接近自然的民主方法赢得了虎克的强烈共鸣。见 Iliffe, "Material Doubts," 287.

腊名医）医学理论的问题，但他们并非无知或不能为研究自然的学者做出任何有益贡献①。他经常寻找一些参与近代独特职业的人们，因为这些职业常能有机会碰到和了解自然世界的复杂性。医生、药剂师和外科医生非常熟悉人体和医药，普拉特常常向他们咨询外科、医药和化学相关知识。金匠和钟表匠知晓金属的性能，而这些知识有助于普拉特调查冶金学和炼金术。园艺师们则善于嫁接、种植和制作植物标本，而且他们有关于使土壤变肥沃的丰富知识是普拉特最感兴趣的主题之一。葡萄酒制桶工和酿酒者在发酵、保存和储存方面有出色的专业技术。漂染工和图书彩饰工清楚地了解颜料的化学特性，并且知道如何使它们在布和木头上形成自然逼真的效果。

普拉特从自然的实用见解中获得赞誉，这些见解可以从伦敦人开放的推测中得到，但我更倾向于它来自啤酒制造业。普拉特的父亲理查德是一个啤酒商的公司职员，尽管普拉特自己可能从未将他的手放入装啤酒花的架子上，或者亲自在发酵过程中搅拌它们，但他可观的学术财富应是来源于这种近代早期英格兰重要饮食的制作。我想象年轻的普拉特在他父亲轮值时陪同父亲一起来到酿酒车间，聆听和讨论关于如何制麦、糖化和发酵②。从选择原料到发酵再到最终啤酒的生产，整个啤酒的生产过程最需要强调的就是自然而富有成效的变通能力。在他所有笔记和出版物的内容中，普拉特展示了他对控制自然物质变化的持久兴趣。化学、酿造、葡萄栽培、农业、畜牧业、医药和布料印染都是他脑海中设想的研究主题，他也为此投入了大量的时间和精力。

---

① Plat, "Diverse new sorts of soyle," *The jewell house*, 3. 普拉特似乎赞赏"工艺秘密"的传统参见 Long, *Openness*, *Secrecy*, *Authorship*, 78-89：所有信息的扩散正逐渐侵蚀手工业的美感，更好地支持了习见的自然知识领域。

② Bennett, *Ale*, *Beer*, *and Brewsters*，讨论著作的自然和社会意义。

普拉特并没有限定他的学术顾问必须是伦敦的手工业者或体力劳动者；还有另外一个为他提供自然信息的群体，这个群体更为科学史家所熟知。这个群体包括英格兰哲学家和实验者，如约翰·迪、威廉·吉尔伯特、托马斯·哈利奥特、内皮尔（the Napiers）、约翰·赫斯特和托马斯·迪格斯。但是即使是这些著名学者，普拉特也更关心他们实践和经验所得到的智慧，而不是他们理论的复杂性。普拉特强烈支持威廉·吉尔伯特的磁力学理论。譬如，当吉尔伯特教导如何使用一碗水、一个软木、一节电线和一个壁炉架构建磁针之后，普拉特通过这个装置指出："你可以看到尖利的一端总是指向北方，这证明了地球的磁石性质完全符合吉尔伯特医生的理论。"吉尔伯特和普拉特分享的信息使置身当代的我们记住了这位医生，其他一些顾问为普拉特提供了更让人意想不到的自然见解。曾为瓦伦丁·鲁斯伍林辩护的"伦敦炼金术士"约翰·赫斯特在普拉特的笔记中作为一个捕鱼专家出现而非一个伟大的化学家，他精通将鱼赶入一个限定的海域以使鱼更容易被捕捞①。

这些声名赫赫的人物出现在普拉特的伦敦，他所请教的绝大多数人都是态度谦逊的本土从业者。但是他们所提供的关于自然的大多数深刻见解，尤其是杂货商、煮皂工、玻璃工和水果商提供的并没有对应他们的职业知识。例如：药剂师贝斯福德（Basford）先生解释了他制作品质优良的金叶子的方法；他的一个甜瓜供应商解释了锑的秘密，此外，还教了他许多动物的饲养技巧和农业技术的改良技艺，比如如何人道地阉割动物和如何选种以提高洋蓟的产量；煮皂工布罗姆菲尔德（Bromfield）先生给了他一个非常有用的砂浆配方；一个曾是狂热炼金术士的校长——哈里森（Harrison）先生分享了使用化学物质

---

① British Library MS Sloane 2189, f. 23v; 2210, f. 70v.

改变金属品质的方法[1]。普拉特这些令人惊奇的经历提醒我们不能简单地看待伊丽莎白时代的人们与他们掌握的自然实践智慧，因为我们不能总是依赖职业链接和专业的训练来指导我们。像詹姆斯·科尔英格兰风格的名字掩盖了他的弗兰德出身，商人职业遮盖了他是一个著名博物学者的事实，普拉特的咨询并未漏掉被常人错置、错偏甚至误解了的信息。

在伊丽莎白时代的伦敦，一个显著的事实是自然知识可以为任何人拥有，也可能在任何地方被发掘。特别需要强调的事实是当我们考察普拉特的那些著名顾问，包括医生、声望高的数学家和其他人员时，必定会看到一个从每位专家独特的专业知识到他科学研究贡献的明显链接。但是在伊丽莎白时代的伦敦我们也可以看到这样一个事实：一个人如何谋生和具备什么样的知识并没有必然的联系，从普拉特收集的信息中不难看出，他的顾问们已经证实了他们的职业和所提供给普拉特的信息并无必然关联。一个名叫科茨(Cotes)的炼金术士教普拉特如何获得野味，而不是如何制造哲人石(Philosopher's stone)。一个杰出的工程师嘉文·史密斯并没有和普拉特分享他重要的机械方面的知识，反而向他提供了在长时间航海中保存和运输牡蛎的方法。1591 年 10 月普拉特去沃尔特·罗利爵士家拜访数学家、化学家托马斯·哈利奥特时，这两个人在大风中提着灯笼探讨了他们使用过的油墨配方和存在的问题，而不是讨论计算和蒸馏等话题[2]。

由于居住于伦敦的绝大多数专家和从业者经常仰赖于业内人士的知识，所以普拉特对自然知识的追求把他带入了这个城市的每一

---

① 同上.,2216, f.130r; 2210, ff.164v, 166v; 2189, f.28v.

② 同上.,2210, f.79r, 45v, 154v; 2216, f.99v.

个角落就不足为奇了。这也让他得以在横向维度了解这座城市的市民。正如我们从这本书上看到的故事，伦敦日趋增长的外国移民人口在自然研究方面充满了活力，也为英格兰本土的自然科学的学者提供了一个重要的知识和实践资源，普拉特也时常为了得到这些移民的指导而接近他们。移民常常能够给他提供一些新鲜的、令人激动的技巧和信息，并且也向他提供了一些顾问，这些人已经在先前章节为我们熟知了。加勒特《草本志》(*Herball*)中的药剂师詹姆斯·加勒特(James Garret)曾经告诉过诺顿一些重要的问题。如今，加勒特又让普拉特留意他重要的药性方面的知识和鸦片类药物的副作用。一个和詹姆斯·科文住在一起的法国钟表匠教导了普拉特如何给物体表面镀银。克莱门特·德雷帕的狱友乔基姆·甘斯向普拉特介绍了如何踩水，以及因意外被迫在野外露营时铺床的技巧[①]。荷兰园丁和木工、威尼斯玻璃工、捷克炼金术士和法国钟表匠都受到普拉特伦敦的欢迎，并且出现在他的自然知识和实践世界中。约翰·杰拉德(John Gerard)和威廉·克洛斯(William Clowes)也许并不欣赏移民的进入，但是普拉特显然欢迎他们，同时还将他们的工作纳入到了自己的研究中。

普拉特不仅仅欢迎移民，而且欢迎妇女进入他的科学世界。卡尔顿夫人(Carlton)教了他如何在冬天储藏苹果，防止它们冻结或腐烂。他孩子的护士给了他一些医疗建议(例如，关于如何调节月经和进行药浴)、厨房配方(如何用草药和水果来制造非常流行的希波克拉斯酒)和一些家庭生活的小技巧(如何从酒桶中倒出啤酒)。普拉特从他妻子那里得到了一个极为有用的“发明”，这个“发明”给他提供了一个在一年四季都能吃上新鲜沙拉的方法。巴恩埃尔姆斯

① 同上.，2209，ff.6r，9r；2216，f.113r；2210，f.76v.

的沃尔辛厄姆(Walsingham)夫人和巴特西(Battersea)的圣约翰夫人(St. John)非常乐于分享她们毗邻烟囱种植葡萄和用牛奶烘烤面包的技巧。这些妇女们分享给他的建议屡试不爽,普拉特尤满足于贝尔夫人关于医治四肢酸痛的方法——"用幽默来分散我对脚麻木的注意力"。① 对普拉特来说,性别的不同在决定谁可以被列入自然知识专家名单中时不具有决定性作用。尽管稍后妇女被禁止加入皇家学会(很多近代早期的大学都曾禁止女性进入),但在伊丽莎白时代的伦敦,她们仍然继续为自然科学的学者和邻居提供信息。

如同德雷帕在他笔记本中的描述,一个伦敦人的智力世界不仅包括生活在这座城市的男人和女人,还应该包括他曾试图获得的书籍和手稿的作者们。普拉特生活和研究的环境同样丰富多彩,他收集了很多有关自然科学研究的书籍和手稿,最明显的是关于炼金术、化学和自然史方面的。② 从这些研究的成果中他提出了尤为迷人珍贵的深刻见解,并且将它们记录进了自己的笔记中。詹巴蒂斯塔·德拉·波尔塔不仅吸引着詹姆斯·科尔(James Cole)和克莱门特·德雷帕,同样也赢得了普拉特的关注。意大利的医药处方、制盐技术技巧、制作奶酪的窍门和驯养野生鸟类的说明都被囊括进了普拉特的笔记本。著名的意大利医生和占星家吉罗拉莫·卡尔达诺(Girolamo Cardano)是普拉特感兴趣的另一名作者,这名作者关于保养盔甲的十几种法方法和珍贵的配方都被普拉特从他出版的成果中抄录了下来。许多作者写的书以一种近代早期的出版方式出版,通常被称为"神秘之书",普拉特则致力于收集这些作品。除

① 同上.,2210, ff.136v, 124v, 145r, 79r; 2209, f.3r; 2216, ff.63r, 124v; 2189, ff.38v, 41r.

② 例子同上.,2170;2175, ff.1-51;2176;2194;2195.这些资料揭示了查诺克、帕拉塞尔苏斯、诺顿和鲁普利的强大影响。

了国外德拉·波尔塔、卡尔达诺、莎贝拉·科尔泰塞(Isabella Cortese)等人的“神秘之书”，普拉特还咨询了英语著作的作者，包括托马斯·加斯科因(Thomas Gascoigne)、托马斯·黑尔(Thomas Hill)和托马斯·禄普敦(Thomas Lupton)。普拉特现实生活中的顾问和文献中的顾问帮助他集成了实践的珍宝，给他提供了继续研究自然世界并得到更多深刻见解不竭的动力①。

根据以上描述，在伊丽莎白时代的伦敦，普拉特在诸多方面是一个在自然发现中折衷兴趣的出色代表。更为重要的是，在他的身上体现了一种很强的科学革命的社会基础。在这座城市出生长大，将所有出现在伦敦街头和邻居们中的关于自然的信息汇集起来。普拉特在这座城市中与各行各业伦敦科学从业者相遇的经历是如此醒目，这主要是因为他在对待甜瓜商贩和詹姆斯·加勒特的态度上没什么不同，都像他给予弗朗西斯·德雷克爵士的那样尊敬。德雷克爵士受到尊敬的原因是人们可以从他身上学到很多，也能分享到很多有益的经验。我们可以对比普拉特和他伦敦顾问的互动，他的顾问中的一部分人来自卑微的底层，拥有简单的乡土知识；而另外一些人则出身相对高贵，对科学有着17世纪晚期绅士般的态度。在那个时代，绅士在对自然研究的实证主义方法中起到了关键性作用，因为当时认为只有当一个人拥有精英地位时才被信任能够从他那里得到可靠真实的知识。罗伯特·波义耳，17世纪伟大的实验者，雇佣了很多员工来从事专家助理的工作，这些员工通常只能做出很少的贡献，这是因为他们的见解被认为不值得花费时间。这些技术人员的声音和意见“几乎不被听到”，并且在很大程度上是“隐形的”，通常他们像哑巴一样站在像波义耳这样绅士的阴影里。然而他们在科学革命过程中的作用已经被承认，尽管这似乎还

① Eamon, Science and the Secrets of Nature, passim.

不能被完全理解[1]。

正如我们看到的普拉特的例子，伊丽莎白时代的伦敦科学遵循着一条与一个世纪后截然不同的普遍行为准则。普拉特尽管在剑桥大学接受了教育并且比培根还要富裕，他是土生土长的伦敦人，一个酿酒企业职员的儿子。他阐释了一种引人注目的独特方法，这个方法用一种城市团体感情的方式来生产和评价自然知识。首先，普拉特充分了解了伦敦的市民、工会和手工艺方面的背景，他认为市民们的任何发现将会与彼此分享，且会被其他的伦敦人评价，特别是那些从事相似职业和行业的人。贸易协会、杂货商的行会和理发师、外科医生的行会通常都会深入地介入各自会员企业的学徒培养、监督检查产品和服务质量，以及规范工作之外的行会成员的个体行为，尤其是那些可能会影响行会荣誉和特权的行为。伦敦的社区人员通常会通过多种多样为当局兼职和为教区守夜的做法来监督城市居民和游客的行为。[2]

其次，普拉特的伦敦咨询顾问并没有退居到阴影世界里成为“看不见的技术人员”。相反，他们是一些因公共声誉而被认可的个体。任何在这座城市的市民之间展开的珍贵合作都是一种必要和令人满意的公共秩序组件。它涉及与其他教区的居民一起清理有隐患的沟渠，联合起诉一个违反市政条例的违法者或与其他行会会员分享关于警务学徒的责任。合作是近代早期像伦敦这样的城市完成自身功能重要组成部分——这非常重要，因为在合作中你会知道自己可以依靠什么样的智慧和经验。这点非常清晰，普拉特和他的许多顾问们都明确地知道，并开始互相合作进行实验或调查。所以当普拉特和移民身份的威尼斯玻璃工吉贾科莫·威兹里尼(Giacomo Verzilini)探讨时，

---

① Shapin, *A Social History of Truth*.

② Pearl, “Change and Stability,” 27.

可以求助于熟悉的“玻璃房子的雅各布(Jacob of the glasshouse)”。或者当他和数学家托马斯·迪格斯谈论炼金术时，可以求助于“迪格斯先生，一个古典的令人不快的化学家。”①

普拉特显然赞赏他的顾问们运用直白的语言描述亲自动手得来的自然知识，这一点有利于快速获得它们并将其传达给感兴趣的人们，这将促使个体或工人集体生产商品获取利润。普拉特的笔记本记录了伊丽莎白时代伦敦科学所有重要、复杂和混乱的方面。虽然以现代的眼光来审视，他的顾问名单可能看起来是令人困惑的、多样的和折衷主义的。他采取了一种批判的态度来研究伦敦人提供的信息和出版的书籍，提供了远超同时代人的观点。伴随着普拉特越来越明白什么样的科学应该被研究和可能被研究，普拉特的伦敦更清晰地浮现在他的笔记中。通过对这两者的比较，我们可以清晰地看到科学革命的社会基础如何深入地扩展到伊丽莎白时代伦敦的每一个角落，还可以了解到这些基础有助于构建这座城市当时的社会框架和城市智慧。

## 燃烧实验：休·普拉特的科学

1582年11月1日，普拉特和他的化学老师立陶宛裔的炼金术士马丁·费伯(Martin Faber)会见了约翰·迪。约翰·迪是飞行甲壳虫制造者，也是《数学序言》的作者。他们进行会面，试图解决一组复杂的炼金术问题②。普拉特想将他笔记中的几页记录放置于“化学问

① British Library MS Sloane 2210, f.45r; 2245, f.9v.

② 同上，2210, ff. 26r－28r; Dee, *The Diaries*, 47. 至于迪的家，参见 Harkness, “Managing an Experimental Household.”普拉特的另一个老师是戈弗雷·科萨纽斯(Godfrey Mosanus)，1608年8月，普拉特在写给黑森(Hessen)伯爵的信中声称他的精神之父詹姆斯·莫萨奈斯(James Mosanus)，在实验室中第一次教他将头盔和身体贴紧；参见 British Library MS Sloane 2172, ff. 18r－19v. 戈弗雷像他的儿子一样是一名医生，后来移民去了英格兰，由于大胆实践成为1581年和1587年伦敦医学院不断效仿的对象. *RCP Annals* 2: 1b, 25a, 29a, 58b.

题和它们的解决办法”这个标题之下。首先，普拉特向迪询问了关于矮人的看法。这个问题首先见于帕拉塞尔苏斯，他称这些生物为“矮人”，这个炼金术士宣称矮人是他历经 40 天从腐化的精液中制造出的生物[①]。普拉特更关心这件事在多大程度上可控，较少关注如何去制造矮人。迪通过谈话来回答，那个炼金术士和他的矮人即使相距 12 英里仍然可以联系彼此。在后续问题中，普拉特继续询问了关于炼金术实验方面的问题。其中几个问题是关于进行炼金术“伟大工作”时听到的声音，另外的问题则聚焦在玻璃器皿中化学物质外观的变化。迪和普拉特的老师认为制造哲人石时会引起一种声音，就像“巨大的雷声”。但在之后，迪则认为这种声音像“煎炸油脂或牛油”时所发出的声音。

尽管这次会面中包含了很多有趣的细节，但是普拉特仍然对这次会面不满意，他始终认为这次会面并没有圆满地解决他的问题。迪认为一些金属如果遇到比“面包屑”还小的水银时能够在 3 个小时内变软。但这引起了普拉特老师的怀疑，他并不认为任何东西会变软——“在如此短的时间里……用这么小的物质。”费伯(Faber)也留意到迪的一些回答可以轻松地在书中找到，并且这些回答通常被认为不“值得去学习，”这意味着对于普拉特等真正致力于发展自然科学的学者来说，他们不得不更多的依赖于自己从炼金实验中获得的信息。有两次普拉特采取了一些学生经常消遣老师的方式：他问了迪一些不能或不会回答的问题。迪针对一个技巧性的问题遭遇失败，普拉特认为在一个炼金实验早期步骤中如果使用高温可以使实验物质变黑，成为“黑色的乌鸦”。确切地说，普拉特怀疑炼金术师真的“盯着乌鸦”，并

---

① 关于帕拉塞尔苏斯矮人观点，见 Newman, *Promethean Ambitions*, 164 - 237，和他的“The Homunculus and His Forebears.”

且确保它“不睡觉，以免落入红海”。普拉特在他的笔记中承认“在制订问题时有一个目标上的错误”，但他也认为这个错误并不能绊倒真正的像迪一样“艺术家”。他记录了迪留下的一些专门知识，但在一些实验失败后他拒绝透露相关主题的任何信息。

普拉特与当时最杰出的的炼金术士和数学家的批判性讨论帮我们把注意力从伦敦众多的顾问那里转到了如何筛选和评估自然的深层次探索之中，而这些都发生在他将这些知识推向广大公众之前。从酿酒大师到伟大的作家，伦敦城的社会环境为他提供了一个与各行各业专家交流的机会，尤其是那些能对他的调查提供帮助的人。普拉特必须从所有的信息中挑选出那些真正有用的信息，他必须具有从那些像迪这样的“专家”所给出的信息中洞察好坏的能力。因此，普拉特将准备接受他学生的帮助，但他不准备记录任何可以轻易获得的信息，不论他一度多么推崇这个信息的来源。从水果摊贩到约翰·迪，普拉特批判性地评价和判断他接触到的所有信息。

普拉特的批判精神在密集重叠的社会义务、关系和社区网络中体现，同时这也是近代早期所有伦敦人生活的一部分。这座城市的居民都属于复杂社会网络的一部分，这些网络关系包括家庭成员、同事、邻居、同一个教区的成员、同一个病房病友和朋友等。普拉特深深地陷入了这些重叠的社会关系中；这为他研究获取、选择和修正实验项目信息提供更多的可能，因为他可以接触到丰富的知识源。正因为伦敦的居民像顾问一样影响了普拉特的研究，所以为他提供了很多可用的知识，这座城市还给了他一个不可或缺的评价技能的核心技巧。每一个伦敦人都知道，任何一个作坊和它们生产和提供的产品和服务很容易影响政府官员和行业协会职员。对粗制滥造的指控和不合格产品的标记可能会造成邻居之间的争吵，但是在纠纷过后，伦敦市民总是通过社区和互助会的仪式（如一起喝酒和互相握手）使各自之间的关系变得和谐[1]。伦敦市民可能并不喜欢被带到政府官员和行业协会职员面前去回答对他们的指控,但这种情况并不鲜见,行业协会和城市的集体荣誉常与恰当地应对指控个人的能力和在必要情况下调整应对方法的能力相关。当这个城市的批判和问责文化应用在自然知识的研究上时,学术界就出现了与17世纪末期截然不同的风气,那时的学术争论充斥绅士风度,质疑某个学者常是"指责他说谎"或轻视"他认同的核心"的做派。[2]

普拉特的笔记手稿由大约20多个分卷宗组成,它们被当做存储设备用于储存未经雕琢的宝石般的自然知识。同时这些手稿也为我们提供了一个了解他如何获得、筛选、排序、评价所收集到的自然科学信息方法的机会。如同德雷帕的笔记本一样,普拉特的实验笔记记录了他在实验中如何协同、比较和评价科学工作。但与德雷帕不同,普拉特可以自由地在伦敦的街道上行走,因此他可以记录一切他遇到的信息,并且能从繁杂的信息中整理出真正的宝藏。在南华克区的啤酒花园,他描述了他见到一位名叫达奇・汉斯"非常聪明的化学家"如何用自己的手指搅拌一锅融化的铅。普拉特对此非常好奇与着迷,他"记录下了方法","我甚至看到他制作了这个,并且自己也亲自试用了这个方法"。[3] 普拉特非常急迫地渴望得到这个过程的细节并且尽可能准确的记录下来,从他的笔记本中可以很清晰地看到他记录了上百个条目。对于这些准确的记录,他能够指出所收集到信息的问题。并且解释任何他已经发现的实验过程,同时还能给出可能的修改和进一

① Rappaport, *Worlds within Worlds*, 201 - 215; Archer, *The Pursuit of Stability*,特别是第三章;Ward, *Metropolitan Communities*, 92 - 98.

② Shapin, *Social History of Truth*, 107 - 114.关于竞争与合作的混合讨论,也可参见Barry, "Bourgeois Collectivism?"

③ Plat, *The jewell house*, 30.普拉特的笔记被收入British Library MS Sloane 2210, f.68v, does not include the detail that he immediately recorded the experiment.

步实验的思路。普拉特真诚地承认他更偏爱那些被"实验的可靠依据"所证明的信息，例如达奇·汉斯融化铜的方法。以及从其他方法得来的一些观点，譬如"推测性的沉思，"普拉特说，"当它们被尝试时……在火神伏尔甘（Vulcan）发光的熔炉中……消失在烟雾里。"一定程度来说，普拉特的实证精度与每一个实验或示范教学的可能性相关，他写到，"在哲学上，这里没有真理，除非我能手把手地带领我的朋友……进入自然的卧室。"[①]普拉特亲身体验了自然哲学如何教导人们直接通过体验实验来认识自然，以及如何感知和判断自然世界和真理。

普拉特大量的笔记给予了我们重新构建他实证的研究自然的方式。首先，他必须从自然给予的无数机会中选择一个研究对象。普拉特确信世界上任何一种可以被观察的事物都能或者都会被研究、检查和测试。他也愿意承认大自然的许多方面仅仅令人愉悦，另外一些则是有用的，只有一个很少的选择支撑着自然的宽泛陈述。自然世界，至少部分上是一个神可以在古怪和惊奇中涉足的神圣游乐场，普拉特并不反对在自然世界中收集自然报告。普拉特从詹巴蒂斯塔·德拉·波尔塔那里挑选了几个可爱的自然笑话，包括如何制造火焰却不危及生命和肢体，以及如何在黑暗中用猫科动物的毛皮制造亮光。为愚弄朋友，普拉特收集了许多有独创性的方法，包括一个法国宝石匠为指环做的设计，赌博时它可以让你了解你的对手隐藏起来的手牌。还有一个酿酒师的技巧，这项技巧可以令鸡蛋像狗一样跟着你。牛津大学波德林图书馆（Bodleian Library）建立者制造蜡烛的配方，原料有煮熟的蟾蜍和刺猬脂肪，点燃会出现奇怪的影子[②]。

---

① Plat, *The jewell house*, sig. B3v-[B4r]; British Library MS Sloane 2172, f. 18v.

② British Library MS Sloane 2210, ff. 91v, 174v; 2216, ff. 123r, 33v; 2189, f. 47r. 参见 Paula Findlen, "Jokes of Nature,"散见全文各处。

除了对大自然顽劣的一面感兴趣，普拉特还关注于如何在以愉悦为出发点洞察自然和以追求有用性为出发点洞察自然之间作出区分。日常生活问题反复出现在普拉特的笔记本上。比如如何保存水果，如何令啤酒不贬值或如何熄灭烟囱中的火。普拉特常去位于霍尔本(Holborn)的律师学院附近的约翰·杰拉德的花园，那是一个实践英格兰全力促进土豆和石榴生长方法的园子，在那儿，进行着令矮小的果树放弃第一年收成，将扁桃树嫁接到桃树上的实验。这种自然世界的信息不仅仅是实用的，也是有利可图的，因为它使食物更丰富，减少浪费以及避免常见的风险。不过，普拉特也有一个缺点，他花费时间记下了阿特金斯先生(Atkinson)取回沉船货物的方法，反复检查和探索了这个过程，但是对于大多常见的问题来说这太小了①。

无论这些经验大还是小，卑微或壮观，都被用在了英联邦全体国民身上，当普拉特在他的笔记本上记录下相关信息，他都小心地审视这些信息是否是关于自然财富的"可靠通知"；是否直接从从业者那里得到信息；是否亲眼看见看见某个实验的过程，或者是否自己亲自进行过实验②。这些都提醒人们，普拉特如何从一些小智慧里发现更多令人迷惑的自然界信息。他是如此专注于信息的可靠性，如同德雷帕，非常愿意亲自做实验，并认为他自己的身体就是一个研究自然信息的工具③。普拉特骄傲地在笔记本中写到，他已于 1588 年 4 月在

① British Library MS Sloane 2210, ff.35r, 38v, 163r, 169v, 175v.

② 例子见 British Library MS Sloane 2216, ff. 53r ("I have heard Baylie the dyer affirm ..."), 102r ("I have been credibly informed that if peter, sal niter, sal armoniac and arsenic be boiled ..."), 114r ("I had at 7 months end by mixing some new red wine with the aforesaid liquor ... and here I do observe that after these wines have once fined of themselves ..."); 2245, f.79r ("I have also found by experience ...").

③ 普拉特的态度在那个时代很常见，参见 Schaffer, "Self Evidence"; Shapin, "The Philosopher and the Chicken"; Harkness, "'Nosce teipsum.'"

“外科医生马修·肯（Matthew Ken）的指导下”亲自测试了一种药膏，它已经被证明对“我的膝盖非常好”。这个经历毫无疑问让普拉特对肯的建议很感兴趣，并且继续尝试“正确炼制燕子油的方法。”他同样兴致勃勃地尝试混合小米草和炉甘石水，并用于治疗眼疾。“我用这个水治好了我自己”，普拉特写道，“在 1595 年 1 月，我的眼睛有水泡和炎症，看东西有些朦胧。”普拉特还把自己的妻子和家人拉进实验，并且用一种特殊的饮食方案治好了他妻子的贫血症，尽管她已经被疾病折磨了 7 年，一度徒劳地寻找“那些最好医生的治疗建议”。[①]

普拉特对使用和创造机械技术工具十分着迷，这可能是因为他对可靠性和精确度感兴趣。他热衷于发明更加有效的烘炉和熔炉，获知如何利用重力和滑轮驱动水泵，这些都正好符合伦敦对生产工具日益增长的兴趣，这本身就是向高速度、高效率的一种迈进。普拉特想要制作更详细更有效的药品说明书，他请女王的外科医生威廉·古德鲁斯（William Goodrus）用粉笔画出他做威士忌时喜欢用的一种蒸馏装置的简图，某种程度上讲，这可能是因为他在工具方面注重亲手测试评估。在这种好奇心的驱使下，他收集了很多相似化学设备的设计，甚至还亲手参与了设计。例如，普拉特的一个冶金顾问，埃奇库姆（Edgecombe）先生（后来成为了女王内科医生、弗罗比舍化验师伯查德·克拉尼奇的朋友）交给普拉特一份他自己设计的蒸馏装置[②]。在《艺术与自然珍宝宫》中，有普拉特发明的发动机、机器和工具的图纸和说明，用于榨油、分离粮谷与废物、以及抽水。和往常一样，在伦敦，这种创新发明肯定会带来批评和抱怨。贝克公司的员工来到他家，参观他发明的高效新筛架，普拉特告诉他们这个东西可以生产出更精细

---

① British Library MS Sloane 2209, ff. 4r－v, 27r, 8v.

② Ibid., 2210, ff. 123r, 172r, 179r－v; 2216, f. 18r.

更干净的面粉,员工们报以嘲讽并不相信他说的。普拉特有效反驳了他们的论断(当着证人的面),对他的机器会如他所保证的那样工作极其自信(图 6.2)。

随着咨询人员,实验技术以及记录自然知识片段数量的大量增加,普拉特需要发明一种能检测分析每个发明优缺点的方法。他的程序是一种十分简单的科学解剖法——他使用了不一样的术语——包括假设、测试、产生矛盾信息或结果,他提出新的假设和实验程序去验证,去对成败进行评价。我们用的词汇是假设,但他用的词是“很有可能性的推测”和“猜测”。他猜测到“使用槐蓝或退火”可以用于染布,又推测了“马拉加葡萄干的保存方法”,还推测过麦芽制造商们所卖的水是啤酒的一个副产品。有时候普拉特的观察和实验不是为了得出结论,而是为了引发进一步的假设。普拉特笔记中的一个最大特色是他用了一个词:“pre”,这个词是拉丁语“问题”的前三个字母,这个拉丁词是当今“疑问”的起源。他发现烈酒可以把松香溶液变成松脂,于是他的脑子里冒出了其他想法。“问题是”,他写道,“如果烈酒能催化芳香物的油脂,那么这种方式还能应用到什么地方?”这个问题让他想到用生石灰去溶解物质,而不是用烈酒;继而又想到另一种芳香物——莰酮是否也可以从升华中得到提炼,还领悟到了外科医生要在醋中溶解树胶的原因①。

在普拉特的笔记中,每一页都记满了他在思考实验选择时的观察、问题及假设。他经常得参照他之前记录下来的材料或者其他笔记。在他记载炼金和冶金实验的一本笔记中,他记录了一种从“锑中提取甜油”的方法。在说明的最后,他习惯性地写下了问题。其中一

---

① 同上.,2216, ff.53r, 55v, 79r; 2189, ff.8v-9r.

73
fter either by
nst the same,
malicious.
able, neither
e owner.

st pumps of all
vil require but

ansported from
out any further

n, it will deliuer
wer, according
possibly be wea-
ke houres toge-

ored ful of holes
or

72 The Jewel-house of

A boulting Hutch.

1 THe price heereof is easie in respect of those good vses for which it serueth.

2 This Engine auoideth al wast of meale and flower, and yet it deuideth the bran sufficiently from the flower.

3 It will bee a meanes to saue boulters, which is a matter of great charge vnto the Baker.

4 But the especiall vse thereof, is to auoid all that grose and vncleanlie manner of boulting which the Bakers for want of this engine are forced to vse, the particulers whereof appeere more at large in my Apologie.

5 All obiections that were made against this inuention, by the Bakers of the Citty of London, vpon the view thereof at my house, were sufficiently refelled by the Author, in the presence of diuers Cittizens of good worshippe and account, and therefore
what

Art and Nature.

what inconueniences soeuer shall here
them or by any other be pretented agai
I would haue them holden for false and

6 This boulting huch is very dure
wil it be chargeable in reparations to th

4 A portable pumpe.

1 IT will be in price one of the cheape
that I know or euer heard of, and
small reparations.

2 It is light in cariage and may be tr
place to place, by one single man with
helpe.

3 With the easie labour of one ma
foure, fiue, or six tun of water euery ho
as it is in bignesse, neither can a man
rie, though he should worke fiue or si
ther, without intermission.

4 Being placed in a fit tub, that is b
K

图 6.2 普拉特的两个机械发明，第一个用来分离谷粒，第二个用来搭建轻便泵。值得注意的是，普拉特记录了他和伦敦的贝克公司在他的筛架问题上存在争论，也记录了如何在“各种信仰虔诚、信誉度高的伦敦市民”面前解决这个问题（图片复制得到亨利·E. 亨廷顿图书馆许可）

个问题是，他在构想是否可以按后一页记录的方法吸收或升华锑。在这本笔记的20页之后，他又记录了对铅升华的兴趣，开始思考是否可以通过干馏釜或烧杯提取铅的挥发性蒸汽[1]。在大多数情况下，普拉特的观察和实验都会引发他思考更多的问题，但有时候问题也会出现在实验之前。比如，有一次普拉特开始问道："如果雨水和铅粉混合在一起，然后浇在作物或树的根部，会不会提高它们的产量?"普拉特修改了很多他收集的实验过程，并相信对物质或过程操控是会提高收获量的。他曾断言乌尔里克·赫顿爵士(Ulrick Hutton)的一种治疗痛风或风湿病的冲剂是"迄今为止最好的方法"，但后来他又大胆提出药物沐浴的方式可以减少病人对药物的吸收时间。他记录道："我觉得即使不会有更好的效果，也会有一样的效果"。之后他又详细画出了药物沐浴水的调制过程[2]。

普拉特经常从身边的顾问中得到对自然的启迪，进而将这种启迪以实验进行认证，并重复实验过程，试验完毕经过认真的思索常得到很不一样的结论。有时候，他经过思考，会在实验过程中采用另外一种替代物，以说明相似的物质会产生类似而不是完全相同的结果。一次，一名药剂师图特先生(Trowte)跟他说从云杉酒里提取的一种药膏可以治疗痛风，普拉特记载道，他认为"用这种方式压榨的第一滴高浓度的麦芽酒的麦芽汁或啤酒的麦芽汁效果会更好"。[3] 很明显，普拉特能够将根据观察或进行实验得出的结论与未经证实的假设性观点区分开来。比如，在记录改变石头颜色的几个具体步骤之后，他写道，"我认为黄晶是一种天然白石，任何方式都不能让它变黄"，并说明该

① 同上.，2245，ff.2r－3r，40v.普拉特留存的使用过程参见之前f.3r的方法。

② 同上.，f.11r－v；2209，f.7v.

③ 同上.，2209，f. 6v. Also，ibid.，2245，f. 80r－v ("I doo also suppose that if the right redd wardens an excellent quodoniate & an excellent gelly may also be made according to this resceit").

证据有待进一步的实验证实，而当实验没有任何结果时，他很快记录道："实验过程完全是错的"。①

普拉特一方面在伦敦通过拜访顾问，验证他们的观点，以此来得到自然知识，另一方面他自己也是一个发明家，一个独创性的实验者。即使是属于自己的创新性实验和方法——比如设计新农具或自行研制药物——普拉特也会运用同样的认证过程。在他发明的几种特许专用药的记录中，他对测试和评估的重视程度表现得尤为明显。这些药物包括治疗隔日发烧的"典型疗法"，治疗日发热用的防腐尸体或木乃伊，治疗高烧用的红粉，和他那著名的"瘟疫蛋糕"——由草药和化学药物组成的含片。最后提到的那个含片在伦敦名声显赫，据普拉特说它不仅可以治疗瘟疫，还能预防感染病。有时候，在其他知名医生的治疗失败后，普拉特的药物却能起到作用。彭宁顿(Pennington)先生，一个齐普赛(Cheapside)的酒商，用普拉特的红粉治好了长期困扰他的隔日烧。"他之前也用过巴罗(Barrow)医生和布莱德韦尔医生的药，也用过另一种特许药——'安东尼药丸'，但都没有效果。"②

普拉特对测试和证明的问题十分敏感，这一点可以从他一本叫"实践"的笔记中体现，在那本笔记中，他记载了从1593到1605年间用他的专用药治疗51个病人的记录。这些病人包括他家族的成员潘恩(Pane)护士、他儿子威廉的护士、普莱斯(Price)护士、他女儿玛丽

---

① 同上，2245，f. 84r；2216，f. 102r("this secrete is utterly false")；2212，f. 10r("this secret I can not yet finde trew in experience")。

② 同上.，2209，f. 19r.关于他的药方，参见ibid.，f. 15r，对于制作木乃伊药物的情况参见Dannenfeldt，"Egyptian Mumia"；Cook，"Time's Bodies"，230－232.普拉特讨论了最适宜制成木乃伊的尸体，参见British Library，MS Sloane 2249，f. 5r.他发誓要将制作木乃伊的秘密保密，见上，2246，f. 60v.有关专利药物和印刷文化，参见Isaac，"Pills and Print." "Anthony's Pill"，也许和弗朗西斯·安东尼(Francis Anthony)包治百病、食用黄金的耸人之言不无相关，参见Anthony，*The apologie，or defence*.

的护士、他的女仆乔安妮，及他的仆人威廉和劳伦斯（lawrence），他的家人——他的妻子、姐夫罗伯特·奥尔巴尼（Robert Albany）、他的堂兄尼古拉斯（Nicholas）的妻子、他的嫂子戈尔夫人（Mrs. Gove），他的邻居哈斯利（Harsley）女士，一些知名的顾问和他们的家人：托马斯·加斯科因（Thomas. Gascoigne）、托马斯·希尔的木匠和仆人及住在伦敦及周围的各色人等（住在崔妮蒂街道的雷诺·路维斯（Reynold Rowse）、米特尔的酒商理查德·字普（Richard Thorpe）、住在格拉布街的画家约翰·格劳夫（John Glover）、住在泰晤士河岸边的伊丽莎白·罗杰、公证人费尔金斯先生、寡妇乔安妮·葛文（Joanne Gwin）、金匠亚历山大·普莱斯考特（Alexander Prescott）、郊区的助产士苏珊娜·诺曼（Susanna Norman）、她的儿子杰弗里（Jeffrey）、住在霍本的刀匠之子罗杰·艾莉森（Roger Alison），及威廉·塞西尔能剪出"教皇睡帽式"头型的理发师。当然，普拉特也会治疗自己，根据他的记载，他成功治愈了所有病人。考虑到现代早期医疗很难达到理想效果，如果记录准确，他能得到病人的口耳相传也不为过。比如一个巴巴里地区的商人苏珊先生就推荐船主琼斯先生去普拉特那看病。在服用了普拉特的红粉后，彭宁顿先生治好了他久治未愈的顽疾，之后他很快推荐得了同样疾病的姐夫去普拉特那里看病。[①] 当治疗有效时，肯定会有礼物或高额的小费。普拉特没有行医许可证，他因此不能收取服务费，但可以收取礼物。煤商威廉·布朗利（William Bromley）为了感谢他，送他了"两只小母鸡作为酬金"。布鲁克夫人（Brooke）的先生是约克郡的传令官，患有隔日烧，当普拉特在他的床头出现后，他的病竟然被治愈了，布鲁克夫人十分激动，赠给了普拉特一个手工手环。渐渐地，普拉特对病人送他的报酬习以为常。他拒绝

① British Library，MS Sloane 2209，ff.17r，19r－v.

再次给齐普赛的一位妇人行医，因为“她付的报酬还不够去巴特西的船费”。

1593年，伦敦爆发了一场严重的瘟疫，普拉特的“瘟疫蛋糕”在治疗中起到了很大作用，从那之后他对治疗病人的能力越来越自信。黑死病曾经频繁且无情地摧残着伦敦，直到17世纪晚期的大火发生后，这种疾病才变成了可控的地区性问题[①]。瘟疫蛋糕最初是在米兰被发明的，后来普拉特把它带到了英国，它里面神奇地混合着（当然也很昂贵的）多种植物、草药、化学物、地面上的牛黄石——一种从秘鲁山羊体内所提取的很受欢迎的医疗效果神奇的胆结石[②]。有大量的“蛋糕”被发到了那些无记录病人的手中，普拉特也记录下来一些数字：1593年夏天，在伦敦和米德尔塞克斯地区发放了大约500副药；60个“瘟疫蛋糕”被送到了女王的枢密院；两个药剂师买了50个“瘟疫蛋糕”在他们商店中进行销售；普拉特还送给英国海军大臣查尔斯·霍华德45个“蛋糕”；伍斯特的主教买了55个，来预防主教教区的疾病感染；米德尔塞克斯的一名治安警官在“他自己所在的圣玛利亚阿彻其地区进行了一次特殊的审判”：该教区的33个人分到了药，并且都“没有受到瘟疫的影响，这让上议院委员会十分满意，派人认真记录了这件事情”。[③]

在他的“瘟疫蛋糕”获得巨大成功后，普拉特打算赢得伊丽莎白侍臣对他自然科学方面工作的支持。在他笔记的第一页，他特别提到了

---

① 在伊丽莎白时期，斯莱克（Slack）的经典之作《瘟疫的影响》（*The Impact of Plague*）是必读之作。

② 这个药方的起源并不明确，普拉特确信这个药物是1597年由米兰的瑟菱格（Siringe）医生发明的，后来又提到一位意大利先生开始在伦敦分发药物，British Library MS Sloane 2209, f. 21r-v. Plat notes on f. 18vto "see diverse agues cured with my defensative cake," which appears a few pages later on ff. 22r-25v.

③ Ibid., 2209, ff. 22r-25v.

3位侍臣的名字——托马斯·阿伦德尔、沃尔特·雷利、威廉·塞西尔——他还草拟了自己发明的清单，希望可以打动他们。[①] 他认为阿伦德尔可能会喜欢他发明的一种香水、医治马的药物以及燃烧弹药。而雷利可能喜欢他制作肉干的方法、通心粉配方（特别适合作为远洋出行水手们的食物）以及保存饮料的方法。所有这些实验项目和发明都适合职务、名声与航海密切相关的人们。普拉特给塞西尔提交的发明包括：生产硝酸钾的独特秘方、葡萄栽培的详细说明，以及一根不会因为缺少燃料而熄灭的蜡烛。

普拉特总是在试图扩大他的听众范围，努力谋求对其实验智慧的更高酬劳，草拟更多清单用以记录“他能想象到的赚钱方式，不管是虚伪手段、秘密方式还是其他方法”。[②] 在他发现了“一些特别好的精油、液体或烈酒”后，他考虑要开一家自己的商店，卖这些“芳香的精油和液体”。普拉特记录道，他提醒药剂师托马斯·贝斯福德（Thomas Basford），问他能卖多少窥镜，又去找了很多优秀工匠，将他发明的灰泥涂抹到“床架、橱柜、桌子上等等”。他想通过女王的药剂师，同时也是他的一个朋友，霍金斯先生（Huggins）的影响力，得到政府的财政支持，来实现他的宏伟计划——为海军提供充足食物，保障国家弹药武器放置整齐。同时，他像一个医药销售代表，列出了一系列“理发师、外科医生、内科医生”的名单，希望他们能帮他卖药，这里面包括托马斯·德奥莱（Thomas D’Oylie）、希波克拉底·德奥滕（Hippocrates D’Otten）、威廉·克洛斯，马修·肯、爱德华·利斯特（Edward Lister），及托马斯·芒福德（Thomas Mountford）。普拉特写道：“所有我未提及的秘方及货物”也是待售的。

---

① 同上.，2189，f. 1v.
② 同上.，2172，ff. 13r－14v.

虽然普拉特似乎从来没有开过商店，但他发现在伦敦有很多热心的出版商愿意购买他的自然知识，于是大量的知识都在出版书中被公之于众。与后来的笔记记录者克莱门特·德雷帕一样，普拉特将自己实践的记录和收集看做是构成伊丽莎白一世时期伦敦广泛科学活动的一部分。在这些实践中，普拉特又多了个出版的过程，这使得他比伊丽莎白一世时期伦敦的其他科学家更加出名。如果伊丽莎白一世时期的伦敦有电视的话，普拉特无疑会播出一组普及科学的电视节目，以激发其他自然学习者的兴趣。普拉特在一本书的前言中这样解释："我首先得像个学者一样去发明，然后像名政治家那样将发明用于公共用途，而这些一直以来都应得到回报。"普拉特根据他在笔记中记录的实验出版了10本书，包括《艺术与自然的珍宝宫》，它论述了具体的科技发明；还有早期当代英国最流行的食谱——《为女所悦》(*Delightes for Ladies*)[①]。普拉特的每一本所出版的书中都包括有关自然和方法的信息，能有效用于自然，这都是经过尝试，并加以改进和精加工的。这一特点和市场上卖的其他的实验及秘方书目不一样。普拉特在出版他珍贵的实验知识时毫无保留，因为读者可以"最大限度地利用我的劳动成果或者学习我利用他们自己的智慧和时间，造福自己，造福国家"。[②]

普拉特越来越执著于自己公共科学家的角色，于是他采用了更多的广告和宣传方式去打动更多的读者，进而影响遍至伦敦的大街小巷。1607年，他制作了一个广告，宣传为海员的食物和饮料做好了哲

---

① 普拉特《一个发明》(*A Discoverie*)，sig. A2r－v.《为女所悦》(*Oelightes for Ladies*)在17世纪再版了12次，被称为那个年代的畅销书。

② Plat, *The jewell house*, sig. [B4v]. 与普拉特对另一个源自"秘密之书"传统强调的比较，参见Eamon, *Science and the Secrets of Nature*, especially, 139,313. 有关现代早期科学中印刷文华的角色，参见Long,"The Opennness of Knowledge"; Johns, *The Nature of the Book*.

学方面的准备。普拉特泄露信息说他愿意分享药水配方(从柠檬和橙子汁中提取的液体用于治疗坏血病)及他的通心粉配方,德雷克(Drake)和霍金斯当年在最后一次航海任务中,曾把它作为船员的食物——但他也提醒道,交换时必须能够得到一些私人利益。他向大家保证他要的价格会在"海员们的"经济承受范围内,"那些海员都没有博学的医生或者技术娴熟的药剂师有钱",他还放言道,如果没人愿意接受他给英国联邦的慷慨帮助,他会"隐退到更私人更怡情的实践中"。他写道,"我其实很愿意进一步撬开自然之柜","如果找不到有人能迅速慷慨地接受报价的话",他会"从自己的枷锁中解脱出来"。尽管在1605年普拉特被詹姆斯国王授予爵位,他却时常抱怨自己为公共福利贡献良多却得不到应有的感激。他怏怏地记录道:"高兴的人有时会说几句好话回报我,但现在几乎没人给予任何实质性的酬谢了。"①

出版的书籍令普拉特得到了最大的鼓励,虽然出版商吝啬,缺少资金来源。和很多数学家一样,普拉特在伊丽莎白的出版市场中找到了自己的一席之地,他满足了大众对自然的好奇心,为大家提供用地道且实用的本地语言写成的实验知识。普拉特作品的读者还包括其他对自然充满好奇,但却发现实验问题的实践者,还有"每个喜欢化学实验的淑女"。② 普拉特在编写书的过程中借鉴了不同性别的经验,他也设想过他的读者群水平不一,有男有女。普拉特和其他作者的不同之处在于,那些作者总是宣称自己的读者数量比实际销售额要多得多。普拉特的作品经常再版,也许他是伊丽莎白一世时期唯一一个低估自己读者数量的作家。

---

① Plat, *Certaine philosophicall preparations*, n. p.

② Plat, "Diverse chimicall conclusions," *The jewell house*, 20.

但并非所有的内容都适合这样一个参差不齐的读者群，而他拒绝在他的出版物中加入一些“更适合哲学家的实验室而不是淑女橱柜”的实验内容。尽管有所保留，普拉特知道在遇到实验和应对自然的适用策略时，读者们会有自己的见识，能自我判断。然而，读者们强烈要求他提供更详细更有力的证据，证明他提供的信息的准确性和可靠性，这让普拉特大吃一惊。“我发现有时靠各种经验本身说明实验的完美性是不够的，经验是所有信誉真正的母亲。”他叹息道：“除非能亲自证明与之相关的发明本质”。①

大约是由于读者的压力，或者确实是由于读者的压力，普拉特在他的出版物中对自己实验的成败十分诚恳。有时候带着仍然存在的假象与不确定性去出版社，他也并不会感到不适。在他最喜欢的笔记《问题》（*Quaere*）中就包括很多他的假设，当然，这本书也在他的出版作品中十分畅销。有时候由于他对分享实验充满了激情，他的作品中会包含一些未经证实的实验。尽管在《珍宝宫》中普拉特因为没能忍住而写入了在鸡蛋壳上雕刻的两种方法，他却十分确定地断言那些方法都是（至今为止都是）不可靠的。“我还没有证明这些，”普拉特坦诚地说，“但是绝对有可能是真的。”他想极力地让信息传播给更多人，因此他不会将自然知识归功于某个人，这是他著作中的一大特色。他在描述一个由人力拉而不是由马拉的货车时，“我不知道这个发明者是谁”，“但是因为我很开心地得到了它，而且想象又是这么奇特，我觉得有必要将之出版”。普拉特甚至在他的书中描述过未解之谜，让他去探究某个技术起作用的原因。这里还有一个令人发指的故事：在一个土耳其监狱里的两名囚犯，在没有任何食物的情况下幸存了30天，这主要得益于一个好心警卫的帮忙，他每天将一些明矾块放在他们嘴

① Ibid., 37; Plat, *A discoverie*, sig. A2r.

里。这个故事让普拉特感到疑惑不解，他在书中记录下了该信息，并提出了问题——那些明矾块是如何救人的，“魔法师”的“原因和可能性是什么”。关于这个主题，普拉特谨慎地说道：“我们可以假设那俩人从自然的盐类中吸收了些能量或力量，但是肠胃怎么靠这么少量的能量存活的？我不知道，也更不确定。”①

普拉特作为伊丽莎白一世时期伦敦最勤勉实验者的声誉，主要由于他写成了包罗万象的经典之作《艺术与自然的珍宝宫》。这本书既包括“新奇而赚钱的发明”又包括“新实验”，这些新实验可以“有各种各样的使用方式，好玩的，赚钱的，得利用智慧或意愿使用它们”。他将书分成四个部分（第一个部分是关于一般实验，第二个部分主要内容为用堆肥和其他助剂使土壤变得更肥沃，第三个部分是研究化学蒸馏和药剂制作，还有一个是关于模具和铸造），他在书中加入了他所发明的几款新机器的说明。《艺术与自然的珍宝宫》包含很多有意义的指导和实际建议，因此读者可以准确地模仿他描述的实验过程。普拉特的语气也像极了一位老师，因为他经验丰富且能预见实验科学中的种种困难。比如，在他讨论关于蒸馏和化学的部分，他警告读者，“如果你想用一个蒸馏器提取很多精油，那么最后提取的是茴香籽油，因为它味道很大，会沾染蒸馏器，你很难祛除这个味道”。他还建议道，醋不应该放到铅容器中，而是应该放在玻璃瓶中，以避免金属和酸之间的化学反应。在指导女士们如何在玻璃罐中保存玫瑰花瓣时，他建议道：要达到最美丽动人的效果，那么就不要选择完全开放或完全闭合的红色玫瑰花蕾②。

---

① Plat, *The jewell house*, 34 – 35, 93 – 94; Plat, *Sundrie new and artificiall remedies*, sig. Bv – B2r.

② Plat, *The jewell house*, title page and sig. A3 “Diverse chimicall conclusions,” ibid., 6; Plat, “Secrets in Distillation,” *Delightes for ladies*, experiment no. 16, n.p.; “The Art of Preserving,” ibid., experiment no. 63, n.p.

普拉特的这些技能知识来之不易。我们应该原谅他有时候表露的那种老学究的语气，因为那都是他花了好多年搜集、对比、进行试验的结果。他会努力把自己辛辛苦苦从书中收集的知识、他自己的经验，以及他人的实验中得到的自然知识传递给读者，而不是按照自己曲折的求实之路引导他们。我们可以看出在他讨论化学蒸馏的过程中成功地运用了这一策略——在简单地介绍了如何从花和植物中提取精油后，他为读者提供了3种可能的选择以便深入理解化学：可以读乔治·贝克关于这个主题的几篇文章，他翻译的是康拉德·格斯纳写的《健康的新财富》(*New Jewell of Health*, 1576)；继续研究普拉特对这些精油的应用和使用，"这些要么是根据自己的经验总结的，要么是从别人那学来的"；或者参观一下基斯大师(Kemish)的商店，亲自试验一下这些精油，"住在新暖房附近的有经验的老化学家，从他们的手里最有可能买到之前提到的任何一种精油"。[①] 普拉特在此描述了伦敦的自然知识世界，以及伦敦大街上的实验者，书籍和学者之间知识相互交流的路径——这省去了读者许多彷徨犯错的时间。

对比一下普拉特的出版作品和手稿，就会发现其中蕴藏着的独特目的。和德雷帕的笔记一样，普拉特的手稿记录的也全是关于分析整理的过程。但是在他所出版的书中，呈现出的则是他想展示给公众的可靠且经证实的实验知识。对比一下在他的书中记录了灯笼能在急风中不被熄灭及他在笔记中记录的类似事件，我们就能看出这一区别。在笔记中，他画了简图，并详细地记录了灯笼的构造包括尺寸，还有封口防止进入空气的重要性(图6.3)。他解释了为什么灯笼不怕风，那是因为"灯笼内本来就充满了空气，没有空间再容纳新的空气或气流"，并把这段关于对灯笼的解释放到了最上面的注释中。他还把

---

① Plat, "Diverse chimicall conclusions," *The jewell house*, 8-9.

消息来源者的名字加在了上面——托马斯·哈利奥特，他还表示自己曾于1591年10月在沃尔特·雷利爵士的家里看到过这种灯笼。与之相对比的是，在出版的《艺术与自然的珍宝宫》一书中，那个简图做得更加详细优美，一部分说明得到了些许修改，删节成更简洁的版本（图6.4）。为了保证读者能封好灯笼，普拉特特别说明灯笼上应该安有门衬板或用水泥密封，以防空气进入腔体内。在他的出版作品中，他解释了灯笼的工作原理，但是他没有直接提到哈利奥特的名字，而只是模糊地说他是"当代最著名的数学家之一"，他还完全省略了雷利的名字。

普拉特的笔记和出版书籍之间的差别其实体现出了他身处两种角色之间的复杂关系——身为作者和科学家的公共角色，以及他作为编辑的个人角色。只要是通过面对面交流或非正式交流收集、整理、编撰的实验描述，往往都具有开放性及合作性，并可以视情况而改变。尽管有些学者做出结论，证明这些出版书籍也是需要读者去积极阅读思索的，但是很难想象，当读者拥有了辛苦收集摘抄的医学、化学及食谱书籍时，还会去仔细阅读印刷书中的边白小字，如同他们阅读自己抄袭的《为女所悦》那样认真。而对于那些有记录笔记习惯的伊丽莎白时期的人物来说，如德雷帕和普拉特，这些记录能复现当时他们注意到这些信息的具体场景，也能提醒他们实验的来源，还能对不同实验者所做的相似实验和同一实验者所做的不同实验提供对比参考。一旦出版，普拉特就与实验联系到了一起。此外，一种专属感（如果不是道德感的话）也与普拉特联系到了一起，那就是作者身份①。

---

① 有关作者身份的最新观点，参见 Long, "Invention, Authorship"; Saunders, *Authorship and Copyright*; Rose, *Authors and Owners*; Long, *Openness*, *Secrecy*, *Authorship*; Loewenstein, *The Author's Due*; Loewenstein, *Ben Jonson*. 该作品中的很大部分都在以讽刺之笔回应米歇尔·福柯(Michel Foucault)的"作者是什么"。

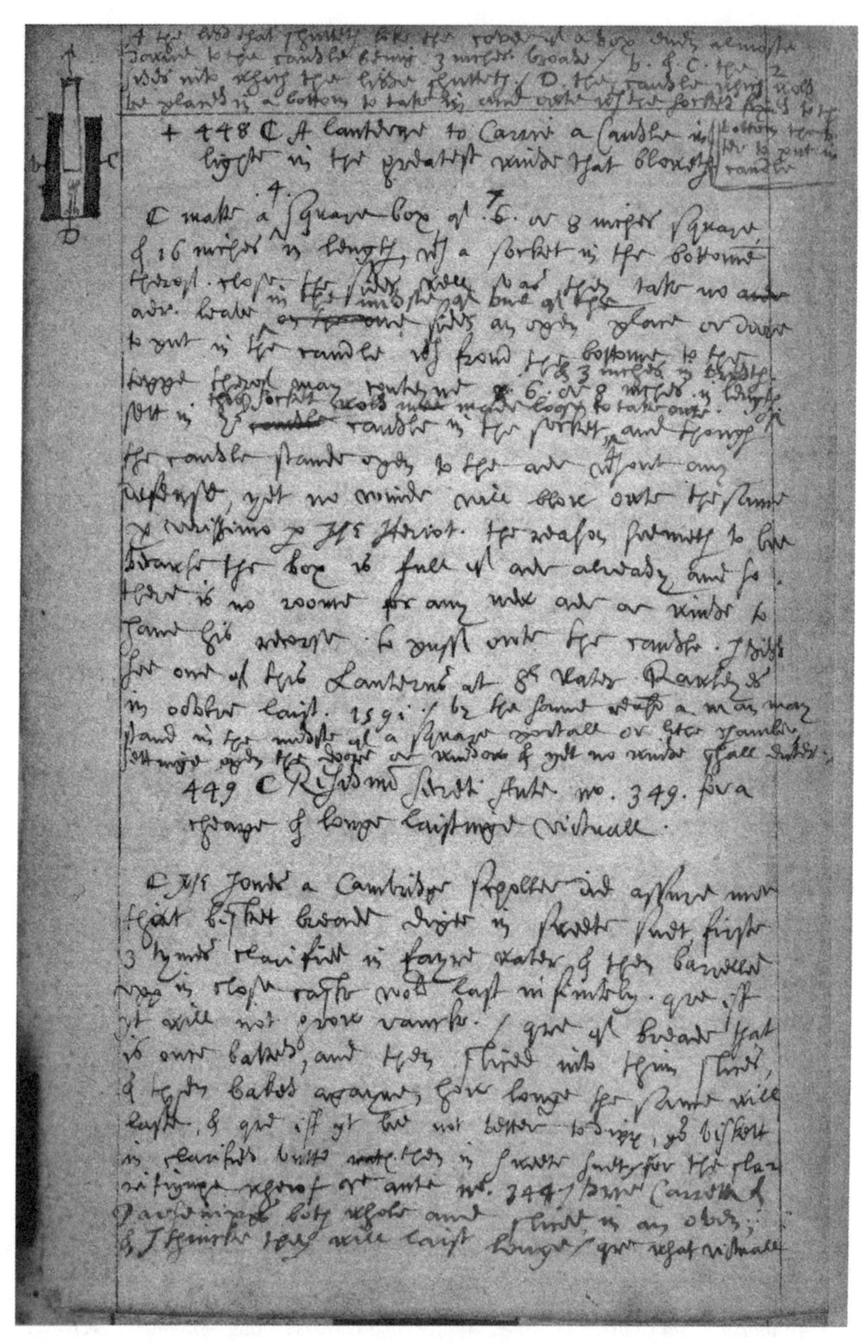

图 6.3　这是普拉特笔记中的一页，描述的是 1591 年他拜访沃尔特·雷利爵士，看到托马斯·哈里奥特设计的别致灯笼的场景，那个灯笼能在狂风中安全照明。(Sloane MS 2210，图片复制得到不列颠博物馆许可)

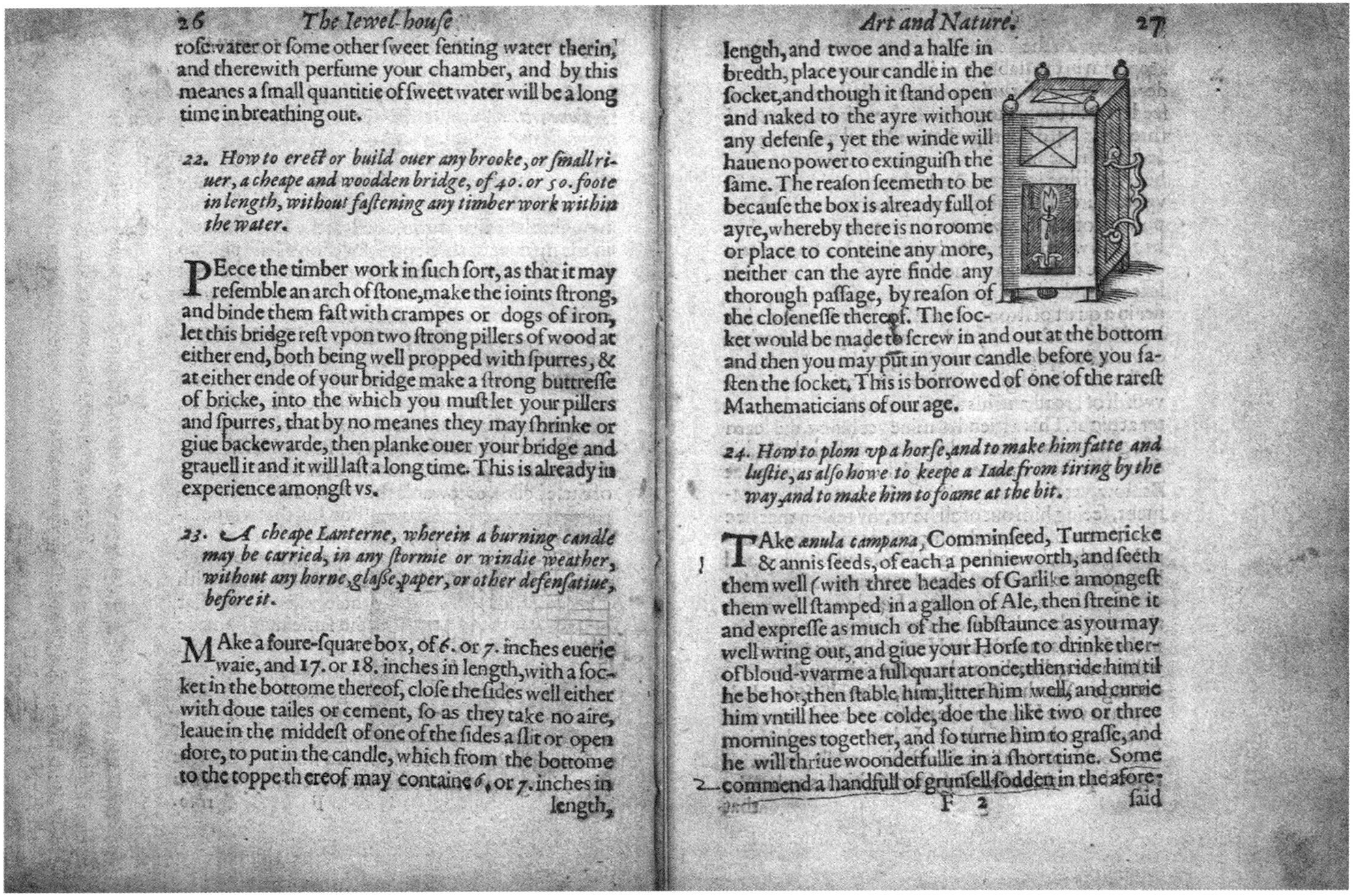

26 *The Iewel-house*

rosewater or some other sweet senting water therin, and therewith perfume your chamber, and by this meanes a small quantitie of sweet water will be a long time in breathing out.

22. *How to erect or build ouer any brooke, or small riuer, a cheape and wooddeen bridge, of 40. or 50. foote in length, without fastening any timber work within the water.*

PEece the timber work in such sort, as that it may resemble an arch of stone, make the ioints strong, and binde them fast with crampes or dogs of iron, let this bridge rest vpon two strong pillers of wood at either end, both being well propped with spurres, & at either ende of your bridge make a strong buttresse of bricke, into the which you must let your pillers and spurres, that by no meanes they may shrinke or giue backewarde, then planke ouer your bridge and grauell it and it will last a long time. This is already in experience amongst vs.

23. *A cheape Lanterne, wherein a burning candle may be carried, in any stormie or windie weather, without any horne, glasse, paper, or other defensatiue, before it.*

MAke a foure-square box, of 6. or 7. inches euerie waie, and 17. or 18. inches in length, with a socket in the bottome thereof, close the sides well either with doue tailes or cement, so as they take no aire, leaue in the middest of one of the sides a slit or open dore, to put in the candle, which from the bottome to the toppe thereof may containe 6. or 7. inches in length,

*Art and Nature.* 27

length, and twoe and a halfe in bredth, place your candle in the socket, and though it stand open and naked to the ayre without any defense, yet the winde will haue no power to extinguish the same. The reason seemeth to be because the box is already full of ayre, whereby there is no roome or place to conteine any more, neither can the ayre finde any thorough passage, by reason of the closenesse thereof. The socket would be made to screw in and out at the bottom and then you may put in your candle before you fasten the socket. This is borrowed of one of the rarest Mathematicians of our age.

24. *How to plom vp a horse, and to make him fatte and lustie, as also howe to keepe a Iade from tiring by the way, and to make him to foame at the bit.*

TAke *anula campana*, Comminseed, Turmericke & annis seeds, of each a pennieworth, and seeth them well (with three heades of Garlike amongest them well stamped) in a gallon of Ale, then streine it and expresse as much of the substaunce as you may well wring out, and giue your Horse to drinke therof bloud-vvarme a full quart at once, then ride him til he be hot, then stable him, litter him well, and currie him vntill hee bee colde, doe the like two or three morninges together, and so turne him to grasse, and he will thriue woonderfullie in a short time. Some commend a handfull of grunsell sodden in the aforesaid

F 2

图6.4　来自普拉特的《艺术与自然的珍宝宫》的实验23，普拉特改进了哈利奥特的草图。在衡量方式和设计方式上，这两个描述很不一样，在印刷书籍中哈利奥特的名字没有被提及（图片复制得到亨利·E. 亨廷顿图书馆许可）

也许普拉特给我留下的印象更多是他身为编辑和作家的角色，因为他出版的很多作品包罗万象。他作为编辑的重要性在科学实验文化发展的过程中不可低估。1665 年，亨利·奥尔登堡(Henry Oldenburg)开始撰写第一部英国科学日志《皇家学会哲学汇刊》(*The Philosophical Transactions of the Royal Society*)，他希望这本刊物能够成为记录当时自然世界及属性研究的权威来源。全世界的记录者和实验家都向奥尔登堡提交了他们的研究发现，奥尔登堡有选择性地在刊物上登载了他们所提供的内容，并强调了那些他认为会对读者有吸引力并较为实用的部分①。奥尔登堡在哲学汇刊上的工作是编辑性事务——从收集提交的作品到筛选编辑作品，再到影响某一读者群——但这些工作也影响到了要实施实验的类型，以及它们被记录和出版的方式。

普拉特出版作品中对哈里奥特灯笼的描述，展现了他的编辑能力——从他改变灯笼测量的方式到对一些细节的增删。如果说他改变灯笼的测量方式还能被解释为改进灯笼的设计，那么他没有提到哈里奥特，同时又有意疏忽了那时最著名的人物比如沃尔特·雷利爵士就不知原因何在了。根据历史学家们的传统，他们会将这种省略当做是对印刷文化消极的精英态度，这种在自己的作品上写上他人名字的耻辱会随着作品在普通大众间的流通而渐渐淡化②。我倒认为，普拉特出版的作品中记录的是实验操作的精华，这些实验都经他的证实。当这些实验收录到《珍宝宫》中时，实验的真实性不是来自于能工巧匠或有威严的绅士的解说，而是经实验证明的结果。普拉特这种对实验

① 奥尔登堡(Oldenburg)做为一名编辑的资料参见 Bazerman, *Shaping Written Knowledge*, 128－150.他的通信网络参见 *The Correspondence of Henry Oldenburg*; Hall, "Henry Oldenburg."

② Saunders,"The Stigma of Print",历史学家和评论家已经逐渐得出更详细的解释。

的谨慎态度，使得实验从一个个人经历的实际记录变成了重复实验的权威报告。

因为在出版物中每个实验的来源不再像它经证明的效果那么有意义了，所以普拉特能在他笔记的详细记录中自由增删那些个人贡献，随意增删在伦敦城里实验知识的产生过程及交流方式的详尽记录。普拉特在笔记中记录了一个金匠亨瑞克（Henrik）发明的修复破碎玻璃杯的方法，亨瑞克"变成了住在布莱克法尔的荷兰珠宝商，后来又离开了"，"他曾黏好过女王的两个水晶杯"。普拉特还在《珍宝宫》中记录过约翰·赫斯特的捕鱼方法，赫斯特把策略献给了普拉特，但后来普拉特又加上一句，这个"老化学家"把技能给他的原因是要换取另一个实验秘密。有时这种增删内容破坏了实践者的声誉。可怜的英格利希是一个德国画家，普拉特在笔记中对他的实验过程的记录没有使用任何贬低性词汇，但画家的名字在普拉特的出版作品中却变成了"一个荷兰的江湖骗子"。普拉特用了一种完全不同的方式描述了这位画家想要分享他对自然界进行洞察的意愿。普拉特告诉读者，"他做这些实验很费劲，就好像他极其吝啬似的"。当然也不是他记录的每个人都在手稿笔记和出版作品中有很大不同。尽管在笔记中他没有浓墨重彩地描述"老克罗克斯顿"（Croxton），但在《珍宝宫》中普拉特把他描述成了实验美德的典范。他告诉读者，克罗克斯顿是一个"虽然没有得到良好教育但却充满天赋的老人"，他知道很多关于改良英国耕地的"各种各样的实惠高明的方法"。[①]

普拉特出版的作品揭示了作为公共科学界中的个人与伊丽莎白一世时期伦敦自然知识的可靠来源的实际情况之间浮现的矛盾。尽

---

① Plat, *The jewell house*, 52,54,62; "Diverse new soyles," 同上, 31; British Library MS Sloane 2210, f. 58v.

管普拉特看上去能和笔记中的信息来源者自由交谈，但在出版物中明显地体现了作者和投稿者之间的矛盾。有时候他公开地讽刺那些平凡的本地实验员们，他还喜欢私下从别人那里学习实验经验。他嘲笑那些“底层的机械工人，他们荒谬的耳朵只能听得进去普通工人用粗糙的双手拿锤子敲打铁砧的声音”。[①] 但在下一页，他又或许会高度赞扬那些大字不识、没有受过教育的基层实验员，比如老克罗克斯顿。为什么普拉特对他的合作者和消息来源者的态度不一致呢？我们在考虑他背景时，不应该仅仅考虑伦敦的街道文化，还应该考虑到出版文化，以及当时的文化为打造一个公共角色所提供的新机会。

出版文化妨害了普拉特的消息提供者的命运，就像对莱姆街上的居民一样。科尔和他的朋友们没能将他们的发明成果出版，这使得他们处于科学革命的边缘，因此普拉特收集出版伦敦的实验成果的决定使得成百上千的人处于同样的历史阴影里。尽管伊丽莎白一世时期伦敦的实验员为科学革命奠定了重要的社会基础，但一些出版作者，如普拉特，有意或无意地竖起了一道墙，却遮住了这些人为专业技能、实际的操作经验，以及实验知识做出的努力。

尽管一些人想象过未来的科学将是建立在共同合作和联合著作权的基础上的，但由单一作家出版的作品，如普拉特，却似乎向历史学家们讲述了另一个故事，让他们相信科学是个人努力的结果。能够出版书籍需要拥有完全新颖不同的社会和文化身份，这是和作者个人的创造性天分密切联系的。手稿文化，有其合作综合的特点，就没有这种差别。“作者”(author)一词的拉丁词根告诉我们，作者要拥有特殊的公共权威，要以自己的名字对出版内容和读者负责。但是出版商和盗版商总是想方设法利用作者的身份为自己谋利，因此普拉特的出版

---

① Plat, *A discoverie*, *sig*. A2v.

行为、和阅读、写作及做事的行为一样——成为了科学工作中的重要组成部分。自然知识成为了一种商品，流通在生产知识的社会关系之外，这种商品的流通方式主要体现在作者通过出版文化将知识传播出去，这时，知识与公共科学家的身份就将不可避免地联系到了一起。

## “窃取珍宝宫”：伦敦科学向培根科学的转变

普拉特是一个公认的以实验为基础的自然知识科学家，他能深入理解自然并能为英国创造权威的知识。这一身份确立之时，普拉特也意识到伊丽莎白女王的目的难以捉摸。可怜的约翰·迪花费数载想得此殊荣，最终也未赢得女王的支持以及他渴望的公众赞赏。然而，尽管普拉特一再抱怨自己收入微薄，怀才不遇，但就那个年代而言，他也已经十分成功了。他的畅销书博得伊丽莎白枢密院的关注，女王继任者詹姆斯一世封其为爵士。在伊丽莎白执政后期，普拉特的成就足以让受良好教育的学者们自惭形秽了，培根就是个例子，他那时仍在顽强拼搏希望得到政府的认可和尊重①。虽然没有明确的证据，但从普拉特和培根生活在同一年代且职业生涯相似看来，两人极有可能互相认识。两人同为剑桥大学毕业的律师，并且都曾在伦敦律师会所居

① 关于培根的文献量极其巨大，因此也不大可能将全部的相关调查呈现给公众，关于培根，我并不打算向读者提供他的全景式描述，而是只突出他、普拉特以及伦敦科学的相同及相异的观点，这在他早期著作中尤能体现。在此，我考察了那些对这种比较有影响力的研究。两大经典来源参见 *The Works*, ed. Spedding, Ellis, and Heath, and *The Letters and Life*, ed. Spedding. 最近，里斯(Rees)和贾顿(Jardine)正在为牛津大学出版社编辑一个新版本。培根两大最新传记由贾顿和斯图尔特(Stewart)撰写：*Hostage to Fortune*, and Zagorin, *Francis Bacon*. 关于他在历史和哲学上的位置，参见 Jardine, *Francis Bacon*; Rossi, *Francis Bacon*; Webster, *The Great Instauration*; Weinberger, *Science, Faith, and Politics*; Urbach, *Francis Bacon's Philosophy of Science*; Pérez-Ramos, *Francis Bacon's Idea of Science*; Briggs, *Francis Bacon*; Martin, *Francis Bacon*; Peltonen, *The Cambridge Companion*; Solomon, *Objectivity in the Making*; Gaukroger, *Francis Bacon*.

住和工作。他们最热衷的都是自然史，主张科学能改善人类生活，是服务国家的工具，也都曾得到埃塞克斯伯爵以及罗伯特·德佛罗的赞助。虽然两人有众多相似之处，但有些观点也截然不同，这些主要体现在科学对人类的作用，人与自然的关系（自然是人类学习的目标），以及人类与科学的关系（科学是人学习的方法）上。

弗朗西斯·培根认为科学的作用和人与自然科学的关系都归结为一件事物——权力。培根曾试图让王子关注自然知识并作为掌握政治权力的手段[①]。而普拉特认为科学工作者和自然研究的关系应是最基本的认识过程，虽然他不反对通过努力获取名誉或金钱。从培根和普拉特描述他们与人化自然的关系可以看到二人的观点差异。普拉特很乐于赋予自然权力，温柔地引领她（自然）进入闺房，而他，作为求婚者，通过柔性的协商与交谈说服她（自然）揭开面纱，袒露心扉。培根则不愿把自然比作"取乐的妓女"或"唯命是从的女仆"。培根笔下的科学人与自然的关系如同夫妻关系。在现代早期术语中理想的婚姻关系是夫权制，即丈夫对妻子有不可动摇的权力和权威。妻子的职责是生儿育女，操持家务，相夫教子。培根写道："自然是哲学家的配偶，职责是为其理论的实践生根发芽，开花结果"[②]。

培根一生对权力孜孜不倦却无果而终的追求体现在他的作品中。他追逐权力，渴求晋升的形象曾在布拉姆斯·卡里尔（Caryl Brahms）和 SJ 西蒙（S. J. Simon）的著名小说《无床给培根》（*No Bed for Bacon*，1941）中得以体现。小说幽默诙谐，讽刺了培根竭力购买女王

---

① Martin, Francis Bacon, passim. 高克罗格（Gaukroger）在这一点上进行了拓展，见 Francis Bacon, 16-18.

② Bacon, *The Advancement of Learning*, 32. 交际花的形象以女性之名出现在 *Valerius Terminus*, in *Works*, ed. Spedding, Ellis, and Heath, 3: 222: "And therefore knowledge that tendeth but to satisfaction is but as a courtesan, which is for pleasure and not for fruit or generation."

的一张二手床，寓指培根曾想进入王室阶层成为女王的亲信。培根的经历是伊丽莎白时代后期青年阶层人生遭遇波折的代表。成功之路始于意气风发，却无果而终[①]。普拉特获得伦敦及伊丽莎白枢密院的赏识和尊重，这样的名誉看似很容易得到，实则不然。长期疲于研究知识发展却毫无成果的培根就是例证。这一事实让培根觉得自己的命运坎坷，雪上加霜。因为两人固然有众多相似之处，却来自不同的社会阶层。培根是绅士之子，贵族出身，社会地位明显优于普拉特。后者仅是个州长兼酿酒商之子。按理说，所有荣誉和报酬应归于培根。

培根从小就被教导要支配权力，然而在伊丽莎白时期未能抓住机会，詹姆斯一世时代由于丑闻与权力失之交臂。培根出生于伦敦城律师会所和威斯敏斯特城之间郊区的圣马丁大教区。他的童年和青年时代在伦敦城外的赫特福德郡和剑桥度过。母亲安妮·库克受过高等教育，是一位才女。父亲尼古拉·培根极具行政天赋。良好的家庭教育为培根后半生的学者和政府官员生涯奠定了基础。年仅 12 岁的培根被送入剑桥大学三一学院深造，并掌握了古典文学和语言学。也是在那时，他坚定了人生目标，即在英国政府谋取一职，追逐权力和名誉。3 年后，15 岁的培根于剑桥大学毕业并获取学位。完成了哲学、历史及公众演讲艺术等多方面的著作。之后，他决定前往律师学院进修，在人生下一阶段开创律师生涯。整装待发之际，其父决定让他作为英国驻法大使的随员前往法国。在那里，培根在名师指点下继续深造并投身于纷繁复杂的国际政坛。

1579 年，培根父亲的突然离世成为他人生的转折点，曾经对政治生涯的美好憧憬瞬间破灭。尼古拉爵士还未完成遗嘱就含恨离世，培根的遗产分配也悬而未决，这使他感到生活窘迫。在其父的遗嘱卷入

---

① Esler, *The Aspiring Mind*.

争议之时，培根的境遇每况愈下；遗产法律纷争结束后，培根一无所有。他将未来发展的希望都寄托在法律实践上。后来，培根回到葛雷法学院，一面攻读法律，一面谋职。培根的舅父威廉·塞西尔很有权力和名望。在他的帮助下，培根一步步接近女王陛下，受其恩泽，稳固了政治地位，并为其将来的发展铺平了道路。培根的政治生涯极其复杂。他的同代人中有人支持他也有人憎恨他。支持者认为他诚实、智慧、勤奋；反对者觉得他虚伪、狂妄、自大、难以相处。众说纷纭中，培根仍在议会中赢得了一席之地，将其敏锐的智慧运用于处理当代最具争议的宗教和政治问题上，包括对苏格兰女王玛丽的审判和处决。但是，培根的政治生涯并非一帆风顺，他始终没有得到适合自己、能突出他成就的管理职务。1592 年，而立之年的培根发觉自己已经过气，政治生涯毫无奔头。他决定转向研究自然科学，并向其舅父宣布他的远大志向：将所有知识都归于我的领域。如果他能“肃清两种流派”即“无价值争论观”和“盲目实验”，培根乐观地预测道，他将能够“通过刻苦观察得出以事实为依据的结论，富有成效的发现和发明”。[①] 这是培根第一次向受人敬仰的权威伦敦科学提出挑战和质疑。

由于培根面临个人生活和四处谋职的困难，不可忽视其众多的哲学著作是求职的途径。在他写给舅父的信中声明其对自然研究的敬仰与渴望，并于 1594 年出版了《葛莱历史》。书中培根暗示女王要大胆改革，追求自然知识。这一请求遭到拒绝后，他又重操律师职业，但心中对哲学的热情始终未泯。1602 年至 1620 年间，培根作品的主旋律提出为什么没能成功地守护他对自然科学的远大目标，这是因为他是个十足的悲观主义者，总是悲观地审视周围的世界。培根的大部分作品极具批判性，可看出其对自然的新颖发现存有希望与兴奋。培根

① 1592 年，培根写给塞西尔的信，见 Bacon, *Letters and Life*, 1：108－109.

认为自己是自然科学的探索者，通过对未知科学的发现与探索开拓新世界①。

培根的自然科学研究常常与权力联系在一起，这也是让他兴奋的原因。他经常说科学可以使人类控制大自然。在1603年出版的作品《自然的解释》(*Valerius Terminns*)一书中，培根主张人类追求知识不是因为满足好奇心，也不是因为要坚定决心、增强意志，或提高智慧和演讲才能，也非为获得利润或名誉，人类寻求知识是渴望通过重新定位和使用权利进行有效的创造发明。对于培根而言，从人类产生以来，没有一个伦敦学派的实践家能够引领人类探索未知自然。只有哲学家享此殊荣。而任何老一辈的哲学家都不能担此重任。人类对自然的拯救只能依靠新一辈的哲学家。历史学家将其列入中世纪亚里士多德学派之后现代实验科学家出现之前的一个学派。在培根的著作中，这类哲学家既是学者又是能工巧匠和喜欢劳作的绅士。培根意识到劳动的重要性，他坚信人类只有靠辛勤的劳动开拓自然并征服自然。②

直到1605年，伊丽莎白时代刚结束几年之后，培根加深理解了知识，尤其是自然知识的力量。在伦敦工业革命开展如火如荼之时，培根作为一个绅士般的局外人审视了这一骚动及其长期的劳动成果。培根决定改变策略，他严密阐述了未来科学构造的可能性并猛烈抨击了现代科学。《学术的进展》(*The Advancement at Learning*, 1605)一书整合了培根多年的笔记、书稿、信件以及未出版的手稿等，提出了他的改革构想。作品的大部分内容描述早期当代知识和实践中迷惑不解的虚假逻辑和错误等问题。培根的许多针对性的观点瞄准伦敦

---

① Bacon, *Valerius Terminus*, 见 *Works*, ed. Spedding, Ellis, and Heath, 3：223.
② 同上., 222, 223.

学派。我们熟知并且崇拜这些学者理解和利用自然世界的不懈努力。如果我们把书中提及的伊丽莎白时代的实践家的耕耘之地伦敦作为培根描述其自然知识改革及新哲学家作用的深远背景，《学术的进展》书中具有古怪特征的描述就不难理解了。在书中，培根采用两种方式对当前自然知识地位进行批判。他声称人们或对自然世界缺乏兴趣，或对其充满兴趣而研究方法错误、劣质、混乱，令人困惑。培根清楚地了解伦敦科学具有丰富多样的形式，也不乏理论实践者。但是他相信没有自然哲学家监督而产生的自然知识是一文不值的。像普拉特一样，是否为剑桥学者，都绝对不能作为培根笔下自然哲学家的代表。因为培根熟知伦敦科学并试图对其进行抨击，与此同时，他又不完全同意伦敦科学与其改革的相似性，《学术的进展》一书的读者大概会在知识理解上受到不小的冲击。

从本质上说，培根寻求的自然知识改革基于实践和实验设备，政府支持以及实用性，而所有这些都是当代科学所缺乏的。不过培根革新科学的基础已成为伦敦科学的基石。培根反对"人类不能充分理解纯数学理论非凡应用"的说法。他认为数学可以消除智力缺陷。他说："数学使人聪明，集中精力，思维缜密，并锻炼抽象思维"。如我们所见，伦敦学者早就享受到数学的这些益处，培根本应向伦敦学者传授这一理论。同样，培根提倡科学兴国，希望政府支持科学研究。他因此建议受到重视而誉为创新性的思想家。培根的至理名言"知识就是力量"对从事知识理论研究几十载的舅父而言不足为奇。当培根敦促读者不要堕落于研究和思考机械的事物时，他忽略了机械工具对伦敦的影响，以及工具的制造者——位于西部教区圣邓斯坦的邻居们。培根把所有的知识视为一座收藏丰富的仓库，可以彰显造物主的荣耀，改善人类的境况、批判那些视知识为座椅，用于人类研究忙碌的休憩地。他认为知识不是妄想家的平台，不是彰显荣耀的高塔，也不是可以进行买卖的商店。但是10年前读过普拉特作品《珍宝宫》的伦敦读者应该记得书中作者也曾鼓励学习自然来建设国家，那培根如何替普拉特完成未完成的使命呢？1594年，普拉特写道："我们所有的个人劳动和学习的本质结果应该是为国家和公众利益作出贡献。"在1605年，培根并未对此理论引申，而只是重复了普拉特的这一观点[①]。

培根故意否认伦敦科学的实质，除此之外，他还否认很多伦敦人——江湖医生、炼金术士、老妇人、食谱书作家、体力劳动者、艺术家、手艺人等，否认他们为自然研究作出的贡献。他从未完全接受那些实验归纳及实验操作者，并避免以一种杂乱的方式参与到自然世界中。培根声称，有人认为太精通实验会使人类大脑退化，他还鼓励学习自然的学生们要进行深入的实证研究，但是他却不愿意追随普拉特的脚步，不愿意和伦敦人聊天，讨论如何建造更好的火炉，如何保存酒和奶酪[②]。

培根并不推崇普拉特所谓的介于实践经验和无根据理论之间的一种中间路线[③]，很明显，他希望同时重视自然知识的实践层面和理论层面，但是他发现很难合理解释它们之间的关系。比如，他批评普拉特的朋友威廉·吉尔伯特，说他通过观察一个天然磁石发明了一套哲学，但这种经验主义做法却是他在努力宣传的改造哲学的例子[④]。从培根后期的论断来看，经验和实验在新的、改良的自然哲学中应该起到其次作用。培根说经验和实验只不过是经"购买和消化"后的"光

① Bacon, *The Advancement of Learning*, 88,64－65,31－32; Plat, *The jewell house*, sig. A2r.

② Bacon, *Filium Labyrinthi*, *sive Formula Inquisitionis*, in *Works*, ed. Spedding, Ellis, and Heath, 3: 504. 有关培根对化学的兴趣，参见 Jardine and Stewart, *Hostage to Fortune*, 506－508.

③ Bacon, *The Refutation of Philosophies*, 120.

④ Bacon, *The Advancement of Learning*, 30; Jardine, *Francis Bacon*, 76－108.

芒”(这种混合式比喻是他所创造的,不是我自编的)会引导通向自然世界的真理。培根的实践者不会过度拘泥于自然的细节,也不会冒然得出特别笼统的概括。理想的科学实践者会尝试在这两个极端中找到一种中间路线,发明出培根所谓的“中间公理”,并以具体的实验为根据①。

培根对实践者默默无闻的徒劳努力及拙劣的构想嗤之以鼻,并勾勒出了介于实验和理论之间的一种模糊不清,前后矛盾的中间路线。后来,他又宣称知识的改革取决于新哲学家的产生,他们摒弃所有的偏见和倾向,这种改革有责任完成科学工作。哲学家的任务应是管理和指导,而不是实验或混乱的构想。如此,应该避免非君子所为的苦差事,这就需要依靠广泛的科学技术。这种新型哲学家的任务包括标识并组织自然知识,收集重要文章,在深入理解的基础上以整体角度编写文章,而不是以支离破碎的形式出现,如克莱门特·德雷帕或者休·普拉特在笔记里写的那样,此外,任务还包括指出信息当中的错误和不足,一个新型哲学家的一天都会被这些任务占据。但很奇怪培根对它们的意义却很模棱两可,在他看来只是“二等奖”。通过这种编辑实践,“知识的传承有时候会提升,但是却很少增加”,培根是这么认为的。但他仍然将新型哲学家的角色定义为通过执行这些任务来彻底改革自然知识②。

培根在一本名叫《散记》(*Commentarius Solutus*)的笔记中保存了他自己做笔记及编辑的习惯,那本书是他在1608年夏天花了好几周写完的③。培根将自己的私人笔记本的功能比作“商人的流水账,用

---

① Bacon, *The Instauratio Magna*, 131,71.

② Bacon, *The Advancement of Learning*, 91,92,119,31.

③ 培根笔记见British Library MS Add. 27278.对此的分析详见Michael Kiernan, “Introduction: Bacon's Programme for Reform,” in Bacon, *The Advancement of Learning*, xxxiv - xxxvi.

来提醒有关自己、工作或他人的工作、生意、学习等事情，不用受任何限制”。正如培根对于新型哲学家在新科学中的任务做了很多设想，他还在笔记中写明科学的实践程序是通过一系列的委托链实现的。他列出了一份长名单，上面是那些可以提供咨询并能吸取其实验智慧的人们。他列举了一些他想读的书，并能够在书上做笔记划重点。然而事实上，培根的习惯却是将他做好注释的书递交到他仆人的手中，让仆人去写出来，收集到这本书中[①]。尽管他认为新兴哲学家应该亲自编写自然知识，但他自己却没有准备那么做。

德雷帕、普拉特及成百上千个伦敦实践者已经以培根在文章里描述的方式进行了实践，培根自己也一定知道他设想要去完成的工作在伦敦已经有人做了。但是他却只是指责同时代的人们做得不好，一如他以前的风格一样，而他自己却根本没有做。他特别指出一些受过大学教育的医生，指责他们没能撰写印刷出自己的医方，能应和一部分源自自身的经验，一部分出自于书中记载的惯例，一部分出自于经验主义医派的传统。培根还指责了那些积极进行筛选、分类、编辑工作的实践者。德雷帕和普拉特辛勤努力抄写的文章及实践经验的不同版本，处理消化笔记中的发现，这是让培根恼怒的根源。他认为这种做法是冗长好奇心的一种表现形式，只会不断导致问题，却根本不会有可靠答案。培根总结道，编写这些配方书和笔记的人们，根本不知道药典解释的知识，他们所做的工作只是将多年无限的经验在短时间内进行了缩略，让事情变得简单易懂[②]。

培根希望他的自然知识的改革根据不仅来自于新型哲学家，也要来自于自然史的规律，而对于这种规律他认为应该进行彻底的审视。

---

① British Library MS Add. 27278, ff. 13v, 11r.

② Bacon, *The Advancement of Learning*, 101; Bacon, *Valerius Terminus*, in *Works*, ed. Spedding, Ellis, and Heath, 3:246 - 247.

对于培根来说，该领域当前的问题在于实践者在整理学习对象的是非性时，没能有一个足够的选择和判断的过程。培根想要解决这一问题，建立一种自然史——“这对于建立真正哲学是十分重要的事情，它能够启发理解，提取公理，产生很多伟大的作品和效果”。他十分不满“当代的自然史主要用于娱乐和使用，充斥着宜人的描述和图片，带动人们追求赞美珍品和秘密”。[①] 当我们聆听培根的评论时，很容易听到普拉特的《为女所悦》的标题，或者很容易让人联想到莱姆街上一群自然主义者在聚精会神地注视着他们的化石及令人好奇的柜子。

那么培根为他的自然史改革贡献了什么呢？他创作的《木林集》（*Sylva Sylvarum*），又名《千年自然史学》（*A Nnturael Historie in Ten Centuries*）的方法集在他逝世后的1627年出版，里面记载了在自然史领域活动的例子。与普拉特的《艺术与自然的珍宝宫》或科尔写给叔叔的关于植物或化石的信件相比，培根的《木林集》仅仅反映了当时规律的严格性，因为实际上在伦敦，他周围的人们已经践行了这一点。那是根据（考虑到他对于自然工作的态度及他对他人作品的依赖性，我们对此持怀疑态度）匿名者的日常经验得出的事实和总结。《木林集》里记录了几个培根医疗的成功案例，但没有系统说明成功的原因或适用性问题，而普拉特在描述他医疗的过程中就做到了这一点[②]。培根的遗稿保管人威廉·罗利（William Rawley）在《木林集》的前言中承认，他的主人实际上并不愿意出版他的作品，“因为它可能像一堆未经消化的细节，不会像记载方法的那些书一般有吸引力”。[③] 在《木林集》中培根没能找到他理想的介于理论和实践的中间路线，他也没能使用解释公式，但他之前曾向读者保证过那正是属于新型哲学家的领域。

---

① Bacon, *The Advancement of Learning*, 26; Bacon, *Sylva sylvarum*, sig. Av.

② 例如，同上，12，19，30.

③ 同上，sig. Ar.

当读完《木林集》和《学术的进展》，我们就会看出培根对实验文化和自然知识的运用是十分模糊的——而这两点是让他成名的论断——至少在伦敦是这样被实践和被理解的。对培根而言，那些头脑简单没有学问的人们进行的实验项目完全是杂乱无章的。但是他忽视了这些卑微的伦敦人对自然科学所做出的巨大贡献，这使得培根处于一种危险境地。1605年，在伊丽莎白女王统治后的一段时间里，伦敦科学健康蓬勃地发展着，培根的很多读者会很困惑，为什么有人要干预它，更不要提开始一次大规模的改革了，也许这就是为何培根时代的一些人似乎对他对主题的看法很感兴趣①。那些评论过他的人往往会批评他不愿意从事科学工作，并且不承认他已经做好的那些工作。

托马斯·博德利先生（Thomas Bodley）是牛津大学图书馆创始人，他为休·普拉特提供了很多关于自然的深入看法，他就是批评培根对当代科学评论的人物之一。在1609年伊丽莎白过世后几年的一个冬天，博德利写文章回应了培根的《思想与结论》（*Thoughts and Conclusions Cogita et Visa*），这本书是培根思想的雏形，后来这种思想在其另外一部科技哲学的著作《新工具》（*Novum Organum*，1620）中更为凸显出来，那本著作后来在英国皇家学会的早期成员中有很大的影响力。在此书中，培根不仅发明了一种自然学的归纳法用以取代亚里士多德模式，还批评了当时正在推行的自然学。在博德利回应培根礼物的致谢信中，他赞扬了培根，因为培根鼓励每个学生去追求完美，更深入地探究自然的秘密和本质，更严密地对待自己的职业②。

但博德利要求培根采用一种更慎重的语气，对于已经进行的工

---

① 关于这个观点参见 Johnson，*Astronomical Thought*，296. 同时代的人对《学术的进展》（*The Advancement of Learning*）缺乏回应，研究培根的人经常引述这一观点，参见 Gaukroger，*Francis Bacon*；Martin，*Francis Bacon*；Rossi，*Francis Bacon*.

② 这里及随后的专业化引述皆出自托马斯·博德利（Thomas Bodley）对培根的描述，29 February 1608/[1609]，in Bacon，*Works*，ed. Montagu，12:83－90.

作，值得赞扬的就要进行赞扬。后来给培根写信时，博德利说道，“我们公开承认在你所提到的科学中，事实上确定的事情要比你承认的更多”，他又肯定了贡献者及自然科学的学生们已经作出的贡献，比如德雷帕、普拉特及他们请教过的很多伦敦人。博德利说，培根十分渴望得到“超越我们的自然知识，这种知识可能来自于经验，如果我们尝试通过具体的尝试从自然中得到这些经验”。但是，博德利指出，这会警告去做那些人们不用受煽动凭本能就可以实践的事情。“在世界的角落有很多人”已经在实践这个探究，“竭尽努力细心，每个人都可以做到”。“通过有意或随机事件”，成百上千的发明或发现被“公诸于世”，这也证明了它对人类十分有益。博德利对培根关于医生和炼金术师活动的苛刻描述感到尤其不满。比如行医之初根据实验效果而采用了很多神奇的药方。这些药方，博德利说，已经说明了“你所说的通向知识的开放的快车路”，因此也就没有必要根据培根的建议重新开始，摒弃之前假定的知识和那些考虑不周的实验，有时那些实验只为追求一些新的更确定的信息。博德利反驳道，“这样的计划会直接把我们带到野蛮状态”，给自然科学留下更少的切实准确的理论。

培根对博德利的反馈很不满意，他仍然坚信他自己对当前科学的立场，依然坚信现在的实践者不适合科学工作，应该通过建立牢固公理化的真理，以改良自然学。培根对实验工作并不热衷，但实验工作是需要建立对自然理解的更加经验化的基础上的。在培根死后，他的编辑及牧师威廉·罗利揭露过，“培根经常抱怨他的贵族身份，认为他应该是推动科学进步的建筑师，他应该被强迫去做苦力工人，挖掘黏土煅烧砖石，收集所有田野里的秸秆和茬头用来煅烧砖石”。[1] 这些评

① Bacon, *Sylva Sylvarum*, sig. A2r. 许多绅士的后代和培根一样对实验过程持模棱两可的态度，包括很多英国皇家学会的成员，参见 Pumfrey, "Who Did the Work?"

论说明了培根根本没兴趣去实践必要的实验活动，而是更喜欢绅士式的思考和设计，实践活动需要平庸的操作，而绅士式的思考和设计被他认为是培养自然哲学家的正确方式。

培根知道对当前科学做法的批评不足以保证他的赞助者和朋友的成功，于是他又转向早期策略，描述科学可能是什么而不是科学本身是什么。培根最后终于呈现了一种清晰、有组织、劳动粗放型（而不是劳动密集型）的科学，在他逝世后出版的《新大西洋岛》中记录了这个观点，引起了很多人的兴趣：远离繁忙的伦敦都市之外，有一个想象中的孤岛，名字叫本萨勒（Bensalem），处于一个被称为“所罗门宫”的有序的机构中。培根想象出了以一种十分有序，十分诱人，又极其不切实际的方式来从事科学研究。在那个地方，有一个36人组成的精英团队，包括收藏家、实验家、编辑家、发明家、测试家，及翻译员，他们在所罗门宫里负责看管一大群仆人侍从，男人女人的工作。根据知识和权利的严格等级，培根设想的科学对后来的绅士及学者影响力很大，如塞缪尔·哈特利布（Samuel Hartlib）和罗伯特·玻意耳，他们并不直接认识培根，也不了解培根说的伦敦本地科学。这对王朝复辟时期的文化影响很深，那种文化深处于英国内战及空位期时“共和国实验”的阴影中，害怕大众舆论和太多解决方法会造成混乱①。

培根在他的年代取得的成功是有限的，并且大多数的成功仅限于政治领域而不是科学领域。在17世纪，热衷于实验及自然知识进步的绅士们授予了培根在科学领域的贡献奖，在18和19世纪，历史学家将培根推崇为逻辑学的开创者。所罗门宫的时代背景出于

---

① Bacon, *The New Atlantis*, 486－487.培根坚信他的著作只会在将来的时代被赏识。参见Jardine and Stewart, *Hostage to Fortune*, 473－478.

伊丽莎白一世统治时期，随着其统治的崩溃，大量所罗门宫的根基也随之消失于视线，藏在大批的手稿中，埋没于战火的废墟中，只是在普拉特或赫斯特写的著名的文章重印时惊鸿一现。当英国皇家学会称赞培根为创始人和“监护圣灵”时，会员们却将一个职位不高，经济社会地位和他们平等的绅士称之为他们的知识祖先，那个人对科学工作有着更先进的看法，不会要求他们“挖掘粘土”、“收集秸秆”，或在错综复杂的自然世界中钻研太深。大多数皇家学会会员都想去判别知识，而不是想去生产知识，因此像休·普拉特这样有着强烈好奇心的却出身于伦敦酿酒师家庭的孩子是永远不会成为他们理想科学行为的典范。而培根却尝试着在伦敦迅速兴起的科学界中展现他自己的绅士风度，描述了一个精英知识官僚制度，这正好适合监督他们的活动，于是培根便成为了表现他们统治理想的一个名誉领袖。

这也就是为什么时至今日，我们往往会记得所罗门宫中井然有序的幻想场景，而不会记住普拉特在《珍宝宫》中所描述的熙熙攘攘的伦敦实景。我们为什么会记住前者而不是后者？学术界强调印刷文化而不是手稿文化，强调伟人的个体而不是集体，甚至连我们都更喜欢科学发展简单化的故事，而不是繁忙城市街道上一群无名实践者的知识辩论或无止境的讨论——这些都是我们对科学革命之前英国科学的历史记忆。但是我们应该想一想，也许我们之所以能记得所罗门宫而不是《珍宝宫》的主要原因是因为弗朗西斯·培根就是这么想的。培根不想让我们看透他知识华屋的墙面下的泥土，即坚实的社会基础。培根当然不想让我们去更加珍视酿酒师的语言而不是珍视绅士的权威。然而，我们应该铭记普拉特的《珍宝宫》，因为它向我们表明，伊丽莎白一世时期，伦敦搜集、交流自然知识的方式及从事科学的方式能为科学革命提供至关重要的发展背景。我们应该把伊丽莎白一世时期伦敦的人们从事科学的方式看成是一种有益的箔纸，很多的绅士建筑家——先是培根而后是英国皇家学会——都用这种材料建构着科学实践以及科学技术的概念。

尾声

# 现代早期科学的民族志

本书中的故事带我们走过了莱姆街和皇家交易所，带我们沉浸在伊丽莎白一世时期的数学课和仪器商店中。我们看过弗罗比舍的黑石实验，我们到监狱看过克莱门特·德雷帕。通过休·普拉特我们拜访了约翰·迪和戈尔夫人。到最后我们不知不觉地发现我们不在伦敦，而是在一个构想出来的名为所罗门宫的地方，这个地方明显和伦敦不太一样，但又很奇怪，容易让人联想到伦敦。在这个简短的结尾部分，我想和大家分享一下，为什么我认为这些他们带我们经历过的伊丽莎白一世时期伦敦的故事和旅程，即是对科学历史中一个核心问题的答案，那便是：科学革命到底是指什么?

在整个当代，科学革命都是科学历史上的核心组织概念。[①] 首先从概念上，它与中世纪哲学完全分开，这种做法和以前的历史一样。早期科学革命的作家强调科学巨匠们做出的卓越贡献，他们在物理

---

① 著名的调查有 Porter，"The Scientific Revolution"；Lindberg and Westman，*Reappraisals of the Scientific Revolution*；Porter and Teich，*The Scientific Revolution*.

学和天文学中的前瞻性、开拓性工作。在该领域中，排在天才排行榜中最前面的是艾萨克·牛顿，排行榜上还包括罗伯特·波义耳，勒奈·笛卡尔，伽利略·伽利莱和尼古拉·哥白尼。他们每个人都对自然的组成和运转方式提出了颠覆性的理论，完完全全地改变了世界。① 然而，也有一些学者热衷对知识革命采取更谨慎的姿态，他们指出现代早期的科学与之前的科学有着密不可分的联系，而大多数历史学家（实际上是大多数的读者）仍然喜欢彻底决裂这个概念。②

历史学家们为了对科学革命得出集中性答案，不再众说纷纭，他们协商进行了概念延展。他们的这种做法对本研究意义深远。首先，历史学家扩展了科学革命的学科基础，这不仅包括数学和物理，还包括探究自然的模式。他们强调实验的重要性，甚至比理论更强大，并指出现代早期阶段亲力亲为探索自然的方式意义重大。③ 其次，历史学家越来越重视社会文化因素对科学的影响，既影响科学内容也影响科学实践：与科学相关的地点空间研究，对科学的赞助，及促进科学辩论的宗教力量，这些都表明历史的趋势是将科学革命的知识变化置于更广泛的背景之下。这些还引发了更具体的研究，比如研究为何某种知识能够在某一时间地点迅速兴起，研究科学知识是如何

---

① 例如，Burtt，*The Metaphysical Foundations*；Crombie，*Augustine to Galileo*；Hall，*The Scientific Revolution*；Jones，*Ancients and Moderns*；Hall，"On the Historical Singularity of the Scientific Revolution."

② 例如，Duhem，*The Aim and Structure of Physical Theory*；Schmitt，"Towards a Reassessment of Renaissance Aristotelianism"；Schmitt，*Aristotle and the Renaissance*.

③ 例如，Schaffer，"Glass Works"；Hall，*Promoting Experimental Learning*；Wilson，*The Invisible World*；Kuhn，"Mathematical versus Experimental Traditions."

产生及被评估的[①]。再次，科学历史学家极为努力地将更广泛的实践者纳入了科学革命的范畴。越来越多的历史学家倾向于将默默无闻的平凡人对自然界的理解做出的贡献和像牛顿、伽利略这种伟人做的贡献相提并论[②]。

由于历史学家扩大了科学革命的因素，于是历史学就变成了对科学革命的时间、地点、方式及原因的各种论断的激烈辩论。这种辩论激起当时一位知名历史学家做出了这样的声明，“根本就不存在科学革命这种东西”，然后他又写了关于科学革命的一整本书[③]。史蒂文·夏平(Steven Shapin)一针见血地提出了看似自相矛盾的言论。尽管有些人质疑过科学革命存在性的问题，但是无人完全反对将之列入一种分析范畴。也许我们没有办法超越中心组织原则的原因是15世纪和18世纪人们对自然的兴趣反差太大。如果把这些阶段排在一起，我们不禁会像旧版《纽约客》杂志关于一个科学方程式的漫画那样得出结论，在这几个阶段之间一定发生了重大事件。比如家里水龙头到热水器的管道装置出现问题，那么我们就得去定位一下究竟哪个地方出了毛病。但是，“什么问题”和“哪里出了问题”直到目前也还没有达成一致的意见。

我并不想扩大中心组织概念的界限，因为那本身就有缺陷，我会

---

① 很多文献可以参考马克思主义历史学家的开山之作：Jacob, *The Newtonians and the English Revolution*; Jacob, *Robert Boyle and the English Revolution*; Jacob, "Restoration Ideologies and the Royal Society"; Jacob, *The Radical Enlightenment*; Jacob, *The Cultural Meaning of the Scientific Revolution*. 最近，历史学家采用社会方法论，参考 Zilsel, "The Sociological Roots of Science," 和 Merton, *Science, Technology, and Society*. 对这一方法有价值的论述见 Golinski, *Making Natural Knowledge*.

② 例如，Hall, "The Scholar and the Craftsman"; Field and James, *Humanists, Scholars, Craftsmen*.

③ Shapin, *The Scientific Revolution*, 1. 多布斯指出科学革命作为一个分析范畴已经远远地超出了其实用性；"Newton as Final Cause."

将现代早期科学和现代早期科学家作为术语以进行更具体的研究。为了达到这一目的，我采用了多点民族志（multisited ethnography）的方法，特别是人类学家乔治·马库斯（George Marcus）的方法。多点民族志学者采用禅宗射术的方法，也就是围绕潜在目标进行研究，直到发现有成果性的研究目标。马库斯鼓励接纳偶然性和混乱性，抵制通过命名将我们的研究目标固定下来的倾向[①]。他指出，那种方式往往导致限制性的学术，因为"在之前我们就知道了我们在讨论的东西"。为了慢慢发现研究目标，避免随便地确定研究目标，我从民族志学实践大纲中总结出了四个步骤：倾听历史来源，寻找对自然研究感兴趣的人们；通过咨询尽可能广泛的来源材料，与这些人建立关系，人类学家克利弗德·吉尔斯（Clifford Geertz）把这种关系称之为融洽关系；寻找实践者、观点，及产生这些来源的社区之间的联系，并将之作为潜在成果性研究目标；最后绘制出伊丽莎白一世时期伦敦的科学和社区两个关联的概念图。

人类学家会采用很多策略建构"多点研究构想"，包括围绕某一文化去对某种人、某种隐喻或是某种著作权来追根溯源。在伊丽莎白一世时期伦敦的科学实践研究中，我选择对人追根溯源，这是多点民族志的一种形式，即"通过生活历史的记录，在地点及社会背景之间建立偶然或新型的联系"。[②] 在我对他们穷究其尽之前，我得首先定位。对历史学家而言，"田野调查"是在档案馆和图书馆完成的，在那里我们必须倾听要研究的历史主题。我开始的野外工作方式是列出一个名单，上面是所有写过有关自然研究相关文章的作家，时间宽幅控制在1550年至1610年之间。当我去研究他们的生平经历时，这些作家又

---

① Marcus, *Ethnography*, 187－188.

② Ibid., 90－95; Fischer, "The Uses of Life Histories."

会引出积极研究自然知识的其他人。这些人(他们不是现存著作的作者)会出现在前言里，致读者信中，主文边上的旁注上及对作品本身的随笔评论中。

认真倾听这些材料会让我发现有更大范围，更多样化，更诱人的人群可以跟踪。我要做的第二步就是找到一种方法，可以跟踪我一路遇到的所有人，但不用明确知道我收集的信息会有什么用途。在简单地做了索引卡片和表格后，我决定用关系数据库——后来证明这个决定非常有先见之明，因为等我坐下来要写出我的发现时，我已经搜集到了大概 1 800 个伊丽莎白一世时期的英国人。随着数据的增多，并且之前在搜集人物传记材料时没有设定清晰或固定的问题，通过分析这些概念就会对现代早期英国的科学实践有更多的新看法。如果当时从一开始我就将问题局限于伊丽莎白王朝，或某一具体的实践者，或我认为的更有价值或更实际的研究目标的其他范畴，那么我就不会得到这么新的看法①。

我的数据库里已经有成百上千的伊丽莎白时期的英国人，那么我需要与我的研究对象建立更深层的亲密关系。民族志学者们总是纠结于他们项目的这个阶段，其实我也很纠结。建立亲密关系可不仅仅是分享共同的词汇，这需要很多年与你的研究对象“深入相处”(民族志学者是这么称呼的)，直到你跨过局外人的界限而成为名义上的局内人。只有当一个民族志学者能理解他们的内部笑话、呢喃耳语或是

① 有关传记学方法，参见 Bulst and Genet，*Medieval Lives and the Historian*；Mathesen，“Medieval Prosopography and Computers”；Goudriaan et al.，*Prosopography and Computer*.早期现代传记参见 Hans，*New Trends in Education*；Stone，“Prosopography”；de Ridder-Symoens，“Prosopographical Research in the Low Countries.”科学史方面的著作参见 Shapin and Thackeray，“Prosopography as a Research Tool”；Hunter，The Royal Society and Its Fellows；West-fall，“Science and Technology.”

眼神的含义时,才能说是与他们建立了亲密关系。作为一名历史学者,我觉得我建立亲密关系的唯一方式是扩大资源库,并且把看似无关的资源相联系,直到我能看懂他们的神秘字符或涂鸦。本书研究包括参考印刷资源及手稿资源。我检查过知识历史资源(比如科学书、信件、笔记)还有社会历史资源(包括城市、教堂、遗嘱检验记录)。我读过知名人物如约翰·迪写的书,也读过无名人物如克莱门特·德雷帕写的书。我查找过专利登记簿、政府文件、外交函。当然,我期待着在我熟悉的材料中找到有关科学的参考文献,也就是知识历史来源。但我没想到的是,从教区记录中找到了钟表匠的很多信息,或者从追踪产婆处理财产的方式中找到了她们所在的社区。在如此多的资源中,找到联系——关于人、地点、观点、争论的联系,是十分有价值的,能透露出在伊丽莎白时代伦敦科学实践新鲜、意外的细节。

但伊丽莎白一世时期伦敦的科学实践并不是革命性的。从我的研究看来,那些实践者的工作并没有转变范式去使用托马斯·库恩(Thomas Kuhn)的词汇。实际上这次研究的一个比较重要的意义在于,为那些想研究库恩命名的"正常科学"的人提供了路线,正常科学指的是在大的动乱或变革的前后时期的脑力劳动。但必须得说明的是,牛顿是一个知识的革命者,尽管他站在巨人的肩膀之上。但根据我的研究,牛顿也站在了卑微平凡的当地实践者的肩膀上,他们做了更平凡的工作(但仍然很重要),就是整合加工自然知识。科学革命的故事应该包括牛顿,也应包括那些更平凡的人物,比如休·普拉特,或像托马斯·库恩所建议的他们对科学工作的讨论方法①。

很多伊丽莎白一世时期的"无名人士"聚集在伦敦城内,形成了自然知识和实践的社区,共同探讨一些问题,如地理位置、行会会员、利

① Kuhn, *The Structure of Scientific Revolutions*.

益等。克里斯托弗·希尔(Christopher Hill)曾写道,“伊丽莎白统治时期的科学是商人、工匠工作的结果,而不是大学教员的工作结果;科学是在伦敦传播的,而不是在牛津或剑桥。”[①]我的调查结果为希尔的论断提供了具体的证明。但很快我就发现,没有哪个社区、学科、职业或行会能给我提供切实准确的证据,来说明伦敦必然成为自然知识产生的地点。关注伦敦城,而不是关注城里更小的机构性的团体,这样我才明白为什么在项目早期的时候,科学领域的社会学家做的工作给我提供了许多良好的方法模型,但到后来却发现没有我想象中的那么有用。他们强调科学的机构(像实验室、科学社团、大学,甚至皇家法院等),而根据我对伦敦科学社区的研究,那儿根本就没有一个强大的机构框架,这二者是相互矛盾的。而且,我感兴趣的那些伦敦人共处于一种广义的城市文化中。

在翻阅完大批的资料后,科学和伦敦成为我项目的核心成分,还有该时期科学工作或科学实践的组成问题也成了我的核心。研究科学的历史学者最近几年一直努力梳理出经验和实验的区别,以及自然的经验性知识如何来促成了现代科学的形成[②]。伦敦人会带着狂热的激情收集标本,种植花园,制作药材,解剖尸体,制作利用仪器,搭建蒸馏装置,深入研究自然。我虽然想要了解这些经验性的实践知识,但万万没想到阅读和写作在他们当中占据了如此重要的位置。艾德里安·约翰斯(Adrian Johns)在他的开创性作品《书的本质:制作过程中的印刷和知识》(*The Nature of the Book: Print and Knowledge in the Making*)中开辟了探究的新领域,他试图找出印刷、手稿及实验性

---

① Christopher Hill, *Intellectual Origins*, 15.

② Charles B. Schmitt, “Experience and Experiment”; Shapin and Schaffer, *Leviathan and the Air-Pump*; Dear, “Narratives, Anecdotes, and Experiments”; Garber, “Experiment, Community”; *Shapin*, *A Social History of Truth*; *Dear*, *Discipline and Experience*.

文化之间的联系和区别①。在本次研究中有两点让我印象深刻,首先是手稿文化的持续性,其次是印刷业在创造突破经验知识方面的重要作用。约翰斯主要关注 17 世纪,而我关注的是整个 16 世纪。但我的研究结果显示,我们仍然需要再次认识书——既包括手稿也包括印刷稿——在科学革命中起到的作用。

我觉得通过我与大量资源建立的亲密关系及随着研究对象的凸显,我能从当事人认识理解科学的角度看待伦敦的科学,尽管有时候我可能采用另一种词汇去讲述或描述他们的工作。在描述他们的世界时,我会尽可能多用他们的意见,并公平地对待他们对于古怪而又混乱的自然世界的各种反应。为了达到这一目的,我采用了吉尔斯的"深度描写"的方法。很多历史学者都有效使用过这一方法,尤其是那些对微观历史学类型和自下而上的历史研究方法感兴趣的历史学者②。但我也会尽可能保持我叙述的开放性和条件性,我采用了卡洛琳・沃克・拜纳姆(Carolyn Walker Bynum)在她的《片段与救赎》(*Fragmentation and Redemption*)中谈论的"喜剧形式"。③ 这里要讲述的故事不仅仅是现代早期的自然研究,像档案馆里讲述的那样——哪怕是最好的故事都不是那样的。这里面没有一个是完整无缺、平稳流畅的叙述形式。有些是片段,有些是从各种文章或语境中拼凑到一起的。尽管这些故事不完整,也不是确切的,但它们却能真实地反映出那个时代的伦敦人对自然世界的想法及他们自身在其中的作用,既能反映个体,也能反映群体。

我从多点民族志中得到启发,在收集解释证据方面采用的方法和

① Eisenstein, *The Printing Press as an Agent of Change*; Rider, "Literary Technology and Typographic Culture"; Johns, *The Nature of the Book*.

② 例如,Davis, *The Return of Martin Guerre*; Ginzburg, *The Cheese and the Worms*.

③ Bynum, *Fragmentation and Redemption*.

人类学者有某些共同点的。尽管有人会争论这能不能归类到民族志研究中，因为研究对象已经过世400年，他们不可能回答研究者的问题或直接接受研究者的观察，但我觉得我对伊丽莎白时期伦敦的科学研究是一种民族志，因为它揭露了那个特定时间、特定地点的人们的生活经历（年代尽可能久远），而不是我自己所处年代的经历。乔治·马库斯解释过，“民族志学是根据对每天的观察留意推测出来的，是要通过与社区人群的面对面交流得出的切身体会”。[①] 一些学者，如唐娜·哈拉维（Donna Haraway）、布鲁诺·拉图尔（Bruno Latour）和保罗·拉比诺（Paul Rabinow），都采用过民族志学的方式阐明当代科学，包括DNA、现代实验室文化、现代文化中的半机器人概念等，他们的工作提供给本研究很多启示[②]。很多人认为研究过往年代已逝人们的民族志严格意义上讲是不可能实现的，但这种方法论体系深深吸引了我，因为我觉得采用深度描述和开放性分析相结合的方法，是最有可能去理解在科学历史中发生的混乱、不确定或是困难的事件的，那就是科学革命。

研究像科学革命这种有挑战性的主题是非常引人注目的，因为不可能轻易得出结论。我没有想做出一些定论，比如科学革命很简短，或者伦敦很独特，或者科学革命的社会基础只能存在于伊丽莎白一世时期的伦敦之类的。相反，我试图给科学革命的谈话提供一个新方向。我希望通过我阐明伦敦如何为英国17世纪的科学革命提供了重要的封尘已久的社会基础，能带动其他人去进一步研究知识产生的其他城市中心。我讲述的伦敦故事也说明了“我们”可以让平凡的当地实践者在历史档案中被看到，被听到。

---

① Marcus, *Ethnography*, 83.

② 例如，Haraway, *Primate Visions*; Haraway, *Simians, Cyborgs, and Women*; Latour, *Science in Action*; Rabinow, *French DNA*.

但是任何一种研究结果都不能表明我们可以抛开科学革命的整体性。相反，与科学这个词一样，科学革命也是一个高度争议性的术语，我们需要花时间更深入全面地探究它的复杂性和矛盾性。目前，在科学历史研究中，这个词的背景是 1400 至 1800 年间为理解自然知识所做的全部努力，本研究符合这一背景框架。即使我们认为它不存在或者已经没有意义，大多数科学历史学者仍然觉得他们需要解释自然知识的发展是“导致它”或“由它导致”的。科学革命是一个有多层含义的术语，有很多内涵和外延——关于它包括什么或不包括什么，所以当它摆在我们眼前时，我们便会有忽视它的风险。

# 参考文献

## 手　稿


Archdeaconry Court of London
MS 3
MS 4
MS 5
Bodleian Library
MS Ashmole 1394
MS Ashmole 1399
MS Ashmole 1487
MS Douce 68
MS Douce 363
MS Eng. Misc. d. 80 (R)
British Library
MS Additional 12222
MS Additional 12503
MS Additional 27278
MS Additional 35831
MS Additional 71494
MS Additional 71495
MS Cotton Julius F.I
MS Cotton Titus B.V
MS Cotton Vespasian F.VI
MS Douce 68
MS Harley 286
MS Harley 853
MS Harley 6467
MS Harley 6991
MS Harley 6994
MS Harley 7009
MS Lansdowne 4
MS Lansdowne 6
MS Lansdowne 10
MS Lansdowne 12
MS Lansdowne 18
MS Lansdowne 19
MS Lansdowne 21
MS Lansdowne 24
MS Lansdowne 26
MS Lansdowne 27
MS Lansdowne 29
MS Lansdowne 39
MS Lansdowne 42
MS Lansdowne 43
MS Lansdowne 48
MS Lansdowne 69
MS Lansdowne 75
MS Lansdowne 77
MS Lansdowne 80
MS Lansdowne 98
MS Lansdowne 101
MS Lansdowne 103
MS Lansdowne 104
MS Lansdowne 105
MS Lansdowne 121
MS Lansdowne 241

British Library
MS Lansdowne 683
MS Royal 18.A
MS Sloane 95
MS Sloane 317
MS Sloane 320
MS Sloane 684
MS Sloane 1423
MS Sloane 1744
MS Sloane 2170
MS Sloane 2171
MS Sloane 2172
MS Sloane 2175
MS Sloane 2176
MS Sloane 2177
MS Sloane 2189
MS Sloane 2192
MS Sloane 2194
MS Sloane 2195
MS Sloane 2197
MS Sloane 2203
MS Sloane 2209
MS Sloane 2210
MS Sloane 2212
MS Sloane 2216
MS Sloane 2223
MS Sloane 2228
MS Sloane 2244
MS Sloane 2245
MS Sloane 2246
MS Sloane 2247
MS Sloane 2249
MS Sloane 2272
MS Sloane 3252
MS Sloane 3574
MS Sloane 3654
MS Sloane 3657
MS Sloane 3682
MS Sloane 3686
MS Sloane 3687
MS Sloane 3688
MS Sloane 3689
MS Sloane 3690
MS Sloane 3691
MS Sloane 3692
MS Sloane 3707
MS Sloane 3748
MS Sloane 4014
MS Stowe 1069
Cambridge University, University Library
MS 4138
MS Gg.6.9
Commissary Court of London
MS 19
Corporation of London Record Office
MS Rep. 13
MS Rep. 15
MS Rep. 17
MS Rep. 18
Folger Shakespeare Library
MS L.b.202
MS L.b.239
Guildhall Library, London
MS 577/1
MS 1002/1A
MS 1046/1
MS 1279/2
MS 1454
MS 1568/1
MS 2088
MS 2593/1
MS 2953/1
MS 3907/1
MS 4069/1
MS 4165/1
MS 4524/1
MS 4352/1
MS 4384/1
MS 4399/1
MS 4508/1
MS 4510/1
MS 5257/1
MS 6419/1
MS 6836/1
MS 9171/20
MS 9220
MS 9221
MS 9223

Guildhall Library, London
  MS 9234/1
  MS 9235/2
  MS 10,342
  MS 16,981
Henry E. Huntington Library
  MS Ha 2363
  MS Ha 2364
  MS Ha 5366
London Metropolitan Archives
  MS DL/C/214
  MS DL/C/332
  MS DL/C/335
Oxford University, Magdalene College
  MS Goodyer 13
  MS Goodyer 96
Prerogative Court of Canterbury
  Prob. 11/30
  Prob. 11/63
  Prob. 11/73
  Prob. 11/153
Public Records Office
  C 66/948
  C 66/960
  C 66/968
  C 66/972
  C 66/985
  C 66/1012
  C 66/1017
  C 66/1032
  C 66/1040
  C 66/1049
  C 66/1053
  C 66/1330
  C 66/1333
  E 101/3/9
  SP Additional 13/23.2
  SP Additional 21/79
  SP Domestic 12/1
  SP Domestic 12/8
  SP Domestic 12/16
  SP Domestic 12/32
  SP Domestic 12/36
  SP Domestic 12/37
  SP Domestic 12/39
  SP Domestic 12/40
  SP Domestic 12/42
  SP Domestic 12/46
  SP Domestic 12/83
  SP Domestic 12/88
  SP Domestic 12/92
  SP Domestic 12/111
  SP Domestic 12/118
  SP Domestic 12/122
  SP Domestic 12/125
  SP Domestic 12/127
  SP Domestic 12/152
  SP Domestic 12/161
  SP Domestic 12/177
  SP Domestic 12/200
  SP Domestic 12/206
  SP Domestic 12/209
  SP Domestic 12/216
  SP Domestic 12/217
  SP Domestic 12/226
  SP Domestic 12/243
  SP Domestic 122/62
  SP Domestic Supplement 46/32
  SP 70/146
Royal College of Physicians, London, MS Annals


## 一手资料


Aconcio, Iacopo. *Stratagematum Satanæ libri octo quos Iacobus Acontius vir summi iudicij nec minoris pietatis, annis abhinc pène [sic] 70 primum edidit & sereniss. Q Reginæ Elizabethæ inscripsit*. Oxford, 1631.

Agnello, Giovan Battista. *A revelation of the secret spirit Declaring the most concealed secret of alchymie*. Trans. R[obert] N[apier]. London, 1623.

Agricola, Georg. *De re metallica*. Trans. and ed. Herbert Clark Hooever and Lou Henry Hoover. London: Mining Magazine, 1912.
*Analytical Index to the Series of Records Known as the Remembrancia, 1579–1664*. London: E. J. Francis, 1878.
Anonymous. *An introduction for to learne to recken wyth the pen or with the counters, according to the true rule of algorisme, in whole numbers or in broken Newly over seene and corrected*. London, 1566.
Anthony, Francis. *The apologie, or defence of a verity heretofore published concerning a medicine called aurum potabile*. London, 1616.
Bacon, Francis. *The Advancement of Learning. The Oxford Francis Bacon*, vol. 4. Ed. Michael Kiernan. Oxford: Clarendon, 2000.
Bacon, Francis. *Francis Bacon: A Critical Edition of the Major Works*. Ed. Brian Vickers. Oxford: Oxford University Press, 1996.
Bacon, Francis. *Gesta Grayorum*. London, 1688.
Bacon, Francis. *The Instauratio Magna: Part II Novum organum. The Oxford Francis Bacon*, vol. 11. Ed. Graham Rees and Maria Wakeley. Oxford: Clarendon, 2004.
Bacon, Francis. *The Letters and Life of Francis Bacon*. 7 vols. Ed. James Spedding. London, 1861–1874.
Bacon, Francis. *The Refutation of Philosophies*. In Farrington, *The Philosophy of Francis Bacon*, 103–33.
Bacon, Francis. *Sylva sylvarum: or A naturall historie in ten centuries*. London, 1627.
Bacon, Francis. *The wisedome of the Ancients*. Trans. Arthur Gorges. London, 1619.
Bacon, Francis. *The Works of Francis Bacon*. 17 vols. Ed. Basil Montagu. London: William Pickering, 1830.
Bacon, Francis. *The Works of Francis Bacon*. 7 vols. Ed. James Spedding, Robert Leslie Ellis, and Douglas Denon Heath. London, 1859–64.
Baker, George. *The composition or making of the moste excellent and pretious oil, called oleum magistrale*. London, 1574.
Baker, George, ed. *Guidos questions newly corrected*. London, 1579.
Baker, George, ed. *The newe jewell of health wherein is contayned the most excellent secretes of phisicke and philosophie, devided into fower books*. London, 1576.
Baker, George, ed. *The whole worke of that famous chiru[r]gion Maister John Vigo*. Trans. Thomas Gale. London, 1586.
Baker, Humfrey. *Such as are desirous, eyther themselves to learne, or to have theyr children or servants instructed*. London, ca. 1590.
Baker, Humfrey. *The well spryng of sciences which teacheth the perfect worke and practise of arithmeticke*. London, 1568.
Bauhin, Gaspard. *Pinax theatri botanici*. Basel, 1623.
Bell, James, and Ethel Seaton, eds. *Queen Elizabeth and a Swedish Princess: Being an Account of the Visit of Princess Cecilia of Sweden to England in 1565*. London: Haslewood, 1926.
Best, George. *The Three Voyages of Martin Frobisher*. 2 vols. Ed. Vilhjamlur Stefansson and Eloise McCaskill. London: Argonaut, 1938.
Billingsley, Henry, trans. *The elementes of geometrie*. London, 1570.

Blagrave, John. *Astrolabium uranicum generale*. London, 1596.

Blagrave, John. *Baculum familliare, catholicon sive generale. A booke of the making and use of a staffe, newly invented by the author, called the familiar staffe*. London, 1590.

Blagrave, John. *The mathematical jewel*. London, 1585.

Bloom, J. Harvey, and R. Rutson James, eds. *Medical Practitioners in the Diocese of London, Licensed under the Act of 3 Henry VIII, C. 11, an Annotated List, 1529–1725*. Cambridge: Cambridge University Press, 1935.

Borough, William. *Discourse on the variation of the cumpas*. Annexed to Norman, *The newe attractive*.

Bostocke, Richard. *The difference between the auncient phisicke . . . and the latter phisicke*. London, 1585.

Bourne, William. *An almanac and prognostication for three years*. London, 1564.

Bourne, William. *The arte of shooting in great ordnaunce*. London, 1587.

Bourne, William. *A booke called the treasure for traveilers*. London, 1578.

Bourne, William. *Inventions or devises*. London, 1578.

Bourne, William. *A regiment for the sea*. Ed. Thomas Hood. London, 1592.

Buck, George. *The Third Universitie of England*, in John Stow, *The Annales, or a generall chronicle of England*. London, 1615.

Carr, Cecil T., ed. *Select Charters of Trading Companies*. New York: Burt Franklin, 1970.

Clowes, William. *A briefe and necessarie treatise, touching the cure of the disease called morbus Gallicus, or lues venerea, by unctions and other approoved waies of curing*. London, 1585.

Clowes, William. *A prooved practise for all young chirurgians, concerning burnings with gunpowder*. London, 1588.

Clowes, William. *A right frutefull and approoved treatise, for the artificiall cure of that malady called in Latin Struma*. London, 1602.

Clowes, William. *A short and profitable treatise touching the cure of the disease called Morbus Gallicus by unctions*. London, 1579.

Cole, James (see also Colius, Jacobus, and Cool, Jacob). *Of death a true description*. London, 1629.

Colius, Jacobus. *Descriptio mortis, & Præparation contra eandem*. Middelburg, 1624.

Colius, Jacobus. *Paraphrasis, ofte verklaringe ende verbredinge van den CIIII psalm de Propheten Davids*. Middelburg, 1618.

Colius, Jacobus. *Syntagma herbarum encomiasticum*. Leiden, 1606.

Cool, Jacob. *Den staet van London in hare Groote Peste*. Middelburg, 1606.

Colius, Jacobus. *Den staet van London in hare Groote Peste*. Ed. J. A. van Dorsten and K. Schaap. Leiden, 1962.

Coxe, Francis. *A prognostication made for y[e] yeere of our Lorde God 1566 declaryng the chau[n]ge, full, & quarters of the moone, w[ith] other, accustomable matters, seruing all England*. London, 1566.

Coxe, Francis. *A short treatise declaringe the detestable wickednesse, of magicall sciences as necromancie. coniurations of spirites, curiouse astrologie and such lyke*. London, 1561.

Cuningham, William. *The cosmographical glasse*. London, 1559.

Dee, John. "Compendious Rehearsal." In *Autobiographical Tracts of Dr. John Dee, Warden of the College of Manchester*, ed. James Crossley. Chetham Society (Old Series) 24 (1851): 1–45.

Dee, John. *The Diaries of John Dee*. Ed. Edward Fenton. Oxford: Day, 1998.

Dee, John. *General and rare memorials pertaining to the perfect arte of navigation*. London, 1577.

Dee, John. "Mathematical Preface." In Billingsley, *Elementes of geometrie*.

Digges, Leonard. *A booke named Tectonicon*. London, 1556.

Digges, Leonard. *A prognostication everlasting of right good effect*. London, 1564.

Dodoens, Rembert. *De frugum historia*. Antwerp, 1552.

Dodoens, Rembert. *A niewe herball, or historie of plantes*. Trans. Henry Lyte. London, 1578.

Fennor, William. *The miseries of a jaile: or A true description of a prison*. London, 1610.

Gerard, John. *Catalogus arborum, fructium ac plantarum tam indigenarum quam exoticarum, in horto Johannes Gerardi*. London, 1596.

Gerard, John. *The herball or Generall historie of plantes*. London, 1597.

Gerard, John. *The herball or Generall historie of plantes. Gathered by John Gerarde of London Master in Chirurgerie very much enlarged and amended by Thomas Johnson citizen and apothecary of London*. London, 1633.

Glanvill, Joseph. *Scepsis scientifica*. London, 1665.

Hall, John, trans. *A most excellent and learned woorke of chirurgerie, called Chirurgia parva Lanfranci, Lanfranke of Mylayne his briefe*. London, 1565.

Hessels, J. H., ed. *Ecclesiæ Londino-Batavæ Archivum*. 4 vols. 1887; Osnabruck: Otto Zeller, 1969.

Hester, John. *A compendium of the rationall secretes, of the worthie knight and most excellent doctour of phisicke and chirurgerie, Leonardo Phioravante Bolognese devided into three bookes*. London, 1582.

Hester, John. *A hundred and fourtene experiments and cures of the famous phisition Philippus Aureolus Theophrastus Paracelsus*. London, 1583.

Hester, John. *A joyfull jewell*. London, 1579.

Hester, John. *A short discours Of the excellent doctour and knight, maister Leonardo Phioravanti Bolognese uppon chirurgerie*. London, 1580.

Hester, John. *These oiles, waters, extractions, or Essences[,] saltes, and other compositions; are at Paules wharfe ready made to be solde*. [London], [c. 1585–88].

Hester, John. *A true and perfect order to distill oyles out of al manner of spices, seedes, rootes and gummes*. London, 1575.

Hood, Thomas. *The making and use of the geometricall instrument, called a sector*. London, 1598.

Hood, Thomas. *The use of the celestial globe in plano, set foorth in two hemispheres*. London, 1590.

Hood, Thomas. *The use of the two mathematical instrumentes the crosse staffe, and the Jacobes staffe*. London, 1596.

Hulton, Paul, ed. *America, 1585: The Complete Drawings of John White*. Chapel Hill: University of North Carolina Press, 1986.

Johnson, Francis R., ed. "Thomas Hood's Inaugural Address as Mathematical Lecturer of the City of London (1588)." *Journal of the History of Ideas* 3 (1942): 94–106.

Kirk, R. E. G., and Ernest F. Kirk, eds. *Returns of Aliens Dwelling in the City and Suburbs of London from the Reign of Henry VIII to That of James I.* 3 vols. Aberdeen: Aberdeen University Press, 1900–1907.

L'Écluse, Charles de. *Nederlandsch kruidkundige, 1526–1609*. Ed. Friedrich Wilhelm Tobias Hunger. 2 vols. The Hague: M. Nijhoff, 1927–43.

L'Écluse, Charles de. *Rariorum aliquot Stirpium, per Pannonium, Austriam, & vicinas quasdam Provincias observatarum Historia*. Antwerp, 1583.

L'Écluse, Charles de. *Rariorum Plantarum Historia*. Antwerp, 1601.

L'Obel, Matthew de (see also Pena, Pierre). *Balsami, opobalsami, carpobalsmi et xylobalsami, cum suo cortice, explanatio*. London, 1598.

L'Obel, Matthew de. *Nova stirpium adversaria perfacilis vestigatio*. Antwerp, 1576.

L'Obel, Matthew de. *Stirpium adversaria nova, perfacilis vestigatio*. London, 1605.

L'Obel, Matthew de. *Stirpium illustrationes*. London, 1655.

Lucar, Cyprian. *A treatise named Lucar Appendix*. Annexed to Tartaglia, *Three bookes of colloquies*.

Lucar, Cyprian. *A treatise named Lucarsolace*. London, 1590.

Lupton, Donald. *London and the countrey carbonadoed and quartered into severall characters*. London, 1632.

Madge, Sidney, ed. *Inquisitiones Post Mortem Relating to the City of London Returned into the Court of Chancery*. Part 2, 1561–77. London: London and Middlesex Archaeological Society, 1901.

Marcus, Leah, Janel Mueller, and Mary Beth Rose, eds. *Elizabeth I: Collected Works*. Chicago: University of Chicago Press, 2000.

Maunsell, Andrew. *The first part of the catalogue of English printed books*. London, 1595.

Maurolico, Francesco. *Martyrologium*. Venice, 1567.

Mellis, John. "To the Reader." In Hugh Oldcastle, *A briefe instruction and maner how to keepe bookes of accompts*. London, 1588.

Mellis, John. "To the Right worshipfull M. Robert Forth Doctor of Law." In Record, *The grounde of artes*. London, 1582.

Middleton, Thomas. *The roaring Girle*. London, 1611.

Minshull, Geffray. *Essayes and characters of a prison and prisoners*. London, 1618.

Moens, W. J. C., ed. *The Marriage, Baptismal, and Burial Registers, 1571 to 1874, and Monumental Inscriptions of the Dutch Reformed Church, Austin Friars, London*. Lymington, UK: privately printed, 1884.

Moffett, Thomas. *Healths improvement: or, Rules comprizing and discovering the nature, method and manner of preparing all sorts of foods used in this nation*. London, 1746.

Moffett, Thomas. *Insectorum sive minimorum animalium theatrum*. London, 1634.

Moffett, Thomas. *The silkewormes and their flies*. London, 1599.

Moffett, Thomas. *The theater of insects*. Vol. 3 of Topsell, *The history of four-footed beasts*.

Munk, William. *The Roll of the Royal College of Physicians of London*. 4 vols. London: Harrison, 1878.

Norman, Robert. *The newe attractive*. London, 1581.

Oldcastle, Hugh. *A briefe instruction and maner how to keepe bookes of accompts*. London, 1588.

Oldenburg, Henry. *The Correspondence of Henry Oldenburg*. Ed. Marie Boas Hall and Rupert Hall. 11 vols. Madison: University of Wisconsin Press, 1965–77.

Orta, Garcia de. *Aromatum, et simplicium aliquot medicamentorum apud Indos nascentium historia*. Trans. Charles de L'Écluse. Antwerp, 1567.

Orta, Garcia de. *Coloquios dos simples e drogas e coisas medicinais da India e de algumas frutas*. Goa, 1563.

Ortelius, Abraham. *Deorum Dearumque capita*. Antwerp, 1573.

Ortelius, Abraham. *Theatrum orbis terrarum*. Antwerp, 1570.

Parkinson, John. *Theatrum botanicum: The theater of plants. Or, An herball of a large extent*. London, 1640.

Peckham, George. *A true reporte, of the late discoveries . . . of the new-found Landes: By . . . Sir Humfrey Gilbert*. London, 1583.

Pena, Pierre, and Mathias de L'Obel. *Stirpium adversaria nova*. London, 1571.

Plat, Hugh. *Certaine philosophicall preparations of foode and beverage for sea-men, in their long voyages*. London, [1607].

Plat, Hugh. *Delightes for ladies*. London, 1602.

Plat, Hugh. *A discoverie of certaine English wants*. London, 1595.

Plat, Hugh. *The Floures of Philosophie*. London, 1572.

Plat, Hugh. *The jewell house of art and nature*. London, 1594.

Plat, Hugh. *Sundrie new and artificiall remedies against famine*. London, 1596.

Platter, Thomas. *Beschreibung der Reisen durch Frankreich, Spanien, England und die Niederlande, 1595–1600*. 2 vols. Ed. I. Teil. Basel: Schwabe, 1968.

Platter, Thomas, and Horatio Busino. *The Journals of Two Travellers in Elizabethan and Early Stuart England*. London: Caliban, 1995.

Prockter, Adrian, and Robert Taylor, eds. *The A to Z of Elizabethan London*. Kent: Harry Margary, 1979.

Puraye, Jean, ed. *Abraham Ortelius: Album Amicorcum*. Amsterdam: Van Gendt, 1969.

Quiccheberg, Samuel. *Inscriptiones vel tituli theatri amplissimi*. Munich, 1565.

Read, John, trans. *A most excellent and compendious method of curing woundes in the head, and in other partes of the body*. London, 1588.

Record, Robert. *The ground of artes*. London, 1558.

Record, Robert. *The ground of artes*. London, 1582.

Record, Robert. *The pathway to knowledg containing the first principles of geometrie*. London, 1551.

Ripley, George. *The compound of alchymy*. Ed. Ralph Rabbards. London, 1591.

Scouloudi, Irene. *Returns of Strangers in the Metropolis, 1593, 1627, 1635, 1639: A Study of an Active Minority*. London: Huguenot Society, 1985.

Securis, John. *A detection and querimonie of the daily enormities and abuses co[m]mitted in physick concernyng the thre[e] partes therof: that is, the physitions part, the part of the surgeons, and the arte of poticaries*. London, 1566.

Smith, Thomas. *A Discourse of the Commonweal of This Realm of England*. Ed. Mary Dewar. Charlottesville: University Press of Virginia for the Folger Shakespeare Library, 1969.

Sotheby and Company. *Catalogue of the Highly Important Correspondence of Abraham Ortelius (1528–98) together with Some Earlier and Later Letters Presented by Ortelius's*

*Nephew, Jacob Cole, to the Dutch Church in London.* London: Charles F. Ince and Sons, 1955.

Stevin, Simon. *The haven-finding art.* Trans. Edward Wright. London, 1599.

Stow, John. *The annales, or a generall chronicle of England.* London, 1615.

Stow, John. *A survay of London.* London, 1598.

Stow, John. *A Survey of London Reprinted from the Text of 1603.* 2 vols. Ed. Charles Lethbridge Kingsford. Oxford: Clarendon, 1908.

Tartaglia, Niccolò. *Euclide Megarense reassettato et alla integrite ridotto per Niccolo Tartalea.* Venice, 1543.

Tartaglia, Niccolò. *Three bookes of colloquies concerning the arte of shooting.* Trans. Cyprian Lucar. London, 1588.

Taylor, John. *Works.* London: Spenser Society, 1869.

Topsell, Edward. *The history of four-footed beasts and serpents.* London, 1658.

Topsell, Edward. *The History of Four Footed Beasts and Serpents and Insects.* 2 vols. New York: Da Capo, 1967.

W., I. *The copie of a letter sent by a learned physician to his friend.* London, 1586.

Wheeler, John. *A Treatise of Commerce.* Ed. George Burton Hotchkiss. New York: New York University Press, 1931.

Wright, Edward. *Certaine errors in navigation.* London, 1599.

## 二手资料

Abrahams, Israel. "Joachim Gaunse: A Mining Incident in the Reign of Queen Elizabeth." *Transactions of the Jewish Historical Society of England* 4 (1903): 83–101.

Ackermann, Silke, ed. *Humphrey Cole: Mint, Measurement, and Maps in Elizabethan England.* British Museum Occasional Paper, no. 126. London: British Museum, 1998.

Alexander, Michael Van Cleave. *The Growth of English Education 1348–1648: A Social and Cultural History.* University Park: Penn State University Press, 1990.

Allaire, Bernard. "Methods of Assaying Ore and Their Application in the Frobisher Ventures." In *Meta Incognita: A Discourse of Discovery, Martin Frobisher's Arctic Expeditions, 1576–1578.* ed. Thomas H. B. Symons, 477–504. Hull, Quebec: Canadian Museum of Civilization, 1999.

Ames-Lewis, Francis, ed. *Sir Thomas Gresham and Gresham College: Studies in the Intellectual History of London in the Sixteenth and Seventeenth Century.* Aldershot: Ashgate, 1999.

Anderson, Benedict. *Imagined Communities: Reflections on the Origin and Spread of Nationalism.* London: Verso, 1991.

Archer, Ian. *The Pursuit of Stability: Social Relations in Elizabethan London.* Cambridge: Cambridge University Press, 1991.

Archer, Ian. "Smith, Sir Thomas (1513–1577)." In *Oxford Dictionary of National Biography.* Oxford: Oxford University Press, 2004 [http://www.oxforddnb.com/view/article/25906, accessed 26 October 2006].

Arrizabalaga, John, John Henderson, and Roger French. *The Great Pox: The French Disease in Renaissance Europe.* New Haven: Yale University Press, 1997.

Ash, Eric. *Power, Knowledge, and Expertise in Elizabethan England*. Baltimore: Johns Hopkins University Press, 2004.

Ashworth, William B. "Emblematic Natural History of the Renaissance." In *Cultures of Natural History*, ed. Nicholas Jardine, James Secord, and Emma Spary, 17–37. Cambridge: Cambridge University Press, 1996.

Ashworth, William B. "Natural History and the Emblematic World View." In Lindberg and Westman, *Reappraisals of the Scientific Revolution*, 303–33.

Atkins, S. E., and W. H. Overall. *Some Account of the Worshipful Company of Clockmakers*. London, 1881.

Atkinson, A. G. B. *St. Botolph Aldgate: The Story of a City Parish*. London: Grant Richards, 1898.

Baillie, G. H. *Watchmakers and Clockmakers of the World*. London: Methuen, 1929.

Barnard, John. "Politics, Profit, and Idealism: John Norton, the Stationers' Company, and Sir Thomas Bodley." *Bodleian Library Record* 17 (2002): 385–408.

Barnett, Richard C. *Place, Profit, and Power: A Study of the Servants of William Cecil, Elizabethan Statesman*. Chapel Hill: University of North Carolina Press, 1969.

Barry, Jonathan. "Bourgeois Collectivism? Urban Association and the Middling Sort." In Barry and Brooks, *The Middling Sort of People*, 84–112.

Barry, Jonathan, and Christopher Brooks, eds. *The Middling Sort of People: Culture, Society, and Politics in England, 1550–1800*. New York: St. Martin's, 1994.

Bazerman, Charles. *Shaping Written Knowledge: The Genre and Activity of the Experimental Article in Science*. Madison: University of Wisconsin Press, 1998.

Beck, R. Theodore. *The Cutting Edge: Early History of the Surgeons of London*. London: Lund Humphries, 1974.

Beier, A. L. "Social Problems in Elizabethan London." *Journal of Interdisciplinary History* 9 (1978): 203–21.

Beier, L. M. *Sufferers and Healers: The Experience of Illness in Seventeenth-Century England*. London: Routledge, 1987.

Bellany, Alastair. *The Politics of Court Scandal in Early Modern England: News Culture and the Overbury Affair, 1603–1660*. Cambridge: Cambridge University Press, 2002.

Bennett, James A. "The 'Mechanics' Philosophy and the Mechanical Philosophy." *History of Science* 24 (1986): 1–28.

Bennett, Judith M. *Ale, Beer, and Brewsters in England: Women's Work in a Changing World, 1300–1600*. Oxford: Oxford University Press, 1996.

Beretta, Marco. "Humanism and Chemistry: The Spread of Georgius Agricola's Metallurgical Writings." *Nuncius* 12 (1997): 17–47.

Bettey, J. H. "A Fruitless Quest for Wealth: The Mining of Alum and Copperas in Dorset, c. 1568–1617." *Southern History* 23 (2001): 1–9.

Bettey, J. H. "The Production of Alum and Copperas in Southern England." *Textile History* 13 (1982): 91–98.

Biagioli, Mario. *Galileo, Courtier: The Practice of Science in the Culture of Absolutism*. Chicago: University of Chicago Press, 1993.

Biagioli, Mario. "The Social Status of Italian Mathematicians, 1400–1600." *History of Science* 27 (1989): 41–95.

Blair, Ann. "Humanist Methods in Natural Philosophy: The Commonplace Book." *Journal of the History of Ideas* 53 (1992): 541–51.

Blair, Ann. "Reading Strategies for Coping with Information Overload ca. 1550–1700." *Journal of the History of Ideas* 64 (2003): 11–28.

Blair, Ann. *The Theater of Nature: Jean Bodin and Renaissance Science*. Princeton: Princeton University Press, 1997.

Blatcher, Marjorie. *The Court of the King's Bench, 1450–1550: A Study in Self Help*. London: Athlone, 1978.

Blayney, Peter W. M. *The Bookshops of Paul's Cross Churchyard*. Occasional Papers of the Bibliographical Society, no. 5. London: Bibliographical Society, 1990.

Bosters, C., ed. *Alba Amicorum: Viif Eeuwen Vriendschap op Papier Gezet: Het Album Amicorum en Het Poëziealbum in de Nederlanden*. The Hague: CIP-Gegevens Koninklijke, 1990.

Bots, Hans, and Françoise Waquet. *La république des lettres*. Paris: Belin — De Boeck, 1977.

Boulton, Jeremy. "Neighborhood and Migration in Early Modern London." In Clark and Souden, *Migration and Society in Early Modern England*, 107–49.

Boulton, Jeremy. *Neighborhood and Society: A London Suburb in the Seventeenth Century*. Cambridge: Cambridge University Press, 1987.

Briggs, John C. *Francis Bacon and the Rhetoric of Nature*. Cambridge: Harvard University Press, 1989.

Brockliss, Laurence, and Colin Jones. *The Medical World of Early Modern France*. Oxford: Clarendon, 1997.

Brooks, Christopher. "Professions, Ideology, and the Middling Sort in the Late Sixteenth and Early Seventeenth Centuries." In Barry and Brooks, *The Middling Sort of People*, pp. 113–40.

Brown, Joyce. *Mathematical Instrument-Makers in the Grocers' Company, 1688–1800*. London: Science Museum, 1979.

Browner, Jessica A. "Wrong Side of the River: London's Disreputable South Bank in the Sixteenth and Seventeenth Century." *Essays in History* 36 (1994) [http://etext.lib.virginia.edu/journals/EH/EH36/browner1.html, accessed 26 October 2006].

Bryden, D. J. "Evidence from Advertising for Mathematical Instrument Making in London, 1556–1714." *Annals of Science* 49 (1992): 301–36.

Bulst, Neithard, and Jean-Philippe Genet, eds. *Medieval Lives and the Historian: Studies in Medieval Prosopography*. Kalamazoo, 1986.

Burke, Peter. "The Language of Orders in Early Modern Europe." In *Social Orders and Social Classes in Europe Since 1500: Studies in Social Stratification*, ed. M. L. Bush, 1–12. New York: Longman, 1992.

Burtt, E. A. *The Metaphysical Foundations of Early Modern Science*. New York: Doubleday, 1924.

Bynum, Caroline Walker. *Fragmentation and Redemption*. New York: Zone, 1992.

Byrne, Richard. *Prisons and Punishments of London*. London: Harrap, 1989.

Capp, Bernard. *Astrology and the Popular Press: English Almanacs, 1500–1800*. New York: 1979.

Carlin, Martha. *Medieval Southwark*. London: London and Hambledon, 1996.

Challis, C. E. *The Tudor Coinage*. Manchester: Manchester University Press, 1978.
Challis, C. E, ed. *A New History of the Royal Mint*. Cambridge: Cambridge University Press, 1992.
Chamberland, Celeste C. "With a Lady's Hand and a Lion's Heart: Gender, Honor, and the Occupational Identity of Surgeons in London, 1580–1640." Ph.D. diss., University of California, 2004.
Chaplin, Joyce E. *Subject Matter: Technology, the Body, and Science on the Anglo-American Frontier, 1500–1676*. Cambridge: Harvard University Press, 2001.
Christianson, John Robert. *On Tycho's Island: Tycho Brahe and His Assistants, 1570–1601*. Cambridge: Cambridge University Press, 2000.
Clanchy, M. T. *From Memory to Written Record: England, 1066–1307*. Cambridge: Harvard University Press, 1979.
Clark, F. M. "New Light on Robert Recorde." *Isis* 8 (1926): 50–70.
Clark, George. *A History of the Royal College of Physicians of London*. 2 vols. Oxford: Clarendon, 1964.
Clark, Peter, and David Souden. *Migration and Society in Early Modern England*. Totowa, NJ: Barnes and Noble, 1988.
Clericuzio, Antonio. "Agricola e Paracelso: Mineralogia e iatrochemica nel Rinascimento." *Nuova civiltà delle machine* 12 (1994): 113–21.
Clifton, Gloria. *Dictionary of British Scientific Instrument Makers, 1550–1851*. London: Zwemmer/National Maritime Museum, 1995.
Collinson, Richard. *The Three Voyages of Martin Frobisher*. London: Hakluyt Society, 1867.
Clouse, Michele. "Administering and Administrating Medicine: Philip II and the Medical World of Early Modern Spain." Ph.D. diss., University of California, 2004.
Clucas, Stephen. "'No Small Force': Natural Philosophy and Mathematics in Thomas Gresham's London." In Ames-Lewis, *Sir Thomas Gresham and Gresham College*, 146–73.
Clucas, Stephen. "Thomas Harriot and the Field of Knowledge in the English Renaissance." In *Thomas Harriot: An Elizabethan Man of Science*, ed. Robert Fox, 93–136. Aldershot: Ashgate, 2000.
Clulee, Nicholas. *John Dee's Natural Philosophy: Between Science and Religion*. London: Routledge, 1988.
Cook, Harold J. "Against Common Right and Reason: The College of Physicians Versus Dr. Thomas Bonham." *American Journal of Legal History* 29 (1985): 301–22.
Cook, Harold J. *The Decline of the Old Medical Regime in Stuart London*. Ithaca: Cornell University Press, 1986.
Cook, Harold J. "Good Advice and Little Medicine: The Professional Authority of Early Modern English Physicians." *Journal of British Studies* 33 (1994): 1–31.
Cook, Harold J. "Time's Bodies: Crafting the Preparation and Preservation of Naturalia." In Smith and Findlen, *Merchants and Marvels*, 223–47.
Cook, Harold J. The *Trials of an Ordinary Doctor: Joannes Groenevelt in Seventeenth-Century London*. Baltimore: Johns Hopkins University Press, 1994.
Cormack, Lesley. *Charting an Empire*. Chicago: University of Chicago Press, 1997.

Cormack, Lesley."The Commerce of Utility: Teaching Mathematical Geography in Early Modern England." *Science and Education* 15 (2006): 305–22.

Cormack, Lesley. "'Twisting the Lion's Tail': Practice and Theory in the Court of Henry, Prince of Wales." In Moran, *Patronage and Institutions*, 67–84.

Cottret, Bernard. *The Huguenots in England: Immigration and Settlement c. 1550–1700*. Cambridge: Cambridge University Press, 1991.

Crawforth, M. A. "Instrument Makers in the London Guilds." *Annals of Science* 44 (1987): 319–77.

Crombie, A. C. *Augustine to Galileo: The History of Science*, A.D. 400–1650. London: Falcon, 1952.

Cross, Claire. *The Puritan Earl: The Life of Henry Hastings Third Earl of Huntington, 1536–1595*. New York: St. Martin's, 1966.

Cruickshank, C. G. *Elizabeth's Army*. Oxford: Oxford University Press, 1966.

Cunningham, Richard. "Virtual Witnessing and the Role of the Reader in a New Natural Philosophy." *Philosophy and Rhetoric* 34 (2001): 207–24.

Dannenfeldt, Karl H. "Egyptian Mumia: The Sixteenth-Century Experience and Debate." *Sixteenth-Century Journal* 16 (1985): 163–80.

Darnton, Robert. *The Kiss of Lamourette: Reflections in Cultural History*. New York: Norton, 1995.

Darnton, Robert. *The Literary Underground of the Old Regime*. Cambridge: Harvard University Press, 1982.

Daston, Lorraine, and Katharine Park. *Wonders and the Order of Nature, 1150–1750*. New York: Zone, 2001.

Davies, Margaret Gay. *The Enforcement of English Apprenticeship: A Study in Applied Mercantilism, 1563–1642*. Cambridge: Harvard University Press, 1956.

Davis, Natalie Zemon. "Beyond the Market: Books as Gifts in Sixteenth-Century France." *Transactions of the Royal Historical Society*, 5th series, 33 (1983): 69–88.

Davis, Natalie Zemon. *The Return of Martin Guerre*. Cambridge: Harvard University Press, 1983.

Davis, Natalie Zemon. "Sixteenth-Century French Arithmetics and Business Life." *Journal of the History of Ideas* 21 (1960): 18–48.

Dawbarn, Frances. "New Light on Dr. Thomas Moffet: The Triple Roles of an Early Modern Physician, Client, and Patronage Broker." *Medical History* 47 (2003): 3–22.

Dawbarn, Frances. "Patronage and Power: The College of Physicians and the Jacobean Court." *British Journal of the History of Science* 31 (1998): 1–19.

Dear, Peter. *Discipline and Experience: The Mathematical Way in the Scientific Revolution*. Chicago: University of Chicago Press, 1995.

Dear, Peter. "Narratives, Anecdotes, and Experiments: Turning Experience into Science in the Seventeenth Century." In *The Literary Structure of Scientific Argument*, ed. Peter Dear, 135–63. Philadelphia: University of Pennsylvania Press, 1991.

Dear, Peter. "*Totius in verba*: Rhetoric and Authority in the Early Royal Society." *Isis* 76 (1985): 145–61.

De Backer, W., Francine de Nave, D. Imhof, et al. *Botany in the Low Countries (end of the Fifteenth Century—ca. 1650)*. Antwerp: Plantin-Moretus Museum, 1993.

Debus, Allen G. *The Chemical Philosophy: Paracelsian Science and Medicine in the Sixteenth and Seventeenth Centuries*. 2 vols. New York: Science History Publications, 1977.
Debus, Allen G. *The English Paracelsians*. Cambridge: Cambridge University Press, 1965.
Debus, Allen G. *The French Paracelsians: The Chemical Challenge to Medical and Scientific Tradition in Early Modern France*. Cambridge: Cambridge University Press, 1991.
Debus, Allen G. "The Paracelsian Compromise in Elizabethan England." *Ambix* 8 (1960): 71–97.
Devereaux, Simon, and Paul Griffiths, eds. *Penal Practice and Culture, 1500–1900: Punishing the English*. New York: Palgrave Macmillan, 2004.
Dewar, Mary. *Sir Thomas Smith: A Tudor Intellectual in Office*. London: Athlone, 1964.
Dillon, Janette. *Language and Stage in Medieval and Renaissance England*. Cambridge: Cambridge University Press, 1998.
Dobb, Clifford. "London Prisons." *Shakespeare Survey* 17 (1964): 87–100.
Dobbs, Betty Jo Teeter. *Alchemical Death and Resurrection: The Significance of Alchemy in the Age of Newton*. Washington, DC: Smithsonian Institution Libraries, 1990.
Dobbs, Betty Jo Teeter. "Newton as Final Cause and First Mover." In *Rethinking the Scientific Revolution*, ed. Margaret J. Osler, 25–40. Cambridge: Cambridge University Press, 2000.
Donald, M. B. "Burchard Kranich (c. 1515–1578), Miner and Queen's Physician, Cornish Mining Stamps, Antimony, and Frobisher's Gold." *Annals of Science* 6 (1950): 308–52.
Donald, M. B. *Elizabethan Copper: The History of the Mines Royal, 1568–1608*. London: Pergamon, 1955.
Donald, M. B. *Elizabethan Monopolies: The History of the Company of Mineral and Battery Works*. London: Oliver and Boyd, 1961.
Drover, C. B., and H. A. Lloyd. *Nicholas Vallin, 1565–1603: Connoisseur Year Book*. London, 1955.
Duden, Barbara. *The Woman Beneath the Skin: A Doctor's Patients in Eighteenth-Century Germany*. Trans. Thomas Dunlap. Cambridge: Harvard University Press, 1991.
Duhem, Pierre. *The Aim and Structure of Physical Theory*. Princeton: Princeton University Press, 1991.
Dunn, Richard. "The True Place of Astrology among the Mathematical Arts of Late Tudor England." *Annals of Science* 51 (1994): 151–63.
Eamon, William. "Court, Academy, and Printing House: Patronage and Scientific Careers in Late Renaissance Italy." In Moran, *Patronage and Institutions*, 25–50.
Eamon, William. *Science and the Secrets of Nature*. Princeton: Princeton University Press, 1994.
Earle, Peter. "The Middling Sort in London." In Barry and Brooks, *The Middling Sort of People*, pp. 141–58.
Egmond, Florike. "Correspondence and Natural History in the Sixteenth Century: Cultures of Exchange in the Circle of Carolus Clusius." In *Correspondence and Cultural Exchange in Early Modern Europe*, ed. Francisco Bethencourt and Florike Egmond. Cambridge, Cambridge University Press, forthcoming.
Egmond, Florike. "A European Community of Scholars: Exchange and Friendship among Early Modern Natural Historians." In *Finding Europe: Discourses on Margins, Communities, Images*, ed. Anthony Molho and Diogo Ramada Curto. Oxford: Berghahn, forthcoming.

Egmond, Florike, Paul Hoftijzer, and Robert Vissers, eds. *Carolus Clusius in a New Context: Cultural Histories of Renaissance Natural Science*. Amsterdam: Edita, 2006.
Eisenstadt, S. N., and Louis Roniger. "Patron-Client Relations as a Model of Structuring Social Exchange." *Comparative Studies in Society and History* 22 (1980): 42–77.
Eisenstein, Elizabeth. *The Printing Press as an Agent of Change: Communication and Cultural Transformations in Early-Modern Europe*. New York: Cambridge University Press, 1979.
Esler, Anthony. *The Aspiring Mind of the Elizabethan Younger Generation*. Durham: Duke University Press, 1966.
Esser, Raingard. "Germans in Early Modern Britain." In *Germans in Britain Since 1500*, ed. Panikos Panayi, 17–27. London: Hambledon, 1996.
Evans, R. J. W. *Rudolf II and His World: A Study in Intellectual History, 1576–1612*. Oxford: Oxford University Press, 1973.
Evenden, D. A. "Gender Differences in the Licensing and Practice of Female and Male Surgeons in Early Modern England." *Medical History* 42 (1998): 194–216.
Everitt, C. W. F. "Background to History: The Transition from Little Physics to Big Physics in the Gravity Probe B Relativity Gyroscope Program." In Galison and Hevly, *Big Science*, 212–35.
Farrington, Benjamin. *The Philosophy of Francis Bacon: An Essay on Its Development from 1603 to 1609 with New Translations of Fundamental Texts*. Chicago: University of Chicago, 1964.
Feingold, Mordechai. "Gresham College and London Practitioners: The Nature of the English Mathematical Community." In Ames-Lewis, *Sir Thomas Gresham and Gresham College*, 174–88.
Feingold, Mordechai. *The Mathematicians' Apprenticeship: Science, Universities, and Society in England, 1560–1640*. Cambridge: Cambridge University Press, 1984.
Ferguson, A. B. *The Articulate Citizen and the English Renaissance*. Durham: Duke University Press, 1965.
Ferguson, Margaret. *Dido's Daughters: Literacy, Gender, and Empire in Early Modern England*. Chicago: University of Chicago Press, 2002.
Feuer, Lewis S. *Jews in the Origins of Modern Science and Bacon's Scientific Utopia: The Life and Work of Joachim Gause, Mining Technologist and First Recorded Jew in English-Speaking North America*. Cincinnati: American Jewish Archives, 1987.
Field, J. V., and Frank A. J. L. James, eds. *Renaissance and Revolution: Humanists, Scholars, Craftsmen, and Natural Philosophers in Early Modern Europe*. Cambridge: Cambridge University Press, 1993.
Findlen, Paula. "Controlling the Experiment: Rhetoric, Court Patronage and the Experimental Method of Francesco Redi." *History of Science* 31 (1993): 35–64.
Findlen, Paula. "Courting Nature." In *Cultures of Natural History*, ed. Nicholas Jardine, James Secord, Emma Spary, 57–74. Cambridge: Cambridge University Press, 1996.
Findlen, Paula. "The Economy of Scientific Exchange in Early Modern Italy." In Moran, *Patronage and Institutions*, 5–24.
Findlen, Paula. "The Formation of a Scientific Community: Natural History in Sixteenth-

century Italy." In *Natural Particulars: Nature and the Disciplines in Renaissance Europe*, ed. Anthony Grafton and Nancy Siraisi, 369–400. Cambridge: MIT Press, 1999.

Findlen, Paula. "Jokes of Nature and Jokes of Knowledge: The Playfulness of Scientific Discourse in Early Modern Europe." *Renaissance Quarterly* 43 (1990): 292–331.

Findlen, Paula. *Possessing Nature: Museums, Collecting, and Scientific Culture in Early Modern Italy*. Berkeley: University of California Press, 1994.

Finlay, Roger. *Population and Metropolis: The Demography of London, 1580–1625*. Cambridge: Cambridge University Press, 1981.

Fischer, M. J. "The Uses of Life Histories." *Anthropological Humanities Quarterly* 16 (1991): 24–27.

Fisher, F. J. *London and the English Economy, 1500–1700*. Ed. P. J. Corfield and N. B. Harte. London: Hambledon, 1990.

Fissell, Mary E. *Patients, Power, and the Poor in Eighteenth-Century Bristol*. Cambridge: Cambridge University Press, 1991.

Forbes, Thomas. *Chronicle from Aldgate: Life and Death in Shakespeare's London*. New Haven: Yale University Press, 1971.

Forster, Leonard. *Janus Gruter's English Years: Studies in the Continuity of Dutch Literature in Exile in Elizabethan England*. London: Oxford University Press, 1967.

Foucault, Michel. "What Is an Author?" In *Language, Counter-Memory, Practice: Selected Essays and Interviews*, trans. Donald F. Bouchard and Sherry Simon. Ithaca: Cornell University Press, 1977.

Freedberg, David. *The Eye of the Lynx: Galileo, His Friends, and the Beginnings of Modern Natural History*. Chicago: University of Chicago Press, 2003.

Fumerton, Patricia. *Cultural Aesthetics: Renaissance Literature and the Practice of Social Ornament*. Chicago: University of Chicago Press, 1991.

Furdell, Elizabeth Lane. *Publishing and Medicine in Early Modern England*. Rochester, NY: University of Rochester Press, 2002.

Galison, Peter, and Bruce Hevly, eds. *Big Science: The Growth of Large-Scale Research*. Stanford: Stanford University Press, 1992.

Galison, Peter, and Bruce Hevly, eds. "The Many Faces of Big Science." In Galison and Hevly, *Big Science*, 1–17.

Galison, Peter, Bruce Hevly, and Rebecca Lowen. "Controlling the Monster: Stanford and the Growth of Physics Research, 1935–1962." In Galison and Hevly, *Big Science*, 46–77.

Garber, Daniel. "Experiment, Community, and the Constitution of Nature in the Seventeenth Century." *Perspectives on Science* 3 (1995): 173–201.

Garrioch, David. "Shop Signs and Social Organization in Western European Cities, 1500–1900." *Urban History* 21 (1994): 20–48.

Gaukroger, Stephen. *Francis Bacon and the Transformation of Early-Modern Philosophy*. Cambridge: Cambridge University Press, 2001.

Gentilcore, David. "'Charlatans, Mountebanks, and Other Similar People': The Regulation and Role of Itinerant Practitioners in Early Modern Italy." *Social History* 20 (1995): 297–314.

Gentilcore, David. *Healers and Healing in Early Modern Italy*. Manchester: Manchester University Press, 1998.

George, Wilma. "Alive or Dead: Zoological Collections in the Seventeenth Century." In Impey and MacGregor, *The Origins of Museums*, 245–55.

Gingerich, Owen. *The Book Nobody Read: Chasing the Revolutions of Nicolaus Copernicus*. New York: Penguin, 2005.

Ginzburg, Carlo. *The Cheese and the Worms: The Cosmos of a Sixteenth-Century Miller*. Baltimore: Johns Hopkins University Press, 1980.

Goldgar, Anne. *Impolite Learning: Conduct and Community in the Republic of Letters, 1680–1750*. New Haven: Yale University Press, 1995.

Goldgar, Anne. "Nature as Art: The Case of the Tulip." In Smith and Findlen, *Merchants and Marvels*, 324–46.

Goldgar, Anne. *Tulipmania: Money, Honor, and Knowledge in the Dutch Golden Age*. Chicago: University of Chicago Press, 2007.

Goldman, P. H. J. "Eloye Mestrelle and the Introduction of the Mill and Screw Press into English Coinage, circa 1561–1575." *Spink's Numismatic Circular* 82 (1974): 422–27.

Goldthwaite, Richard A. "Schools and Teachers of Commercial Arithmetic in Renaissance Florence." *Journal of European Economic History* 1 (1972–73): 418–33.

Golinski, Jan. *Making Natural Knowledge: Constructivism and the History of Science*. Cambridge: Cambridge University Press, 1998.

Golinski, Jan. *Science as Public Culture*. Cambridge: Cambridge University Press, 1992.

Goodman, David. "Philip II's Patronage of Science and Engineering." *British Journal of the History of Science* 16 (1983): 49–66.

Goudriaan, Koen, Kees Mandemakers, Joachim Reitsma, and Peter Stabel, eds. *Prosopography and Computer: Contributions of Medievalists and Modernists on the Use of Computer in Historical Research*. Lewen: Garant, 1995.

Gough, J. W. *The Rise of the Entrepreneur*. London: B. T. Batsford, 1969.

Grafton, Anthony. "Geniture Collections, Origins, and Use of a Genre." In *Books and the Sciences in History*, ed. Marina Frasca-Spada and Nicholas Jardine, 49–68. Cambridge: Cambridge University Press, 2000.

Grafton, Anthony. "Kepler as Reader." *Journal of the History of Ideas* 53 (1992): 561–72.

Grassl, Gary C. "Joachim Gans of Prague: America's First Jewish Visitor." *Review of the Society for the History of Czechoslovak Jews* 1 (1987): 53–90.

Grassl, Gary C. "Joachim Gans of Prague: The First Jew in English America." *American Jewish History* 86 (1998): 195–217.

Graves, Michael A. R. *Burghley: William Cecil, Lord Burghley*. New York: Longman, 1998.

Green, Monica. "Women's Medical Practice and Health Care in Medieval Europe." *Signs* 14 (1989): 434–73.

Greene, Edward Lee. *Landmarks of Botanical History*. 2 vols. Stanford: Stanford University Press, 1983.

Grell, Ole Peter. *Calvinist Exiles in Tudor and Stuart England*. Aldershot: Scolar, 1996.

Grell, Ole Peter. *Dutch Calvinists in Early Stuart London: The Dutch Church in Austin Friars, 1603–1642*. Leiden: E. J. Brill, 1989.

Grell, Ole Peter. "Plague in Elizabethan and Stuart London: The Dutch Response." *Medical History* 34 (1990): 424–39.

Grell, Ole Peter. "The Schooling of the Dutch Calvinist Community in London, 1550 to 1650." *De zeventiende eeuw*, 2, no. 2 (1986): 45–58.
Gunther, R. T. *Early British Botanists and Their Gardens*. Oxford: Oxford University Press, 1922.
Guy, John R. "The Episcopal Licensing of Physicians, Surgeons and Midwives." *Bulletin of the History of Medicine* 56 (1982): 528–42.
Hall, A. Rupert. "On the Historical Singularity of the Scientific Revolution of the Seventeenth Century." In *The Diversity of History: Essays in Honour of Sir Herbert Butterfield*, ed. J. H. Elliott and H. G. Koenigsberger, 199–222. London: Routledge, 1970.
Hall, A. Rupert. "The Scholar and the Craftsman in the Scientific Revolution." In *Critical Problems in the History of Science*, ed. Marshall Clagett, 3–23. Madison: University of Wisconsin Press, 1959.
Hall, A. Rupert. *The Scientific Revolution, 1500–1800*. Boston: Beacon, 1954.
Hall, Marie Boas. "Henry Oldenburg and the Art of Scientific Communication." *British Journal for the History of Science* 2 (1965): 277–90.
Hall, Marie Boas. *Promoting Experimental Learning: Experiment and the Royal Society, 1660–1727*. Cambridge: Cambridge University Press, 1991.
Halleux, Robert. "L'alchimiste et l'essayeur." In *Die Alchemie in der europäischen Kultur- und Wissenschaftsgeschichte*, ed. Christoph Meinel, 277–91. Wiesbaden: Otto Harrassowitz, 1986.
Haraway, Donna. "Situated Knowledges: The Science Question in Feminism and the Privilege of Partial Perspective." *Feminist Studies* 14 (1988): 575–99.
Harkness, Deborah E. *John Dee's Conversations with Angels: Cabala, Alchemy, and the End of Nature*. Cambridge: Cambridge University Press, 1999.
Harkness, Deborah E. "Managing an Experimental Household: The Dees of Mortlake and the Practice of Natural Philosophy." *Isis* 88 (1997): 247–62.
Harkness, Deborah E. "*Nosce Teipsum*: Curiosity, the Humoural Body, and the Culture of Therapeutics in Sixteenth- and Early Seventeenth-Century England." In *Curiosity and Wonder from the Renaissance to the Enlightenment*, ed. R. J. W. Evans and Alexander Marr, 171–92. Aldershot: Ashgate, 2006.
Harkness, Deborah E. "Strange Ideas and English Knowledge: Natural Science Exchange in Elizabethan London." In Smith and Findlen, *Merchants and Marvels*, 137–62.
Harkness, Deborah E. "Tulips, Maps, and Spiders: The Cole-Ortelius-Lobel Family and the Practice of Natural Philosophy in Early Modern London." In *From Strangers to Citizens: Foreigners and the Metropolis, 1500–1800*, ed. Randolph Vigne and Charles Littleton, 184–96. London: Huguenot Society and Sussex Academic Press, 2001.
Harley, David. "Rhetoric and the Social Construction of Sickness and Healing." *Social History of Medicine* 12 (1990): 407–35.
Harley, David. "Rychard Bostok of Tandgridge, Surrey (c. 1530–1605), M.P., Paracelsian Propagandist, and Friend of John Dee." *Ambix* 47 (2000): 29–36.
Harris, Jonathan Gil. *Foreign Bodies and the Body Politic: Discourses of Social Pathology in Early Modern England*. Cambridge: Cambridge University Press, 1998.
Harris, Jonathan Gil. *Sick Economies: Drama, Mercantilism, and Disease in Shakespeare's England*. Philadelphia: University of Pennsylvania Press, 2004.

Heal, Felicity, and Clive Holmes. "The Economic Patronage of William Cecil." In *Patronage, Culture, and Power: The Early Cecils*, ed. Pauline Croft, 199–229. New Haven: Yale University Press, 2002.

Hearn, Karen. *Marcus Gheeraerts II: Elizabethan Artist in Focus*. London: Tate Publishing, 2002.

Hendrix, Lee. "Of Hirsutes and Insects: Joris Hoefnagel and the Art of the Wondrous." *Word and Image* 11 (1995): 373–90.

Hendrix, Lee, with Georg Bocskay, and Thea Vignau-Wilberg, eds. *Nature Illuminated: Flora and Fauna from the Court of Emperor Rudolf II*. Los Angeles: J. Paul Getty Museum, 1997.

Henrey, Blanche. *British Botanical and Horticultural Literature Before 1800: Comprising a History and Bibliography of Botanical and Horticultural Books Printed in England, Scotland, and Ireland from the Earliest Times until 1800*. 3 vols. London: Oxford University Press, 1975.

Hevly, Bruce. "Reflections on Big Science and Big History." In Galison and Hevly, *Big Science*, 357–63.

Hicks, Michael. "Waad, Armagil (c. 1510–1568)." In *Oxford Dictionary of National Biography*. Oxford: Oxford University Press, 2004 [http://www.oxforddnb.com/view/article/28363, accessed 26 October 2006].

Hill, Christopher. *Intellectual Origins of the English Revolution*. Oxford: Clarendon, 1965.

Hill, Katherine. "'Juglers or Schollers?': Negotiating the Role of a Mathematical Practitioner." *British Journal for the History of Science* 31 (1998): 253–74.

Hind, Arthur M. *Engraving in England in the Sixteenth and Seventeenth Centuries: A Descriptive Catalogue with Introductions*. 3 vols. Cambridge: University Press, 1952–64.

Hodnett, Edward. *Marcus Gheeraerts the Elder of Bruges, London, and Antwerp*. Utrecht: Haentjens Dekker and Gumbert, 1971

Hoeniger, F. D., and J. F. M. Hoeniger. *The Development of Natural History in Tudor England*. Charlottesville: University of Virginia Press for the Folger Shakespeare Library, 1969.

Hoeniger, F. D., and J. F. M. Hoeniger. *The Growth of Natural History in Stuart England: From Gerard to the Royal Society*. Charlottesville: University of Virginia Press for the Folger Shakespeare Library, 1969.

Hogarth, D. D. "Mining and Metallurgy of the Frobisher Ores." In *Archaeology of the Frobisher Voyages*, ed. William W. Fitzhugh and Jacqueline S. Olin, 137–51. Washington, DC: Smithsonian Institution Press, 1993.

Hogarth, D. D., P. W. Boreham, and John G. Mitchell. *Martin Frobisher's Northwest Venture, 1576–1581: Mines, Minerals, and Metallurgy*. Hull, Quebec: Canadian Museum of Civilization, 1994.

Holbrook, Mary, et al. *Science Preserved: A Directory of Scientific Instruments in Collections in the United Kingdom and Eire*. London: HMSO, 1992.

Houliston, V. H. "Sleepers Awake: Thomas Moffet's Challenge to the College of Physicians of London, 1584." *Medical History* 33 (1989): 235–46.

Howson, Geoffrey. *A History of Mathematics Education in England*. Cambridge: Cambridge University Press, 1982.

Hulme, E. Wyndham. "The History of the Patent System Under the Prerogative and at Common Law." *Law Quarterly Review* 12 (1896): 141–54.

Hulme, E. Wyndham. "The History of the Patent System Under the Prerogative and at Common Law: A Sequel." *Law Quarterly Review* 16 (1900): 44–56.

Hulton, Paul, and David Beers Quinn, eds. *The American Drawings of John White, 1577–1590*. Chapel Hill: University of North Carolina Press, 1964.

Hume, Ivor Noel. "Roanoke Island: America's First Science Center." *Colonial Williamsburg* 16 (1994): 14–28.

Hume, Ivor Noel. *The Virginia Adventure, Roanoke to James Towne: An Archaeological and Historical Odyssey*. New York: Knopf, 1994.

Hunter, Michael. *The Royal Society and Its Fellows, 1660–1700: The Morphology of an Early Scientific Institution*. Chalfont St. Giles: British Society for the History of Science, 1982.

Iliffe, Rob. "Material Doubts: Hooke, Artisan Culture, and the Exchange of Information in 1670s London." *British Journal for the History of Science* 28 (1995): 285–318.

Impey, Oliver, and Arthur MacGregor, eds. *The Origins of Museums: The Cabinet of Curiosities in Sixteenth- and Seventeenth-Century Europe*. 1985; London: Stratus, 2001.

Inkster, Ian. *Science and Technology in History: An Approach to Industrial Development*. New Brunswick, NJ: Rutgers University Press, 1991.

Isaac, Peter. "Pills and Print." In *Medicine, Mortality, and the Book Trade*, ed. Robin Myers and Michael Harris, 25–47. New Castle, DE: Oak Knoll, 1998.

Jacob, James R. "Restoration Ideologies and the Royal Society." *History of Science* 18 (1980): 25–38.

Jacob, James R. *Robert Boyle and the English Revolution: A Study in Social and Intellectual Change*. New York: Burt Franklin, 1977.

Jacob, Margaret C. *The Cultural Meaning of the Scientific Revolution*. New York: Knopf, 1988.

Jacob, Margaret C. *The Newtonians and the English Revolution, 1689–1720*. Ithaca: Cornell University Press, 1976.

Jacob, Margaret C. *The Radical Enlightenment: Pantheists, Freemasons, and Republicans*. London: Allen and Unwin, 1981.

Jardine, Lisa. *Erasmus, Man of Letters: The Construction of Charisma in Print*. Princeton: Princeton University Press, 1993.

Jardine, Lisa. *Francis Bacon: Discovery and the Art of Discourse*. Cambridge: Cambridge University Press, 1974.

Jardine, Lisa, and Alan Stewart. *Hostage to Fortune: The Troubled Life of Francis Bacon, 1561–1626*. London: Victor Gollancz, 1998.

Jeffers, Robert H. *The Friends of John Gerard (1545–1612), Surgeon and Botanist: Biographical Appendix*. Falls Village, CT: Herb Grower, 1969.

Johns, Adrian. "The Ideal of Scientific Collaboration: The 'Man of Science' and the Diffusion of Knowledge." In *Commercium Litterarium: Forms of Communication in the Republic of Letters, 1600–1750*, ed. Hans Bots and Francoise Waquet, 3–22. Amsterdam: APA — Holland University Press, 1994.

Johns, Adrian. *The Nature of the Book: Print and Knowledge in the Making*. Chicago: University of Chicago Press, 1998.

Johnson, Francis R. *Astronomical Thought in Renaissance England: A Study of the English Scientific Writing, 1500 to 1645*. Baltimore: Johns Hopkins University Press, 1937.

Johnson, Francis R. "Gresham College: Precursor of the Royal Society." *Journal of the History of Ideas* 1 (1940): 413–38.

Johnson, Francis R., and S. V. Larkey. "Robert Recorde's Mathematical Teaching and the Anti-Aristotelian Movement." *Huntington Library Bulletin* 7 (1935): 59–87.

Johnston, Stephen. "The Astrological Instruments of Thomas Hood." July 1998, http://www.mhs.ox.ac.uk/staff/saj/hood-astrology/.

Johnston, Stephen. "Making Mathematical Practice: Gentlemen, Practitioners, and Artisans in Elizabethan England." Ph.D. diss., University of Cambridge, 1994.

Johnston, Stephen. "Mathematical Practitioners and Instruments in Elizabethan England." *Annals of Science* 48 (1991): 319–34.

Johnston, Stephen. "Recorde, Robert (c. 1512–1558)." In *Oxford Dictionary of National Biography*. Oxford: Oxford University Press, 2004 [http://www.oxforddnb.com/view/article/23241, accessed 26 October 2006].

Jones, Norman. "Defining Superstitions: Treasonous Catholics and the Act Against Witchcraft of 1563." In *State, Sovereigns, and Society in Early Modern England: Essays in Honour of A. J. Slavin*, ed. Charles Carlton, Robert L. Woods, Mary L. Robertson and Joseph L. Block, 187–203. New York: Palgrave, 1997.

Jones, Peter Murray. "Gemini, Thomas (*fl.* 1540–1562)." In *Oxford Dictionary of National Biography*. Oxford: Oxford University Press, 2004 [http://www.oxforddnb.com/view/article/10513, accessed 26 October 2006].

Jones, Richard Foster. *Ancients and Moderns: A Study of the Rise of the Scientific Movement in Seventeenth-Century England*. New York: Dover, 1962.

Jordanova, Ludmilla. "The Social Construction of Medical Knowledge." *Social History of Medicine* 8 (1995): 361–81.

Jütte, Robert. "Valentin Rösswurm: Zur Sozialgeschicte des Paracelsismus im 16. Jarhundert." In *Resultate und Desiderate der Paracelsus-Forschung*, ed. Peter Dilg and Hartmut Rudolph, 99–112. Stuttgart: Franz Steiner Verlag, 1993.

Karrow, Robert J., Jr. *Mapmakers of the Sixteenth Century and Their Maps: Bio-Bibliographies of the Cartographers of Abraham Ortelius, 1570*. Chicago: Speculum Orbis, 1993.

Kassell, Lauren. "How to Read Simon Forman's Casebooks: Medicine, Astrology, and Gender in Elizabethan London." *Social History of Medicine* 12 (1999): 3–18.

Kassell, Lauren. *Medicine and Magic in Elizabethan London: Simon Forman, Astrologer, Alchemist, and Physician*. Oxford: Clarendon, 2005.

Katz, David S. *Jews in the History of England, 1485–1850*. Oxford: Oxford University Press, 1994.

Kaufmann, Thomas DaCosta. *The Mastery of Nature: Aspects of Art, Science, and Humanism in the Renaissance*. Princeton: Princeton University Press, 1993.

Kaufmann, Thomas DaCosta. "Remarks on the Collections of Rudolf II: The *Kunstkammer* as a Form of *Representatio*." *Art Journal* 38 (1978): 22–28.

Keller, Alexander. "Mathematics, Mechanics, and the Origins of the Culture of Mechanical Invention." *Minerva* 23 (1985): 348–61.

Kettering, Sharon. *Patrons, Brokers, and Clients in Seventeenth-Century France*. Oxford: Oxford University Press, 1986.

Kiernan, Michael. "Introduction: Bacon's Programme for Reform." In Bacon, *Advancement of Learning*, xxxiv–xxxvi.

Klose, Wolfgang. *Corpus Alborum Amicorum*. Stuttgart: CAAC, 1988.

Kocher, Paul. "John Hester, Paracelsian (fl. 1576–93)." In *Joseph Quincy Adams Memorial Studies*, ed. James G. McManaway, Giles E. Dawson, and Edwin E. Willoughby, 621–38. Washington, DC: Folger Shakespeare Library, 1948.

Kocher, Paul. "Paracelsian Medicine in England: The First Thirty Years (ca. 1570–1600)." *Journal of the History of Medicine* 2 (1947): 451–80.

Kuhn, Thomas. "Mathematical Versus Experimental Traditions in the Development of Physical Science." In *The Essential Tension: Selected Studies in Scientific Tradition and Change*, ed. Thomas Kuhn, 31–65. Chicago: University of Chicago Press, 1962.

Kuhn, Thomas. *The Structure of Scientific Revolutions*. 1962; Chicago: University of Chicago Press, 1970.

Lake, Peter. "From Troynouvant to Heliogabulus's Rome and Back: 'Order' and Its Others in the London of John Stow." In *Imagining Early Modern London: Perceptions and Portrayals of the City from Stow to Strype, 1598–1720*, ed. J. F. Merritt, 217–49. Cambridge: Cambridge University Press, 2001.

Leong, Elaine. "Medical Recipe Collections in Seventeenth-Century England: Knowledge, Text, and Gender." Ph.D. diss., University of Oxford, 2006.

Lindberg, David C., and Robert Westman, eds. *Reappraisals of the Scientific Revolution*. Cambridge: Cambridge University Press, 1990.

Lindeboom, Johannes. *Austin Friars: History of the Dutch Church in London, 1550–1950*. The Hague: M. Nijhoff, 1950.

Lingo, Alison. "Empirics and Charlatans in Early Modern France: The Genesis of the Classification of the 'Other' in Medical Practice." *Journal of Social History* 19 (1986): 583–603.

Loewenstein, Joseph. *The Author's Due: Printing and the Prehistory of Copyright*. Chicago: University of Chicago Press, 2002.

Loewenstein, Joseph. *Ben Jonson and Possessive Authorship*. Cambridge: Cambridge University Press, 2002.

Long, Pamela O. "Invention, Authorship, 'Intellectual Property,' and the Origin of Patents: Notes Towards a Conceptual History." *Technology and Culture* (1991): 846–84.

Long, Pamela O. "Objects of Art/Objects of Nature." In Smith and Findlen, *Merchants and Marvels*, 63–82.

Long, Pamela O. "The Openness of Knowledge: An Ideal and Its Context in 16th-Century Writings on Mining and Metallurgy." *Technology and Culture* 32 (1991): 318–55.

Long, Pamela O. *Openness, Secrecy, Authorship: Technical Arts and the Culture of Knowledge from Antiquity to the Renaissance*. Baltimore: Johns Hopkins University Press, 2001.

Loomes, Brian. *The Early Clockmakers of Great Britain*. London: N. A. G. Press, 1981.

Loomie, A. J. "Neville, Edmund (*b.* before 1555, *d.* in or after 1620)." In *Oxford Dictionary of National Biography*. Oxford: Oxford University Press, 2004 [http://www.oxforddnb.com/view/article/19927, accessed 26 October 2006].

Louis, Armand. *Mathieu de L'Obel, 1538–1616: Episode de l'histoire de la botanique*. Ghent: Story-Scientia, 1980.

Love, Harold. *Scribal Publication in Seventeenth-Century England*. Oxford: Clarendon, 1993.

Lux, David. *Patronage and Royal Science in Seventeenth-Century France: The Academie de Physique in Caen*. Ithaca: Cornell University Press, 1989.

Lux, David, and Harold J. Cook. "Communications During the Scientific Revolution." *History of Science* 36 (1998): 179–211.

MacGregor, Arthur. "The Cabinet of Curiosities in Seventeenth-Century Britain." In Impey and MacGregor, *The Origins of Museums*, 201–15.

MacGregor, Arthur, ed. *Tradescant's Rarities: Essays on the Foundation of the Ashmolean Museum 1683 with a Catalogue of the Surviving Early Collections*. Oxford: Clarendon, 1983.

Mandosio, Jean-Marc. "La place de l'alchimie dans les classifications du Moyen Age et de la Renaissance." *Chrysopoeia* 4 (1990–91): 199–282.

Mangini, Giorgi. *Il "mondo" di Abramo Ortelio: Misticismo, geografia, e collezionismo nel Rinascimento dei Paesi Basi*. Modena: Franco Cosimo Panini, 1998.

Marcus, George. *Ethnography Through Thick and Thin*. Princeton: Princeton University Press, 1998.

Marín, Francisco Rodríguez. *Felipe II y la alquimia*. Madrid, 1951.

Marlow, R. K. "The Life and Music of Giles Farnaby." Ph.D. diss., University of Cambridge, 1966.

Marotti, Arthur F. *Manuscript, Print, and the English Renaissance Lyric*. Ithaca: Cornell University Press, 1995

Martin, Henri-Jean. *The History and Power of Writing*. Trans. Lydia G. Cochrane. Chicago: University of Chicago Press, 1988.

Martin, Julian. *Francis Bacon, the State, and the Reform of Natural Philosophy*. Cambridge: Cambridge University Press, 1992.

Mathesen, R. W. "Medieval Prosopography and Computers: Theoretical and Methodological Considerations." *Medieval Prosopography* 9 (1988): 73–128.

Matthews, L. G. "Herbals and Formularies." In *The Evolution of Pharmacy in Britain*, ed. F. N. L. Poynter, 187–213. Springfield, IL: Charles C. Thomas, 1965.

McConnell, Anita. "Baker, Humphrey (*fl.* 1557–1574)." In *Oxford Dictionary of National Biography*. Oxford: Oxford University Press, 2004 [http://www.oxforddnb.com/view/article/1123, accessed 26 October 2006].

McDermott, "The Company of Cathay: The Financing and Organization of the Frobisher Voyages." In *Meta Incognita: A Discourse of Discovery, Martin Frobisher's Arctic Expeditions, 1576–1578*, ed. Thomas H. B. Symons, 147–78. Hull, Quebec: Canadian Museum of Civilization, 1999.

McDermott, *Martin Frobisher: Elizabethan Privateer*. New Haven: Yale University Press, 2001.

McDermott, "Michael Lok, Mercer and Merchant Adventurer." In *Meta Incognita: A Discourse of Discovery, Martin Frobisher's Arctic Expeditions, 1576–1578*, ed. Thomas H. B. Symons, 119–46. Hull, Quebec: Canadian Museum of Civilization, 1999.

McDonnell, K. G. T. *Medieval London Suburbs*. London: Phillimore, 1978.
McElwee, William. *The Murder of Sir Thomas Overbury*. London: Faber and Faber, 1912.
McMullin, Ernan. "Conceptions of Science in the Scientific Revolution." In Lindberg and Westman, *Reappraisals of the Scientific Revolution*, 27–92.
Merrit, J. F. "Introduction: Perceptions and Portrayals of London 1598–1720." In *Imagining Early Modern London: Perceptions and Portrayals of the City from Stow to Strype, 1598–1720*, ed. J. F. Merritt, 1–26. Cambridge: Cambridge University Press, 2001.
Merton, Robert K. *Science, Technology, and Society in Seventeenth-Century England*. 1938; New York: Howard Feitig, 1970.
Meskens, Ad. "Mathematics Education in Late Sixteenth-Century Antwerp." *Annals of Science* 53 (1996): 137–55.
Middleton, W. E. Knowles. *The Experimenters: A Study of the Accademia del Cimento*. Baltimore: Johns Hopkins University Press, 1971.
Moran, Bruce T. *Distilling Knowledge: Alchemy, Chemistry, and the Scientific Revolution*. Cambridge: Harvard University Press, 2005.
Moran, Bruce T. "German Prince-Practitioners: Aspects in the Development of Courtly Science, Technology, and Procedures in the Renaissance." *Technology and Culture* 22 (1981): 35–74.
Moran, Bruce T. "Paracelsus, Religion, and Dissent: The Case of Philipp Homagius and Georg Zimmerman." *Ambix* 43 (1996): 65–79.
Moran, Bruce T. "Princes, Machines, and the Valuation of Precision in the Sixteenth Century." *Sudhoff's Archiv* 61 (1977): 209–28.
Moran, Bruce T, ed. *Patronage and Institutions: Science, Technology, and Medicine at the European Court, 1500–1750*. Rochester, NY: Boydell, 1991.
Morton, Alan Q. "Concepts of Power: Natural Philosophy and the Uses of Machines in Mid-Eighteenth-Century London." *British Journal for the History of Science* 28 (1995): 63–78.
Moss, Ann. *Printed Commonplace-Books and the Structuring of Renaissance Thought*. Oxford: Clarendon, 1996.
Muldrew, Craig. *The Economy of Obligation: The Culture of Credit and Social Relations in Early Modern England*. New York: St. Martin's, 1998.
Mullett, Charles F. "Hugh Plat: Elizabethan Virtuoso." *Studies in Honor of A. H. R. Fairchild, University of Missouri Studies* 21 (1946): 91–118.
Multhauf, Robert. "The Significance of Distillation in Renaissance Chemistry." *Bulletin of the History of Medicine* 30 (1956): 329–46.
Musson, A. E., and E. Robinson. *Science and Technology in the Industrial Revolution*. Manchester: Manchester University Press, 1969.
Neri, Janice. "Fantastic Observations: Images of Insects in Early Modern Europe." Ph.D. diss., University of California at Riverside, 2003.
Newman, William. "The Homunculus and His Forebears: Wonders of Art and Nature." In *Natural Particulars: Nature and the Disciplines in Renaissance Europe*, ed. Anthony Grafton and Nancy Siraisi, 321–45. Cambridge: MIT Press, 1999.
Newman, William. *Promethean Ambitions*. Chicago: University of Chicago Press, 2004.

Norrgrén, Hilde. "Interpretation and the Hieroglyphic Monad: John Dee's Reading of Pantheus's *Voarchadumi*." *Ambix* 52 (2005): 217–46.
Nye, Mary Jo. *Before Big Science: The Pursuit of Modern Chemistry and Physics, 1800–1940*. Cambridge: Harvard University Press, 1999.
Oakeshott, Walter. "Sir Walter Ralegh's Library." *The Library*, 5th series, 23 (1968): 285–327.
Ogilvie, Brian W. "The Many Books of Nature: Renaissance Naturalists and Information Overload." *Journal of the History of Ideas* 64 (2003): 29–40.
Ogilvie, Brian W. *The Science of Describing: Natural History in Renaissance Europe*. Chicago: University of Chicago Press, 2006.
Olmi, Giuseppe. "From the Marvellous to the Commonplace: Notes on Natural History Museums (Sixteenth to Eighteenth Centuries)." In *Non-Verbal Communication in Science Prior to 1900*, ed. Renato G. Mazzolini, 235–78. Florence: Leo S. Oschki, 1993.
Orlin, Lena Cowen. *Material London, ca. 1600*. Philadelphia: University of Pennsylvania Press, 2000.
Owen, A. E. B. "Giles and Richard Farnaby in Lincolnshire." *Music and Letters* 42 (1961): 151–54.
Pagel, Walter. *Paracelsus: An Introduction to Philosophical Medicine in the Era of the Renaissance*. Basel: Karger, 1982.
Paster, Gail Kern. *The Idea of the City in the Age of Shakespeare*. Athens: University of Georgia Press, 1985.
Patterson, Annabel. *Reading Holinshed's Chronicles*. Chicago: University of Chicago Press, 1994.
Pavord, Anna. *The Tulip*. New York: Bloomsbury, 1999.
Pearl, Valerie. "Change and Stability in Seventeenth-Century London." *London Journal* 5 (1979): 3–34.
Pearl, Valerie. *London and the Outbreak of the Puritan Revolution: City Government and National Politics, 1625–43*. Oxford: Oxford University Press, 1961.
Pelling, Margaret. "Appearance and Reality: Barber-Surgeons, the Body, and Disease." In *London, 1500–1700*, ed. A. L. Beier and Roger Finlay, 82–112. London: Longman, 1986.
Pelling, Margaret. *Medical Conflicts in Early Modern London: Patronage, Physicians, and Irregular Practitioners, 1550–1640*. Oxford: Oxford University Press, 2003.
Pelling, Margaret. "Medical Practice in Early Modern England: Trade or Profession?" In *The Professions in Early ModernEngland*, ed. Wilfrid Prest, 90–128. Beckenham, Kent: Croom Helm, 1987.
Pelling, Margaret. "The Women of the Family? Speculations around Early Modern British Physicians." *Social History of Medicine* 8 (1995): 383–401.
Pelling, Margaret, and Charles Webster. "Medical Practitioners." In Webster, *Health, Medicine, and Mortality in the Sixteenth Century*, 165–235.
Peltonen, Markku, ed. *The Cambridge Companion to Bacon*. Cambridge: Cambridge University Press, 1996.
Pérez-Ramos, Antonio. *Francis Bacon's Idea of Science and the Maker's Knowledge Tradition*. Oxford: Oxford University Press, 1988.

Pettegree, Andrew. *Foreign Protestant Communities in Sixteenth-Century England*. Oxford: Clarendon, 1986.

Pomata, Gianna. *Contracting a Cure: Patients, Healers, and the Law in Early Modern Bologna*. Baltimore: Johns Hopkins University Press, 1998.

Pomian, Krzysztof. *Collectors and Curiosities: Paris and Venice, 1500–1800*. Trans. Elizabeth Wiles Portier. Cambridge: Polity, 1990.

Popper, Nicholas. "The English Polydaedali: How Gabriel Harvey Read Late Tudor London." *Journal of the History of Ideas* (2005): 351–81.

Porter, Roy. "The Patient's View: Doing Medical History from Below." *Theory and Society* 14 (1985): 175–98.

Porter, Roy. *Quacks: Fakers and Charlatans in English Medicine*. Stroud: Tempus, 2000.

Porter, Roy. "The Scientific Revolution: A Spoke in the Wheel?" In *Revolution in History*, ed. Roy Porter and Mikulas Teich, 290–316. Cambridge: Cambridge University Press, 1986.

Porter, Roy, and Mikulas Teich, eds. *The Scientific Revolution in National Context*. Cambridge: Cambridge University Press, 1992.

Prest, Wilfrid. *The Inns of Court under Elizabeth I and the Early Stuarts, 1590–1640*. Totowa, NJ: Rowman and Littlefield, 1972.

Preston, Claire. *Thomas Browne and the Writing of Early Modern Science*. Cambridge: Cambridge University Press, 2005.

Price, William Hyde. *The English Patents of Monopoly*. Boston: Houghton, Mifflin, 1906.

Prior, Roger. "A Second Jewish Community in Tudor London." *Jewish Historical Studies* 31 (1988–90): 137–52.

Pritchard, Allan. "Thomas Charnock's Book Dedicated to Queen Elizabeth." *Ambix* 26 (1979): 56–73.

Pumfrey, Stephen. "Who Did the Work? Experimental Philosophers and Public Demonstrators in Augustan England." *British Journal for the History of Science* 28 (1995): 131–56.

Pumfrey, Stephen, and Frances Dawbarn. "Science and Patronage in England, 1570–1625: A Preliminary Study." *History of Science* 42 (2004): 137–88.

Quinn, David B. *The Roanoke Voyages, 1584–1590*. Cambridge: Cambridge University Press, 1955.

Rabb, Theodore K. *Enterprise and Empire: Merchant and Gentry Investment in the Expansion of England, 1575–1630*. Cambridge: Harvard University Press, 1967.

Raffield, Paul. *Images and Cultures of Law in Early Modern England: Justice and Political Power, 1558–1660*. New York: Cambridge University Press, 2004.

Ramsay, G. D. *The City of London in International Politics at the Accession of Elizabeth Tudor*. Manchester: Manchester University Press, 1975.

Rappaport, Steven. *Worlds Within Worlds: Structures of Life in Sixteenth-Century London*. Cambridge: Cambridge University Press 1989.

Raven, Charles E. *English Naturalists from Neckham to Ray: A Study of the Making of the Modern World*. Cambridge: Cambridge University Press, 1947.

Read, Conyers. *Lord Burghley and Queen Elizabeth*. New York: Knopf, 1960.

Read, Conyers. *Mr. Secretary Cecil and Queen Elizabeth*. New York: Knopf, 1955.

Reeds, Karen Meier. *Botany in Medieval and Renaissance Universities*. New York: Garland, 1991.

Rider, Robin. "Literary Technology and Typographic Culture: The Instrument of Print in Early Modern Culture." *Perspectives on Science* 2 (1994): 1–37.
Roberts, R. S. "The Personnel and Practice of Medicine in Tudor and Stuart England: Part II, London." *Medical History* 8 (1964): 217–34.
Rose, Mark. *Authors and Owners: The Invention of Copyright.* Cambridge: Harvard University Press, 1993.
Rose, Paul. *The Italian Renaissance of Mathematics: Studies on Humanists and Mathematicians from Petrarch to Galileo.* Geneva: Droz, 1975.
Rossi, Paolo. *The Dark Abyss of Time: The History of the Earth and the History of Nations from Hooke to Vico.* Trans. Lydia G. Cochrane. 1979; Chicago: University of Chicago Press, 1984.
Rossi, Paolo. *Francis Bacon: From Magic to Science.* Trans. Sacha Rabinovitz. Chicago: University of Chicago Press, 1968.
Rudwick, Martin J. S. *The Meaning of Fossils: Episodes in the History of Paleontology.* 1972; Chicago: University of Chicago Press, 1976.
Salgado, Gamini. *The Elizabethan Underworld.* Totowa, NJ: Rowman and Littlefield, 1977.
Saunders, Ann. "Reconstructing London: Sir Thomas Gresham and Bishopsgate." In Ames-Lewis, *Sir Thomas Gresham and Gresham College*, 1–12.
Saunders, David. *Authorship and Copyright.* London: Routledge, 1992.
Saunders, F. W. "The Stigma of Print." *Essays in Criticism* 1 (1951): 139–64.
Schaffer, Simon. "Glass Works: Newton's Prisms and the Uses of Experiment." In *The Uses of Experiment: Studies in the Natural Sciences*, ed. David Gooding, Trevor Pinch, and Simon Schaffer, 67–104. Cambridge: Cambridge University Press, 1989.
Schaffer, Simon. "Self Evidence." *Critical Inquiry* 18 (1992): 327–62.
Schmitt, Charles B. *Aristotle and the Renaissance.* Cambridge: Harvard University Press, 1983.
Schmitt, Charles B. "Experience and Experiment: A Comparison of Zabarella's View with Galileo's *De Motu*." *Studies in the Renaissance* 16 (1969): 80–137.
Schmitt, Charles B. "Towards a Reassessment of Renaissance Aristotelianism." *History of Science* 11 (1973): 159–93.
Schofield, John. "The Topography and Buildings of London, ca. 1600." In Orlin, *Material London*, 296–321.
Seidel, Robert. "The Origins of the Lawrence Berkeley Laboratory." In Galison and Hevly, *Big Science*, 21–45.
Selwood, Jacob W. "'English-Born Reputed Strangers': Birth and Descent in Seventeenth-Century London." *Journal of British Studies* 44 (2005): 728–53.
Shackelford, Jole. "Early Reception of Paracelsian Theory: Severinus and Erastus." *Sixteenth Century Journal* 26 (1995): 123–35.
Shackelford, Jole. "Paracelsianism and Patronage in Early Modern Denmark." In Moran, *Patronage and Institutions*, 85–109.
Shapin, Steven. "The House of Experiment in Seventeenth-Century England." *Isis* 79 (1988): 373–404.
Shapin, Steven. "The Philosopher and the Chicken: On the Dietetics of Disembodied Knowl-

edge." In *Science Incarnate: Historical Embodiments of Natural Knowledge*, ed. Christopher Lawrence and Steven Shapin, 21–50. Chicago: University of Chicago Press, 1998.
Shapin, Steven. "'A Scholar and a Gentleman': The Problematic Identity of the Scientific Practitioner in Early Modern England." *History of Science* 29 (1991): 279–327.
Shapin, Steven. *The Scientific Revolution*. Chicago: University of Chicago Press, 1998.
Shapin, Steven. *A Social History of Truth: Civility and Science in Seventeenth-Century England*. Chicago: University of Chicago Press, 1994.
Shapin, Steven, and Simon Schaffer. *Leviathan and the Airpump: Hobbes, Boyle, and the Experimental Life*. Princeton: Princeton University Press, 1985.
Shapin, Steven, and Arnold Thackeray. "Prosopography as a Research Tool in the History of Science: The British Scientific Community 1700–1900." *History of Science* 12 (1974): 1–28.
Shapiro, Barbara. *Probability and Certainty in Seventeenth-Century England: A Study of the Relationships Between Natural Science, Religion, History, Law, and Literature*. Princeton: Princeton University Press, 1983.
Sharpe, Kevin. *Reading Revolutions: The Politics of Reading in Early Modern England*. New Haven: Yale University Press, 2000.
Sherman, William. *John Dee: The Politics of Reading and Writing in the English Renaissance*. Amherst: University of Massachusetts Press, 1995.
Shirley, John William. "The Scientific Experiments of Sir Walter Ralegh, the Wizard Earl, and the Three Magi in the Tower 1603–1617." *Ambix* 4 (1951): 52–66.
Siena, Kevin P. *Venereal Disease, Hospitals, and the Urban Poor: London's "Foul Wards," 1600–1800*. Rochester, NY: University of Rochester Press, 2004.
Simon, Joan. *Education and Society in Tudor England*. Cambridge: Cambridge University Press, 1966.
Skinner, Quentin. "Language and Social Change." In *Quentin Skinner and His Critics*, ed. James Tully, 119–32. Princeton: Princeton University Press, 1998.
Slack, Paul. *The Impact of Plague in Tudor and Stuart England*. London: Routledge, 1985.
Slack, Paul. "Mirrors of Health and Treasures of Poor Men: The Uses of the Vernacular Medical Literature of Tudor England." In Webster, *Health, Medicine, and Mortality in the Sixteenth Century*, 237–73.
Smith, Pamela. *The Body of the Artisan*. Chicago: University of Chicago Press, 2004.
Smith, Pamela. *The Business of Alchemy: Science and Culture in the Holy Roman Empire*. Princeton: Princeton University Press, 1994.
Smith, Pamela. "Paracelsus as Emblem." *Bulletin of the History of Medicine* 68 (1994): 314–22.
Smith, Pamela, and Paula Findlen, eds. *Merchants and Marvels: Commerce, Science, and Art in Early Modern Europe*. New York: Routledge, 2002.
Solomon, Julie Robin. *Objectivity in the Making: Francis Bacon and the Politics of Inquiry*. Baltimore: Johns Hopkins University Press, 1998.
Sorsby, Arnold. "Richard Banister and the Beginnings of English Ophthalmology." In *Science, Medicine, and History: Essays on the Evolution of Scientific Thought and Medical Practice*, 2 vols., ed. E. Ashworth Underwood, 2: 42–55. Oxford: Oxford University Press, 1953.

Spiller, Elizabeth. *Science, Reading, and Renaissance Literature: The Art of Early Modern Knowledge*. Cambridge: Cambridge University Press, 2004.

Stagl, Justin. *A History of Curiosity: The Theory of Travel, 1500–1800*. Chur, Switzerland: Harwood, 1995.

Stern, Virginia. *Gabriel Harvey, His Life, Marginalia, and Library*. Oxford: Clarendon, 1979.

Stewart, Larry. *The Rise of Public Science*. Cambridge: Cambridge University Press, 1992.

Stock, Brian. *Listening for the Text: On the Uses of the Text*. Baltimore: Johns Hopkins University Press, 1990.

Stone, Lawrence. "Prosopography." *Daedalus* 100 (1971): 46–79.

Strype, John. *The Life of the Learned Sir Thomas Smith*. Oxford: Clarendon, 1820.

Symonds, H. "The Mint of Queen Elizabeth and Those Who Worked There." *Numismatic Chronicle* 76 (1916): 61–105.

Tahon, Eva. "Marcus Gheeraerts the Elder." In *Bruges and the Renaissance: Memling to Pourbus*, ed. Maxiliaan P. J. Martens, 231–33. New York: Abrams, 1998.

Taylor, E. G. R. *The Mathematical Practitioners of Tudor and Stuart England*. Cambridge: Cambridge University Press, 1954.

Tebeaux, Elizabeth. *The Emergence of a Tradition: Technical Writing in the English Renaissance, 1475–1640*. Amityville, NY: Baywood, 1997.

Thirsk, Joan. *Economic Policy and Projects: The Development of a Consumer Society in Early Modern England*. Oxford: Clarendon, 1978.

Thomas, Keith. "Numeracy in Early Modern England." *Transactions of the Royal Historical Society*, 5th series, 37 (1987): 103–32.

Trevor-Roper, Hugh. "Court Physicians and Paracelsianism." In *Medicine at the Courts of Europe, 1500–1837*, ed. Vivian Nutton, 79–94. London: Routledge, 1990.

Trevor-Roper, Hugh. "The Paracelsian Movement." In *Renaissance Essays*, 149–99. London: Secker and Warburg, 1985.

Turner, Gerard L'E. *Elizabethan Instrument Makers: The Origins of the London Trade in Precision Instrument Making*. Oxford: Oxford University Press, 2000.

Tylecote, R. F. *A History of Metallurgy*. London: Metals Society, 1976.

Urbach, Peter. *Francis Bacon's Philosophy of Science*. La Salle, IL: Open Court, 1987.

van Dorsten, Jan. "'I. O. C.': The Rediscovery of a Modest Dutchman in London." In *The Anglo-Dutch Renaissance: Seven Essays*, ed. Jan van Dorsten, 8–20. Leiden: E. J. Brill, 1988.

Urbach, Peter. *Poets, Patrons, and Professors: Sir Philip Sidney, Daniel Rogers, and the Leiden Humanists*. Leiden: University Press, 1962.

Urbach, Peter. *The Radical Arts: First Decade of an Elizabethan Renaissance*. London: Oxford University Press, 1970.

van Egmond, W. *The Commercial Revolution and the Beginnings of Western Mathematics in Renaissance Florence, 1300–1500*. 2 vols. Ann Arbor: University of Michigan Press, 1976.

van Leeuwen, Hendrik Gerrit. *The Problem of Certainty in English Thought, 1630–1690*. The Hague: Martinus Nijhoff, 1970.

Van Norden, Linda. "Peiresc and the English Scholars." *Huntington Library Quarterly* 12 (1948–49): 369–89.

Vigne, Randolph, and Charles Littleton, eds. *From Strangers to Citizens: The Integration of Immigrant Communities in Britain, Ireland, and Colonial America, 1550–1750*. Brighton: Huguenot Society and Sussex Academic Press, 2001.

Walton, Steven A. "The Bishopsgate Artillery Garden and the First English Ordnance School." *Journal of the Ordnance Society* 15 (2003): 41–51.

Ward, Joseph P. "Fictitious Shoemakers, Agitated Weavers, and the Limits of Popular Xenophobia in Elizabethan London." In Vigne and Littleton, *From Strangers to Citizens*, 80–87.

Ward, Joseph P. *Metropolitan Communities: Trade Guilds, Identity, and Change in Early Modern London*. Stanford: Stanford University Press, 1997.

Watson, Bruce. "The Compter Prisons of London." *London Archaeologist* 7 (1993): 115–21.

Watson, Foster. *The Beginning of the Teaching of Modern Subjects in England*. London: Isaac Pittman, 1909.

Wear, Andrew. *Knowledge and Practice in English Medicine, 1550–1680*. Cambridge University Press, 2000.

Webster, Charles. "Alchemical and Paracelsian Medicine." In Webster, *Health, Medicine, and Mortality in the Sixteenth Century*, 301–34.

Webster, Charles. *The Great Instauration: Science, Medicine, and Reform, 1626–1660*. London: Duckworth, 1975.

Webster, Charles. "Paracelsus: Medicine as Popular Protest." In *Medicine and the Reformation*, ed. Ole Peter Grell and Andrew Cunningham, 57–77. London: Routledge, 1993.

Webster, Charles. "Paracelsus, Paracelsianism, and the Secularization of the Worldview." *Science in Context* 15 (2002): 9–27.

Webster, Charles, ed. *Health, Medicine, and Mortality in the Sixteenth Century*. London: Cambridge University Press, 1979.

Weinberger, Jerry. *Science, Faith, and Politics: Francis Bacon and the Utopian Roots of the Modern Age*. Ithaca: Cornell University Press, 1985.

Werner, Alex, and Michael Berlin. "Developing an Interdisciplinary Approach? The Skilled Workforce Project." *Bulletin for the John Rylands Library* 77 (1995): 49–56.

Westfall, Richard S. "Science and Technology During the Scientific Revolution: An Empirical Approach." In Field and James, *Renaissance and Revolution*, 63–72.

Westman, Robert. "The Astronomer's Role in the Sixteenth Century: A Preliminary Study." *History of Science* 18 (1980): 105–47.

White, George. *The Clockmakers of London*. Hants: Midas, 1998.

Wilson, Catherine. *The Invisible World: Early Modern Philosophy and the Invention of the Microscope*. Princeton: Princeton University Press, 1995.

Wood, Andy. "Custom, Identity, and Resistance: English Free Miners and Their Law c. 1550–1800." In *The Experience of Authority in Early Modern England*, ed. Paul Griffiths, Adam Fox, and Steve Hindle, 249–84. New York: St. Martin's, 1996.

Woolf, Daniel. *Reading History in Early Modern England*. Cambridge: Cambridge University Press, 2000.

Wright, Louis B. *Middle-Class Culture in Elizabethan England.* Chapel Hill: University of North Carolina Press, 1935.

Young, Sidney. *The Annals of the Barber-Surgeons of London.* London: Blades, East, and Blades, 1890.

Yungblut, Laura. *Strangers Settled Here Amongst Us: Policies, Perceptions, and the Presence of Aliens in Elizabethan England.* London: Routledge, 1996.

Zagorin, Perez. *Francis Bacon.* Princeton: Princeton University Press, 1998.

Zetterberg, J. Peter. "The Mistaking of 'The Mathematics' for Magic in Tudor and Early Stuart England." *Sixteenth Century Journal* 11 (1980): 83–97.

Zilsel, Edgar. "The Sociological Roots of Science." *American Journal of Sociology* 47 (1942): 544–62.

# 索　引

**B**

C



D

J

**R**



**S**

T

## W

Y